冶金工业出版社

普通高等教育"十四五"规划教材

磨 矿 原 理
（第 2 版）

The Principle of Grinding（2nd Edition）

韩跃新　主编

北 京

冶 金 工 业 出 版 社

2022

内 容 提 要

　　本书系统地介绍了磨矿方面的基础理论与知识，详细阐述了磨矿与分级设备的构造、工作原理与性能，对近年来国内外磨矿技术领域的发展及新成果也进行了系统总结与介绍。每章后均附有复习思考题，以便于读者加深和巩固所学内容。

　　本书为高等院校矿物加工工程专业的教材，也可供相关专业的工程技术人员和管理人员参考。

图书在版编目（CIP）数据

磨矿原理/韩跃新主编 . —2 版 . —北京：冶金工业出版社，2022.10
普通高等教育"十四五"规划教材
ISBN 978-7-5024-9239-7

Ⅰ.①磨…　Ⅱ.①韩…　Ⅲ.①磨矿—高等学校—教材　Ⅳ.①TD921

中国版本图书馆 CIP 数据核字（2022）第 158289 号

磨矿原理　（第 2 版）

出版发行	冶金工业出版社	电　　话	(010)64027926
地　　址	北京市东城区嵩祝院北巷 39 号	邮　　编	100009
网　　址	www.mip1953.com	电子信箱	service@ mip1953.com

责任编辑　杨　敏　美术编辑　彭子赫　版式设计　郑小利
责任校对　石　静　责任印制　李玉山　窦　唯
北京虎彩文化传播有限公司印刷
1989 年 11 月第 1 版，2022 年 10 月第 2 版，2022 年 10 月第 1 次印刷
787mm×1092mm　1/16；19.75 印张；475 千字；300 页
定价 49.00 元

投稿电话　(010)64027932　投稿信箱　tougao@cnmip.com.cn
营销中心电话　(010)64044283
冶金工业出版社天猫旗舰店　yjgycbs.tmall.com
（本书如有印装质量问题，本社营销中心负责退换）

第 2 版　前言

　　原东北工学院（现东北大学）陈炳辰教授主编的《磨矿原理》教材出版至今已逾 30 年，始终被选矿、冶金、化工等行业奉为经典之作，具有很高的学术价值和行业地位，为我国选矿及相关领域人才的培养发挥了重要的作用。

　　随着世界工业水平的提高和磨矿技术的进步，该教材内容已不能适应当前教学改革和发展的需要。一些新的磨矿理论、技术和装备等成果相继问世，亟需补充至该教材中。为了适时反映磨矿领域近年来的最新研究成果，让读者系统地了解和掌握磨矿的基础知识，并使该教材更好地适用于现代教学需要，我们对其进行了修订。

　　在修订过程中，我们保持了第 1 版的特色，系统阐述了磨矿领域的基本理论，介绍了磨矿与分级设备的结构、工作原理与性能，增加或补充了自磨矿、搅拌磨矿等国内外磨矿技术的最新成果。与此同时，为了帮助读者更好地理解、掌握本书的内容，本次修订各章后都增加了复习思考题。

　　参加本次修订工作的有韩跃新（第 1 章、第 4 章、第 9 章和第 10 章）、余建文（第 2 章、第 3 章和第 6 章）、高鹏（第 5 章、第 7 章和第 8 章），唐志东、郭旺、张小龙等参加了资料收集与文字录入工作。韩跃新教授担任主编，负责全书的修改定稿和校订。

　　本书已纳入东北大学"百种优质教材建设"及"四金一新"建设项目，学校在编写工作和出版经费方面给予了大力支持和帮助，在此表示感谢。

　　由于编者水平所限，书中不足之处在所难免，敬请读者批评指正。

编　者

2022 年 1 月

第1版　前言

　　研磨作业在冶金、化工、水泥、陶瓷、建筑、电力、医药以及国防工业中占有重要地位，特别是在冶金工业中的选矿部门更是如此。磨矿作业在选矿厂的基建投资和生产费用（主要是电耗、钢耗）中占有很大比例，同时磨矿产品的质量（粒度特性、单体解离度、湿式磨矿产品浓度等）对选别作业指标也有很大影响。因此，改善磨矿过程、提高磨矿效率，对提高选矿厂的技术和经济指标具有重要意义。

　　磨矿过程是一个复杂的物理、化学及物理化学过程，影响因素很多，其中许多因素又彼此相互作用，互相制约。因此到目前为止，对磨矿的机理、最优化工作条件等方面的研究尚需进一步深入。出版本书的目的是试图把国内外有关磨矿方面的理论及工艺研究成果进行系统的总结及阐述，以供科研、设计和生产等部门有关人员参考。

　　本书共分九章，内容着重介绍介质在磨机中的运动规律、磨机功率的计算、磨矿数学模型、磨矿最优化工作参数的选择和计算。因为水力旋流器是磨矿回路中分级作业的主要设备，且便于自动控制，因此第六章（磨矿回路中的分级作业）重点介绍了水力旋器的选择和计算。自磨矿本身有自己的特点，作为一种磨矿工艺过程的新方法，在本书第八章作了阐述，其内容着重于我国的理论研究和生产实践经验总结。第九章扼要论述了测试数据调整的必要性及测试数据的调整方法，并介绍了磨矿流程测试数据调整实例。附录用表列出了磨机不同转速率和充填率按第三章所列磨机功率计算所需的功率系数值，利用其中相应数据可很方便地求出磨机功率计算值，从而可避免各功率计算公式的复杂运算。关于磨机衬板，由于其构造形式多种多样，其磨损规律在很大程度上取决于衬板材质，因此本书仅扼要介绍了角螺旋衬板，其他未予介绍。

　　本书主要阐述磨矿过程的基本原理及工艺，故以《磨矿原理》书名出版。本书可作为高等院校选矿、冶金、化工、水泥、建筑、陶瓷等专业研究生的教材或本科大学生的教学参考书，亦可作为从事以上工作的工程技术人员的参考书。

在本书撰写过程中王大民同志曾协助部分章节的数据计算，在此表示感谢。

由于本人水平所限，书中错误和不妥之处，请读者批评指正。

编　者

1988 年 6 月

目　　录

1 磨 矿 概 论

1.1 磨矿的目的及任务

磨矿是球磨机、棒磨机、自磨机、搅拌磨机等机械设备借助钢球、钢棒、砾石、陶瓷球等介质和矿石本身的冲击、磨剥作用使矿石粒度变小，直至粉碎、研磨成微细颗粒的作业过程。在整个选矿厂的生产运行过程中，磨矿作业承担着为后续选别作业提供合格入选原料的任务。通常情况下，从破碎车间送入磨选车间的矿石是上限粒度 30~12mm 的松散粒群（一般进入自磨机的矿石粒度为 250~350mm），而选矿要求的入选粒度一般在 0.5mm以下。这就表明，磨矿作业要将进入磨选车间的矿石在粒度上减小为原来的百分之一甚至千分之一，即磨矿就是一个将块状矿石研磨成细粉的过程。既然，磨矿是为后续选别作业准备合格原料的工序，那么符合选别作业要求的磨矿产品应该具备哪些特征呢？

一般来说，矿石中的有用矿物与脉石矿物紧密嵌生在一起，将有用矿物与脉石矿物相互解离开来，是选别的基本前提条件，也是磨矿的首要任务。可以说，如果没有有用矿物的充分解离，就没有高的回收率及精矿品位。有用矿物与脉石矿物呈连生体状态时，不容易回收；即使得到回收，精矿中杂质含量较高、品质差。因此，磨矿的首要目的及任务就是保证磨矿产品即入选原料中有用矿物要有高的单体解离度。

任何选矿方法或设备都有一个适用的粒度范围。矿物颗粒在很大程度上决定了选别方法、流程和设备的选择（见表 1-1），而且选别指标在很大程度上也与入选物料的粒度特性有关。例如，强磁选对于 $10\mu m$ 以下的颗粒，浮选对于 $5\mu m$ 以下的矿物颗粒，目前均不能很好地回收。因此，为选别提供粒度合适的原料是磨矿的第二个任务。值得注意的是，过磨既会增加磨矿过程中的电耗及钢材消耗，又会恶化选别指标并造成矿物资源的浪费，因而在磨矿过程中应尽可能地降低过细粒级的产生。

综上所述，磨矿的目的及任务是使矿石中有用矿物与脉石矿物或几种有用矿物之间充分单体解离，为选别作业制备好粒度适合选别要求且过磨程度较轻的入选物料。

表 1-1 不同选矿方法或设备适用的颗粒粒度范围

选矿方法或设备	适用粒度/mm	选矿方法或设备	适用粒度/mm
湿式筛分	>0.10	圆锥选矿机	>0.05
湿式分级机	1~0.05	湿式溜槽	>0.05
水力旋流器	1.0~0.005	低场强湿式磁选机	>0.01
湿式跳汰机	>0.18	高场强湿式磁选机	>0.01
湿式摇床	>0.06	低场强干式磁选机	<350
莫兹利翻床	0.1~0.001	高场强干式磁选机	<50

选矿方法或设备	适用粒度/mm	选矿方法或设备	适用粒度/mm
螺旋选矿机	>0.08	离心选矿机	>0.02
梯形跳汰机	10~0	螺旋溜槽	>0.02
振摆溜槽	<0.075	泡沫浮选	0.3~0.005
絮凝浮选	<0.05	静电选	>0.1

1.2 磨矿的地位及重要性

一般而言，矿山开采出来的矿石，除少数是有用矿物含量高的富矿外，绝大多数是含有大量脉石的贫矿。对冶金或材料行业来说，这些贫矿石由于有用矿物含量低、脉石或有害杂质成分高，若直接用来冶炼提取金属或制备高端矿物材料，则能耗大、生产成本高。为经济开发和高效利用低品位的矿石，矿石在冶炼或矿物材料制备之前必须经过选矿处理，使矿石中有用矿物的含量达到冶炼、材料行业要求。在选矿过程中，磨矿是选矿厂的重要组成部分，任何一个选矿厂均须设置磨矿作业。磨矿作业是选矿厂的领头工序之一，而且选矿厂生产能力的大小实际上也是由磨矿能力决定的。

选矿厂中的磨矿电耗约占选矿总电耗的 40%~70%，生产经营费用也占选厂的 40% 以上。此外，磨矿作业承担着矿物解离，并为下游选矿工序提供粒度适宜原料的任务。因此，磨矿产品质量的好坏直接影响着选矿指标的高低。也就是说，磨矿工段设计及运行的好坏，直接影响到整个选矿厂的技术经济指标。

除了金属选矿厂中有磨矿作业外，冶金、化工、建材、煤炭、火电和材料等其他国民经济基础行业中均有磨矿作业。据统计，全国每年的发电量约有 5% 以上消耗于磨矿，约有数百万吨钢材消耗于磨矿。因此，磨矿作业的节能降耗具有十分重要的意义。

1.3 磨矿作业的一般特点

根据矿石性质和选别产品粒度要求，金属矿选矿厂磨矿过程可分为粗磨和细磨两个阶段。不同的磨矿阶段使用不同磨机，粗磨阶段一般采用格子型球磨机，细磨阶段大多采用溢流型球磨机或搅拌磨机等。

为了提高磨机的工作效率和控制磨矿产品的粒度，将那些已符合粒度要求的物料及时分出，尽量避免不必要的过粉碎，磨机通常必须与螺旋分级机、旋流器或筛分机等分级设备联合工作，形成闭路磨矿。一般来说，除两段磨矿流程中有时第一段采用棒磨机（棒磨机有一定的粒度控制能力，可以开路磨矿）以外，磨矿作业均采用闭路。

磨机与分级设备之间不同形式的配合组成了多种多样的磨矿-分级工艺流程。根据分级设备的配置方式，常见的典型两段闭路磨矿的流程如图 1-1 所示。

磨矿车间的磨机通常配置在一个台阶上，比较集中，管理较为方便。磨机的工作制度采用连续工作制度，即一天工作三班，每班工作 8h。磨机的工作部件与坚硬矿石相接触，故磨损严重，必须有计划地准备配件和材料，并定期进行检修。

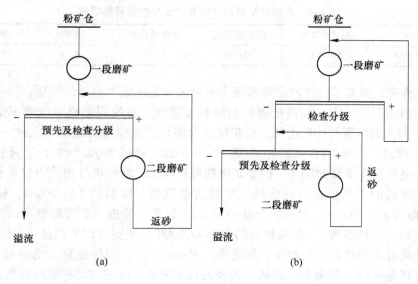

图 1-1　典型的两段磨矿流程

（a）两段一闭路磨矿流程；（b）两段全闭路磨矿流程

1.4　磨矿的发展趋势

1.4.1　多碎少磨技术

20 世纪 70~80 年代，粉碎界一致认识到破碎作业的单位能耗远低于磨矿作业的单位能耗。C. E. 安德烈耶夫统计了各破碎及磨矿的电耗分布情况，结果如表 1-2 所示。三段破碎的总能耗为 1.1~5.3kW·h/t，而由破碎产品磨至 -0.075mm 的能耗为 31~46kW·h/t。按统计平均值计算，磨矿能耗为碎矿能耗的 10 倍左右。鉴于碎矿及磨矿的能耗分布状态，提出将粉碎任务前移到效率高的破碎阶段完成，减少效率低的磨矿段任务，即增加碎矿的能耗，减少磨矿的能耗，磨矿节省的能量比碎矿多耗的能量大得多。因此，为了节能降耗，生产过程中应尽可能减小破碎最终产品的粒度。

表 1-2　选矿厂碎矿及磨矿各阶段的电耗分布　　　　　　　　（kW·h/t）

工　序	粗碎	中碎	细碎	粗磨	中磨	细磨
能　耗	0.1~0.3	0.5~2.5	0.5~2.5	7~10	10~15	14~21

矿块在各种破碎机中的粉碎概率大约是 50%~100%，粉碎概率高，破碎的效率自然也高；然而磨矿处理的是粒度较小的矿粒，而且磨机中的矿粒被粉碎时受到的是随机性粉碎，钢球从磨机内高处落下时可能打着矿粒，也可能打不着矿粒，即使打着矿粒也会由于小钢球打到粗块时破碎力不足而不发生粉碎。因此，磨矿过程中矿粒粉碎的概率是很低的，通常低于 10%（见表 1-3）。即使是效果最差的破碎机也比效果最好的磨矿机的粉碎概率要高。因此，从粉碎概率来看，应该增加碎矿任务减少磨矿任务，从而实现多碎少磨或以碎代磨。

表 1-3   几种碎矿及磨矿设备产生单粒破碎的概率   （%）

粉碎设备	辊式破碎机	撞击破碎机	圆筒破碎机	球磨机	喷射磨矿机
单粒粉碎概率	70~100	25~40	7~15	6~9	1~2

　　粉碎工作者们研究了碎矿粒度降低至多粗后进入磨机最为合适的问题，尽管研究的结论不一致，但说明了一点，如能把碎矿最终粒度降低，对提高磨机生产效率是大有好处的。图 1-2 为入磨粒度与碎矿电耗、磨矿电耗及磨机处理能力的关系（三段一闭路流程，粗碎 PE600×900；中碎 PYD-1200；细碎 PYD-1650；磨机 MQ2.7×2.1），降低入磨给矿粒度，破碎电耗虽有少量的增加，但磨矿电耗显著降低，球磨机处理能力也明显增加。但限于常规破碎机的工作性能，通常的入磨粒度范围为：球磨机 10~20mm，棒磨机 15~25mm，砾磨机 40~100mm，自磨机 200~350mm。因此，为进一步提高磨矿效率和降低生产成本，必须"多碎少磨"。实现矿石的"多碎少磨"，主要有以下途径：（1）采用革新技术和先进装备实现矿石的超细碎，如美卓（Mesto）HP、山特维克（Sandvik）CH 等系列圆锥破碎机等；（2）现有粉碎流程、设备的技术改造，改进性能和提高效率，如高压辊磨机的应用。

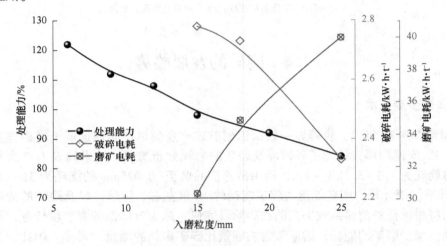

图 1-2   入磨粒度与破碎电耗、磨矿电耗及磨机处理能力的关系
（处理能力以 25mm 给料时磨机处理能为 100%）

　　在过去的相当长一段时期内，粉碎行业普遍把入磨粒度界定为 12mm，即与破碎机构成闭路的筛分机筛孔尺寸为 12mm，这是鉴于当时的破碎机技术水平。在没有引入革新技术、先进装备的情况下，如果刻意把入磨粒度降为最小（如 5mm 等），对于难破碎的矿石，将会造成破碎机增加的能耗大于磨机节约的能耗而得不偿失。自从美卓（Metso）、山特维克（Sandvik）等厂商通过技术革新研发了 GP、HP、MP、CH 等系列新型圆锥破碎机，入磨粒度可以控制在 8mm 以下，通过"多碎少磨"降低破碎最终产品粒度使能耗前移，大幅度降低了粉碎（破碎、磨矿）过程的综合能耗。

　　若再进一步降低入磨粒度，必须在技术装备上有所创新。基于高压料层粉碎理论，高压辊磨机利用压应力对矿石进行超细碎，入磨粒度进一步变小成为了现实，其作用原理如

图 1-3 所示。高压辊磨机实施的是准静压料层粉碎，当料层受挤压时，矿石本身作为传压介质，受到巨大压力导致颗粒破碎。这种准静压粉碎方式相对于传统冲击粉碎，节省能耗约 30% 以上。高压辊磨机作为一种高效节能的矿石粉碎设备，具有选择性破碎效果明显、粉碎产品微裂纹多、细粒级含量高和单位破碎能耗低等特点，符合多碎少磨技术的发展趋势。

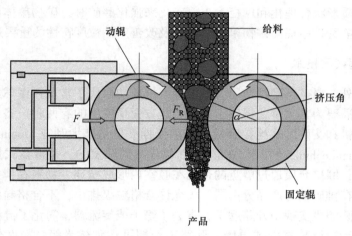

图 1-3 高压辊磨机工作原理示意图

目前，高压辊磨机主要用于矿石的细碎（第三段破碎）或超细碎（第四段破碎）作业，能够降低矿石的入磨粒度，相当于承担了部分原来由球磨机承担的粉碎任务，从而起到了"多碎少磨"的目的。通过高压辊磨机的"以碎代磨"，矿石的入磨粒度可以控制在 2~6mm 以下，粉碎过程的综合能耗大幅度下降，能量利用率显著提高。

1.4.2 选择性磨矿技术

矿石一般都是由多种矿物组成的，不同矿物的力学性质差异较大，当矿石在磨机中受到粉碎作用时，不同矿物被粉碎的情形也不尽相同。其中硬度大的矿物被粉碎程度较小，产品粒度较粗；反之，硬度小的矿物被粉碎程度较大，产品粒度较细。入磨矿石中不同矿物在磨矿过程中表现出不同的粉碎行为，这种现象统称为矿物的选择性磨矿现象。产生选择性磨矿现象的内因是矿石中不同矿物力学性质存在差异，外因是磨机中介质施力方式、施力大小以及操作条件等。利用入磨矿石中不同矿物力学性质差异或磨机施力状况乃至操作条件的调节而得到各种矿物不同粉碎行为的磨矿，或者说使磨矿行为具有选择性的磨矿，称为选择性磨矿。

随着矿产资源日益贫、细、杂，如何有效地充分解离有用矿物、提高磨矿效率和降低磨矿成本至关重要。为获得粒度特性符合选矿工艺要求、过粉碎程度轻的磨矿产品，只有采用科学合理的磨矿技术，才能有高的矿物单体解离度和均匀的产品粒度。充分利用矿石中不同矿物的力学性质差异，在磨矿产品粒度相对较粗的条件下实现矿物的选择性解离，从而减少有用矿物的泥化和不必要的粉碎，提高分选效果，并大幅度降低选矿能耗。例如，我国普遍采用拜耳法工艺生产氧化铝，但该工艺不仅要求铝精矿铝硅比达到 7 以上，还要求铝精矿中+0.075mm 粒级≥25%、-0.3mm 粒级>90%及-0.7mm 粒级为 100%。为降低磨矿作业成本，选择性磨矿为最佳选择。铝土矿的选择性磨矿是利用我国一水硬铝石型铝土矿中含铝矿物与含硅矿物之间的可磨性差异，研究适宜于铝土矿选择性磨矿的粉磨方式及磨矿条件，以期实现一水硬铝石和含硅矿物在粗磨条件下的选择性解离。

目前，以介质形状合理化和球径大小精确化来强化磨矿时，矿物单体解离技术的应用效果显著，是当前磨矿中提高矿物单体解离度及改善产品粒度特性的重要途径之一。

1.4.3 细磨及超细磨技术

近年来，国外金属矿再磨领域用大型搅拌磨机成功取代了常规再磨球磨机，大型金属矿山再磨的迫切需要为其大型化提供了条件。这方面最突出的有两种设备，即螺旋形搅拌器的立式搅拌磨机和艾萨卧式搅拌磨机。艾萨搅拌磨机是澳大利亚 Mount Isa 铅锌矿和德国 Netzsch-Feinmahltechnik 公司于 20 世纪 90 年代共同开发的，是带盘式搅拌器的卧式搅拌磨机。工作时，磨矿介质通过磨盘的带动在腔室内形成循环，物料在搅拌器搅动介质过程中实现研磨。在排矿端有产品分离器，仅允许合格粒级排出，不合格粒级和介质保留在磨机内，使得艾萨磨机实现了开路磨矿，省去了筛子或旋流器，简化了流程，如图 1-4 所示。该机成功用于金属矿物湿式再磨，开路工作即可达到微米级、粒度分布窄的产品粒度，能使用河砂或被磨物料颗粒作为粉磨介质进行自磨，并为后续浮选、浸出等作业创造低活性的矿浆条件。

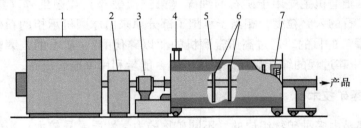

图 1-4 艾萨磨机结构示意图
1— 电动机；2—齿轮减速器；3—轴承；4—给矿及加球口；5—磨机外壳；6—磨盘；7— 产品分离器

螺旋形搅拌器的立式搅拌磨机是另一种适用于选矿再磨的大型搅拌磨机（如图 1-5 所示），主要利用螺旋搅拌器使研磨介质（钢球、陶瓷球、顽石等）运动、相互摩擦而对物料产生研磨作用，从而达到粉碎的目的。螺旋外缘圆周速度约为 3~5m/s，介质为直径 12~30mm 的钢球或陶瓷球，产品粒度一般为 5~20μm，如芬兰美卓公司的 VertiMill 搅拌磨机、日本爱立许公司的 Towermill 塔磨机，以及我国辽宁东大矿冶工程技术有限公司的 NEU 系列、长沙矿冶研究院有限责任公司的 JM 系列和矿冶科技集团有限公司的 KLM 系列立式螺旋搅拌磨机。

随着矿物加工行业的进一步发展，湿式搅拌细磨技术和装备将逐渐朝着产品粒度更细、匹配性更好、适用性更广、更节能、更高效等方向发展，为难处理金属矿物的充分解离提供技术保障，推动微细粒金属矿选矿技术的进步，在难处理铜矿、铁矿、金矿等再磨与湿法冶金细磨领域具有广阔的应用前景。

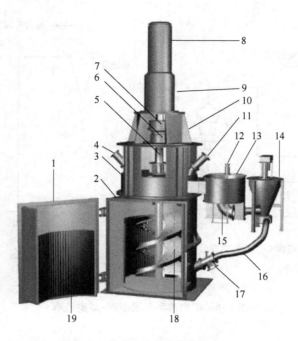

图 1-5　螺旋搅拌磨机结构示意图

1—检修门；2—下筒体；3—上筒体；4—给料口；5—驱动轴；6—推力轴承；7—低速联轴器；
8—电动机；9—齿轮减速器；10—减速器底座；11—加球口；12—球阀；13—分级槽；
14—循环泵；15—产品弯管；16—循环软管；17—排污口；18—带衬螺旋体；19—衬板

1.4.4　碎磨短流程技术

据不完全统计，破碎与磨矿生产成本占选矿总成本的 60%以上，其主要体现在电耗和钢耗上。20 世纪 80 年代，多数矿山企业从"技术上可行，经济上合理，安全上可靠"的准则中考虑，以"多碎少磨"占有主导地位来选择使用较为普及成熟的"三段破碎+球磨"的碎磨流程，如图 1-6 所示。但多年的生产实践表明，"三段破碎+球磨"流程存在以下不足：

（1）生产流程长、环节多、管理困难。当某一生产环节出问题，直接影响粉碎系统的开车，甚至影响全厂生产的正常进行。

（2）设备数量多、日维修工作量大、费用高。三段破碎机的排矿口大小必须调节匹配，否则生产流程不畅通、生产能力低、生产成本高。

（3）当原矿中含泥量大时，易堵矿而导致流程不畅，主要表现在：一是易堵塞皮带机的下矿口和圆锥破碎机的排矿口等；二是振动筛筛孔易堵塞，使筛分效率大大降低；三是下矿溜槽易积矿形成塌矿而"埋死"皮带机。所以，对于含泥量大的矿石，必须增设洗矿系统，先进行洗矿后再进行中、细破碎。

由于"三段破碎+球磨"流程存在上述问题，以及自磨机的制造技术日臻成熟和使用效果的不断提高，影响和促使一些矿山企业开始使用"粗碎+（半）自磨+球磨"的碎磨短流程，如图 1-7 所示。以安徽冬瓜山铜矿为例，2005 年选矿厂开始选用"粗碎+半自

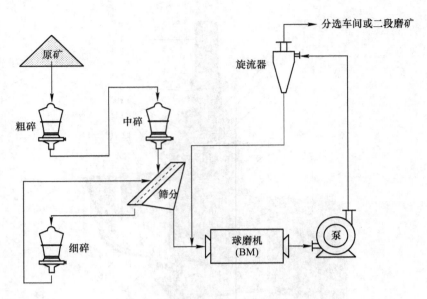

图 1-6   矿山典型三段破碎+球磨流程

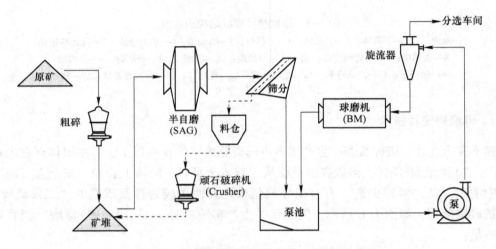

图 1-7   矿石粗碎+（半）自磨+球磨短流程

磨+球磨"流程，其设计处理能力为 13000t/d，通过多年的生产实践，实现了稳产和扩产的预定目标，证明"粗碎+半自磨+球磨"碎磨短流程技术先进、流程简单、效益显著。可以说，采用"粗碎+半自磨+球磨"短流程取代"三段破碎+球磨"是发展趋势。目前，使用"粗碎+半自磨+球磨"短流程的矿山企业越来越多，使用效果也越来越好。综合分析比较，"粗碎+半自磨+球磨"碎磨短流程有以下优点：

（1）生产流程短，工序少，便于管理；

（2）设备台数少，日常维修工作量少，费用低；

（3）矿石粗碎后直接进入自磨机进行磨碎处理，省去了中碎、细碎、筛分和粉矿储存设施所需的高投资。

总体来说，矿石"粗碎+（半）自磨+球磨"工艺具有流程简单、建筑费用低、占地面积小、建设周期短、自动化程度高、易于生产管理，以及湿式作业不产生粉尘和作业环境好等特点，且对处理含泥量高而潮湿的矿石具有明显的优势。尤其近年来，随着矿山对（半）自磨工艺的应用越来越广泛，总结了大量的使用经验，在流程比较和设备选型方面日益精确，且设备制造水平和材料工艺不断进步，矿山自动化水平不断提高，使得（半）自磨工艺已逐步被大多数矿山所认可，成为当前大型选矿厂矿石碎磨工艺的主流。

1.4.5 外场作用强化矿物解离技术

提高磨矿效率和强化磨矿过程通常有两种途径，其一是合理设计和优化磨矿工艺，选择高效大型的磨矿设备、采用先进的衬板和介质、提升磨机自动化水平等；另一途径就是通过合理的矿石预处理，弱化矿石中矿物之间的界面结合力或产生微裂纹，从而强化矿物的磨矿解离效果、达到节能降耗的目的，常见的矿石预处理方法主要包括助磨剂、电脉冲、微波、加热等。近年来，电脉冲及微波预处理等外场技术被广泛用于矿石预处理。

高压电脉冲是一种基于脉冲功率的新技术，通过将较小功率的能量经较长时间缓慢输入到中间储能装置中，借助于整流、滤波及系列增压电路实现能量压缩、转换形成脉冲，在极短的时间内（最短可为纳秒）以极高的功率密度向负载释放能量。高压电脉冲破碎技术基于矿石中不同矿物界面性质差异，借助于脉冲放电，使矿物优先沿其晶界破裂、解离，可以在粒度较粗的条件下使有用矿物和脉石矿物实现单体解离，其作用原理如图1-8所示。

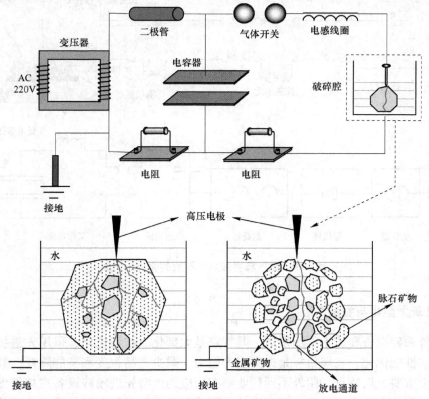

图1-8　高压电脉冲粉碎矿石原理图

　　由于不同矿物电学性质差异，在脉冲放电过程中，放电通道容易沿矿石中不同矿物界面形成。高温高压环境下放电通道膨胀并爆炸，促使矿石内部原生裂纹扩展和次生裂纹萌生，显著弱化矿石机械力学强度，并增强矿物解离特性。矿石颗粒内部产生的大量二次裂纹，使破碎产品的 Bond 球磨功指数降低，从而达到节能降耗、提高磨矿效率、改善分选效果等目的。

　　微波是电磁波的一种，其波长为 0.1mm~1m，频率范围为 300MHz~300GHz，微波焙烧、微波碳热还原、微波助磨、微波辅助浸出和微波干燥等技术广泛应用于矿冶领域。基于矿石中不同矿物的吸波特性差异，矿石受到微波辐射作用后，金属矿物和脉石矿物竞争吸收微波能量，不同矿物被选择性加热。通常金属矿物的吸波特性显著强于非金属矿物，因此受到微波辐射后，金属矿物温度明显高于非金属矿物。由于矿物热膨胀系数差异较大，因此微波辐射引发的热膨胀应变首先在矿物界面形成，并导致晶界裂纹产生，其作用原理如图 1-9 所示。矿石裂纹密度显著增加致使矿石机械力学强度急剧降低，有助于改善矿石可磨性并降低矿石 Bond 球磨功指数，矿石变得更易磨。此外，由于矿石内部天然存在部分水分和挥发性物质，在受到微波辐射作用后，该部分物质转化为气相，成为超热蒸气，在矿石内部产生较强应力，进一步导致矿石微裂纹形成和扩展。因此，采用微波辐射预处理矿石可改善其磨矿特性并显著降低磨矿能耗。

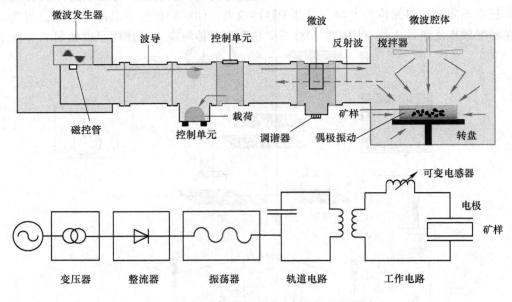

图 1-9　微波辐射加热矿石致裂原理示意图

1.4.6　设备大型化与智能化

　　国内外粉碎设备和技术不断发展，其特点是大型化、结构优化、采用先进技术和新材料以及技术性能优化，发展目标是提高生产能力、减少产品粒度和节能降耗，其中设备大型化是一个重要发展特点。国外不同行业都有相应的大型先进粉碎设备在持续发展，国内近年来在大型化方面也有进步，较突出的是筒式磨机，已可制造世界最大规格的设备。德国蒂森克虏伯公司的大型旋回破碎机、瑞典山特维克集团和芬兰美卓公司等高性能圆锥破碎机、德国克虏伯伯利休斯公司的大型高压辊磨机、国内外大型颚式破碎机、我国中信重工机械股份有限公司等的大型（半）自磨机和球磨机、丹麦艾法史密斯公司等的大型水力旋流器以及大型搅拌磨机等，大多是大型先进设备，代表着相应专业的先进技术水平。

国内（半）自磨机制造与应用已彻底摆脱了 20 世纪 80 年代中期以来的基本停滞状态，获得了较快发展，已接近或达到世界先进水平。近年来，中信重工机械股份有限公司在大型筒式磨矿机设计和制造方面不断取得巨大进展。目前，国内自行研制和应用的最大规格的（半）自磨机是该公司设计制造的 $\phi11m\times5.4m$、$2\times6343kW$ 半自磨机，2011 年用于中国黄金集团内蒙古乌努格吐山铜矿。该磨机采用了双电机驱动和调心纯静压筒体滑动支承。目前，世界上最大规格的短筒形半自磨机是芬兰美卓公司最新制造的 $\phi12.8m\times7.6m$、28MW 半自磨机，单台设备日生产能力可达 10 万吨。世界最大规格的长筒形半自磨机规格为 $\phi9.76m\times10.37m$，采用环形电机驱动，功率为 16500kW，秘鲁已采用。伴随磨机大型化的热潮，中信泰富 Sino 铁矿应用了 $\phi12m$ 以上自磨机，而中铝秘鲁则采用了 $\phi8m$ 以上球磨机，但传统的齿轮传动不适用于如此大的磨机，因而出现了环形电机无齿轮传动和组合柔性传动。

分级机一般是与磨机组成闭合回路配套使用的，在金属矿山分级作业中，水力旋流器处于重要地位。国外无论粗磨还是细磨，已基本使用水力旋流器进行分级。国内细磨阶段已全面使用水力旋流器，粗磨阶段新建大型选矿厂已大多选用了水力旋流器，只有一些中小型选矿厂从配置方便考虑仍选用螺旋分级机，以及一些建设多年的选矿厂还沿用螺旋分级机。从降低建设投资和操作成本角度考虑，选矿分级领域一直要求水力旋流器大型化。丹麦艾法史密斯 Krebs 公司研制了 $\phi838m$ 的大型水力旋流器，国内已知最大规格的选矿分级水力旋流器是山东黄金矿业股份有限公司三山岛金矿使用的 1 台海王旋流器公司制造的 FX710 型水力旋流器。大型水力旋流器技术上的先进性体现为在高溢流浓度下获得合格的溢流粒度。丹麦艾法史密斯 Krebs 公司的水力旋流器在技术上仍处于国际领先地位，其新型 gMAX 型水力旋流器允许以高浓度给料达到细粒分级，并允许低压给料，我国江西铜业集团公司德兴铜矿使用了 $\phi660mm$ gMAX 水力旋流器组。

大型化、智能化矿用磨机能高效利用日益贫化的矿山资源，是矿业装备发展的方向，决定着矿山的现代化水平。大型化设备具有较大的生产能力、低的投资及运营成本。未来，大型磨矿和分级设备将在矿山得到更加广泛的应用。

复习思考题

1-1 磨矿的目的及任务是什么？

1-2 磨矿在选矿厂处于一个什么样的地位？

1-3 磨矿车间的工作有何特点？

1-4 磨矿的发展趋势是什么？

参 考 文 献

[1] 段希祥. 碎矿与磨矿 [M]. 3 版. 北京：冶金工业出版社，2017.

[2] 张国旺. 破碎筛分与磨矿分级 [M]. 北京：冶金工业出版社，2016.

[3] 肖庆飞，罗春梅，石贵明，等. 多碎少磨的理论依据及应用实践 [J]. 矿山机械，2009，37（21）：51~53.

[4] 张建文，张国旺，肖骁. 高压辊磨机碎磨工艺及其在铁矿石粉碎中的应用 [J]. 矿山机械，2015，43（9）：1~4.

[5] 肖庆飞，康怀斌，肖珲，等. 碎磨技术的研究进展及其应用 [J]. 铜业工程，2016（1）：15~27.

[6] 杨金林，莫凡，周文涛，等. 选择性磨矿研究概述 [J]. 矿产综合利用，2017（5）：1~6.

[7] 肖庆飞，罗春梅，段希祥，等. 选择性磨矿的进展及应用 [J]. 金属矿山，2010（增刊）：545~550.

[8] 肖庆飞，石贵明，段希祥. 磨矿介质制度的进展及优化 [J]. 矿山机械，2007，35（1）：29~32.

[9] 卢世杰，孙小旭，何建成，等. 典型湿式搅拌细磨技术与应用进展 [J]. 矿产保护与应用，2020（1）：159~165.

[10] 张国旺，肖骁，李自强，等. 大型立式螺旋搅拌磨机在金属选矿中的应用 [J]. 金属材料与冶金工程，2013，41：126~130.

[11] 瞿安辉，陈建文. 半自磨（SABC）流程与常规碎磨流程对比分析 [J]. 有色金属（选矿部分），2020（3）：85~88.

[12] 杨远坤，廖银英，王庆金，等. 浅谈 SAB 碎磨工艺在紫金矿业集团的应用 [J]. 矿山机械，2019，47（10）：44~48.

[13] Adewuyi S O, Ahmed H A M, Ahmed H M A. Methods of ore pretreatment for comminution energy reduction [J]. Minerals, 2020, 10（423）：1~23.

[14] Veerendra Singh, Prashant Dixit, R Venugopal, et al. Ore pretreatment methods for grinding：journey and prospects [J]. Mineral Processing and Extractive Metallurgy Review, 2019, 40（1）：1~15.

2 矿石粉碎的理论基础

2.1 粒度组成与粒度分析

粒度是矿块或矿粒大小的度量，一般以 mm 或 μm 为单位。在确定选矿工艺流程或选矿设备选型时，物料的粒度组成是一个需要考虑的重要因素。这时通常需要对原料和产品进行粒度分析，才能评价作业效果和分析生产过程，可见粒度组成与分析是选矿中经常遇到的一项重要工作。因此，规范松散固体颗粒粒度组成的表示方法和分析方法是非常必要的。

2.1.1 颗粒的粒度

在实际工作中，粒度通常用"直径"一词来表示，记为 d。根据研究对象和目的的不同，一般采用以下两种方法表示单个颗粒的大小：

（1）平均直径。对于单个矿块或矿粒，为了表示它的大小，习惯上用平均直径表示，当矿块的粒度很大时，一般是直接进行测量，测出矿块的长度和宽度，然后取二者的算术平均值，即为其平均直径；如果要求准确度较高，或矿块的形状更不规则，则可再加测矿块的厚度，取长、宽、厚三者的算术平均值为其平均直径。

设矿块的平均直径为 d，则：

$$d = \frac{a+b}{2} \quad \text{或} \quad d = \frac{a+b+c}{3} \tag{2-1}$$

式中，a 为矿块的长度；b 为矿块的宽度；c 为矿块的厚度。

这种方法常用来测定大矿块，如选矿厂用来测定破碎机的给矿和排矿中最大块的粒度。在显微镜下测定微细颗粒的平均直径，原则上也可用这种方法。

（2）等值直径。对粒度细小的矿块可以用等值直径 d 来表示它的大小，所谓等值直径就是与矿块等体积的球体直径。设矿块的体积为 V，其质量为 G，密度为 δ，在等体积的条件下，球的体积为 $\pi d^3/6$，矿块等值直径为

$$d = \sqrt[3]{\frac{6V}{\pi}} = 1.24\sqrt[3]{V} = 1.24\sqrt[3]{\frac{G}{\delta}} \tag{2-2}$$

2.1.2 粒级的表示方法

所谓粒级就是用某种方法（如筛分）将粒度范围较宽的松散固体颗粒群分成粒度范围较窄的若干级别，这些级别就称为粒级。用称量法称出各级别的质量并计算出它们的质量分数，从而说明这批松散固体物料是由含量各为多少的哪些粒级组成，这种分级资料就是松散固体物料的粒度组成。

大批松散固体颗粒，如果用 n 层筛面把它们分成 $(n+1)$ 个粒度级别，确定每一级别固体颗粒的尺寸，通常以固体颗粒能透过的最小正方形筛孔边长作为该级别的粒度。如筛孔边长为 b，则：

$$d = b \tag{2-3}$$

如透过上层筛的筛孔宽为 b_1，而留在下一层筛面上的筛孔为 b_2，则粒度级别可表示为：$-b_1 + b_2 (-d_1 + d_2)$ 或 $b_1 \sim b_2 (d_1 \sim d_2)$，如 −12+6mm 或 12~6mm。

2.1.3　粒度分析方法

所谓粒度分析，就是通过筛分、水力沉降等方法得出不同粒级在原料中的分布情况，从而确定物料的粒度组成。根据物料粗细不同，在实际工作中常采用的粒度分析法有筛分分析法、水力沉降分析法和显微镜分析法。

（1）筛分分析（简称筛析）。筛分分析就是利用筛孔大小不同的一套筛子对物料进行粒度分析的方法。n 层筛子可以把物料分成 $(n+1)$ 个粒级，如筛孔宽度为 b，则 $d = b$。当上层筛孔宽为 b_1，下层筛孔宽为 b_2 时，则两层筛子之间的这一粒级可表示为 $-b_1 + b_2$ 或 $b_1 \sim b_2$。筛分分析一般适用于粒度为 0.043~100mm 的物料，其中粒度大于 0.1mm 的物料多采用干筛，而粒度小于 0.1mm 以下的物料则常采用湿筛。这种粒度分析方法的优点是设备简单、操作容易，缺点是颗粒形状对分析结果的影响较大。

（2）水力沉降分析（简称水析）。水力沉降分析就是利用不同尺寸的颗粒在水介质中沉降速度的不同将物料分成若干粒级。它不同于筛分分析，因为水力沉降分析测得的结果是具有相同沉降速度颗粒的当量直径，而筛分分析法测得的是颗粒的几何尺寸。这种分析方法的测定结果既受颗粒形状的影响，又受颗粒密度的影响，一般适用于粒度为 0.043~0.075mm 的物料。

（3）显微镜分析。显微镜分析是在光学显微镜下对颗粒尺寸和形状直接进行观测的一种粒度分析的方法，主要用于分析微细物料，其最佳测定粒度范围为 0.25~40μm。

2.2　筛分分析

筛分分析是目前最为常用的一种粒度分析的方法。筛分分析用的筛子有两种：一种是非标准筛（或手筛）用来筛分粗粒物料，筛孔大小一般为 150mm、120mm、100mm、80mm、70mm、50mm、25mm、15mm、12mm、8mm、6mm 等；另一种是标准筛，多用于筛分分析 0.038~6mm 的较细物料。

2.2.1　标准筛

标准筛，又称标准套筛，多用于磨矿、分级或选别产品的粒度分析。它由一套筛孔尺寸按一定比例和标准制造的筛子组成。使用标准筛时，各个筛子由大到小、从上到下依次叠放，上面有一上盖，防止试样在筛分分析过程中损失；最下面有一底盘，用来接取最下层筛子的筛下产物。各个筛子所处的层位次序为筛序，使用标准筛时，不允许叠错筛序，以免造成试验结果混乱。标准筛及振筛器如图 2-1 所示。

图 2-1 标准筛及振筛器

在叠好的筛序中，每两个相邻筛子的筛孔尺寸之比称为筛比。标准筛中有一个作为基准的筛子，称为基筛。标准筛分为美国泰勒标准筛、德国标准筛、国际标准筛、英国标准筛和中国标准筛等，常用的标准筛为美国泰勒标准筛。

泰勒标准筛是用筛网1英寸（25.4mm）长度上所具有的筛孔数目作为各个筛子大小的名称。每1英寸筛网长度上的筛孔数目为网目，简称目。例如，200目筛子就是指1英寸长度的筛网上有200个筛孔。泰勒筛制有两个序列，一是基本序列，其筛比是 $\sqrt{2} = 1.414$；另一个是附加序列，其筛比是 $\sqrt[4]{2} = 1.189$。基筛为200目的筛子，其筛孔尺寸为0.075mm❶。以200目的基筛为起点，对基本筛序来说，比200目粗一级的筛子的筛孔约为 $0.075\text{mm} \times \sqrt{2} = 0.106\text{mm}$，即150目的筛子；更粗一级的筛子，其筛孔尺寸为0.075mm $\times \sqrt{2} \times \sqrt{2} = 0.150\text{mm}$，即100目的筛子，以此类推。比0.075mm细一级筛子的筛孔尺寸为0.075mm $\div \sqrt{2} = 0.053\text{mm}$，即270目的筛子。一般选矿过程物料的筛析多采用基本筛序，如果要求得到更窄的粒级产品时，才插入附加筛序（筛比是 $\sqrt[4]{2} = 1.189$）的筛子。

常见的标准筛网目与筛孔尺寸的对照关系如表2-1所示。

表 2-1　常见的标准筛网目与筛孔尺寸对照表

泰勒标准筛		德国标准筛		国际标准筛	中国标准筛	
网目/孔·in⁻¹	孔径/mm	网目/孔·in⁻¹	孔径/mm	孔径/mm	网目/孔·cm⁻¹	孔径/mm
2.5	8.00	—	—	8	—	—
3	6.70	—	—	6.3	—	—
3.5	5.60	—	—	—	—	—
4	4.75	—	—	5	4	5
5	4.00	—	—	4	5	4
6	3.35	—	—	3.35	6	3.52
7	2.80	—	—	2.8	—	—

❶ 以往基筛（200目）筛孔尺寸为0.074mm。

泰勒标准筛		德国标准筛		国际标准筛	中国标准筛	
网目/孔·in^{-1}	孔径/mm	网目/孔·in^{-1}	孔径/mm	孔径/mm	网目/孔·cm^{-1}	孔径/mm
8	2.36	—	—	2.36	8	2.616
9	2.00	—	—	2	—	—
10	1.70	4	1.5	1.6	10	1.98
12	1.40	5	1.2	1.4	12	1.66
14	1.18	6	1.02	1.18	14	1.43
16	1.00	—	—	1.0	16	1.27
20	0.850	—	—	0.8	20	0.995
24	0.710	8	0.75	0.71	24	0.823
28	0.600	10	0.6	0.6	28	0.674
32	0.500	11	0.54	0.5	32	0.56
35	0.425	12	0.49	0.4	34	0.533
42	0.335	14	0.43	0.355	42	0.452
48	0.250	16	0.385	0.3	48	0.376
65	0.212	20	0.3	0.25	60	0.295
80	0.180	24	0.25	0.2	70	0.251
100	0.150	30	0.2	0.18	80	0.2
115	0.125	40	0.15	0.15	110	0.139
150	0.106	50	0.12	0.125	120	0.13
170	0.090	60	0.1	0.1	160	0.097
200	0.075	70	0.088	0.09	180	0.09
250	0.063	80	0.075	0.075	200	0.077
270	0.053	100	0.06	0.063	230	0.065
325	0.044	—	—	0.05	280	0.056
400	0.038	—	—	0.04	320	0.050

注：1in=2.54cm。

2.2.2　颗粒筛分

采用筛子对矿石颗粒进行筛分以确定其粒度组成的工作称为筛分分析，简称筛析。其方法是用一套筛孔大小不同的筛子进行筛分，将矿石颗粒分成若干粒级，然后分别称重各粒级质量。粒度大于 6mm 物料的筛析属于粗粒物料的筛析，采用钢板冲孔或铁丝网制成的手筛来进行。如果原矿含泥、含水较多，大量的矿泥黏附在大块矿石上，则应将它们清洗下来，以免影响筛析的精确性。

粒度范围为 0.038~6mm 的物料筛析，通常用实验室标准套筛进行。如果对筛析的精确度要求不够严格，通常直接进行干法筛析即可。干法筛析是先将标准筛按顺序套好，把样品倒入最上层筛面上，盖好上盖，放到振筛机上筛分 10~30min。然后依次将每层筛子取下，用手在橡皮布上筛分，如果 1min 内所得筛下物料量小于筛上物料量的 1%，则认为已达到终点，否则筛分应该继续进行，直到符合上述要求为止。干筛完成后，将筛得的各个粒级分别称重。

但如果试样含水、含泥较多，物料互相黏结时，应采用干湿联合筛析法，那样筛析所得到的结果才比较精确。干湿联合筛析是先将试样倒入细孔筛（如200目筛子）中，在盛水的盆内进行筛分，每隔1~2min将盆内的水更换一次，直到盆内的水不再浑浊为止。将筛上、筛下物料分别进行干燥，然后再将干燥的筛上物料用干法筛析，筛析结束后将各粒级物料用天平称重。

筛析的目的是计算各粒级物料的质量分数（产率），从而确定物料的粒度组成。某一粒级的产率可用式（2-4）计算：

$$\gamma_i = \frac{Q_i}{Q} \times 100\% \tag{2-4}$$

式中，γ_i 为某一粒级产率，%；Q_i 为某一粒级物料的质量，kg；Q 为物料的总质量，kg。

累积产率分为筛上累积产率（又称正累积产率）及筛下累积产率（又称负累积产率）。筛上累积产率是指大于某一筛孔的各粒级产率之和，即表示粒度大于某一筛孔的物料占原物料的质量分数。筛下累积产率是指小于某一筛孔的各粒级产率之和，即表示粒度小于某一筛孔的物料占原物料的质量分数。常见的固体颗粒筛析记录如表2-2所示。

表2-2 筛分分析结果

粒级/mm	质量/kg	各粒级产率/%	筛上（正）累积产率/%	筛下（负）累积产率/%
−12+10	1.50	10.00	10.00	100.00
−10+8	2.40	16.00	26.00	90.00
−8+6	3.60	24.00	50.00	74.00
−6+4	3.75	25.00	75.00	50.00
−4+2	2.25	15.00	90.00	25.00
−2+0	1.50	10.00	100.00	10.00
合计	15.00	100.00	—	—

2.3 粒度特性曲线与方程式

2.3.1 粒度特性曲线

为了便于根据筛析结果研究问题，通常将筛分分析结果绘制成曲线，称为粒度特性曲线。它可以直观地反映出被筛分物料中的任何一个粒级的产率与粒级之间的关系，即物料的粒度组成。粒度特性曲线通常有三种绘图方法，即算术坐标法、半对数坐标法和全对数坐标法，一般都是以产率为纵坐标，粒度为横坐标。根据各个粒级的产率绘制的曲线，称为部分粒度特性曲线；根据累积产率绘制的曲线，称为累积粒度特性曲线。实际上，最常用的是累积粒度特性曲线。

2.3.1.1 算术坐标法

算术坐标法是以累积产率为纵坐标、以粒度为横坐标表示粒度特性曲线的方法。

图 2-2 是根据表 2-2 的数据资料绘制的粒度特性曲线。如图 2-2 所示，由于粒度大于零（mm）的累积产率为 100%，所以正累积粒度特性曲线与纵坐标相交于 100%；粒度小于零（mm）的累积产率为零，所以负累积粒度特性曲线与纵坐标相交于零点。这两条曲线是相互对称的，它们相交于物料粒级产率为 50% 的点上。

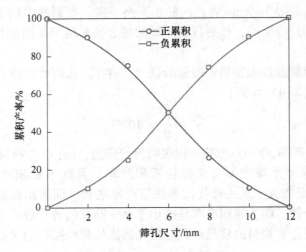

图 2-2　累积粒度特性曲线

　　这种累积粒度特性曲线在生产考查和流程计算中应用较为广泛，可以归纳为以下几点：（1）可以求出任意粒级的产率。某一粒级（$-d_1+d_2$）产率即为直径 d_1 和 d_2 的纵坐标之差。（2）求物料中最大块的直径。我国选矿工艺中规定用物料的 95% 能通过的方筛孔宽度表示该物料的最大块直径。因此，在负累积粒度特性曲线上，与纵坐标 95% 相对应的筛孔尺寸即为最大块直径。（3）判别物料的粒度特性。如图 2-3 所示，当物料中粗粒级占多数时，正累积粒度特性曲线呈凸形（曲线 1）；当物料中的细粒级占多数时，正累积粒度特性曲线呈凹形（曲线 3）；如果粒度分布是粗细比较均匀、质量大致相同，则粒度特性曲线呈直线（曲线 2）或接近于直线。

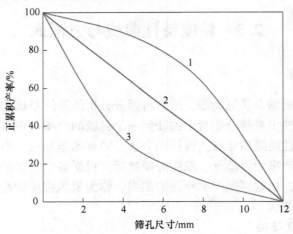

图 2-3　不同形状的累积粒度特性曲线

采用算术坐标法绘制的累积粒度特性曲线虽然绘制简单、应用广泛，但也有缺点。如粒度范围很宽时，由于细粒级在横坐标上的间距特别短，点很密集，曲线难以绘制和使用。因此，不宜用于表示粒度范围很宽的物料筛析结果。这种情况如果用对数坐标法来表示物料粒级的尺寸，细粒级的横坐标的间距增大，就可以避免细粒级各点过度密集。

2.3.1.2　半对数坐标法

半对数坐标法是以累积产率为纵坐标、以筛孔尺寸的对数值（如 $\lg d_1$）为横坐标表示粒度特性曲线的方法，它可以较为清晰地看出粒度范围很窄的物料的粒度组成及特性。如果筛析所用的套筛为标准筛，标准筛的筛比都有一定值，所以相邻两个筛子的筛孔尺寸取对数后，它们之间的距离在横坐标上是一样的。例如筛比为 $\sqrt{2}$ 的泰勒标准筛，各筛孔尺寸的对数差值恒为 $\lg\sqrt{2}$，即相邻两筛子的筛孔尺寸在对数坐标上的间距都是相等的。例如：

筛孔尺寸	筛孔尺寸的对数	相邻筛子筛孔尺寸的对数差
b	$\lg b$	—
$b\sqrt{2}$	$\lg b + \lg\sqrt{2}$	$(\lg b + \lg\sqrt{2}) - \lg b = \lg\sqrt{2}$
$b(\sqrt{2})^2$	$\lg b + 2\lg\sqrt{2}$	$(\lg b + 2\lg\sqrt{2}) - (\lg b + \lg\sqrt{2}) = \lg\sqrt{2}$

图 2-4 是根据表 2-2 的筛析数据资料绘制的半对数累积粒度特性曲线，但值得注意的是，在绘制这种曲线时：当 $d \to 0$ 时，$\lg d = \lg 0 = -\infty$，因此曲线不能画到粒度为 0 之处。

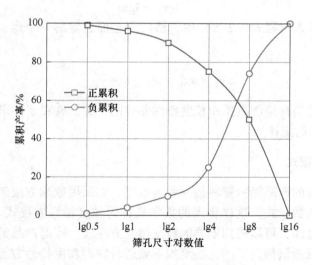

图 2-4　半对数累积粒度特性曲线

2.3.1.3　全对数坐标法

全对数坐标法是以累积产率、筛孔尺寸的对数值分别为纵坐标和横坐标表示粒度特性曲线的方法，用碎矿和磨矿产品的筛析数据资料在全对数坐标系作图时，它的负累积产率与粒度的关系常常近似于直线。图2-5就是根据表2-2的筛析数据绘制的全对数累积粒度特性曲线。从图中所示的情况，可以求出这条曲线的斜率和截距，可以用下列方程式表示：

$$\lg y = k\lg x + \lg a \quad 或 \quad y = ax^k \tag{2-5}$$

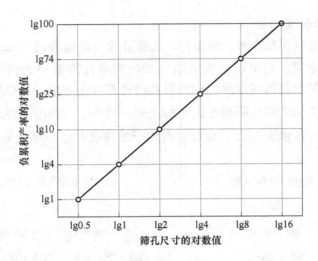

图2-5　全对数负累积粒度特性曲线

在直线上取相距较远的两点 (x_1, y_1) 和 (x_2, y_2)，则斜率为：

$$k = \frac{\lg y_1 - \lg y_2}{\lg x_1 - \lg x_2} \tag{2-6}$$

将所得的 k 值代入方程式（2-5）中，然后用上面选定的一个点，例如点 (x_1, y_1)，求截距 a 为：

$$y_1 = ax_1^k \quad 或 \quad a = \frac{y_2}{x_2^k} \tag{2-7}$$

通常使用全对数坐标绘制负累积粒度特性曲线的目的，就在于寻求可能存在的类似于方程式（2-5）这样的规律。

2.3.2　粒度特性方程式

破碎和磨矿过程的产品筛析资料是一系列数据，如果用数学方法整理它们，就有可能得到足以概括它们的数学式，这样得到的数学式称为粒度特性方程式。同一批碎磨产品，用不同的数学方法处理，可以得到不同的粒度特性方程式。碎磨产品的粒度特性，有时不是只用一个方程式就能概括得了的，甚至找不到适合它的粒度特性方程式。但是，一般破碎机、磨机和分级设备处理矿石所得的产品，常常可以用高登-舒曼（Gaudin-Schuhmann）和罗辛-拉姆勒（Rosin-Rammler）两种粒度特性方程式来描述。文献中记录的粒度特性方程式有10余种，但矿物加工过程常用的只有上述两个方程式。

2.3.2.1　高登-舒曼粒度特性方程式

高登-舒曼粒度特性方程式是基于采用全对数坐标绘制筛分分析曲线得到的一种经验

公式，可写为：

$$y = 100\left(\frac{x}{k}\right)^a = 100\left(\frac{x}{x_{\max}}\right)^a \tag{2-8}$$

式中，y 为筛下产物的负累积产率，%；x 为筛孔尺寸，mm；k 为粒度模数，即理论最大粒度（$x_{\max}$），mm；a 为与物料性质有关的参数，破碎产物的 a 值常介于 0.7~1.0 之间。

在颚式破碎机和圆锥破碎机破碎产物的粒度特性曲线中，从零到破碎机排矿口尺寸范围内的粒级产率都近似与公式（2-8）符合。

舒曼（Schuhmann）、查尔斯（Charles）和布朗（Brown）等人，将粒度特性方程式和破碎所需的能量相联系，开展了能量与破碎产物粒度特性关系的研究。例如，他们对石英砂矿开展磨矿试验，并将磨矿产物的筛析资料按公式（2-8）整理，从而求出粒度模数 k。通过比较、分析不同磨矿条件下测出所需的能量 E，得到下面的关系式：

$$E = a \cdot k^{-0.96} \tag{2-9}$$

式中，a 为与物料性质和所用的破碎设备有关的参数。

2.3.2.2 罗辛-拉姆勒粒度特性方程式

罗辛-拉姆勒粒度特性方程式是 1934 年罗辛（Rosin）和拉姆勒（Rammler）用统计方法整理破碎机和磨机的产品粒度分布时得出的，它适用于破碎的煤、细碎的矿石和磨细的矿料及水泥等。破碎机、磨机的排矿，以及分级机溢流和返砂等产物的粒度特性大多数情况下都符合此方程式，其数学表达式如下：

$$R = 100\mathrm{e}^{-bx^n} \tag{2-10}$$

式中，R 为筛上累积产率，%；x 为矿粒直径或筛孔尺寸，μm；b 为与产物细度有关的参数；n 为与物料性质有关的参数。

罗辛-拉姆勒粒度特性方程式的图解方法是将方程式（2-10）连续取两次对数，变为如下形式：

$$\lg \frac{100}{R} = b \cdot x^n \lg \mathrm{e}$$

$$\lg\left(\lg \frac{100}{R}\right) = n\lg x + \lg(b\lg \mathrm{e}) \tag{2-11}$$

用 $\lg\left(\lg \dfrac{100}{R}\right)$ 为纵坐标、$\lg x$ 为横坐标，根据式（2-11）绘制出一条直线，参数 n 可以通过直线的斜率求出。求方程式中参数的具体方法如下：

在直线上取相距较远的两点（x_1，R_1）和（x_2，R_2），列出联立方程式：

$$R_1 = 100\mathrm{e}^{-bx_1^n}$$

$$R_2 = 100\mathrm{e}^{-bx_2^n} \tag{2-12}$$

解联立方程式，求出 n：

$$n = \frac{\lg\left(\lg \dfrac{100}{R_1}\right) - \lg\left(\lg \dfrac{100}{R_2}\right)}{\lg x_1 - \lg x_2} \tag{2-13}$$

由已知点 (x_1, R_1) 的数值可以求出 b：

$$R_1 = 100\mathrm{e}^{-bx_1^n} \quad \text{或} \quad R_1 = \frac{100}{\mathrm{e}^{bx_1^n}}$$

$$bx_1^n \lg \mathrm{e} = \lg \frac{100}{R_1}$$

$$b = \frac{\lg \dfrac{100}{R_1}}{x_1^n \lg \mathrm{e}} \tag{2-14}$$

图 2-6 为采用表 2-2 筛析数据绘制的罗辛-拉姆勒粒度特性曲线。用上述方法，即可求出图 2-6 中直线的方程式为：

$$R = 100\mathrm{e}^{-bx^n} = 100\mathrm{e}^{-1.9767x^{1.9213}} \tag{2-15}$$

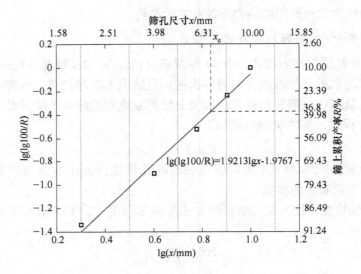

图 2-6　罗辛-拉姆勒粒度特性曲线

由公式 (2-10) 可以看出，只有当 $x = \infty$ 时，才能有 $R = 0$。即，只有物料粒度为无穷大时，筛上累积产率才为零，显然这是不符合实际情况的（如表 2-2 所示，当 $x = 12$ 时，$R = 0$）。但这并不影响它的应用，解决的方法是，可以取很小的 R 值（例如 0.1%），把和它相对应的筛孔尺寸作为最大粒度，这样就可以接近实际情况。

令

$$b = \frac{1}{x_e^n} \tag{2-16}$$

则公式 (2-10) 可以表示为：

$$R = 100\mathrm{e}^{-\left(\frac{x}{x_e}\right)^n} \tag{2-17}$$

当 $x = x_e$ 时，$R = \dfrac{100}{\mathrm{e}} = 36.8$。因此，从图 2-6 的纵坐标 36.8% 处作一水平线与图中的

直线相交，此交点的横坐标即为 x_e（$x_e = 6.922\text{mm}$）。在罗辛-拉姆勒方程式中，x_e 被称为"绝对粒度常数"，它就是筛上累积产率为 36.8% 时的筛孔尺寸。

符合罗辛-拉姆勒方程式的物料筛下累积产率可以表示为：

$$y = 100 \times \left[1 - e^{-\left(\frac{x}{x_e}\right)^n} \right] = 100 \times \left[\left(\frac{x}{x_e}\right)^n - \frac{\left(\frac{x}{x_e}\right)^{2n}}{2!} + \frac{\left(\frac{x}{x_e}\right)^{3n}}{3!} - \cdots \right] \tag{2-18}$$

当 $\frac{x}{x_e} < 1$ 时，如对式（2-18）仅取首项，可得：

$$y = 100 \left(\frac{x}{x_e}\right)^n \tag{2-19}$$

此式与公式（2-8）类似，故可以将高登-舒曼粒度特性方程式看作是罗辛-拉姆勒粒度特性方程式的近似表达。也就是说，后者虽然比前者复杂，但却更为精确。

粒度特性方程式能够概括复杂的筛分分析数据，因此可用它计算表面积、颗粒数、平均粒度、某一粒级的筛分效率等。近年来，将它与碎矿和磨矿的功耗相联系，成为研究这些粉碎过程的重要手段。

2.4 矿石的力学性质

2.4.1 矿石强度

矿石强度是指矿石抵抗外力破坏的能力，一般用破坏应力表示，即矿石破坏时单位面积上所受的力，单位为 N/m^2 或 Pa。按破坏时施力方式的不同，可分为抗压、抗剪、抗弯和抗拉强度等。

矿石的破坏应力中以抗拉应力为最小，它只有抗压应力的 1/30~1/20，为抗剪应力的 1/20~1/15，为抗弯应力的 1/10~1/6。因此，矿石的机械强度一般有如下规律：

抗压强度 > 抗剪强度 > 抗弯强度 > 抗拉强度

根据测定的抗压强度，将抗压强度大于 250MPa 的，称为坚硬矿石；处于 40~250MPa 之间的，称为中硬矿石；小于 40MPa 的，称为软矿石。不含任何缺陷的完全均质矿石的强度为理论强度，它相当于原子、离子或分子间的结合力。矿石的实际强度或称实测强度，低于其理论强度，一般实测强度约为理论强度的 1/1000~1/100。强度高低是矿石内部价键结合能的体现，粉碎过程实际上是通过外部作用力对矿石施加能量足以超过其结合能时，矿石发生变形、破坏以致粉碎。对于同一种矿石，其强度与粒度有密切关系。一般而言，颗粒粒度越小，强度越大。这主要是由于矿石粒度变小，颗粒宏观和微观裂纹减小，缺陷愈少，抗破坏应力变大，这也是超细粉碎能耗高的原因之一。

2.4.2 矿物硬度

矿物硬度是指矿物抗变形的阻力，一般用莫氏（Mohs）硬度表示，可分成 10 个等级，金刚石最硬为 10，滑石最软为 1，典型矿物硬度分类如表 2-3 所示。

表 2-3　典型矿石的莫氏硬度

莫氏硬度	典型矿物	晶格能/kJ·mol^{-1}	表面能/mJ·m^{-2}
1	滑石	—	—
2	石膏	2592	40
3	方解石	2709	80
4	萤石	2667	150
5	磷灰石	4389	190
6	长石	11286	360
7	石英	12498	780
8	黄晶	14354	1080
9	刚玉	15633	1550
10	金刚石	16720	

常见矿物的莫氏硬度和密度见表 2-4。

表 2-4　常见矿物的莫氏硬度和密度

矿物	密度/g·cm^{-3}	莫氏硬度	矿物	密度/g·cm^{-3}	莫氏硬度
石墨	2.1~2.2	1	尖晶石	3.5~4.5	8
石膏	2.3	1.5~2	菱铁矿	3.7~3.9	3.5~4.5
水铝矿	2.35	2.5~3.5	天青石	3.9~4.0	3~3.5
正长石	2.5~2.6	6	孔雀石	3.9~4.1	3.5~4.0
斜长石	2.6~2.8	6~6.5	刚玉	3.9~4.1	9
石英	2.5~2.8	7	闪锌矿	3.9~4.2	3.5~4
方解石	2.6~2.8	2~3	黄铜矿	4.1~4.3	3.5~4
滑石	2.7~2.8	1	独居石	4.2~4.3	3~3.5
白云石	2.8~2.9	3.5~4	金红石	4.2~4.3	6~6.5
菱镁石	2.9~3.1	4~4.5	重晶石	4.3~4.7	3~3.5
角闪石	2.9~3.4	5.5~6.5	硫砷铜矿	4.4~4.5	3.5
萤石	3.0~3.2	4	硬锰矿	4.4~4.7	4~6
磷灰石	3.2	5	辉锑矿	4.6~4.7	2
蓝晶石	3.2~3.7	7~7.5	黄铁矿	4.6~4.7	4
菱锰矿	3.3~3.7	3.5~4.5	钛铁矿	4.7	5~6
金刚石	3.5	10	软锰矿	4.7~5.2	3.5~4.5

此外在矿物加工领域习惯用普氏硬度系数作为矿石坚固性的标准，普氏硬度系数为抗压强度的百分之一，用符号 f 表示，即：

$$f = \frac{\sigma_{\mathrm{p}}}{100} \tag{2-20}$$

式中，σ_{p} 为抗压强度，kg/cm^2。

通常用"可碎性系数"来衡量矿石粉碎的难易程度，可碎性系数的表示方式如下：

$$k = \frac{Q}{Q_0} \times 100\% \tag{2-21}$$

式中，k 为可碎性系数；Q_0 为粉碎机粉碎中硬矿石的生产率，%；Q 为粉碎机在同样条件下粉碎指定矿石的生产率，%。

实践中常以石英作为标准的中硬矿石，将其可碎性系数定为1，硬矿石的可碎性系数小于1，而软矿石则大于1。在矿物加工实践中，通常按普氏硬度将矿石分为五个等级，以此来表示矿石粉碎的难易程度，详见表2-5。

表 2-5　矿石粉碎难易程度分类

硬度等级	σ_{p}/MPa	普氏硬度系数	可碎性系数	可磨性系数	矿石实例
很软	<20	<2	1.3~1.4	2	石膏、石板岩
软	20~80	2~8	1.1~1.2	1.25~1.4	石灰石、泥灰岩
中硬	80~160	8~16	1	1	硫化矿、硬质页岩
硬	160~200	16~20	0.9~0.95	0.85~0.7	铁矿石、硬砂岩
很硬	>200	>20	0.65~0.75	0.5	硬花岗岩

2.4.3　矿物的脆性与延展性

矿物的脆性是指矿物受外力作用时易发生碎裂的性质。脆性矿物以应变形式储存应力的能力很小，因而极易发生破裂。绝大多数非金属矿都具有脆性，如萤石、方解石等。

物料受外力拉引时易形成细丝的性质，称为延性；而展性是指物料在锤击或碾压下易形变成薄片的性质。延性和展性往往同时存在，统称为延展性。矿物延展性是矿物受外力作用发生晶格滑移塑性形变的一种表现，是纯金属键矿物的一种特性。自然金属元素矿物，如自然金、自然银和自然铜等均具有延展性；某些硫化矿物，如辉铜矿也表现出一定的延展性。

2.4.4　矿物的弹性和挠性

矿物在外力作用下发生弯曲变形，在外力撤除后，在弹性限度内能够自行恢复原状的性质，称为弹性。具有层状结构的云母及链状结构的角闪石表现出明显的弹性。而某些层状结构的矿物，如滑石、绿泥石、蛭石、石墨、辉钼矿等在撤除使其发生弯曲变形的外力后，不能恢复原状，这种性质称为挠性。

矿物的弹性和挠性取决于晶体结构特点，即矿物晶格内结构层间或链间键力的强弱。如果键力微弱，受力时层间或链间可发生相对位移而弯曲，由于基本上不产生内应力，故形变后内部无力促使晶格恢复到原状而表现出挠性；若层间或链间以一定强度的离子键联结，受力时发生相对晶格位移，同时所产生的内应力能在外力撤除后使形变迅速复原，即表现出弹性。

2.5　矿物的解离

在不同的行业中粉碎作业的目的是不一样的，如水泥、建筑等行业仅要求粒度及粒度组成，但在矿物加工行业中，被加工矿石的有用矿物和脉石矿物或有用矿物之间都是紧密连生在一起的，而用物理选矿方法要将有用矿物和脉石矿物分离成单独的精矿，首先必须使连生在一起的有用矿物与脉石矿物解离。同时，由于各种矿物分选方法对物料的分离粒度上限、下限有一定范围要求，因此矿物加工过程中粉碎的物料粒度应尽可能地不低于选矿方法所能回收的粒度下限，不"过粉碎"。即既要求单体解离，又不过粉碎，粒度适合分离要求，这是矿物加工过程中的重要因素。

在矿石粉碎产品中，有些颗粒只含有一种矿物，称为单体；另一些颗粒含有的矿物不仅仅只有一种，两种或两种以上矿物连生在一起，称为连生体。矿石粉碎后，某矿物的单体解离度定义为：同一粒度级别的物料群中，某矿物的单体解离颗粒数占该粒群中含有该矿物的颗粒总数的百分比，即：

$$L = \frac{A}{A + B} \times 100\% \tag{2-22}$$

式中，L 为某矿物的单体解离度，%；A 为该矿物的单体颗粒个数；B 为含有该矿物的连生体个数。

在矿物加工中，精矿品位低、尾矿品位高及中矿产率大，往往都是矿物解离度不够造成的。矿物的单体解离度受矿石中有用矿物的嵌布粒度、连生矿物的镶嵌关系等影响，其中又以受有用矿物嵌布粒度影响最大。

2.5.1　矿物的嵌布粒度

矿物的嵌布粒度可分为结晶粒度和工艺粒度两大类。结晶粒度是指同种矿物单个结晶体（晶质个体）的大小，结晶粒度主要用于成因研究；工艺粒度，是指同一种矿物组成的颗粒（包括同一种矿物的单晶体颗粒和集合体颗粒）的大小。矿物的嵌布粒度是决定矿物单体解离的重要因素，也是选择粉碎作业工艺参数的主要依据之一。

矿物嵌布粒度的大小直接影响到选矿方法及其工艺流程的选择，通过对矿物嵌布粒度的分析，可以预测一定磨矿细度下可能达到的单体解离，并由此确定有用矿物实现解离所需要的最佳磨矿细度。矿物解离程度的好坏，直接影响选矿技术指标，如精矿品位、回收率等。有用矿物单体解离度达到一定程度时，才能够获得有效的分离和富集。因此，研究矿石中矿物的嵌布粒度和解离度，对于指导选矿工艺流程的开发具有重要作用。

矿物的嵌布粒度特性就是指矿物工艺粒度的大小和分布特征，图2-7（a）是一细粒方铅矿集合体。从矿物学的观点来看，方铅矿颗粒较小，因为其中每一个小颗粒的方铅矿都有自己独立的结晶中心。而在选矿加工时，这种矿石只要经过粗略破碎，这种方铅矿很容易就会与矿石中其他矿物解离。因此，从选矿工艺角度来看，该方铅矿颗粒的工艺粒度（嵌布粒度）远大于其结晶粒度。相反地，图2-7（b）是一个几厘米大小的毒砂骸晶，大致保留了毒砂的晶体轮廓，但晶体中的许多部分被方解石交代占据。从矿物学角度看，它是一个很大的毒砂单晶体颗粒。但从矿石工艺性质角度来看，它是一个矿物连生体颗粒，需经过细磨，才能使毒砂单体解离出来。

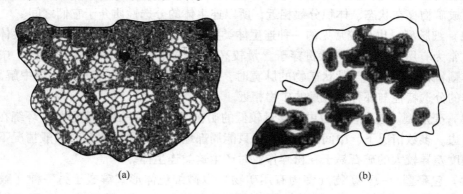

图 2-7 典型矿物的工艺粒度大小和分布特征

（a）细粒方铅矿集合体；（b）毒砂晶体被方解石交代后的骸晶

矿石中有用矿物的嵌布粒度大多不相等，有粗、中、细之分。根据矿石中有用矿物粒度的粗、细程度进行粒级划分，虽无统一的划分标准，但原则上应与分选工艺的筛析粒级一致，这样才能使粒度分析与分选工艺相吻合，详见表 2-6。

表 2-6 有用矿物嵌布粒级的划分

粒级名称	粒级范围/mm	可选性	粒级名称	粒级范围/mm	可选性
粗粒	>2	易选粒级	微粒	0.075~0.045	易选粒级
中粒	1~2	易选粒级	显微粒	0.045~0.01	难选粒级
细粒	0.075~1	易选粒级	超显微粒	<0.01	难选粒级

2.5.2 矿物的连生体类型

连生体是粉碎颗粒中比单体复杂的一种矿物存在形态，一般由两种及以上矿物组成。对它的研究一般包括连生体的矿物组成、组成矿物的含量比、组成矿物的共生形式等，其中矿物共生形式由于不易量化和对分选过程的影响显著而成为重要的研究内容。

基于连生体的分选特性和组成矿物解离难易程度，高登（A. M. Gaudin）将含有两种矿物的连生体分为毗邻型、细脉型、壳层型和包裹型等 4 种类型，如图 2-8 所示。

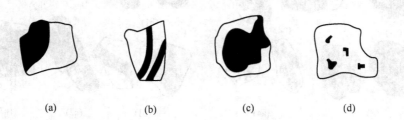

（a） （b） （c） （d）

图 2-8 高登分类的连生体类型

（a）毗邻型；（b）细脉型；（c）壳层型；（d）包裹型

（1）毗邻型。这是连生体中最常见的一种类型，它的组成矿物连生边界平直、舒缓、边界线呈线性弯曲状。这类连生体只要再稍加粉碎，就会有矿物单体解离出来。由于连生体各组成矿物存在状态、体积分数相近，所以连生体的分选性质介于它们之间。

（2）细脉型。也是较常见的一种连生体类型，但不及毗邻型普遍。此类连生体中一种矿物（常为有用矿物）呈脉状贯穿于含量较高的另一种矿物（多为脉石矿物）中，只有当粉碎颗粒粒度明显小于脉状矿物的脉宽时，该脉状矿物才有可能从连生体中解离出来，连生体的分选特性与那种高含量的矿物相近。

（3）壳层型。连生体颗粒中，含量较低的矿物以厚薄不一的似壳层状，环绕在主体矿物外周边。多数情况下，中间的主体矿物只能局部地为外壳层所覆盖。一般情况下，组成矿物硬度差异较大的矿石易于在粉碎作业时产生这类连生体。

（4）包裹型。一种矿物（多为有用矿物）以微细包体形式镶嵌于另一种（载体）矿物中，包体粒径一般在 $5\mu m$ 以下，含量不到总量的 1/20，它是尾矿中金属流失的重要原因。

阿姆斯蒂茨（G. L. Amstutz）遵循与高登基本相似的原则，将连生体具体划分为"三类九式"，如图 2-9 所示，（a1）~（a4）为第一类，（b1）（b2）为第二类，（c1）~（c3）为第三类。其中：

（1）（a1）为等粒毗邻连生。这是连生体中矿物结合关系最简单的一种，颗粒中不同的两种矿物不仅体积变化相当，且共用边界单一而少有变化，属于组成矿物易于解离的连生体。

（2）（a2）为斑点状或港湾状连生。连生矿物共用界面起伏弯曲似港湾状，或一种矿物呈岛状置于另一种矿物中呈斑点状，属磨矿产物中常见连生体，这种类型连生体再稍加粉碎即会有新的单体产生。

（3）（a3）为文象状或蠕虫状连生体，比较常见，通常不可能完全解离。

（4）（a4）为浸染状或乳滴状连生体，比较常见，完全解离困难或不可能。

（5）（b1）为皮膜状、反应边状或环状连生体，由于交代、表面氧化、浸染等原因，形成的一种连生体。在这种类型的连生体中，一种矿物环绕另一种矿物表面呈薄膜状态存

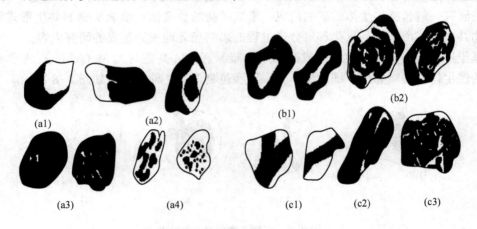

图 2-9　阿姆斯蒂茨分类的连生体类型

在，完全解离困难。

（6）（b2）为同心圆（环）状、球粒状、复皮壳状连生体，如鲕状赤铁矿，解离非常困难。

（7）（c1）为脉状、缝状、夹心状连生体，这种类型的连生体颗粒完全解离比较容易。

（8）（c2）为层状、片状、锯片状连生体，这种连生体的解离性是变化的。

（9）（c3）为网状、盒状、格子状连生体，比较少见，解离困难或不可能。

2.5.3 矿物的解离方式

矿物的单体和连生体，是矿石粉碎产物中固体颗粒的两种基本形态。随着磨矿细度的提高，产物中的单体数量和连生体数量互为消长地上升与下降。矿石的组成矿物在外力作用下演变为单体的过程，称为矿物解离。高登定义的粉碎解离，是指粒度较粗的连生体颗粒被粉碎成粒度小于其组成矿物工艺粒度的细颗粒时，颗粒体积减小使组成矿物部分地解离成单体。此时，由于不同矿物间的结合力未遭到破坏，导致颗粒粒度降低的破裂面常穿过界面，这种现象也叫作随机破碎解离。

与粉碎解离不同，脱离解离是指在外力作用下连生体各组成矿物沿共用边界相互分离，裂缝沿着矿物边界传播和扩展。脱离解离由于只需耗费不多的能量即可实现矿物解离，所以是粉碎过程中期望的理想解离方式。然而，实际粉碎过程中的矿物解离往往是两种方式并存，并以粉碎解离为主。因为只有相邻不同矿物的物理性质相差悬殊，且界面结合强度远小于界面两边矿物自身强度时，矿物才有可能在外力作用下优先从界面分离，而这类矿石并不多见。

如果矿物与脉石边界结合强度很弱，就可获得高的单体解离度，通常造岩矿物特别是沉积岩矿物就属于这种情况。沉积岩矿物较多，除了岩浆岩碎屑，常见典型自生矿物有黏土矿物、方解石、白云石、石英等。

2.5.4 矿物解离数学模型

矿石中矿物的单体解离，除了从对粉碎产物的实际观测中获取外，还可以根据磨矿细度和矿物的粒度分布，或者矿石结构构造等特征，利用某种解离模型，也能做出相应的判断。

矿物解离模型的基本功能是在矿石粉碎前对不同磨矿细度下的矿物解离做出预测，从而对矿物分选起到降低能耗、减少泥化、提高有用矿物回收指标的作用。同时，通过对预测结果与实际资料的对比，还可以加深对矿物解离现象的本质认识。

2.5.4.1 高登模型及其改进

美国的高登（A. M. Gaudin）是第一个试图建立矿物解离数学模型的人，并首次提出了高登模型，为矿物解离模型的研究奠定了基础。此模型假定矿石破碎前的有用矿物是完整的立方体，矿粒彼此相互平行、均匀嵌布在脉石矿物基体中，粉碎颗粒同样也是大小相同的完整立方体，并利用目标矿物的嵌布（工艺）粒度大小与粉碎后颗粒粒度大小的比值作参数，建立了矿物的解离数学模型：

$$L = \left(\frac{K-1}{K}\right)^3 \tag{2-23}$$

式中，L 为有用矿物的单体解离度，%；K 为立方体矿物嵌布粒度与粉碎产物粒度之比，$K>1$。

高登用此模型预测由随机破裂导致的粉碎解离，并引申出以下几点结论：（1）只有当粉碎颗粒粒度小于有用矿物嵌布粒度时（即 $K>1$），有用矿物才有可能发生单体解离；（2）当有用矿物嵌布粒度一定时，粉碎细度越小，单体解离度越高；（3）在一定的粉碎细度下，单体解离度随着有用矿物嵌布粒度的增大而提高。然而，这个模型把被磨物料的结构和碎磨过程过于理想化，基本假定不符合实际，故高登模型未能在生产和试验分析中得到应用。

针对高登模型的不足，威格尔（R. L. Wiegel）于 1963 年沿着两个方面对高登模型进行了改进，使它用于随机分布的矿物颗粒。首先，他假定矿物颗粒所占据的位置是随机的，从而在被磨物料的结构中引入了一个随机因素。其次，他把经碎磨后产生的碎块分为三类：解离的矿物、解离的脉石和连生体，经过推导，得到了连生体颗粒中矿物含量分布的表达式，这是在高登模型基础上的一大进步。除此以外，威格尔基本上保留了高登的假定，仍然是二元矿物体系，均匀的立方体被破碎成更小的立方体，因而他导出的解离模型与高登模型基本相似。

上述这些研究，都同时考虑了矿石结构特性和碎磨过程，奠定了建立解离模型的基础，这种思想也一直为后人所接受。但是高登和威格尔把碎磨过程过于理想化，忽略了利用粉碎产物中粒度分布所提供的信息预测解离度。所以解离模型发展的目标可以认为是如何充分利用矿石结构特性和粒度分布预测解离度，南非的钦（R. P. King）在这方面取得了较大的成就。

2.5.4.2　钦模型

南非的钦（R. P. King）做了与实际偏离不大的两点假设：矿石在碎磨作业中破裂时，完全是随机的；矿物的组成矿物脆性相同。他根据矿物在矿石中的线性截距长度的分布，并用概率论的理论，导出的有用矿物的解离模型为：

$$L_{\mathrm{P}}(D) = 1 - \frac{1}{\bar{l}_{\mathrm{p}}} \int_{0}^{l_{\max}} [1 - T_{\mathrm{P}}(l)][1 - T(l/D)]\mathrm{d}l \tag{2-24}$$

式中，$L_{\mathrm{P}}(D)$ 为粒度为 D 的单位重量的矿石中有用矿物 P 的解离度；$\bar{l}_{\mathrm{p}}$ 为有用矿物 P 在未被粉碎的矿石中的平均线性截距长度；$l_{\max}$ 为粒度为 D 的颗粒中最大线性截距长度；$T_{\mathrm{P}}(l)$ 为矿石中矿物 P 的线性截距长度分布函数；$T(l/D)$ 为产物粒度为 D 的颗粒中的线性截距分布函数。

钦解离模型表明，只要在光（薄）片上测量出足够多矿物和颗粒的线性截距长度，将 $T(l/D)$ 和 $T_{\mathrm{P}}(l)$ 两个分布函数确定后，即可顺利求解到不同粒级下矿物的单体解离度。

有关分布函数 $T(l/D)$ 和 $T_{\mathrm{P}}(l)$ 的形式，除根据实测数据资料获取外，钦本人和其他一些研究者进行了一些有益的尝试。钦建议采用的是由安德伍德（Underwood）根据球形颗粒导出的关系式：

$$T_{\mathrm{P}}(l) = 1 - \exp\left(-\frac{l}{l_{\mathrm{p}}}\right) \tag{2-25}$$

$$T(l/D) = \frac{l^2}{D^2} \tag{2-26}$$

将式（2-25）和式（2-26）代入式（2-24），并设定 $l_{\max} = D$，那么有用矿物的粒级解离度可表示为：

$$L_P(D) = 2\bar{l}_P/D^2 [\bar{l}_P - (\bar{l}_P + D)\exp(-D/\bar{l}_P)] \tag{2-27}$$

芬内生（Finlayson）在认真分析钦的数据基础上，给出了如下的经验公式：

$$T(l/D) = 1 - \left(1 - \frac{l}{\sqrt{2}\,l_{\max}}\right)\exp\left(-\frac{R^2 l}{\sqrt{2}\,l_{\max}}\right) \tag{2-28}$$

式中，R 为产物粒度筛分所用套筛的筛比。当采用泰勒标准筛时，筛比 $R = \sqrt{2}$。

式（2-28）虽然很好地拟合了钦的数据，但是当 $1 > \sqrt{2}\,l_{\max}$ 时，$T(l/D) > 1$，这显然是不可能的，所以芬奇（Finch）建议采用以下形式：

$$T(l/D) = 1 - \exp\left(-\frac{kl}{D}\right) \tag{2-29}$$

式中，k 为经验常数，取值区间为 $k = 2 \pm 0.4$，能很好地拟合钦的数据。

将式（2-25）和式（2-29）代入式（2-24），同时使 $l_{\max} = D$，那么有用矿物的粒级解离度可表示为：

$$L_P(D) = 1 - D/(2\bar{l}_P + D)\{1 - \exp[-(2\bar{l}_P + D)/\bar{l}_P]\} \tag{2-30}$$

式（2-27）~式（2-30）表明，只要在光（薄）片中测量到有用矿物的平均截距长度 $\bar{l}_P$，即可对它的粒级（D）解离度做出预测。

模型预测与钦实测的黄铁矿的粒级解离度见表 2-7。

表 2-7 黄铁矿的粒级解离度模型预测值与实测值的对比

筛分粒级/μm		415~295	295~206	206~147	147~104	104~74	74~61	61~43
几何平均值/μm		250	248	175	124	88	67	51
解离度	实测值	45.00	50.10	56.50	64.00	67.50	63.00	73.00
	模型预测值	41.00	47.00	53.00	63.00	70.20	77.80	81.50

如果粉碎产物的粒度分布函数或粒度特性方程式为 $f(D)$，则整个粉碎产物的解离度（L）为：

$$L = \int_0^{l_{\max}} L_P(D) f(D)\,\mathrm{d}D \quad (l_{\max} = D) \tag{2-31}$$

这是迄今为止，人们运用数学推导得到的有关矿物解离模型的最好结果。总的来说，钦模型不需要做出那样严格且不切实际的假定，特别是不需要任何经验常数，所需的全部数据都能够通过测量样本光（薄）片得到，因而比其他模型更有基础，更符合实际情况。

2.6　颗粒破裂理论

2.6.1　晶体破碎理论

构成晶体的基本质点是离子、原子或分子，它们在空间上按照一定的几何规律做周期性排列，质点间的吸引力主要是库仑力。当两质点足够靠近时，外围电子云之间又产生了排斥力，如果电子轨道相互侵占，还会发生更为强烈的排斥作用，引力和斥力的合力为：

$$P = \frac{Ae^2}{r^2} - \frac{nB}{r^{n+1}} \tag{2-32}$$

式中，A 为麦德隆常数，它取决于晶胞质点的排列方式，对于一维空间，按正负质点穿插排列时，$A = 2\ln 2 = 1.39$；e 为质点所带的电荷量；r 为质点间距离；指数 n 与晶体类型有关，对于离子型晶体 $n = 9 \sim 11$，对于分子型晶体 $n = 2 \sim 3$；B 为与结构构造有关的常数。

式（2-32）右端的第一项代表引力，第二项代表斥力。斥力属于近程力，当质点间距变大时，迅速减小为零；引力虽然也与质点间距成反比，但减小的幅度要小得多。

由于质点间存在着相互作用力，在构成晶体时也就具有一定的能量，称为结合能，它的大小可由下式表示：

$$U = -\frac{Ae^2}{r} + \frac{B}{r^n} \tag{2-33}$$

质点间的作用力和结合能与质点间距的变化关系如图 2-10 所示。由图可知，在引力和斥力相等的位置（$r = r_0$），结合能最小，这就是平衡的位置。当晶体受到外力而被压缩时，$r < r_0$，这时斥力增加超过了引力的增加，剩余的斥力支撑着外力的压迫；当晶体受到外力而伸张时，$r > r_0$，引力的减小小于斥力的减少，多余的引力抵御着外力的拆散作用。

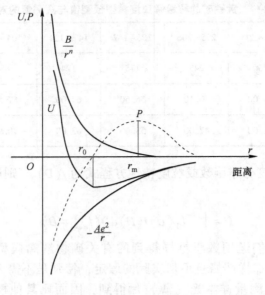

图 2-10　晶胞中质点间距与相互作用力、结合能的关系

但随着质点间距离的进一步增加，引力的绝对值是减小的，故伸张到一定程度，当 $r = r_m$ 之后质点间相互作用力 P 不可能再增大了，晶体最终抵制不住外力的拉伸而被破碎。

2.6.2 裂纹扩展理论

裂纹的扩展虽不能说是破碎的所有形式，但无疑是一般破碎的基本过程。对于矿石来说，它既有隐藏的缺陷，又具有脆断的特点，所以研究裂纹的扩展条件和理论，就更有现实意义。格里菲斯（Griffith）基于破碎玻璃实际消耗的能量只有理论数值的三万分之一的这样一个事实，将表面能的概念引入弹性理论，认为材料实际强度远远低于理论数值是由于存在着极细微的裂纹。

2.6.2.1 裂纹扩展条件

设一单位厚度的无限大平板，受单向均匀拉应力 σ 的作用，在板的中间开一个长轴与载荷方向垂直的小椭圆孔，则椭圆孔附近的应力分布如图 2-11 所示。在长轴的两端点出现了应力集中，在离孔远处，应力分布受孔的干扰很小，基本上还是均匀分布的。若椭圆的短轴减小为零，则形成了一条长度为 $2a$ 的裂纹，裂纹顶端附近的应力分布为：

$$\sigma_y = \frac{x\sigma}{\sqrt{x^2 - a^2}} \quad (x \geqslant a) \tag{2-34}$$

从式（2-34）可知，在裂纹顶端应力为无穷大。但实际上裂纹的短轴并非为零，其端点必有一个曲率半径 ρ，这时裂纹端点的应力为：

$$\sigma_{max} = \sigma\left(1 + 2\sqrt{\frac{a}{\rho}}\right) \tag{2-35}$$

当 $\rho \ll a$ 时，式（2-35）可简化为：

$$\sigma_{max} \approx 2\sigma\sqrt{\frac{a}{\rho}} \tag{2-36}$$

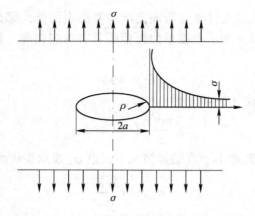

图 2-11 椭圆裂纹附近应力分布

裂纹扩展时新表面不断增加，表面能不断增加，所以裂纹扩展过程，可以看作是外力所做的功或物体的弹性能不断转化为表面能的过程。如图 2-12 所示，设想一块两端固定的单位厚度薄板，外载荷不做功。在板中没有裂纹时，应力分布是均匀的（见图 2-12

（a）），在一个直径为 $2a$ 的圆圈内，所含有的弹性能 U 为：

$$U = \frac{\sigma^2}{2E}\pi a^2 \qquad\qquad (2-37)$$

式中，E 为薄板的弹性模量。

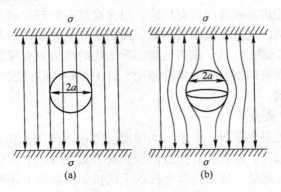

图 2-12　裂纹扩展时所减少的弹性能

　　如果在薄板的中部出现一条长度为 $2a$ 的裂纹（见图 2-12（b）），那么在裂纹中间应力减小了，而在裂纹两端应力集中了。这时总的弹性能减小了，薄板所减小的弹性能按新应力场的严格积分计算，恰好比式（2-37）大一倍，即：

$$U = \frac{\sigma^2}{E}\pi a^2 \qquad\qquad (2-38)$$

　　裂纹长度越大，弹性能的减小就越多。如果裂纹的两端扩展长度为 $\mathrm{d}a$，则裂纹扩展造成的释放能量为：

$$\mathrm{d}U = \frac{2\pi\sigma^2 a}{E}\mathrm{d}a \qquad\qquad (2-39)$$

　　如果所释放的能量足以支付建立新表面所需要的表面能，那么从能量平衡的角度看，裂纹就可能自行扩展。以 γ 表示薄板单位面积所具有的表面能，裂纹增加 $\mathrm{d}a$ 时，至少要支付的能量如下：

$$\mathrm{d}U \geqslant 4\gamma\mathrm{d}a \qquad\qquad (2-40)$$

　　将式（2-39）代入式（2-40）得：

$$\frac{2\pi\sigma^2 a}{E}\mathrm{d}a \geqslant 4\gamma\mathrm{d}a \qquad\qquad (2-41)$$

　　消去式（2-41）两侧的 $\mathrm{d}a$，在临界情况下，以 σ_c 表示裂纹远处的应力临界值，有：

$$\sigma_\mathrm{c} = \sqrt{\frac{2\gamma E}{\pi a}} \qquad\qquad (2-42)$$

　　式（2-42）就是格里菲斯的裂纹扩展条件式。在三维的平面应变条件下，裂纹扩展条件式就成为下面的形式：

$$\sigma_\mathrm{c} = \sqrt{\frac{2\gamma E}{\pi(1-\mu^2)a}} \qquad\qquad (2-43)$$

式中，μ 为材料的泊松比。

在无限体内含有圆片形裂纹面时，裂纹扩展条件为：

$$\sigma_c = \sqrt{\frac{2\gamma E}{2(1 - \mu^2)a}} \qquad (2-44)$$

裂纹的扩展除了要向建立新表面提供足够的能量外，还必须使裂纹尖端所具有的应力能够克服物体结构相互间的引力，即式（2-36）中的σ_{max}必须大于材料的拉断极限强度R。格里菲斯把晶胞看作构成材料的基本单元，从晶体理论的研究有：

$$R = \sqrt{\frac{\gamma E}{r_0}} \qquad (2-45)$$

式中，r_0为晶胞质点间的距离。

由式（2-44）和式（2-45），让$\sigma_{max} \geq R$得：

$$\sigma_c \geq \frac{1}{2}\sqrt{\frac{\rho\gamma E}{r_0 a}} \qquad (2-46)$$

式（2-46）表示裂纹远方的应力大小必须达到或超过该式右侧数值，裂纹才得以扩展。这个应力的大小和裂纹的长度、尖端的曲率半径等有关，如果让应力σ_c同时满足式（2-46）和（2-42），就可以得出裂纹扩展的尖端曲率半径临界关系如下：

$$\sqrt{\frac{2\gamma E}{\pi a}} \geq \frac{1}{2}\sqrt{\frac{\rho\gamma E}{r_0 a}} \qquad (2-47)$$

化简后得：

$$\rho \leq \frac{8}{\pi}r_0 \qquad (2-48)$$

由式（2-48）可知，这种裂纹是很微小的，与晶胞尺寸具有相同的数量级。从上面的论证看来，似乎裂纹发生发展的这一套理论，只能用在微小的格里菲斯裂纹上。其实并不尽然，只要把上述式（2-48）中的r_0不理解为晶胞尺寸，而当作材料断裂时的基本构造单元的尺寸。对于矿石来说，矿物颗粒尺寸可以认为是r_0；对于整个地质构造来说，岩石纵横交错的弱面（如节理、裂隙、断层等）间尺寸也可算作r_0。因此，这一结论可推广应用到实际的矿石粉碎过程。

2.6.2.2 裂纹扩展速度

在裂纹扩展的过程中，若所需的表面能小于外载荷所做功和释放弹性能之和，势必造成能量的"过剩"。过剩的能量将以动能的形式表现出来，即裂纹将以一定的速度扩展，计算得到的裂纹扩展速度可表示为：

$$v = 0.38v_s\sqrt{1 - \frac{\sigma_c}{\sigma}} \qquad (2-49)$$

由式（2-49）可知，当$\sigma = \sigma_c$时，$v \to 0$；当$\sigma \gg \sigma_c$时，$v \to 0.38v_s$。在一般情况下，裂纹的扩展速度约在声速v_s的三分之一以下，这一点也已为实验所证实。即：

$$0 \leq v \leq 0.38v_s \qquad (2-50)$$

2.6.3 格里菲斯强度理论

颗粒断裂力学是材料学科的一个分支。断裂力学是近几十年来迅速发展起来的一门新兴学科，它主要研究带裂缝固体的强度和裂缝传播的规律。断裂力学摒弃了传统强度理论关于材料不存在缺陷的假设，认为裂缝的存在是不可避免的。如金属材料在生产和使用过程中都会产生裂缝，岩石颗粒的内部存在裂纹。1920年格里菲斯（Griffith）为了解释玻璃、陶瓷等脆性材料的实际强度与理论强度的巨大差异，建立了裂缝扩展的能量平衡判据。在经典能量平衡方程中加入一项表面能，成功说明了实际强度与最大裂纹尺寸的关系。格里菲斯认为裂纹扩展时，为了形成新裂缝表面必定消耗一定的能量，该能量是由弹性应变释放所提供的，据此求得裂纹扩展临界状态的应力为：

$$\sigma_c = \sqrt{\frac{4\gamma E}{\pi l}} \tag{2-51}$$

式中，E为弹性模量；γ为单位自由表面的表面能；l为裂纹长度。

格里菲斯公式只适用于脆性材料的断裂，直到20世纪50年代奥罗万（Orowan）及欧文（Irmin）修正格里菲斯公式并用于金属材料的脆性断裂。他们认为格里菲斯提出的能量平衡中必须同时考虑裂缝尖端附近塑性变形消耗的能量，并提出了金属材料断裂的概念。

尽管上述理论不以研究颗粒粉碎为背景，但是格里菲斯理论完全可应用于颗粒粉碎研究中。值得注意的是，格里菲斯理论的基础是无限不变形的弹性理论，不能用于变形大的弹性体，如橡胶等。

2.6.4　粉碎方法与模型

2.6.4.1　粉碎方法

矿石粉碎一般是在机械力作用下进行的，任何一种粉碎设备都不只用一种力来完成粉碎过程。根据粉碎机械施力方式的不同，粉碎施力种类有挤压、弯曲、剪切、劈碎、打击或冲击等，如图2-13所示。对于一种粉碎设备，多数情况下是以某一种施力方式为主，其他施力方式为辅，这样有利于提高粉碎效率。

对于矿物加工行业，一般矿石都是由多种矿物组成的，各组成矿物的物理、机械性质差异较大。矿石粉碎时，只有当所选用的粉碎设备与矿石性质相适应时，粉碎效果才会最好。

挤压粉碎时粉碎设备的工作部件对矿石施加挤压作用，矿石在压力作用下发生粉碎，挤压磨、颚式破碎机等均属于此类粉碎设备。矿石在两个工作面之间受到相对缓慢的压力而被破碎，如图2-13（a）所示。单个矿石颗粒受压应力-应变全过程曲线如图2-14所示，OA段曲线向上弯曲，曲线的斜率逐渐增大，这常解释为岩石中原有裂隙逐渐被压密所致；AB段曲线近似为直线。在OA及AB段中，矿石颗粒虽有一些初始破损，但由于相应的载荷不大，因而不占有重要地位。BC段曲线逐渐偏离近似直线段而下弯，曲线斜率也逐渐减小。在此阶段内，在矿石颗粒内产生许多微裂隙和沿原裂隙面的滑动。在C点，矿石承载能力达到最大值，此时宏观裂隙开始产生。总体来说，Ⅰ和Ⅱ区是弹性区，但是Ⅱ区不仅出现弹性扭曲，而且也有相对滑动；Ⅲ区是Ⅱ区的继续，由于形成轴向裂缝，引起矿石的膨胀；Ⅳ区以后晶粒只是在界面处发生裂缝增长，导致缺陷产生，结构破坏，矿石颗粒快速碎裂。

冲击粉碎包括高速运动的粉碎体对被粉碎颗粒的冲击和高速运动的颗粒向固定壁或靶的冲击以及运动颗粒的相互冲击，如图2-13（d）所示。在这种粉碎过程中，粉碎体和被

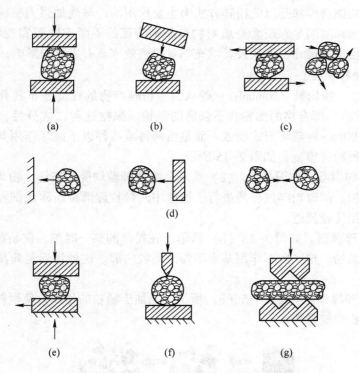

图 2-13　不同施力方式对矿石颗粒粉碎的方法

（a）压碎；（b）打击；（c）研磨；（d）冲击；（e）挤压剪切；（f）劈碎；（g）弯曲

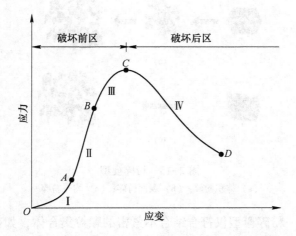

图 2-14　挤压条件下单矿石颗粒的应力-应变曲线

粉碎体可在较短时间内发生多次冲击碰撞，每次冲击碰撞时间极短，所以粉碎体与被粉碎颗粒的动量交换非常迅速。

挤压-剪切粉碎如图 2-13（e）所示。辊压磨、雷蒙磨及各种立式磨通常采用这种挤压-剪切的粉碎方式。

研磨和磨削粉碎，包括研磨介质对颗粒的磨碎和颗粒相互间的摩擦作用。振动磨、搅拌磨以及球磨机的细磨等都是以此粉碎方式为主要作用的。与施加强大粉碎力的挤压和冲击粉碎不同，研磨和磨削是靠研磨介质对物料颗粒表面的不断磨蚀而实现粉碎的。因此，研磨介质的物理性质、尺寸、形状及其填充率对粉磨效率具有重要的影响。

2.6.4.2　粉碎模型

罗辛（Rosin）、拉姆勒（Rammler）等认为，粉碎产物的粒度分布具有二成分性（严格来讲是多成分性），即合格的细粉和不合格的粗粉。根据这种二成分性，可以推断颗粒的破坏与粉碎并非由一种破坏形式所致，而是由两种或两种以上破坏作用共同构成的。人们提出了以下三种粉碎模型，如图2-15所示。

（1）体积粉碎模型。如图2-15（a）所示，整个颗粒均受到破坏，粉碎后生成物多为粒度大的中间颗粒。随着粉碎过程的进行，这些中间颗粒逐渐被粉碎成细粒。冲击粉碎和挤压粉碎与此模型比较接近。

（2）表面粉碎模型。如图2-15（b）所示，在粉碎的某一时刻，仅是颗粒的表面产生破坏，被磨削下微粉，这一破坏作用基本不涉及颗粒内部。这种情形是典型的研磨和磨削粉碎方式。

（3）均一粉碎模型。如图2-15（c）所示，施加于颗粒的作用力使颗粒产生均匀的分散性破坏，直接粉碎成微粉。

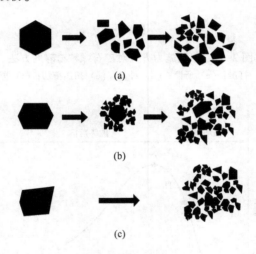

图2-15　粉碎模型
（a）体积粉碎；（b）表面粉碎；（c）均一粉碎

三种模型中，均一粉碎模型仅符合结合不紧密的颗粒集合体，如药片等的特殊粉碎情形，一般情况下可不考虑这一模型。实际粉碎过程往往是前两种粉碎模型的综合，前者构成过渡成分，后者形成稳定成分。

体积粉碎与表面粉碎所得的粉碎产物的粒度分布不同。通常，体积粉碎后的粒度分布较窄较集中，但细颗粒比例较小；表面粉碎后细粉较多，粒度分布范围较宽，即粗颗粒也较多。值得说明的是，冲击粉碎未必能造成体积粉碎，因为当冲击力较小时，仅能导致颗粒表面的局部粉碎；表面粉碎伴随的压缩作用力如果足够大时也可以产生体积粉碎，如辊压磨、雷蒙磨等。

2.6.4.3　混合粉碎与选择性粉碎

当几种不同的矿物在同一粉碎设备中同时进行粉碎时，由于各种矿物的相互影响，较单一矿物的粉碎情形更复杂一些。目前，对多种矿物混合粉碎过程中多种矿物相互是否影响以及如何影响尚存在分歧。一种看法是，多种矿物混合粉碎时无相互影响，认为无论单独粉碎还是混合粉碎，混合矿物中每一组分的粒度分布本质上都遵循粒度特性分布函数。另一种看法是，各种矿物存在相互影响。

实际上，粉碎或粉磨过程中，粉碎（磨）介质之间的物料往往是多颗粒层，介质对物料的作用力可通过颗粒之间的传递，不需与颗粒直接接触即可使之发生粉碎。易碎矿物混合粉碎时比其单独粉碎时粒度要细，难碎矿物比其单独粉碎时粒度要粗是普遍现象。在以挤压粉碎和磨削粉碎为主要原理的粉碎情形（如辊压磨、振动磨和球磨）时，这种现象更为明显。这种多种矿物共同粉碎时某种矿物比其他矿物优先粉碎的现象称之为选择性粉碎。

出现这种选择性粉碎现象的原因可归纳为如下几点：（1）颗粒层受到粉碎介质的作用力，即使不足以使强度高的颗粒碎裂，但其大部分会通过该颗粒传递至位于力的作用方向上与之相邻的强度低的颗粒上，该作用足以使之发生粉碎，从这个意义上来讲，硬质颗粒对软质颗粒起到了催化作用；（2）当两种硬度不同的颗粒相互接触并做相对运动时，硬度大者会对硬度小者产生表面剪切或磨削作用，软颗粒在接触面上会被硬颗粒磨削而形成若干细颗粒。此时，硬质颗粒对软质颗粒起着研磨介质的作用；（3）两种硬度不同的颗粒在粉碎过程中，硬度大的颗粒表面不均匀性（锐角）会对硬度小的颗粒起劈裂、压碎等作用，有利于硬度小的颗粒破碎。

上述三种作用的结果导致了软质物料在混合粉碎时的细颗粒产率比其单独粉碎时高，而硬质物料相反。

2.6.5　能耗学说

粉碎能耗理论一直在不断地发展，也是长期争论的焦点。关于粉碎能耗，已有很多理论与假设，著名的能耗三大学说是 1867 年雷廷格（P. R. Rittinger）提出的面积学说、1885 年基克（F. Kick）提出的体积学说和 1952 年邦德（F. C. Bond）提出的裂缝学说。

2.6.5.1　面积学说

矿石粉碎能耗的面积学说是德国学者雷廷格于 1867 年提出的。这一学说认为，矿石粉碎过程中消耗的能量与这一过程所产生的新表面积成正比。由于一定质量、粒度均匀的物料的表面积与其粒度成反比，因此雷廷格的面积学说的数学表达式为：

$$A_1 = K_1 Q \left(\frac{1}{D_P} - \frac{1}{D_0} \right) = K_1 Q \frac{1}{D_0} (i - 1) \tag{2-52}$$

式中，A_1 为输入到粉碎过程的能量；K_1 为比例系数，即产生单位新生表面积的功耗；Q 为被粉碎矿石的质量；D_0 为矿石给料粒度；D_P 为粉碎产物粒度；i 为矿石的破碎比。

2.6.5.2　体积学说

矿石粉碎能耗的体积学说是由俄国学者吉尔皮切夫（В. Л. Кирпичев）和德国学者基克（F. Kick）分别于 1874 年和 1885 年提出的。这一学说认为，矿石粉碎过程中消耗的能量与颗粒的体积减小成正比。也就是说，外力对矿石所做的功主要用来使其中的颗粒发生变形，当变形超过极限时即发生破裂，而颗粒发生变形积蓄的能量与其体积成正比，因此矿石粉碎所消耗的功与颗粒的体积减小成正比，这一学说的数学表达式为：

$$A_2 = 2.303K_2Q\lg\frac{D_0}{D_P} = 2.303K_2Q\lg i \tag{2-53}$$

式中，A_2 为输入到粉碎过程的能量；K_2 为比例系数，即产生单位体积变形的功耗；Q 为被粉碎矿石的质量；D_0 为矿石给料粒度；D_P 为粉碎产物粒度；i 为矿石的破碎比。

根据胡基（R. T. Hukki）的研究结果，体积学说适用于矿石的粗碎过程。

2.6.5.3　裂缝学说

矿石粉碎能耗的裂缝学说是美国学者邦德（F. C. Bond）通过对许多粉碎过程的归纳分析，于 1952 年提出的。邦德认为，矿石粉碎过程中消耗的功与颗粒内新生成的裂缝长度成正比，在数值上它等于产物所代表的功减去给料所代表的功。当矿石中的颗粒形状相似时，单位体积矿石的表面积与颗粒的粒度成反比，而单位体积矿石内的裂缝长度与其表面积的一个边成正比，因此裂缝的长度与颗粒粒度的平方根成反比，所以邦德裂缝学说的数学表达式为：

$$W = \frac{10W_i}{\sqrt{P}} - \frac{10W_i}{\sqrt{F}} \tag{2-54}$$

式中，W 为粉碎矿石所消耗的功，$kW \cdot h/st$；P 为粉碎产物中有 80% 的颗粒都能通过的方形筛孔的边长，μm；F 为给料中有 80% 的颗粒都能通过的方形筛孔的边长，μm；W_i 为功指数，$kW \cdot h/st$。

这里的 st 代表短吨，即 907.18kg。功指数 W_i 是一个表征矿石抗冲击破碎和磨碎能力的参数，在数值上它等于把 1st 理论上粒度无限大的矿石破碎到有 80% 的颗粒都能通过 100μm 的筛孔所需要的能量。

2.6.5.4　三大学说的比较与应用

一般认为，体积学说适用于粗碎，即产品粒度大于 50mm 的破碎作业；裂缝学说适用于细碎和粗磨的粉碎作业（产品粒度为 0.5~50mm）；面积学说适用于粗磨作业（产品粒度为 0.075~0.5mm），但上述三种学说均不适用于产品粒度小于 10μm 的超细粉碎作业的能耗计算。

将三种学说综合起来，可以说它们各代表破碎过程的一个阶段——弹性变形（基克的体积学说），开裂和裂缝扩展（邦德的裂缝学说），断裂形成新表面（雷廷格的面积学说）。因此，它们既无矛盾，又互相补充。在低破碎比时，宜用基克的体积学说；在中等破碎比时，宜用邦德的裂缝学说；在高破碎比时，宜用雷廷格的面积学说。

矿石粉碎过程的实质是：外力作用于矿石，首先使之变形，到一定程度，矿石即产生微裂缝。能量集中在原有和新生成的微裂缝周围并使它扩展，对于脆性矿石，在裂缝开始扩展的瞬间即行破裂，因为这时能量已积蓄到可以造成破裂的程度。矿石粉碎以后，外力所做的功一部分转化为表面能，其余则转化为热能损失。因此，粉碎矿石所需的功包含形变能和表面能。

从上述矿石粉碎过程可以看出，体积学说注意的是矿石受外力发生变形的阶段，它是以弹性理论为基础，所以比较符合于压碎和击碎过程。当矿石粗碎时，破碎比不大，新生的表面积不多，形变能占主要部分。颚式破碎机的粗碎实验结果表明，按体积学说计算出的功率与实际的比较，误差较小。裂缝学说注意到裂缝的形成和发展，但不是以裂缝的形成和发展的研究为依据，而是为了解释其经验公式所做的假定。裂缝学说的经验公式是用一般的碎矿及磨矿设备做试验确定的，所以在中等破碎比的情况下，都大致与其相符合。面积学说注意到的是粉碎后生成的新表面，所以比较符合于剪切和磨剥过程。当物料细磨时，磨碎比很大，新生的表面积很多，这时表面能是主要的。所以细磨实验的结果与按面积学说计算出的结果接近。因此，这三种学说都有一定的局限性。

根据上述情况，在应用各种功耗学说时，要注意各学说的适用范围，正确地加以选择。

粉碎过程是很复杂的，建立这些学说时，有许多因素未考虑。如结晶缺陷、矿石的节理和裂缝、矿石的湿度、强度和不均匀性、矿块间的相互摩擦和挤压，都会影响矿石的强度，从而影响到粉碎所需要的功。同时在粉碎时，还有一部分由于各种原因的损失功未考虑。因此，各学说在适用的范围内也只能得到近似的结果，还需用实践数据来进行校核。

2.6.5.5 （超）细磨下的能耗规律

前述的三个能耗学说都是 1952 年以前提出来的，而细磨（磨矿粒度 0.075 ~ 0.038mm）及超细磨（磨矿粒度<0.038mm）则是 20 世纪 70 年代以后发展起来的，故上述面积学说、体积学说及裂缝学说的提出不可能考虑细磨及超细磨下的功耗规律。芬兰学者胡基（R. T. Hukki）的研究已经证明，在产品粒度很细（<0.075mm）的条件下，即使用雷廷格的面积学说也与实际情况不相符，计算的误差仍然太大。因此，必须在三个现有能耗学说之外深入研究（超）细磨下的能耗规律。

20 世纪 70 年代以后，工程实践中亟须解决（超）细磨条件下能耗的计算问题，邦德推荐采用以下的经验公式计算（超）细磨下的能耗：

$$A = \frac{P + 10.3}{1.145P} \tag{2-55}$$

式中，A 为产品粒度 P 时的功耗；P 为产品粒度，μm。

以一个产品粒度 P_0（μm）下的功耗 A_0 为起点，就可以求任意细磨产品粒度 P_1（μm）下的功耗 A_1，则细磨下功耗增大的系数 a_1 为：

$$a_1 = \frac{A_1}{A_0} = \frac{P_0}{P_1} \times \frac{P_1 + 10.3}{P_0 + 10.3} \tag{2-56}$$

于是，后面就出现了采用邦德公式原式求功耗增大系数的方法，即

$$a_1 = \frac{W_1}{W_0} = \frac{\dfrac{1}{\sqrt{P_1}} - \dfrac{1}{\sqrt{F_1}}}{\dfrac{1}{\sqrt{P_0}} - \dfrac{1}{\sqrt{F_0}}} \tag{2-57}$$

也出现了面积学说求功耗增大系数 a_1 的方法，即

$$a_1 = \frac{A_1}{A_0} = \frac{i_1 - 1}{i_0 - 1} \tag{2-58}$$

段希祥等根据胡基的研究结果，采用对数方程及微积分的方法，得出了（超）细磨下功耗规律为：

$$A = c\frac{1}{x_0^m}(i^m - 1) \tag{2-59}$$

式中　c——常数；

　　　x_0^m——矿石给料粒度的 m 次方；

　　　i^m——矿石的破碎比的 m 次方。

将前述 3 个能耗学说及此（超）细磨的功耗规律并列起来，有：

面积学说　　　　　　　$A_面 = c\dfrac{1}{x_0}(i - 1)$ $\tag{2-60}$

体积学说　　　　　　　$A_体 = 2.303clgi$ $\tag{2-61}$

裂缝学说　　　　　　　$A_裂 = c\dfrac{1}{\sqrt{x_0}}(\sqrt{i} - 1)$ $\tag{2-62}$

（超）细磨功耗　　　　$A = c\dfrac{1}{x_0^m}(i^m - 1)$ $\tag{2-63}$

用式（2-59）可以求出（超）细磨下功耗增大系数为：

$$a_1 = \frac{A_1}{A_0} = \frac{i_1^m - 1}{i_0^m - 1} \tag{2-64}$$

上面给出了求算（超）细磨下功耗的 4 种方法，即式（2-56）、式（2-57）、式（2-58）及式（2-64）。将它们在相同条件下进行了计算，并与实测的计算值对比。设给矿粒度 $x_0 = 20mm$ 及磨矿粒度为 0.075mm 时的破碎比为 i_0，功耗为 A_0，并测出 $m = 1.25$（石英矿）。以这些条件为起始条件，分别计算磨至 230 目、270 目、325 目、400 目及 500 目时的功耗增大系数 a_1，并与实测的计算值进行比较，详见表 2-8。

表 2-8　不同方法计算（超）细磨下功耗增大系数值的比较

磨矿粒度	网目	200	230	270	325	400	500
	mm	0.075	0.063	0.053	0.045	0.038	0.028
按式（2-56）计算的 a_1 值		1.00	1.02	1.05	1.08	1.12	1.20
按式（2-57）计算的 a_1 值		1.00	1.12	1.24	1.37	1.51	1.80
按式（2-58）计算的 a_1 值		1.00	1.19	1.41	1.67	1.97	2.68
按式（2-64）计算的 a_1 值		1.00	1.24	1.54	1.89	2.34	3.43
石英矿实测计算的 a_1 值		1.00	1.24	1.51	1.82	2.29	3.31

表 2-8 的计算结果比较表明：（1）用邦德推荐的经验公式或邦德公式原式，以及面积学说公式计算（超）细磨下的功耗时误差均太大，且粒度越细，误差越大；（2）用（超）细磨的能耗公式计算结果与实测结果最为吻合，证明式（2-64）能反映（超）细磨的能耗规律。

复习思考题

2-1　粒度与粒级有什么不同，表示方法有何差异？

2-2 常用的粒度分析方法有哪些，各有什么优缺点？

2-3 选矿上常用的粒度特性方程式有哪些，它们之间有何关联和用途？

2-4 高登分类的矿物连生体类型有哪些，矿物解离的方式有哪些？

2-5 矿物解离数学模型有哪些，各有哪些优缺点？

2-6 造成矿石颗粒粉碎的施力方式有哪些，各有何特点？

2-7 矿石粉碎模型有哪几种，不同模型粉碎产物的粒度分布有何特征？

2-8 什么是选择性粉碎？

2-9 简述能耗三大学说，并说明它们的应用条件及局限性。

参 考 文 献

[1] 段希祥. 碎矿与磨矿 [M]. 3版. 北京：冶金工业出版社，2017.

[2] 张国旺. 破碎筛分与磨矿分级 [M]. 北京：冶金工业出版社，2016.

[3] 徐小荷，余静. 岩石破碎学 [M]. 北京：煤炭工业出版社，1984.

[4] 周乐光. 工艺矿物学 [M]. 2版. 北京：冶金工业出版社，2002.

[5] 王淀佐，邱冠周，胡岳华. 资源加工学 [M]. 北京：科学出版社，2005.

[6] 魏德洲. 固体物料分选学 [M]. 3版. 北京：冶金工业出版社，2015.

[7] 王舒娅，龙光明，王树轩，等. 矿物解离模型的研究进展 [J]. 矿业研究与开发，2010，30 (1)：55~57.

[8] 张礼刚，李松仁. 矿物解离模型的理论与实践 [J]. 金属矿山，1986 (10)：39~41.

3 筒形磨机介质的运动规律与磨矿作用

磨矿是通过磨机内介质的运动来完成的。因此，要研究磨机的磨矿作用，首先必须研究磨机内介质的运动规律。此外，磨机内介质运动形态受介质充填率、磨机转速、磨矿浓度等因素所制约，因此研究磨机中介质运动形态及其与其他磨矿因素的关系有助于进一步弄清磨矿的基本原理，为磨矿的最优化工作状态创造条件。

3.1 磨机中介质充填率的计算

在有介质磨矿中，例如棒磨机或球磨机中介质充填率的多少是磨机能否很好发挥磨矿效率的主要因素。对于自磨机，其料位的高低也是影响磨矿效率的重要因素。为此，首先介绍磨机充填率的计算方法。

3.1.1 磨机中介质充填率的理论计算

图 3-1 为磨机静止时筒体截面图，图中阴影部分为介质所占面积。设磨机筒体有效截面积为 F，阴影面积为 S，磨机有效内长为 L，则磨机中介质充填率 φ 为：

$$\varphi = \frac{SL}{FL} \times 100\% = \frac{S}{F} \times 100\% \tag{3-1}$$

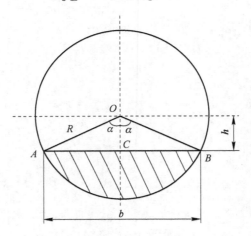

图 3-1　磨机静止时筒体截面

图中 R 为磨机有效内半径，弦 AB 所对的圆心角为 2α，h 为介质层表面（即弦 AB）与筒体中心线的垂直距离，则夹角为 2α 的 OAB 的扇形面积 $S_{扇形}$ 为：

$$S_{扇形} = \frac{1}{2} R^2 |2\alpha| \tag{3-2}$$

式中，$|2\alpha|$ 为以弧度表示的圆心角。

$$\frac{|2\alpha|}{2} = 0.0175\arccos\left(\frac{h}{R}\right) \tag{3-3}$$

设弦长 AB 长度为 b，则：

$$b = 2h\tan\left[\arccos\left(\frac{h}{R}\right)\right] \tag{3-4}$$

所以三角形 OAB 的面积为：

$$S_{\triangle OAB} = \frac{1}{2}bh = h^2\tan\left[\arccos\left(\frac{h}{R}\right)\right] \tag{3-5}$$

介质所占面积 S 为：

$$S = S_{\text{扇形}} - S_{\triangle OAB} = R^2\left\{0.0175\arccos\left(\frac{h}{R}\right) - \left(\frac{h}{R}\right)^2\tan\left[\arccos\left(\frac{h}{R}\right)\right]\right\} \tag{3-6}$$

圆面积 $F = \pi R^2$，将 F 值及式（3-6）代入式（3-1）后得：

$$\varphi = \frac{1}{\pi}\left\{0.0175\arccos\left(\frac{h}{R}\right) - \left(\frac{h}{R}\right)^2\tan\left[\arccos\left(\frac{h}{R}\right)\right]\right\} \times 100\% \tag{3-7}$$

实际测得 h 及 R 值后，即可利用式（3-7）计算求出磨机的介质充填率（或自磨机的料位）φ。但应用式（3-7）进行计算时太麻烦，为此需进行简化。

对于任意规格的磨机只要 h/R 的比值一样，其充填率 φ 值也一样。因此令 $\frac{h}{R} = k$，这样可以预先算出 k 值不同时，任意规格磨机都通用的介质充填率（或自磨机料位）φ 的值，计算结果见表 3-1。

表 3-1 磨机中不同 k 值时的介质充填率 φ 值

$k = \dfrac{h}{R} = \cos\alpha$	α		$\varphi/\%$
	角度	弧度	
1.0	0	0	0
0.9	25°53′	0.452	1.7
0.8	36°56′	0.643	5.2
0.7	45°36′	0.796	9.3
0.6	53°6′	0.927	14.4
0.5	60°	1.047	19.6
0.4	66°25′	1.159	25.2
0.3	72°32′	1.266	31.2
0.2	78°28′	1.369	37.2
0.1	84°16′	1.47	43.8
0.0	90°	1.75	50.0

根据表 3-1 的数据资料绘制成如图 3-2 所示的 $\varphi = f(k)$ 曲线。根据图 3-2 所示曲线，当已测知 h 及 R 值时，可方便查出介质充填率（或自磨机料位）φ 值。例如，一台 2.7m × 3.6m 的球磨机，测得其静止时介质层表面与简体中心线的垂直距离 $h = 0.2724$m，有效半

径 $R = 1.23\text{m}$，则有：

$$k = \frac{h}{R} = \frac{0.2724}{1.23} = 0.2215 \tag{3-8}$$

查图 3-2 可知，当 $k = 0.2215$ 时，相应的介质充填率 $\varphi = 36\%$。

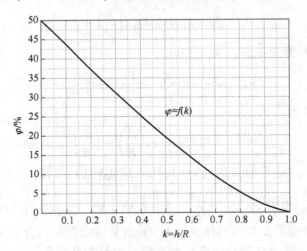

图 3-2   介质充填率 φ 与 k 值的关系曲线

上述计算过程表明，无论按公式（3-7）计算，还是按图 3-2 曲线求得介质充填率 φ 都比较麻烦，为此推导出一个更简单的近似计算公式很重要。

3.1.2 介质充填率的简易计算

由图 3-2 所示的 $\varphi = f(k)$ 曲线可以看出，当 $\varphi > 14\%$ 时，曲线非常接近于一条直线；当 $\varphi < 14\%$ 时，曲线弯度大些。实际生产中 φ 值很少小于 14%，故把 $\varphi = 14\% \sim 50\%$ 和 $\varphi < 14\%$ 的两部分分别作两条斜率不同的直线来处理。设直线的数学表达式为：

$$\varphi = a + b\left(\frac{h}{R}\right) \tag{3-9}$$

利用曲线拟合法求得：

当 $\varphi > 14\%$ 时，$a = 50$，$b = -61.2$；

当 $\varphi < 14\%$ 时，$a = 50$，$b = -56$。

于是，当 $\varphi > 14\%$ 时，介质充填率 φ 的近似计算公式为：

$$\varphi = 50 - 61.2\left(\frac{h}{R}\right) \tag{3-10}$$

当 $\varphi < 14\%$ 时，介质充填率 φ 的近似计算公式为：

$$\varphi = 50 - 56\left(\frac{h}{R}\right) \tag{3-11}$$

美国学者邦德（F. C. Bond）提出的近似计算公式为：

$$\varphi = 50 - 63.5\left(\frac{h}{R}\right) \tag{3-12}$$

表3-2列出了按式（3-10）、式（3-11）及式（3-12）等公式计算得出的介质充填率 φ 值与按理论计算公式（3-7）求算的 φ 值的对比结果，可以看出按式（3-10）、式（3-11）计算结果较式（3-12）计算结果更精确。

表3-2 不同 k 值时按不同公式计算的介质充填率 φ 值对比

$k = \dfrac{h}{R}$	φ/%			
	按式（3-7）	按式（3-10）	按式（3-11）	按式（3-12）
0.05	47.0	46.94	—	46.82
0.1	43.8	43.88	—	43.65
0.2	37.2	37.76	—	37.30
0.3	31.2	31.64	—	30.95
0.4	25.2	25.52	—	24.60
0.5	19.6	19.40	—	18.25
0.6	14.4	13.28	16.4	11.90
0.7	9.3	7.16	10.8	5.55
0.8	5.2	1.04	5.2	—
0.9	1.7	—	—	—

3.2 磨矿介质运动状态分析

早在二十世纪20年代，戴维斯（E.W.Davis）通过拍摄球磨机内钢球的运动状态照片表明，如果球磨机内只有钢球和水时，钢球会产生向下滑动，而且下滑现象很明显，钢球不能上升到理论上它应该达到的高度。如果加入砂石，钢球的滑动现象消除。有试验指出，当球磨机内只有钢球而不加水和矿石时，介质充填率为10%、20%及30%时，钢球均有滑动现象；但介质充填率在40%以上时，滑动即停止。戴维斯提出的磨矿介质运动学，是以假定球磨机内钢球不滑动为前提的。生产中的磨机，介质充填率多在40%以上，而且磨机内有矿石，磨球基本无滑动，这与戴维斯假定的基本前提是一致的。因此，戴维斯的钢球运动理论与实际情况基本相符。

在球磨机中，研磨介质的运动状态与磨机转速和研磨介质与筒体衬板的摩擦系数有关。根据研磨介质在筒体中运动状态的不同，可分为泻落式、抛落式和离心式三种，如图3-3所示。

3.2.1 泻落式运动状态

球磨机转速较低时，所有研磨介质沿筒体转动方向偏转一个角度（见图3-3（a）），其中每个球绕自己的轴线转动，顶端上的球沿球荷表面的斜坡滚下。转速越高，则整个球荷偏转角越大，这种状态称为"泻落式运动"。在泻落的工作状态下，磨机中矿石颗粒主要受研磨介质相互滑落时产生剪切和摩擦研磨的作用而粉碎，受冲击作用较小。

棒磨机一般采用这种运动状态工作。此外，球磨机细磨时一般也采用这种工作状态。

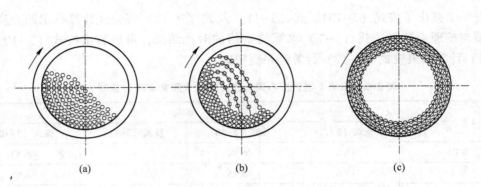

图 3-3   球磨机内钢球介质的运动状态
(a) 泻落式；(b) 抛落式；(c) 离心式

3.2.2   抛落式运动状态

　　球磨机转速增大到一定程度时，钢球不是滚落，而是随着筒壁上升到一定高度后脱离筒壁呈抛物线状落下（见图 3-3 (b)），转速升得更高，球就抛得更远，这种状态称为"抛落式运动"。

　　当研磨介质处于抛落式运动状态时，任何一层介质运动轨迹都可以分为两段（见图 3-4）。上升时，介质从落回点 A_1 到脱离点 A_3 是绕圆形轨迹 $A_1 \rightarrow A_2 \rightarrow A_3$ 运动，但从脱离点 A_3 到落回点 A_1，则是按照抛物线轨迹 $A_3 \rightarrow A_1$ 下落，随后又沿圆形轨迹运动，如此循环往复。在筒体内壁（衬板）与最外层介质之间的摩擦力作用下，外层介质沿圆形轨迹运动。在相邻各层介质之间也有摩擦力，因此内部各层介质也沿同心圆的圆形轨迹运动。它们就像一个整体，一起随筒体回转，摩擦力取决于摩擦系数及作用在筒体内壁（或相邻介

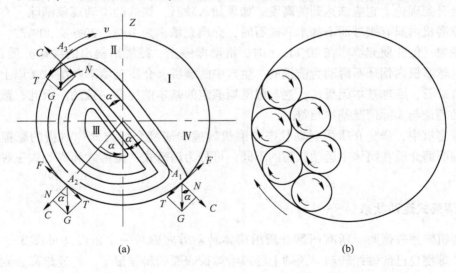

图 3-4   作用于钢球上的力

质层）上的正压力。正压力由重力的径向分力 N 和离心力 C 产生，重力的切向分力 T 对筒体中心的力矩使介质产生与筒体旋转方向相反的转动趋势，如果摩擦力对筒体中心的力矩大于切向分力 T 对筒体中心的力矩，那么介质与筒壁或介质之间不会产生相对滑动；反之，则存在相对滑动。

摩擦系数取决于矿石的性质、筒体内表面（衬板）的特点和矿浆浓度。当摩擦系数一定时，若筒体内研磨介质不多而筒体转速也低，由于正压力小而使摩擦力很小，则将出现介质沿筒壁相对滑动，而介质之间也有相对滑动。这时介质（球）同时也绕其本身几何轴线转动。

在任何一层介质中，每个介质之所以沿圆形轨迹运动，这个介质只作为所有回转介质群中的一个组成部分而被带动，并被后面同一层的介质"托住"。

抛落式工作时，矿石主要靠介质群落下时产生的冲击力而粉碎，同时也靠部分研磨作用，球磨机粗磨时就是采用这种工作状态。

3.2.3 离心式运动状态

磨机的转速越高，介质随着筒壁上升就越高。当磨机转速超过一定速度时，介质就在离心力的作用下贴在筒壁上，与筒壁一起转动而不再向下掉落，这种状态称为"离心式运动状态"。在实际操作中，如遇到这种情形，磨机内不会发生磨矿作用。因此，在生产实践中应该避免出现这种运动状态。

3.3 介质的受力与运动状态分析

前已述及，介质在离心状态下是不产生磨矿作用的，因此应该避免离心状态的出现，这就要研究使介质发生离心的最小转速或使介质不产生离心的最大转速，即磨机的临界转速问题。

以球磨机为例，钢球的运动受力如图 3-4（a）所示。钢球受重力 $G = mg$ 及离心力 $C = \dfrac{mv^2}{R}$ 的作用，重力 G 的切向分力 $T = G \cdot \sin\alpha$ 使钢球沿切线向下滑动，法向分力 $N = G \cdot \cos\alpha$ 在 III、IV 象限把钢球压向筒壁，在 II 象限则使球脱离筒壁；离心力 C 总是从中心指向筒壁，即总是把球压向筒壁。因此，在筒壁与钢球的接触点处筒壁对钢球产生摩擦力 $F = f(C \pm G \cdot \cos\alpha)$。摩擦力 F 与重力的切向分力 T 相反，阻止钢球向下滑动。T 作用在钢球的中心上，F 作用在球面上，构成一对力偶，绕着平行于筒体中心线的轴线旋转。当磨机以线速度 v 带着钢球升到脱离点 A_3 点时，球心位置对筒壁没有相对运动，但球在力偶作用下是旋转的，如图 3-4（b）所示。球进入象限 II 以后，钢球重力 G 的法向分力 N 与离心力 C 方向相反，摩擦力 $F = f(C - G \cdot \cos\alpha)$ 减小。球上升得愈高，α 角愈小，N 则愈大。当钢球重力 G 的法向分力 $N = G \cdot \cos\alpha$ 和离心力 $C = \dfrac{mv^2}{R}$ 相等时，钢球不再受压，筒壁也不再对钢球产生摩擦力，下滑力 T（即钢球重力 G 的切向分力）为后面球的推力所抵消。此时，球为自由状态，即以随筒壁一起运动时具有的速度 v 作为初始速度呈抛物线落下。如果磨机的线速度 v 增加，钢球开始抛落的脱离点也就会提高。当磨机的转速增加到某一值

v_c 时，离心力大于钢球的重力，钢球升到磨机筒体顶点 Z 时也不落下，而发生离心运转。由此可见，离心运转的临界条件是：

$$C \geqslant G \tag{3-13}$$

设钢球的质量为 m，g 为重力加速度，n 为磨机每分钟的转数，R 为球的中心到磨机中心的距离，α 为钢球脱离圆轨迹时，连心线 OA 与垂直轴的夹角。当磨机的线速度为 v，钢球升到 A 点时，有：

$$C = N \quad \text{或} \quad \frac{mv^2}{R} = G\cos\alpha \tag{3-14}$$

又有 $G = mg$，代入式（3-14）可得：

$$v^2 = R \cdot g\cos\alpha \tag{3-15}$$

又有 $v = \dfrac{2\pi Rn}{60} = \dfrac{\pi Rn}{30}$，代入式（3-15）可得：

$$n = \frac{30\sqrt{g}}{\pi\sqrt{R}}\sqrt{\cos\alpha} \tag{3-16}$$

取 $g = 9.81\,\text{m/s}^2$，则 $\pi \approx \sqrt{g}$，于是有：

$$n = \frac{30}{\sqrt{R}}\sqrt{\cos\alpha} \quad (\text{r/min}) \tag{3-17}$$

式中，R 的单位为 m。

这是研究钢球运动的基本公式，它反映了筒体转速与磨机内钢球的上升高度（以 α 表示）之间的关系。

当磨机的线速度为 v_c，相应的磨机转速为 n_c 时，钢球上升到顶点 Z 后不再抛落，开始作离心运动。此时，$C = G$，$\cos\alpha = 1$，从而：

$$n_c = \frac{30}{\sqrt{R}} = \frac{42.4}{\sqrt{D}} \quad (\text{r/min}) \tag{3-18}$$

式中，$D = 2R$，单位为 m。对贴着衬板的最外一层钢球来说，由于球径比球磨机内径小得多，故可忽略不计。R 可以算是磨机的内半径，D 就是它的直径。值得注意的是，计算球磨机临界转速 n_c 时，D 应当扣去磨机衬板厚度的两倍值。

由式（3-18）可以看出，使钢球离心化所需的临界转速，决定于球心到磨机中心的距离。最外层球距离磨机中心最远，使它离心化所需的转速最低，最内层球距离磨机中心最近，使它离心化所需的转速也最高。

磨机的实际转速 n 占临界转速 n_c 的百分数，称为转速率 ψ，即：

$$\psi = \frac{n}{n_c} \times 100\% = \frac{30}{\sqrt{R}}\sqrt{\cos\alpha} \bigg/ \frac{30}{\sqrt{R}} = \sqrt{\cos\alpha} \tag{3-19}$$

转速率 ψ 通常表示磨机转速的相对高低。

3.4　介质泻落式运动与磨矿作用

如前所述，棒磨机一般采用介质"泻落式"运动状态工作。细磨时，球磨机也多采用这种工作状态。目前，对于磨机中钢棒及钢球的泻落式运动，仅能对运动状态作定性描述，对钢球及钢棒的运动还不能建立运动方程式，还难以用数学方法对其运动及力学特性作量化描述。

3.4.1 钢棒的泻落式运动与磨矿作用

棒磨机中，钢棒在磨机运动时的受力与球基本相同，故磨矿介质钢棒与球的运动规律相似。但钢棒与钢球毕竟不同，钢棒是长条形，可视为一条线；钢球是一个球体，可视为一个点。钢球离开筒壁时，无论是抛落还是泻落，均不影响其他钢球介质的运动。钢棒的情形不一样，钢棒离开筒壁时，必须保持与筒体中心线平行的状态向下滑落运动。如有一根钢棒不平行，后面下来的钢棒必然乱棒，从而破坏整个棒荷介质的有序运动，导致不能产生磨矿作用。为了使钢棒在向下滑落的过程中与筒体中心线保持平行，钢棒最好不呈抛落运动，因为抛落过程中受外界因素的影响，钢棒很难保持平行抛出，平行落下。为此，棒磨机的转速率（65%～75%）一般要比球磨机（75%～85%）低 10 个百分点左右。另外，棒磨机筒体的两个端盖内表面应尽量保持平整光滑，以免影响钢棒的滑落运动。同时，棒磨机的给料粒度不宜过大，过大的块矿也易引起乱棒现象。

棒磨机中钢棒的磨矿作用有压碎、击碎及研磨，钢棒向下滑落时对磨机内的矿石产生压碎及击碎作用，钢棒上升及下滑过程中对矿石产生研磨作用。两根平行的棒相对滚动时，可将其中夹杂的矿石压碎及研磨，就像对辊机中两辊挤压粉碎一样。因此，整个棒荷就像若干个对辊机。钢棒的粉碎作用是"线接触"粉碎，它会优先粉碎夹于棒间的粗块，而对其间的细粒起保护作用。因此，棒磨机具有优先粉碎粗粒级和保护细粒级的选择性磨碎作用。也正因如此，棒磨机的产品粒度比较均匀，而且过粉碎较轻。

3.4.2 钢球的泻落式运动与磨矿作用

球磨机中，钢球呈泻落式运动时，球荷上升的高度不高，球会沿球荷形成的斜坡向下滚落。当球滚到斜坡底部时，会产生较轻微的冲击作用。

球荷在上升的过程中，球荷之间的转动会对矿石产生研磨作用。球滚到斜坡底部时，会对矿石产生轻微的冲击作用。因此，钢球做泻落运动时磨矿作用以研磨为主，并伴有轻微的冲击。轻微冲击作用不仅在球滚落到斜坡底部时发生，而且在球荷上升过程及沿斜坡面滚动过程中也会发生。

球荷作泻落式运动时，磨机的转速率一般比较低，大多数情况下转速率 ψ 在 70%～80%之间。由于转速率较低，球荷与筒壁及球荷与球荷之间的相对运动速度也较低，故研磨作用比较弱。因此，泻落式运动状态下磨机的生产能力较低。

钢球作泻落式运动时，磨矿作用以研磨为主，并辅以轻微冲击。因此，泻落式运动适于矿石细磨。而对于粒度较粗的粗磨，因需要较大的冲击力，只能采用钢球的抛落式运动状态。

3.5 钢球的抛落式运动与磨矿作用

磨机中钢球作抛落运动时，可用拍摄磨机内介质的运动状态的方法来研究介质的运动规律，这种研究在 20 世纪 20 年代就已经开始了，国外的学者戴维斯、列文松以及我国的学者王学东等，都先后做过这方面的研究工作。

3.5.1　钢球的抛落式运动方程及特殊点的坐标计算

通过拍摄和观察磨机内钢球的运动状态可知，钢球做抛落式运动时，它的运动可分为两步：钢球先随筒体做圆运动，然后再做抛落式运动，故其运动轨迹亦可分为两部分。如图3-5所示，钢球从 B 点到 A 点是圆运动的轨迹，而从 A 点到 C 点再到 B 点为抛落式运动轨迹。圆运动有圆运动的方程式，抛落运动有抛落运动方程式，即由运动轨迹而建立运动方程式。

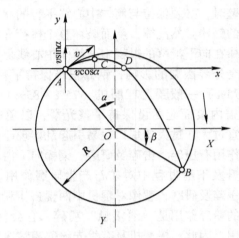

图 3-5　钢球的圆运动及抛落运动轨迹

在图3-5中，以脱离点 A 为原点，建 xAy 坐标系，则可列出最外层球作圆运动时的曲线方程式，即：

$$(x - R\sin\alpha)^2 + (y + R\cos\alpha)^2 = R^2 \tag{3-20}$$

式中，R 为筒体内半径，m。

钢球从 A 点以切线方向的磨机运转时的线速度 v 沿抛物线轨迹下落，抛落的水平距离 x 为：

$$x = (v\cos\alpha)t \quad 或 \quad t = \frac{x}{v\cos\alpha} \tag{3-21}$$

而初速度不为0的自由落体运动方程式，即垂直距离 y 为：

$$y = (v\sin\alpha)t - \frac{1}{2}gt^2 \tag{3-22}$$

将式（3-21）的 t 值代入式（3-22），得到：

$$y = x\tan\alpha - \frac{gx^2}{2v^2\cos^2\alpha} \tag{3-23}$$

将式（3-15）代入式（3-23），可得：

$$y = x\tan\alpha - \frac{x^2}{2R\cos^3\alpha} \tag{3-24}$$

式（3-24）即为在 xAy 坐标系中钢球落下时的抛物线运动轨迹方程式。

为了准确绘出钢球做抛落运动的轨迹，必须确定它的最高点 C、与 x 轴的交点 D 及落回点 B 的坐标。钢球在抛物线轨迹上最高点 C 的坐标有 $y_C = y_{\max}$，故将式（3-24）取一次导数并令它等于零，用求极大值的方法可求出 C 点的坐标值 x_C 和 y_C：

$$y' = \tan\alpha - \frac{2x}{2R\cos^3\alpha} = 0 \tag{3-25}$$

则可得：

$$x_C = R \cdot \sin\alpha \cdot \cos^2\alpha \tag{3-26}$$

将 x_C 代入式（3-24）中，求得：

$$y_C = R \cdot \sin\alpha \cdot \cos^2\alpha \cdot \tan\alpha - \frac{R^2\sin^2\alpha \cdot \cos^4\alpha}{2R\cos^3\alpha} = \frac{1}{2}R\sin^2\alpha \cdot \cos\alpha \tag{3-27}$$

D 点为抛物线与水平轴 x 的交点，所以有：

$$y_D = 0 \tag{3-28}$$

将 y_D 代入式（3-24）中，求得：

$$x_D = 2R\sin\alpha \cdot \cos^2\alpha \tag{3-29}$$

B 点是钢球抛落运动的终点（落回点），也是圆运动的起点，即 B 点既符合抛落运动，也符合圆（曲线）运动，则它必然是式（3-20）和式（3-24）联立方程式的公解，可得：

$$x_B = 4R\sin\alpha \cdot \cos^2\alpha \tag{3-30}$$

$$y_B = -4R\sin^2\alpha \cdot \cos\alpha \tag{3-31}$$

因 $\psi = \sqrt{\cos\alpha}$ 或 $\psi^2 = \cos\alpha$，即钢球的脱离角 α 表示钢球上升的高度大小。对外层钢球而言，它由磨机的转速率 ψ 决定，即筒体的转速率决定了钢球上升的高低，从而决定了各特殊点坐标的位置。也就是说，在已知磨机筒体半径 R 的条件下，由转速率 ψ 可以求出脱离角 α，从而算出各坐标点的位置，也就可以绘制出钢球做抛物线的运动轨迹。

如图 3-5 所示，脱离角 α 是脱离点 A 到磨机中心 O 的连线与 y 轴的夹角。α 角愈小时，表示钢球上升愈高；α 角为零时，表示钢球不再脱落而进入离心运转。落回角 β 是落回点 B 到磨机中心 O 的连线与水平 X 轴的夹角，β 角小时，表示钢球落下的高度小；β 角大时，表示钢球落下的高度大。脱离角 α 和落回角 β 是钢球作抛落运动的两个重要参数。

要表示落回角 β，在 XOY 坐标系中更为方便。根据移轴法则（新坐标等于旧坐标减去新原点的旧坐标），可将 xAy 坐标系中 B 点的坐标（x_B, y_B）减去 O 点的坐标（x_0, y_0），即得新 XOY 坐标系中 B 点的坐标 X_B、Y_B：

$$X_B = 4R\sin\alpha \cdot \cos^2\alpha - R\sin\alpha \tag{3-32}$$

$$Y_B = -4R\sin^2\alpha \cdot \cos\alpha - (-R\cos\alpha) \tag{3-33}$$

又 $|Y_B| = R\sin\beta$，则：

$$\sin\beta = \frac{|Y_B|}{R} = 4\sin^2\alpha\cos\alpha - \cos\alpha \tag{3-34}$$

$$= \cos\alpha(4\sin^2\alpha - 1)$$

$$= \cos\alpha[4(1 - \cos^2\alpha) - 1]$$

$$= \cos\alpha(3 - 4\cos^2\alpha)$$

$$= 3\cos\alpha - 4\cos^3\alpha$$

由三角知识可知：

$$\cos3\alpha = 4\cos^3\alpha - 3\cos\alpha \tag{3-35}$$

则有：

$$\sin\beta = -\cos3\alpha = -\sin(90° - 3\alpha) \tag{3-36}$$

故：

$$\beta = 3\alpha - 90° \tag{3-37}$$

据此，由图 3-5 中可以得出，从钢球的脱离点 A 到它的落点 B 的圆弧长度，以及与它相适应的圆心角为 $4\alpha(= \alpha + \beta + 90°)$。同时，由式（3-36）可知，钢球的脱离角 α 越大，则其落回角 β 也越大。

3.5.2　钢球的脱离点及落回点轨迹

如前所述，计算抛物线轨迹及其各特殊点的位置，实际上是针对磨机内的最外层钢球进行的。但磨机内有若干球层，内部各层钢球也作抛物线运动，但各特殊点的位置却与最外层球不相同，现作如下具体分析：

磨机中的球荷由若干球层组成，每一层都有一个脱离点 A_i 和落回点 B_i。每一层球的 A_i 点的坐标各不相同，但他们都是脱离点，有相同的几何条件。同理，各落回点 B_i 的坐标尽管也不相同，但也都符合同一个几何条件。找出这两个几何条件，就能找出这两种转折点的连线，即脱离点与落回点的轨迹。

由钢球运动的基本公式 $n = \dfrac{30}{\sqrt{R}}\sqrt{\cos\alpha}$ 可得：

$$R = \frac{900}{n^2}\cos\alpha \tag{3-38}$$

式中，R 为从极点 O 到圆周上任何一点的向量半径；α 为向量半径与极轴的夹角；$\dfrac{900}{n^2}$ 为圆的直径。

式（3-38）是以磨机中心 O 为极点，坐标轴 OY 为极轴圆的极坐标方程，此圆的半径为 $\dfrac{a}{2}$。若将极坐标方程式变换为以 O 为原点的直角坐标，则在 XOY 直角坐标系中，$\cos\alpha = \dfrac{Y}{R}$。另外，钢球随着筒体做圆周运动，其运动方程可表示为：

$$X^2 + Y^2 = R^2 \tag{3-39}$$

式中，R 为筒体的内半径。

将 $\cos\alpha = \dfrac{Y}{R}$ 和式（3-39）代入式（3-38）中，可得：

$$X^2 + \left(Y - \frac{900}{2n^2}\right)^2 = \left(\frac{900}{2n^2}\right)^2 \tag{3-40}$$

式（3-39）表示筒体内各层球由圆运动转入抛物线运动时，脱离点 A_i 的轨迹以

$O_1\left(0,\dfrac{900}{2n^2}\right)$ 为圆心及 $O_1O=\dfrac{900}{2n^2}$ 为半径的圆上。这个圆就是各脱离点的轨迹，如图 3-6 所示。由此可知，各球层脱离点的位置随筒体转速不同而变化，当筒体转速不变，已知某球层的半径时，则该球层脱离角为一定值，式（3-38）或式（3-40）为球的脱离点的轨迹方程式。

落回点 B_i 到磨机中心的距离为 R_i，由式（3-37）可知，它与极轴 OY 之间的极角 θ 为：

$$\theta = \beta_i + 90° = 3\alpha \tag{3-41}$$

点 B_i 也在圆运动的轨迹上，也遵从公式 $n=\dfrac{30}{\sqrt{R}}\sqrt{\cos\alpha}$，于是也有极坐标方程式：

$$R = \dfrac{900}{n^2}\cos\alpha = \dfrac{900}{n^2}\cos\dfrac{\theta}{3} \tag{3-42}$$

当 $\theta = 270° = \dfrac{3}{2}\pi$ 时，$R=0$，此方程式表示的曲线（即巴斯赫利螺线）将通过磨机中心（即极点），式（3-42）代表的曲线就是落回点 B_i 的轨迹。

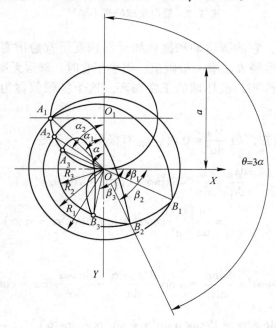

图 3-6　脱离点 (A_i) 和落回点 (B_i) 的轨迹

3.5.3　最内层球的最小半径与最大脱离角

当筒体的转速为一定值时，根据式（3-37）和式（3-38）可以绘制出包括不同回转半径的每一层球的脱离点和落回点的曲线。

图 3-7 中 AA_1O 即为脱离点曲线，而 BB_1O 为落回点曲线。可知，愈靠近磨机中心的球层，它的脱离点轨迹和落回点轨迹愈靠拢，到了磨机中心 O 处汇于一点。从现象来看，

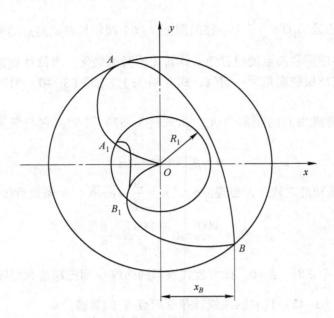

图 3-7 最内层球的最小半径

愈靠近磨机中心的球层，它的圆运动和抛物线运动相互干扰愈厉害，以致二者几乎不可分。因此，最内球层的半径 R 必有一极限值，当小于它时，球层无明显的圆运动和抛落运动，即会产生球的干涉作用，破坏球的正常循环。这个极限值称为最内层球的最小半径（R_1），对它的推导如下：

根据式（3-32）可知，当 $\dfrac{\mathrm{d}x_B}{\mathrm{d}\alpha}=0$ 时，x_B 有极限值，于是

$$\frac{\mathrm{d}x_B}{\mathrm{d}\alpha}=\frac{\mathrm{d}}{\mathrm{d}\alpha}(4R\sin\alpha\cdot\cos^2\alpha-R\sin\alpha)$$

$$=\frac{\mathrm{d}}{\mathrm{d}\alpha}\left[\frac{900}{n^2}\cos\alpha(4\sin\alpha\cdot\cos^2\alpha-\sin\alpha)\right]=0$$

即

$$\frac{\mathrm{d}x_B}{\mathrm{d}\alpha}=\frac{900}{n^2}\left(4\cos^3\alpha\,\frac{\mathrm{d}\sin\alpha}{\mathrm{d}\alpha}+\sin\alpha\,\frac{\mathrm{d}4\cos^3\alpha}{\mathrm{d}\alpha}-\frac{\mathrm{d}\cos\alpha}{\mathrm{d}\alpha}\sin\alpha-\cos\alpha\,\frac{\mathrm{d}\sin\alpha}{\mathrm{d}\alpha}\right)$$

$$=\frac{900}{n^2}(4\cos^4\alpha-12\cos^2\alpha\sin^2\alpha+\sin^2\alpha-\cos^2\alpha)$$

$$=\frac{900}{n^2}(16\cos^4\alpha-14\cos^2\alpha+1)=0 \tag{3-43}$$

通过解式（3-43）方程，可得到两个不同的 α 值，分别为 $\alpha_1=26°44'$ 和 $\alpha_2=73°44'$。由式（3-37）可知，当 $\alpha_1=26°44'$ 时，$\beta=-9°48'$，即落回点在 OX 轴的上方及 OY 轴的右边，显然不在范围内，不合理也无意义；当 $\alpha_2=73°44'$ 时，$\beta=131°12'$，落回点在 OX 轴的下方及 OY 轴的左边，合理有意义。此外，如果从二阶导数判断，当 $\alpha_1=26°44'$ 时，$\dfrac{\mathrm{d}^2x_B}{\mathrm{d}\alpha^2}=$

$4\cos\alpha\sin\alpha(7 - 16\cos^2\alpha) < 0$；当 $\alpha_2 = 73°44'$ 时，$\dfrac{\mathrm{d}^2 x_B}{\mathrm{d}\alpha^2} > 0$。因此，两个极值中只有 $\alpha = 73°44'$ 有意义，它即是与最小球层半径 R_1 相对应的最大脱离角 α。于是，判断球层保持明显的圆运动和抛物线运动的极限状态的两个相关的指标是：

$$R_{最小} = \frac{900}{n^2}\cos73°44' \approx \frac{250}{n^2} \tag{3-44}$$

$$\alpha_{最大} = 73°44' \tag{3-45}$$

3.5.4 磨机内各区域的磨矿作用及球荷切面积

3.5.4.1 磨机内钢球分布区域及其磨矿作用

在详细分析了磨机内钢球的运动规律之后，就可以把钢球分布的几何形状较为准确地描出，如图 3-8 所示。从图中可以看出，磨机内部分为四个不同的区域。

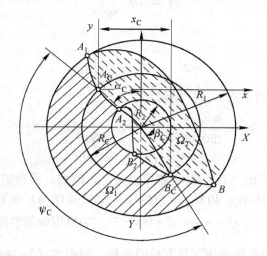

图 3-8 抛落运动状态下磨机内的各区域及球荷切面积

（1）钢球作圆运动区——图中画实影线的部分，钢球都作圆运动，矿石被钳在钢球之间并受磨剥作用，此区域内钢球的磨剥作用较强，冲击作用较弱。

（2）钢球作抛物线下落区——图中画虚影线的部分，表明钢球纷纷下落的区域。钢球在下落的过程中没有磨着矿石，直到落到用落回点 BB_2 表示的底脚时，钢球才对矿石起冲击作用。此区域内钢球极活跃，有强烈的冲击和跳动，冲击作用最强，磨剥作用较弱。

（3）肾形区——靠近磨机中心的部分，钢球的圆运动和抛物线运动已难以进行明显的分辨。在未画影线形状如肾的区域中，钢球仅作蠕动，磨矿作用很弱。当装球较多，而转速又不足以使它们活跃运动时，肾形区就越大，磨矿效果也较差。

（4）空白区——在抛物线下落区之外的月牙形部分，为钢球未到之处，当然也就没有磨矿作用。转速不足时，钢球抛落不远，空白区就较大；转速过高时，钢球抛得远，空白区虽然小，但钢球直接打击衬板会对其造成严重的磨损，且磨矿效果较差，因为钢球又将能量传回筒体，功率下降。

3.5.4.2 球荷的切割面积

磨机内的分区不仅明显，而且还能定量地计算出它们的范围。磨机转动时，其中有球的空间，一部分分布着作圆运动的球，另一部分分布着做抛物线运动下落的球。取与磨机长轴垂直的切面来看，设全部运动着的球所占的面积为 Ω，而做圆运动部分的球所占的面积为 Ω_1，做抛物线运动的球所占的面积为 Ω_2，则：

$$\Omega = \Omega_1 + \Omega_2 \tag{3-46}$$

在动态下的介质充填率为：

$$\varphi = \frac{\Omega}{\pi R^2} \tag{3-47}$$

任取一层球，它的球层半径为 R_C，脱离角为 α_C，落下角为 β_C，此球层所对的圆心角为 ψ_C，由图 3-8 可以看出：

$$\Omega_1 = \pi R_C^2 \frac{\psi_C}{360°} \tag{3-48}$$

因此，可得：

$$\mathrm{d}\Omega_1 = \pi R_C \frac{\psi_C}{180°}\mathrm{d}R_C \tag{3-49}$$

在 R_2 与 R_1 范围内对上式积分，得到：

$$\Omega_1 = \frac{\pi\psi_C}{180°}\int_{R_2}^{R_1} R_C\mathrm{d}R_C = \psi_C\frac{\pi}{360°}(R_1^2 - R_2^2) \tag{3-50}$$

又

$$\psi_C = 270° - \alpha_C - \beta_C = 360° - 4\alpha_C \tag{3-51}$$

因此，在 Ω 及 Ω_1 求出之后，Ω_2 也就可以算出。例如，某磨矿机的磨内半径为 R，转速率为 76%，适宜的装球率为 40%，求它的球荷切面积 Ω，Ω_1 和 Ω_2。

根据式（3-47）可知，$\Omega = \varphi \cdot \pi R^2 = 0.4\pi R^2$。如果用位居中间的那层球来计算，$R_C = \frac{R_1 + R_2}{2}$。根据最内层球作抛物线下落的极限条件，即由式（3-44）可知：

$$R_2 = \frac{250}{n^2} = \frac{250}{\left(\dfrac{30 \times 0.76}{\sqrt{R_1}}\right)^2} = \frac{250R_1}{22.8^2} = 0.48R_1 \tag{3-52}$$

于是

$$R_C = \frac{R_1 + 0.48R_1}{2} = 0.74R_1 \tag{3-53}$$

由式（3-38）可知此球层的脱离角为：

$$\alpha_C = \arccos\frac{R_C n^2}{900} = \arccos\frac{0.74R_1 \times 22.8^2}{900R_1} = 64°40' \tag{3-54}$$

则此球层的落回角及圆心角分别为：

$$\beta_C = 3\alpha_C - 90° = 104° \tag{3-55}$$

$$\psi_C = 360° - 4\alpha_C = 101°20' \tag{3-56}$$

由式（3-50）可得：

$$\Omega_1 = 101°20' \times \frac{\pi}{360°} [R_1^2 - (0.48R_1)^2] = 0.217\pi R_1^2 \tag{3-57}$$

则

$$\Omega_2 = 0.4\pi R_1^2 - 0.217\pi R_1^2 = 0.183\pi R_1^2 \tag{3-58}$$

因此，在总球荷面积中，圆运动部分占 54.25%，即 $\frac{0.217\pi R_1^2}{0.4\pi R_1^2} \times 100\%$，则抛物线运动部分占 45.75%。

由上述分析、计算可知，球磨机装球太少，球荷切面积 Ω 就很小，磨机内起磨矿作用的部分便不多。装球适宜，但转速过低，做抛物线运动的球荷切面积 Ω_2 较小，钢球呈泻落状态，磨剥作用比冲击作用占优势，因此，只有装球率和转速率都合适，才能保证发生抛落运动，并有较大的 Ω_2，从而使冲击作用较为充足。

3.5.5 球磨机的工作转速

在抛落式工作的磨机中，一定有最有利的工作转速。球磨机的最有利工作转速应该保证钢球沿抛物线下落的高度最大，从而使球在垂直方向获得最大的动能来粉碎矿石。为此，必须求出钢球产生最大落下高度时的脱离角 α，由此可以确定球磨机最有利的工作转速。

由图 3-5 可知，最外层钢球的下落高度 H 为：

$$H = y_C - y_B = 4.5R\sin^2\alpha\cos\alpha \tag{3-59}$$

由式 (3-59) 可知，下落高度 H 是钢球的脱离角 α 的函数。欲求 H 的最大值，使 H 对 α 的一次导数 $\frac{dH}{d\alpha} = 0$，即：

$$\frac{dH}{d\alpha} = 4.5R\sin\alpha(2\cos^2\alpha - \sin^2\alpha) = 0 \tag{3-60}$$

式 (3-60) 经整理后得：

$$\alpha = 54°44' \tag{3-61}$$

这个脱离角 α 能保证钢球获得最大落下高度，而使钢球具有最大的冲击力。将此角代入式 (3-17) 中，则可得到球磨机最有利的工作转速：

$$n_1 = \frac{30}{\sqrt{R}}\sqrt{\cos\alpha} = \frac{30}{\sqrt{R}}\sqrt{\cos 54°44'} \approx \frac{32}{\sqrt{D}} \tag{3-62}$$

则

$$\psi = \frac{n}{n_c} \times 100\% = \frac{\frac{32}{\sqrt{D}}}{\frac{42.4}{\sqrt{D}}} \times 100\% = 76\% \tag{3-63}$$

上述方法导出的最有利工作转速是指筒内最外一层球，实际上球磨机工作时，筒体内装有许多层球，由式 (3-38) 可知，$\cos\alpha = \frac{Rn^2}{900}$，当 n 值一定时，α 角因钢球的回转半径 R 的不同而异。显然，最外层球处于有利的工作条件，即 $\alpha = 54°44'$，其余钢球层都将处于不利的工作条件。

设想全部球荷的质量集中在某一层球（即缩聚层或中心层），此层球可以代表全部球荷，则它的球层半径（R_0）就是全部球荷绕磨机中心（O）作圆运动的回转半径。如果该球层处于最有利的工作条件（$\alpha = 54°44'$），则意味着所有各层球都处于最有利的工作条件。

如图3-9所示，用A_0和B_0表示"缩聚层"的脱离点和落回点，R_0表示该层的回转半径，其值可根据圆环对于其中心O的转动惯量等于有质量的圆周（极细的均值线环）计算，对于它中心O的转动惯量的计算由下式确定：

$$\frac{\pi}{2}(R^4 - R_1^4) = \pi(R^2 - R_1^2)R_0^2 \tag{3-64}$$

即

$$R_0 = \sqrt{\frac{R^2 + R_1^2}{2}} \tag{3-65}$$

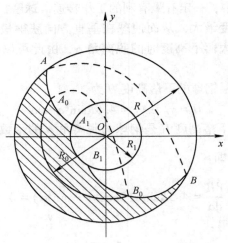

图 3-9　缩聚层的运动轨迹

当"缩聚层"球处于最有利的工作条件时，即$\alpha = 54°44'$，则由式（3-38）可得：

$$R_0 = \frac{900}{n^2}\cos\alpha = \frac{900\cos54°40'}{n^2} = \frac{520}{n^2} \tag{3-66}$$

由式（3-44）可知，最内层的（最小）回转半径$R_1 = \dfrac{250}{n^2}$。将$R_0 = \dfrac{520}{n^2}$及$R_1 = \dfrac{250}{n^2}$代入式（3-65）中，可得：

$$R^2 = \frac{478300}{n^4} \tag{3-67}$$

即

$$n = \frac{26.3}{\sqrt{R}} = \frac{37.2}{\sqrt{D}} \tag{3-68}$$

于是

$$\psi = \frac{n}{n_c} \times 100\% = \frac{\dfrac{37.2}{\sqrt{D}}}{\dfrac{42.4}{\sqrt{D}}} \times 100\% = 88\% \tag{3-69}$$

这种方法比第一种方法更合理，因为考虑了全部球荷。实际生产中，常将转速率 $\psi <$ 76%的磨机视为低转速磨机，$\psi > 88\%$ 的磨机视为高转速磨机，而将 $\psi = 76\% \sim 88\%$ 视为磨机适宜的转速率。

上述结论都是在介质与介质之间没有相对滑动的情况下得出的。但事实上，磨机中介质的相对滑动始终都是存在的。因此，转速率 $\psi = 76\% \sim 88\%$ 并不一定是最有利的。目前，世界各国对球磨机的最有利工作转速开展了大量的研究和试验工作，积累了很多资料，认为从提高生产率的观点出发，增加球磨机的工作转速是有利的。但是衬板的使用寿命会降低，而且功率消耗会增加。

3.5.6 球荷的循环次数

钢球的磨矿作用包括钢球对矿石的冲击和磨剥，而冲击作用又与有效的冲击次数有关。磨机运动时，一部分钢球随筒体一起做圆运动，另一部分钢球做抛物线运动。因此，磨机转一转时，钢球的运动未必就是一个循环，因为钢球做抛物线运动比做圆运动快，因而钢球总是超前的。或者说，磨机转一转时，钢球不只是循环运动一次。

设 t_1 为钢球做圆运动的时间，当磨机转一转时，以同样速度做圆运动的钢球转过的圆心角为 ψ（如图3-5所示），则有：

$$t_1 = \frac{\psi}{360} \times \frac{60}{n} = \frac{\psi}{6n} \tag{3-70}$$

由图3-5可知，$\psi = 360° - 4\alpha$，故：

$$t_1 = \frac{360° - 4\alpha}{6n} = \frac{90° - \alpha}{1.5n} \tag{3-71}$$

设 t_2 为钢球做抛物线落下运动的时间，取 A 为坐标原点，则：

$$t_2 = \frac{x_B}{v\cos\alpha} \tag{3-72}$$

又 $x_B = 4R\sin\alpha \cdot \cos^2\alpha$ 及 $v = \dfrac{\pi Rn}{30}$，则有：

$$t_2 = \frac{4R\cos^2\alpha\sin\alpha}{\dfrac{\pi Rn}{30}\cos\alpha} = \frac{19.1\sin2\alpha}{n} \tag{3-73}$$

因此，钢球运动一个循环的全部时间 t 为

$$t = t_1 + t_2 = \frac{90° - \alpha + 28.6\sin2\alpha}{1.5n} \tag{3-74}$$

于是，在磨机转一转 $\left(T = \dfrac{60}{n}, \text{ s}\right)$ 的时间内钢球的循环次数 J 为：

$$J = \frac{\dfrac{60}{n}}{t} = \frac{90°}{90° - \alpha + 28.6\sin2\alpha} \tag{3-75}$$

由此可知，钢球的循环次数取决于脱离角 α。当磨机转速不变时，不同球层有不同的脱离角，它的循环次数也不同。磨机转速越高，脱离角 α 越小，循环次数也就越少。当钢球发生离心化时，脱离角 $\alpha = 0°$，循环次数 $J = 1$，即钢球贴在衬板上与磨机一起转动。

3.5.7　钢球充填率与转速率的关系

磨机中钢球充填量的多少对磨矿效率有重要的影响。钢球充填量过少，会使磨矿效率降低；充填量过多，内层钢球运动时会产生干涉作用，破坏球的正常抛落运动，使球荷下落时的冲击作用减小，故磨矿效率也要降低。

如前所述，钢球充填率 φ 与球荷切面积 Ω 的关系为：

$$\varphi = \frac{\Omega}{\pi R_1^2} \tag{3-76}$$

球荷切面积包含做圆曲线运动的切面积（Ω_1）和做抛物线运动的切面积（Ω_2）两部分，即：

$$\varphi\pi R_1^2 = \Omega_1 + \Omega_2 \tag{3-77}$$

如图 3-10 所示，任取一钢球层，它的半径为 R，此钢球层从落回点 B 做圆运动到脱离点 A 经历的圆弧所对的圆心角 θ 为：

$$\theta = 270° - (\alpha + \beta) = 270° - (\alpha + 3\alpha - 90°)$$
$$= 360° - 4\alpha = 2\pi - 4\alpha \tag{3-78}$$

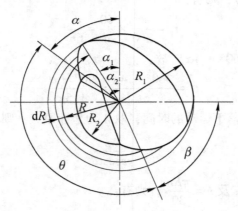

图 3-10　球磨机的截面积

因 $\Omega_1 = \pi R^2 \cdot \dfrac{\theta}{2\pi}$，当球层半径变化为 $\mathrm{d}R$ 时，

$$\mathrm{d}\Omega_1 = R\theta \cdot \mathrm{d}R \tag{3-79}$$

又 $R = \dfrac{900}{n^2}\cos\alpha$，则

$$dR = -\frac{900}{n^2}\sin\alpha d\alpha \tag{3-80}$$

故

$$d\Omega_1 = -\left(\frac{900}{n^2}\right)^2 (2\pi - 4\alpha)(\sin\alpha\cos\alpha)d\alpha$$

$$= -\left(\frac{900}{n^2}\right)^2 (\pi - 2\alpha)\sin2\alpha d\alpha \tag{3-81}$$

因 $\Omega_2 = \pi R^2 \cdot \frac{\omega t_2}{2\pi}$，所以球荷作抛物线运动的微分球荷切面积为

$$d\Omega_2 = \omega R t_2 dR \tag{3-82}$$

式中，ω 为筒体的角速度；t_2 为钢球在抛物线轨迹上运动的时间。

又

$$t_2 = \frac{4R\cos^2\alpha\sin\alpha}{\omega R\cos\alpha} = \frac{4\sin\alpha\cos\alpha}{\omega} \tag{3-83}$$

故

$$d\Omega_2 = \omega \cdot \frac{900}{n^2}\cos\alpha \cdot \left(-\frac{900}{n^2}\sin\alpha\right) \cdot \frac{4\sin\alpha\cos\alpha}{\omega}d\alpha$$

$$= -\left(\frac{900}{n^2}\right)^2 \sin^2 2\alpha d\alpha \tag{3-84}$$

因此球荷切面积 Ω 可由下式求出：

$$\Omega = \Omega_1 + \Omega_2 = \int d\Omega_1 + \int d\Omega_2$$

$$= \int_{\alpha_2}^{\alpha_1} -\left(\frac{900}{n^2}\right)^2 (\pi - 2\alpha)\sin2\alpha d\alpha + \int_{\alpha_2}^{\alpha_1} -\left(\frac{900}{n^2}\right)^2 \sin^2 2\alpha d\alpha$$

$$= -\left(\frac{900}{n^2}\right)^2 \int_{\alpha_2}^{\alpha_1} (\pi - 2\alpha)\sin2\alpha d\alpha - \left(\frac{900}{n^2}\right)^2 \int_{\alpha_2}^{\alpha_1} \sin^2 2\alpha d\alpha$$

$$= -\left(\frac{900}{n^2}\right)^2 \left| -\frac{1}{2}(\pi - 2\alpha)\cos2\alpha - \frac{1}{2}\sin2\alpha \right|_{\alpha_2}^{\alpha_1} - \left(\frac{900}{n^2}\right)^2 \left| \frac{\alpha}{2} - \frac{\sin4\alpha}{8} \right|_{\alpha_2}^{\alpha_1}$$

$$= \frac{1}{2}\left(\frac{900}{n^2}\right)^2 \left| (\pi - 2\alpha)\cos2\alpha + \sin2\alpha - \alpha + \frac{1}{4}\sin4\alpha \right|_{\alpha_2}^{\alpha_1} \tag{3-85}$$

由式 (3-19) 可知，$\psi = \sqrt{\cos\alpha}$，故

$$\pi R_1^2 = \pi\left(\frac{900}{n^2}\right)^2 \cos^2\alpha_1 = \pi\left(\frac{900}{n^2}\right)^2 \psi^4 \tag{3-86}$$

将式 (3-84)、式 (3-85) 代入式 (3-75)，得：

$$\varphi = \frac{1}{2\pi\psi^4} \left| (\pi - 2\alpha)\cos2\alpha + \sin2\alpha - \alpha + \frac{1}{4}\sin4\alpha \right|_{\alpha_2}^{\alpha_1} \tag{3-87}$$

当 $\psi = 0.76$，$\alpha_1 = \arccos\psi^2 = 54°40'$，$\alpha_2 = 73°44'$ 时，由式 (3-87) 则可算出 $\varphi_{max} = 0.42$；当 $\psi = 0.88$，$\alpha_1 = \arccos\psi^2 = 39°15'$，$\alpha_2 = 73°44'$ 时，由式 (3-87) 则可算出 $\varphi_{max} = 0.58$。

以上分析、计算结果可以看出，最有利的转速决定了最适当的介质充填量。因此，当其他条件一定时，对于既定转速的磨矿机，其充填量过多或过少都会降低磨机的处理能力及磨矿效率。生产实际操作中，对于湿式格子型球磨机，通常取 $\varphi = 0.4 \sim 0.45$；对溢流型球磨机、棒磨机，取 $\varphi = 0.35 \sim 0.4$。

3.6 钢球抛落运动理论存在的问题

戴维斯、列文松、王文东等人依据磨机内钢球作抛物线落下运动的轨迹建立钢球运动方程式，并由此基本方程式用数学方法求解钢球的运动学规律，进而由运动学规律对磨机内运动球荷进行分区及分析各区的磨矿作用，最后由运动学规律分析钢球的动能大小并指导磨机转速等重要参数的选择与确定。应该说，这一套理论是系统的、严密的。它建立在磨机内钢球不滑动的前提下，由于生产中的磨机装球率大多在40%左右，而且有矿砂、矿石存在，磨机内钢球基本不滑动，符合钢球抛落运动理论的前提条件，故有不少结论与生产实际相符。但是，如果磨机内球荷出现滑动，则钢球抛落运动理论不再适用，得出的结论也不可信。有时，即使在钢球抛落运动理论适用的范围内，得出的结论也不一定可靠。例如，按此理论计算，当转速率 $\psi = 76\%$ 时，适宜的装球率算出来为40%，但实际生产中高出40%不少，甚至达48%~50%；当转速率 $\psi = 88\%$ 时，算出的装球率为50%，而实际生产中则比这个值低得多，可能只有35%~40%。因此，在理论适用范围内，对其计算结果也要十分谨慎。

如前所述，磨机内钢球的运动状态不是三种，而是举出三种典型状态。磨机内钢球的运动状态是依多种因素而变的一个状态函数，即磨机内钢球的运动为无数种状态，所以用典型的抛落状态下推导出的规律不可能适用于无数种状态。从这一点出发，本章推导出的抛落运动规律用于定性描述是可以的，而能否用于定量计算应十分谨慎，或计算结果只供参考。

复习思考题

3-1 磨机中介质充填率的计算方法有哪些？简要分析其适用条件。

3-2 磨矿介质的典型运动形态有几种？分析不同状态下的磨矿作用。

3-3 磨机内钢球受哪些力的作用，在这些力的作用下钢球如何运动？

3-4 钢球作抛落式运动的基本方程式是哪两个？

3-5 何谓最内层球的最小半径与最大脱离角？

3-6 钢球作抛落运动状态时，磨机断面可分为几个区域，各区域的磨矿作用如何？

3-7 如何确定磨机的适宜转速？

3-8 钢球抛落运动理论的适用性如何，有何缺陷？

参 考 文 献

[1] 段希祥. 碎矿与磨矿 [M] .3 版 . 北京：冶金工业出版社，2017.

[2] 张国旺. 破碎筛分与磨矿分级 [M] . 北京：冶金工业出版社，2016.

[3] 邱继存. 选矿学 [M] . 北京：冶金工业出版社，1987.

4 磨机功率计算

4.1 概　述

磨矿作业的能耗约占选矿作业总能耗的 30%~70%，正确计算和选择磨机的拖动电机对节能降耗具有重要意义。此外，研究磨矿功耗对磨矿作业的自动控制、产量计算、磨矿工作参数优化都十分必要。因此，长期以来国内外诸多专家学者针对磨矿功耗计算开展了大量研究工作，并提出多种计算方法和公式。但由于磨矿是个很复杂的过程，现有的一些公式在一定条件下才适用。

一般说来，在磨矿过程中输入电动机的电能主要消耗在下述三个方面：

（1）电动机本身的损失，此与电动机本身的效率有关，约占 5%~10%。

（2）机械摩擦损失，此与磨机枢轴构造、传动方式、润滑情况等有关，这部分电耗约占 5%~15%。

（3）有用功耗，即使介质运动所消耗的功，它与介质装入量、介质特性、磨机转速以及操作条件（料球比、矿浆浓度等）有关。

电动机由电网供给的电功率可用下式计算：

$$N_e = (N_{有} + N_{空} + N_{附}) \times \frac{1}{\eta_1} \times \frac{1}{\eta_2} \tag{4-1}$$

式中，$N_{有}$ 为磨机有用功耗，kW；$N_{空}$ 为磨机空转功耗（磨机中不加磨矿介质和物料），kW；$N_{附}$ 为附加功耗（由于磨机中添加介质和物料使摩擦损失增加），kW；η_1 为传动效率，%，与传动方式有关；η_2 为电机效率，%。

电动机安装功率计算公式为：

$$N_{安} = k_1 N_e \tag{4-2}$$

式中，k_1 为备用系数，一般取 $k_1 = 1.1$。

通常情况下，$N_{空}$ 和 $N_{附}$ 需经实际测定，在没有实测数据的情况下可用下式概算：

$$N_{空} = k_2 \sqrt{D_0} L \psi \tag{4-3}$$

式中，k_2 为常数，与磨机类型有关；D_0 为磨机内径，m；L 为磨机内长，m；ψ 为磨机转速率。

式（4-3）表明，对于一定规格的磨机，其空转功耗与转速率呈线性关系。东北大学在实验室针对 $\phi 0.46 \times 0.60 m$ 中心转动磨机进行实际测定，测得 $k_2 = 1.1507$，得出计算空转功耗的公式为：

$$N_{空} = 1.1507 \sqrt{D_0} L \psi \tag{4-4}$$

不同转速率条件下，空转功耗的实测值与计算值对比结果如表 4-1 所示。

表 4-1 实测空转功耗与计算空转功耗对比

转速率 ψ/%	50.0	59.0	64.0	70.0	76.0	83.0	88.0	95.0
实测 $N_空$/W	248.0	287.0	307.0	323.0	348.0	377.0	403.0	430.0
计算 $N_空$/W	234.2	276.3	299.7	327.8	355.9	388.7	412.1	444.9
误差/%	−5.56	−3.73	−2.38	+1.49	+2.27	+3.10	+2.26	+3.47

附加功耗 $N_附$ 可按下式计算：

$$N_附 = k_3 N_空 \tag{4-5}$$

式中，k_3 为修正系数，与磨机规格及介质充填率有关。

据文献报道，当磨机转速率 $\psi = 45\%$ 时，不同规格磨机的 k_3 值分别为：小规格磨机（$D×L = 0.9×0.9 \sim 1.5×1.5\text{m}$），$k_3 = 0.25$；中、小规格磨机（$D×L = 2.1×1.5 \sim 2.1×2.2\text{m}$），$k_3 = 0.4$；中等规格磨机（$D×L = 2.7×2.1 \sim 2.7×2.7\text{m}$），$k_3 = 0.5$；大规格磨机（$D×L \geqslant 2.7×3.6\text{m}$），$k_3 = 0.6$。

东北大学采用 $\phi 0.46×0.60\text{m}$ 磨机对不同充填率条件下的磨机的 k_3 值进行测定，结果如表 4-2 所示。

表 4-2 不同充填率条件下磨机的 k_3 值

充填率 φ/%	25	30	35	40	45	50	55
k_3	0.4098	0.4759	0.5735	0.6020	0.6077	0.6569	0.5567

关于磨机功率的计算，多数情况下可先计算出 $N_有$，然后乘以一系列修正系数得到磨机的拖动电机安装功率。按计算公式建立的方法可以分为三类：

（1）理论公式。理论公式通常将磨机中介质运动的规律加以简化，从而推导出计算有用功耗的公式。例如 20 世纪 30 年代的戴维斯公式、40 年代的列文逊公式、50 年代的安德烈也夫公式、70 年代的奥列夫斯基、聂洛诺夫、东北大学陈炳辰推导的公式，以及计算介质混合运动的尤坦汗公式等。

（2）半经验公式。主要包括申科林科和奥列夫斯基的半经验公式，以及东北大学陈炳辰等推导的表面响应法计算功率系数的半经验公式。

（3）经验公式。例如邦德经验公式。

上述计算磨机功率的公式中，有些公式仅适用于有介质磨矿，有些公式仅适用无介质磨矿（自磨矿），此外还有部分公式两者都适用。下面对以上部分公式进行分析对比，确定其精度及应用范围。

4.2 磨机功率的理论计算

4.2.1 泻落式运动的功率计算

当磨机以转速率 ψ 运转时，如果转速较低，则磨机中介质呈泻落式运动。假设介质在磨机旋转方向偏转的角度为 θ（图 4-1），Ω 为介质所对应的圆心角，S 为介质重心，由几何学可知，重心 S 与筒体中心的距离 X 为：

$$X = \frac{2}{3} \times \frac{R^3 \sin^3 \frac{\Omega}{2}}{A} \qquad (4-6)$$

式中，A 为阴影部分的面积，当介质充填率为 φ 时，有：

$$A = \varphi \pi R^2 \qquad (4-7)$$

将式（4-7）代入式（4-6）得：

$$X = \frac{1}{3} \times \frac{\sin^3 \frac{\Omega}{2}}{\pi \varphi} D \qquad (4-8)$$

式中，R 为筒体的半径，m；D 为筒体的直径，m。

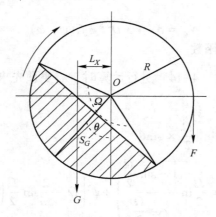

图 4-1 磨机中介质泻落运动状态

重心 S_G 至筒体中心 O 的距离 X 的水平投影 L_X 为：

$$L_X = X \cdot \sin\theta = \frac{1}{3} \times \frac{\sin^3 \frac{\Omega}{2}}{\pi \varphi} D \cdot \sin\theta \qquad (4-9)$$

设装入磨机的介质重量为 G（kg），则：

$$G = \frac{1}{4}\pi \cdot \varphi \cdot D^2 \cdot L \cdot \rho \qquad (4-10)$$

式中，L 为筒体内长（m），ρ 为介质松散密度（kg/m³）。

由此可计算介质重量 G 对筒体中心 O 的力矩 M（N·m）为：

$$M = GL_X g \qquad (4-11)$$

式（4-11）中的力矩 M 是磨机运转时的阻力矩，若保持磨机在这一状态下连续运转，必须通过电动机供给磨机一个大小与 M 相等、方向相反的转矩，以克服阻力矩 M。

使磨机旋转一周需要做的功为 $2\pi M$，为了使磨机以每分钟 n 转的速度旋转，所需的功率（磨机的有用功率）为：

$$N_{有} = \frac{\pi \cdot n}{30} \times M = \frac{\pi \cdot n \cdot G \cdot L_X}{30} \qquad (4-12)$$

将式（4-9）、式（4-10）代入式（4-12），并由关系式 $\psi = n\sqrt{R}/30$，取 $g = 9.807\text{m/s}^2$，

整理得：

$$N_有 = 3.62\rho \cdot D^{2.5} \cdot L \cdot \psi \cdot \sin^3 \frac{\Omega}{2} \cdot \sin\theta \tag{4-13}$$

或

$$N_有 = 2.31\rho \cdot V \cdot D^{0.5}\left(2\psi \cdot \sin^3 \frac{\Omega}{2} \cdot \sin\theta\right) \tag{4-14}$$

式中，V 为磨机有效容积，m^3。

由式（4-13）和式（4-14）可知，磨机有用功率与介质松散密度 ρ、磨机规格（D、V）及操作条件（ψ、φ）有关。

令

$$f_1 = (\psi, \varphi) = 2.31\left[2\psi \cdot \sin^3\left(\frac{\Omega}{2}\right) \cdot \sin\theta\right] \tag{4-15}$$

则得：

$$N_有 = \rho \cdot V \cdot D^{0.5} \cdot f_1(\psi, \varphi) \tag{4-16}$$

式中，$f_1(\psi、\varphi)$ 为功率系数函数。

在利用式（4-16）或式（4-14）进行计算时，需要预先求出 $\sin \frac{\Omega}{2}$ 及 $\sin\theta$ 值。根据理论推导可得：

$$f_1 = (\psi, \varphi) = 2.31 \times 24 \times \sin^3 \frac{\Omega}{2} \times \sin\theta$$

$$= 2.31 f_0\left\{3\cos\theta\left(\sin\frac{\Omega}{2} - \cos^2\frac{\Omega}{2}\ln\frac{1-\sin\frac{\Omega}{2}}{\cos\frac{\Omega}{2}}\right) + \psi^2\left[\Omega - \frac{2}{15}\sin\frac{\Omega}{2}\left(7 + 6\cos\frac{\Omega}{2} + 2\cos^2\frac{\Omega}{2}\right)\right]\right\} \tag{4-17}$$

式中，f_0 为介质与筒体间的摩擦系数。

按式（4-8）可求出不同 φ 值所对应的 Ω 值（见表4-3），然后根据式（4-17）计算不同 f_0、ψ、φ 值时的功率系数值 $f_1(\psi、\varphi)$。

表4-3　不同 φ 值所对应的 Ω 值

φ/%		30	31	32	33	34	35	36	37	38	39
Ω	Rad	2.4908	2.5255	2.5600	2.5941	2.6278	2.6612	2.6944	2.7273	2.7600	2.7925
	(°)	142.71	144.70	146.68	148.63	150.56	152.47	154.38	156.26	158.14	160.00
φ/%		40	41	42	43	44	45	46	47	48	49
Ω	Rad	2.8248	2.8570	2.8889	2.9208	2.9525	2.9842	3.0158	3.0473	3.0788	3.1102
	(°)	161.85	163.69	165.52	167.35	169.17	170.98	172.79	174.60	176.40	178.20

图4-2为根据表4-3数据绘制的曲线。由图4-2可知，$\varphi = f(\Omega)$ 近似线性关系，利用回归技术求得下述近似方程：

$$\Omega = 86.0 + 1.897\varphi \tag{4-18}$$

利用表4-3中数据或式（4-18）可求得：

$$\sin^3 \frac{\Omega}{2} = 4.05\varphi(1 - \varphi) \tag{4-19}$$

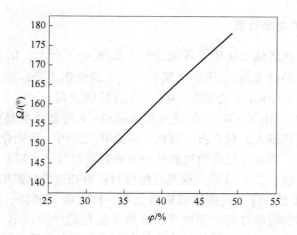

图 4-2　Ω 与 φ 的关系曲线

通过计算发现，当 $f_0 = 0.4$ 时，式（4-17）两端值相等，因此可以确定介质与衬板的滑动摩擦系数 $f_0 = 0.4$。然后根据式（4-17）可求出不同 ψ、φ、Ω 值所对应的 θ 值，进而可推导出 $\sin\theta = f(\psi, \varphi)$ 的近似计算公式为：

$$\sin\theta = 0.163 \times \frac{(1 + \psi^{\frac{1}{3}})^2}{1 - \varphi^3} \tag{4-20}$$

结合式（4-19）和式（4-17），可求得功率系数 $f_1(\psi, \varphi)$ 近似计算公式为：

$$f'_1(\psi, \varphi) = 2.31 \times \left[1.32 \times \psi\varphi \frac{(1 + \psi^{\frac{1}{3}})^2}{1 + \varphi + \varphi^2}\right] \tag{4-21}$$

将式（4-21）代入式（4-16）中，可求得 $N_{有}$ 的计算公式为：

$$N_{有} = \rho \cdot V \cdot D^{0.5} \left\{2.31 \times \left[1.32 \times \psi\varphi \frac{(1 + \psi^{\frac{1}{3}})^2}{1 + \varphi + \varphi^2}\right]\right\} \tag{4-22}$$

应该指出的是，采用推导式（4-14）及式（4-22）计算磨机的有用功率时，考虑所有球荷的重力及离心力均作用在筒体上，这在磨机转速较低时可能是适用的，但转速较高时，一部分滑落的介质的重力及离心力将不作用在下部沿圆轨道运动的介质上。为此推导出计算泻落式运动功率的修正式，即：

$$N_{有} = 2.31\rho \cdot V \cdot D^{0.5}\left[\frac{2}{5}\psi \cdot \sin\theta \cdot \sin\frac{\Omega}{2}\left(4 - 3\cos\frac{\Omega}{2} - \cos^2\frac{\Omega}{2}\right)\right] \tag{4-23}$$

令　　$$f_2(\psi, \varphi) = 2.31 \times \left[\frac{2}{5}\psi \cdot \sin\theta \cdot \sin\frac{\Omega}{2}\left(4 - 3\cos\frac{\Omega}{2} - \cos^2\frac{\Omega}{2}\right)\right]$$

则　　　　　　　$$N_{有} = \rho \cdot V \cdot D^{0.5} \cdot f_2(\psi, \varphi) \tag{4-24}$$

式中，$\sin\theta$ 根据式（4-20）计算。

由式（4-19）得：

$$\cos\frac{\Omega}{2} = \left(1 - \sin^2\frac{\Omega}{2}\right)^{\frac{1}{2}} = \left\{1 - \left[4.05\varphi(1 - \varphi)\right]^{\frac{2}{3}}\right\}^{\frac{1}{2}} \tag{4-25}$$

4.2.2 抛落式运动的功率计算

本节主要推导抛落式运动功率的理论公式。如图 4-3 所示，R_1、R_2 分别代表最外层及最内层介质半径，并以 $R_x = R_c$ 代表"质心层"（即介质上升运动中圆轨道的质心所在层）半径，A_1、A_2、A_x（$=A_c$）分别为相应各介质层的脱离点；α_1、α_2、α_x（$=\alpha_c$）分别为其脱离角；M_1、M_2、M_x（$=M_c$）分别为其落回点；v 为介质脱离筒体开始抛落的初速度。通常工业生产磨机装入大量介质，衬板又多为非光滑的，因此介质在上升运动中沿衬板的滑动可忽略不计。因此介质所消耗的外功主要包括两部分：（1）将介质从落回点提升到脱离点所消耗的外功；（2）介质从脱离点抛落时获得初速度所需的外功。由于各层介质的角速度（在圆轨道上一样，在抛物线轨道上不一样）各不相同，越靠近内层角速度越大，故旋转一周所需的时间越短。因此各层介质所消耗的外功也不一样。为了简化计算，可求得不同条件下质心层运动所需的外功，以它来代表整个介质运动所消耗的外功。

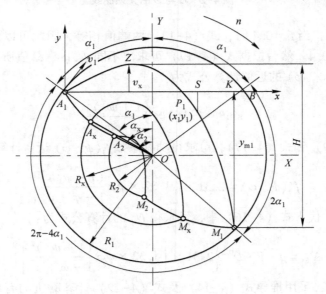

图 4-3　磨机中介质抛落运动状态

设磨机中介质总重为 G（kg），则提升介质所消耗的能量 N_1（N·m）为：

$$N_1 = G \cdot y_{mc} \tag{4-26}$$

使介质获得速度 v_c 的能量 N_2（N·m）为：

$$N_2 = \frac{G \cdot v_c^2}{2g} \tag{4-27}$$

式中，y_{mc} 为质心层的提升高度，m。

由此计算得所需总能量 N_0 为：

$$N_0 = N_1 + N_2 = G\left(y_{mc} + \frac{v_c^2}{2g}\right) \tag{4-28}$$

质心层半径 R_c 实际上是图 4-3 中阴影面积绕筒体中心旋转的回转半径。因此可得：

$$R_c^2 = \frac{1}{2}(R_1^2 + R_2^2) \tag{4-29}$$

令 $k = R_2/R_1$，代入式（4-29）得：

$$R_c = R_1 \sqrt{\frac{1 + k^2}{2}} \tag{4-30}$$

又 $\cos\alpha_x = \left(\frac{n}{30}\right)^2 R_x$，可得：

$$\cos\alpha_c = \left(\frac{n}{30}\right)^2 R_c = \left(\frac{n}{30}\right)^2 R_1 \sqrt{\frac{1 + k^2}{2}} \tag{4-31}$$

又由 $\cos\alpha_x = \left(\frac{n}{30}\right)^2 R_x$ 及 $\cos\alpha_1 = \psi^2$ 可得：

$$\psi^2 = \left(\frac{n}{30}\right)^2 R_1 \tag{4-32}$$

将式（4-32）代入式（4-31）中可得：

$$\cos\alpha_c = \psi^2 \sqrt{\frac{1 + k^2}{2}} \tag{4-33}$$

将式（4-30）、式（4-33）代入 $y_m = -4R_x \sin^2\alpha_x \cos\alpha_x$ 中，整理可得：

$$|y_{mc}| = 4R_1 \psi^2 \left(\frac{1 + k^2}{2}\right)\left(1 - \psi^4 \frac{1 + k^2}{2}\right) \tag{4-34}$$

又

$$v_c = \frac{2\pi \cdot n \cdot R_c}{60} = \pi \cdot R_1^{\frac{1}{2}} \cdot \psi \left(\frac{1 + k^2}{2}\right)^{\frac{1}{2}} \tag{4-35}$$

将式（4-34）、式（4-35）代入式（4-28）中可得：

$$N_0 = G \cdot R_1 \cdot \psi^2 (1 + k^2)[2.25 - \psi^4 (1 + k^2)] \tag{4-36}$$

由此可得介质运动所消耗的外功（即有用功耗）$N_有$ 为：

$$N_有 = \frac{n \cdot J \cdot N_0}{60 \times 102} \tag{4-37}$$

式中，J 为磨机旋转一周整个介质平均旋转周数，$J = \dfrac{1 - k^2}{\varphi}$。

由式（4-36）和式（4-37）可得：

$$N_有 = \frac{G}{2 \times 102} \times \frac{1}{\varphi} R_1^{0.5} \psi^3 (1 - k^4)[2.25 - \psi^4 (1 + k^2)] \tag{4-38}$$

将 $G = 1000\varphi \cdot V \cdot \rho$ 代入式（4-38）中可得：

$$N_有 = 3.465\rho \cdot V \cdot D^{0.5}\{\psi^3 (1 - k^4)[2.25 - \psi^4 (1 + k^2)]\} \tag{4-39}$$

或

$$N_有 = \rho \cdot V \cdot D^{0.5}\{3.465\psi^3 (1 - k^4)[2.25 - \psi^4 (1 + k^2)]\} \tag{4-40}$$

令 $f_3(\psi, \varphi) = 3.465\psi^3 (1 - k^4)[2.25 - \psi^4 (1 + k^2)]$ 可得：

$$N_有 = \rho \cdot V \cdot D^{0.5} \cdot f_3(\psi, \varphi) \tag{4-41}$$

前苏联安德烈耶夫利用力矩-能量法得出下述计算有用功率的理论公式：

提升介质所需功率 N_1 为：

$$N_1 = 0.864 \times \frac{G}{\varphi} \cdot D^{0.5} \cdot \psi^3 \left[8(1 - k^4) - \frac{16}{3}\psi^4(1 - k^6) \right] \tag{4-42}$$

或　　　　　$$N_1 = 0.864\rho \cdot V \cdot D^{0.5} \left\{ \psi^3 \left[8(1 - k^4) - \frac{16}{3}\psi^4(1 - k^6) \right] \right\} \tag{4-43}$$

使介质获得动能所需功率 N_2 为:

$$N_2 = 0.864 \times \frac{G}{\varphi} \cdot D^{0.5} \cdot \psi^3 \cdot (1 - k^4) \tag{4-44}$$

或　　　　　$$N_2 = 0.864\rho \cdot V \cdot D^{0.5} \left[\psi^3(1 - k^4) \right] \tag{4-45}$$

使介质运动的外功消耗 $N_{有}$ 为:

$$N_{有} = N_1 + N_2 = 0.864 \frac{G}{\varphi} \cdot D^{0.5} \left\{ \psi^3 \left[9(1 - k^4) - \frac{16}{3}\psi^4(1 - k^6) \right] \right\} \tag{4-46}$$

或　　　$$N_{有} = \rho \cdot V \cdot D^{0.5} \left\{ 0.864 \times \left[9(1 - k^4) - \frac{16}{3}\psi^4(1 - k^6) \right] \right\} \tag{4-47}$$

令　　　　　$$f_4(\psi, \varphi) = 0.864\psi^3 \left[9(1 - k^4) - \frac{16}{3}\psi^4(1 - k^6) \right]$$

则　　　　　$$N_{有} = \rho \cdot V \cdot D^{0.5} \cdot f_4(\psi, \varphi) \tag{4-48}$$

前苏联 H. П. 涅罗诺夫根据三力矩原理导出下述计算公式,该公式与戴维斯根据打击能量推导出的公式一致。

$$N_{有} = 2.31\rho \cdot V \cdot D^{0.5} \left\{ \psi^3 \left[6(1 - k^4) - 8\psi^4(1 - k^6) + 3\psi^8(1 - k^8) \right] \right\} \tag{4-49}$$

令　　$$f_5(\psi, \varphi) = 2.31\psi^3 \left[6(1 - k^4) - 8\psi^4(1 - k^6) + 3\psi^8(1 - k^8) \right]$$

得:

$$N_{有} = \rho \cdot V \cdot D^{0.5} \cdot f_5(\psi, \varphi) \tag{4-50}$$

奥列夫斯基认为介质下落至筒体底部时应按下落速度的法向分速度的打击动能计算功率,而不应考虑切向分速度,因为后者反馈给筒体而不从电机耗取能量;此外,还应考虑磨机中心区域部分的介质不产生冲击作用故不消耗能量,因此应乘以相应系数,此系数可取 0.94。由此奥列夫斯基得出下述公式:

$$N_{有} = 2.31\rho \cdot V \cdot D^{0.5} \left\{ 0.94\psi^7 \left[16(1 - k^6) - 36\psi^4(1 - k^8) + \right. \right.$$
$$\left. \left. 28.8\psi^8(1 - k^{10}) - 8\psi^{12}(1 - k^{12}) \right] \right\} \tag{4-51}$$

令

$$f_6(\psi, \varphi) = 2.17\psi^7 \left[16(1 - k^6) - 36\psi^4(1 - k^8) + 28.8\psi^8(1 - k^{10}) - 8\psi^{12}(1 - k^{12}) \right]$$

则得:

$$N_{有} = \rho \cdot V \cdot D^{0.5} \cdot f_6(\psi, \varphi) \tag{4-52}$$

在 B. A. 奥列夫斯基观点的基础上,有学者认为既然切向分速度 v_t 所产生的动能反馈给电机,因此磨机有用功耗应减去此反馈能量,即真正有用功耗 $N'_{有}$ 应为:

$$N'_{有} = N_{有} - N_{反} \tag{4-53}$$

反馈功率的计算公式推导如下:

设单元反馈能量为 $\mathrm{d}E_f$,则介质质量为 $\mathrm{d}m$ 的反馈能量 $\mathrm{d}E_f$ 为:

$$\mathrm{d}E_f = \frac{1}{2}v_t^2 \mathrm{d}m \tag{4-54}$$

介质在落回点的法向分速度 v_n 及切向分速度 v_t 之值：

$$v_n = 8v \cdot \sin^3\alpha \cdot \cos\alpha \tag{4-55}$$

$$v_t = v + 4v \cdot \sin^2\alpha \cdot \cos2\alpha \tag{4-56}$$

又

$$dm = \frac{2000\pi \cdot L \cdot \rho \cdot dR}{g} \tag{4-57}$$

$$v^2 = R \cdot g \cdot \cos\alpha \tag{4-58}$$

$$\cos\alpha = \frac{R}{a} \tag{4-59}$$

则

$$dE_f = 1000\pi \cdot R^2 \cdot L \cdot \rho \cdot \frac{R}{a}\left[1 + 4\left(1 - \frac{R^2}{a^2}\right)\left(2\frac{R^2}{a^2} - 1\right)\right]^2 dR$$

$$= 1000\pi \cdot L \cdot \rho\left[64\frac{R^{11}}{a^9} - 192\frac{R^9}{a^7} + 192\frac{R^7}{a^5} - 72\frac{R^5}{a^3} + 9\frac{R^3}{a}\right]dR \tag{4-60}$$

当磨机旋转一周时，整个介质下落的切线方向总动能 E_f 为：

$$E_f = \int_{R_1}^{R_2} dE_f = 1000\pi \cdot L \cdot \rho\left[\frac{64}{12a^9}(R_1^{12} - R_2^{12}) - \frac{192}{10a^7}(R_1^{10} - R_2^{10}) + \right.$$

$$\left. \frac{192}{8a^5}(R_1^8 - R_2^8) - \frac{72}{6a^3}(R_1^6 - R_2^6) + \frac{9}{4a}(R_1^4 - R_2^4)\right] \tag{4-61}$$

式中，$a = \dfrac{R_1}{\varphi^2}$；$R_2 = kR_1$；$R_1 = R_0$。

由此可得：

$$E_f = 1000\pi \cdot L \cdot \rho \cdot R^3 \cdot \psi^2\left[\frac{16}{3}\psi^{16}(1 - k^{12}) - 19.2\psi^{12} \times (1 - k^{10}) + \right.$$

$$\left. 24\psi^8 \times (1 - k^8) - 12\psi^4 \times (1 - k^6) + \frac{9}{4}(1 - k^4)\right] \tag{4-62}$$

将 E_f 转换成功率 $N_反$，得：

$$N_反 = \frac{E_f \cdot n}{60 \times 102}$$

$$= \rho V D^{0.5}\left\{3.465\psi^3\left[\frac{16}{3}\psi^{16}(1 - k^{12}) - 19.2\psi^{12} \times (1 - k^{10}) + 24\psi^8 \times \right.\right.$$

$$\left.\left. (1 - k^8) - 12\psi^4 \times (1 - k^6) + \frac{9}{4}(1 - k^4)\right]\right\} \tag{4-63}$$

令

$$f_7(\psi, \varphi) = 3.465\psi^3\left[\frac{16}{3}\psi^{16}(1 - k^{12}) - 19.2\psi^{12} \times (1 - k^{10}) + \right.$$

$$\left. 24\psi^8 \times (1 - k^8) - 12\psi^4 \times (1 - k^6) + \frac{9}{4}(1 - k^4)\right]$$

则

$$N_反 = \rho \cdot V \cdot D^{0.5} \cdot f_7(\psi, \varphi) \tag{4-64}$$

考虑反馈能量因素时，磨机的实际有用功率 $N'_有$：

$$N'_有 = \rho \cdot V \cdot D^{0.5} \cdot [f_i(\psi, \varphi) - f_7(\psi, \varphi)] \tag{4-65}$$

式中，$i = 1, 2, \cdots, 6$。

理论公式的意义是揭示了介质在磨机中的运动规律，但由以上推导可以看出，在推导理论公式时都对磨矿条件进行某些简化或假设，同时还没有考虑磨机中物料或矿浆对磨机功耗的影响，而这些影响可能还大于反馈能量。

由于理论公式只能在一定范围内适用，故又提出一些半经验公式和经验公式算法。

4.3　计算磨机功率的经验公式及半经验公式

由于影响磨机生产的因素很多，在进行磨机功率的理论计算时很难把这些因素都考虑在内，因此可使用经验公式或半经验公式进行计算。下面择其主要公式进行介绍。

4.3.1　表面响应模型

本章4.2节所介绍的计算磨机功率的理论公式中的功率系数都包含有 k 值，而 k 值的计算是比较复杂的；此外，即使求出 k 值，各功率系数的计算也是比较复杂，因为 k 是 ψ、φ 的二元函数，因此功率系数也为 ψ、φ 的二元函数。故可以把功率系数直接写成 ψ、φ 的二元函数，其形式为：

$$N_{\text{有}} = \lambda \cdot \rho \cdot V \cdot D^{0.5} \cdot f(a_0 + a_1\psi + a_2\varphi + a_3\psi^2 + a_4\varphi^2 + a_5\psi\varphi) \tag{4-66}$$

上述方程称为表面响应模型，式中，λ 为考虑衬板形式而引入的系数（常数），对于光滑衬板 $\lambda = 1.0$，对于非光滑衬板 $\lambda > 1.0$。

$a_0, a_1, \cdots, a_5$ 为待定系数（通过试验可求出）。东北大学陈炳辰利用 $\phi460 \times 600\text{mm}$ 球磨机进行试验求得功率系数的表面响应模型为：

$$f_8(\psi, \varphi) = -4.42 + 7.98\psi + 12.33\varphi - 4.48\psi^2 + 14.23\varphi^2 + 2.76\psi\varphi \tag{4-67}$$

4.3.2　列文逊半经验公式

$$N_{\text{有}} = \rho \cdot V \cdot D^{0.5} [7.808\psi \cdot \varphi(1 + 0.274\psi^2)] \tag{4-68}$$

令

$$f_9(\psi, \varphi) = 7.808\psi \cdot \varphi(1 + 0.274\psi^2)$$

则

$$N_{\text{有}} = \rho \cdot V \cdot D^{0.5} \cdot f_9(\psi, \varphi) \tag{4-69}$$

4.3.3　前苏联热工研究所的半经验公式

$$N_{\text{安}} = N_{\text{空}} + N_{\text{有+附}} \tag{4-70}$$

式中，$N_{\text{有+附}}$ 为有用功耗加上附加功耗，可根据下式计算：

$$N_{\text{有+附}} = \rho \cdot V \cdot D^{0.5}(6.329\psi \cdot \varphi^{0.9}) \tag{4-71}$$

令

$$f_{10}(\psi, \varphi) = 6.329\psi\varphi^{0.9}$$

则

$$N_{\text{有+附}} = \rho \cdot V \cdot D^{0.5} \cdot f_{10}(\psi, \varphi) \tag{4-72}$$

式（4-72）为根据磨煤机试验而得出的经验公式，故适用于干式磨煤机。

因 $\psi = n / \left(\dfrac{42.4}{\sqrt{D}} \right)$，将其代入式（4-71）中可得：

$$N_{有+附} = 0.11\rho \cdot D^3 \cdot L \cdot n \cdot \varphi^{0.9} \tag{4-73}$$

式中，L 为磨机内长，m；n 为磨机每分钟转数，r/min。

4.3.4 B. A. 奥列夫斯基经验公式

$$N_{安} = K_0 \cdot V \cdot D^{0.5} \tag{4-74}$$

$$K_0 = 2.31\rho\{2.66(\varphi + 0.1)\psi f\}K_y/\eta_m \tag{4-75}$$

式中，K_y 为储备系数；f 为作业条件不同引入的修正系数；η_m 为电机和传动损失修正系数。

根据奥列夫斯基半经验公式求得的计算磨机有用功率的公式为：

$$N_{有} = \rho \cdot V \cdot D^{0.5} \cdot f_{11}(\psi, \varphi) \tag{4-76}$$

$$f_{11}(\psi, \varphi) = 6.14\psi(0.1 + \varphi) \tag{4-77}$$

4.3.5 邦德经验公式

对于棒磨机：

$$N_R = M_R \cdot G_R \tag{4-78}$$

式中，N_R 为某型号棒磨机的传动小齿轮功率，kW；G_R 为磨机中装棒重量，t；M_R 为每吨棒所具有的磨矿能量，kW/t，可按下式计算：

$$M_R = D^{\frac{1}{3}}\left[1.752(6.3 - 5.4\varphi)\psi\right] \tag{4-79}$$

令

$$f_{12}(\psi, \varphi) = 1.752(6.3 - 5.4\varphi)\psi$$

可得：

$$N_R = G_R \cdot D^{\frac{1}{3}} \cdot f_{12}(\psi, \varphi) \tag{4-80}$$

对于球磨机：

$$N_B = M_B \cdot G_B \tag{4-81}$$

式中，N_B 为球磨机传动小齿轮功率，kW；G_B 为磨机中装球量，t；M_B 为磨机中每吨球所具有的磨矿能量，kW/t，可按下式计算：

$$M_B = \beta\left\{D^{0.3}\left[4.879(3.2 - 3.0\varphi)\psi\left(1 - \frac{0.1}{2^9 - 10\psi}\right)\right] + S_B\right\} \tag{4-82}$$

令

$$f_{13}(\psi, \varphi) = 4.879(3.2 - 3.0\varphi)\psi\left(1 - \frac{0.1}{2^9 - 10\psi}\right)$$

式中，β 为磨机形式系数；S_B 为考虑介质的影响而引入的修正系数。

对于溢流型球磨机，湿磨时 $\beta = 1.0$，对于格子型球磨机，湿磨时 $\beta = 1.16$，干磨时，$\beta = 1.08$。对于 $D < 3.05$m 的磨机，$S_B = 0$；对于 $D > 3.05$m 的磨机，S_B 可按式（4-83）计算。

$$S_B = 1.102\frac{d_B - 12.5D}{50.8} \tag{4-83}$$

式中，d_B 为介质尺寸，mm；D 为磨机有效内径，m。

综上可得：

$$N_B = \beta \cdot G_B(D^{0.3} \cdot f_{13}(\psi, \varphi) + S_B) \tag{4-84}$$

4.4 磨机功率计算公式的对比与评价

为了评价上述各公式的准确程度及适用范围，东北大学陈炳辰在实验室中测定了 $\phi460\times600$mm 磨机在不同操作条件下的空转功耗、有用功耗及小齿轮功率。表 4-4～表 4-10 列出了实测值与按各公式计算值的对比结果，由表中对比数据可以清楚看出各公式的计算值与实测值的偏差。

表 4-4 磨机功率实测值与公式计算值对比（充填率 $\varphi=30\%$）

序号	名 称	转速率 $\psi/\%$							
		56	62	67	74	79	87	89	94
1	实测 $N_有/W$	478.0	551.0	606.0	655.0	706.0	754.0	776.0	779.0
2	东北大学陈炳辰公式（4-39）	—	544.5	597.7	640.0	645.9	603.3	580.3	495.7
	偏差/%	—	-1.2	-1.4	-2.3	-8.5	-20.0	-25.2	-36.4
3	安德烈耶夫公式（4-46）	—	534.8	588.9	631.0	636.8	593.5	570.3	484.9
	偏差/%	—	-2.9	-2.8	-3.7	-9.8	-21.3	-26.5	-37.8
4	奥列夫斯基公式（4-51）	—	279.6	400.5	545.9	588.3	473.0	408.6	218.8
	偏差/%	—	-49.3	-33.9	-16.7	-16.7	-37.3	-47.3	-71.9
5	涅罗诺夫-戴维斯公式（4-49）	—	848.6	882.7	841.1	751.3	514.6	442.2	254.5
	偏差/%	—	54.0	45.7	28.4	6.4	-31.8	-43.0	-67.3
6	表面响应公式（4-66）	497.3	566.2	615.6	672.4	704.2	740.0	746.0	756.0
	偏差/%	4.0	2.8	1.6	2.7	-0.2	-1.9	-3.9	-3.0
7	列文逊公式（4-69）	464.3	523.2	574.8	649.7	706.0	802.0	826.9	891.4
	偏差/%	-2.9	-5.0	-5.2	-0.8	0.04	6.4	6.6	14.4
8	奥列夫斯基半经验公式（4-76）	449	496.7	536.7	592.8	632.9	696.9	713.0	753.0
	偏差/%	-6.1	-9.8	-11.4	-9.5	-10.4	-7.6	-8.1	-3.3
9	泻落式公式（4-16）	—	603.2	640.0	691.8	729.3	790.7	814.3	816.3
	偏差/%	—	9.5	5.6	5.6	3.3	4.9	4.9	8.6
10	泻落式公式（4-24）	—	394.9	419.0	452.9	477.5	517.6	527.9	554.0
	偏差/%	—	-28.3	-30.8	-30.8	-32.4	-31.34	-32.0	-18.9
11	泻落式近似公式（4-22）	399.7	456.5	505.3	575.7	627.5	713.0	734.8	790.0
	偏差/%	-16.4	-17.2	-16.6	-12.1	-11.1	-5.4	-5.3	1.4

表 4-5 磨机功耗实测值与公式计算值对比（充填率 $\varphi=35\%$）

序号	名 称	转速率 $\psi/\%$							
		63	68	74	79	86	89	94	101
1	实测 $N_有/W$	626.0	675.0	713.0	776.0	828.0	856.0	885.0	916.0
2	东北大学陈炳辰公式（4-39）	—	680.9	731.9	746.2	717.2	683.9	593.6	—
	偏差/%	—	0.88	2.6	-3.8	-13.2	-20.1	-32.9	—

续表 4-5

序号	名　称	转速率 ψ/%							
		63	68	74	79	86	89	94	101
3	安德烈耶夫公式（4-46）	—	665.5	717.6	731.7	710.0	668.0	576.5	—
	偏差/%	—	-1.4	0.64	-5.7	-14.3	-22.0	-34.9	—
4	奥列夫斯基公式（4-51）	—	448.8	600.9	666.4	593.6	498.4	288.6	
	偏差/%	—	-33.5	-11.2	-14.1	-28.3	-41.8	-67.4	
5	涅罗诺夫-戴维斯公式（4-49）	—	996.4	973.7	884.1	664.1	543.9	328.7	—
	偏差/%	—	47.6	36.6	13.9	-21.1	-36.5	-62.9	—
6	表面响应公式（4-66）	655.2	705.3	755.8	790.0	825.4	836.2	848.4	853.2
	偏差/%	4.7	4.5	6.0	1.8	-0.33	-2.3	-4.1	-6.9
7	列文逊公式（4-69）	622.1	682.4	760.0	824.0	921.2	964.8	1039.9	1151.0
	偏差/%	-0.4	0.74	6.3	6.2	11.25	12.70	17.5	10.0
8	奥列夫斯基半经验公式（4-76）	567.8	612.8	667.5	712.5	775.7	802.7	847.9	911.6
	偏差/%	-9.3	-9.2	-6.4	-7.2	-6.3	-6.2	-4.2	-0.48
9	泻落式公式（4-16）	672.9	714.9	765.5	808.4	869.8	896.7	942.4	—
	偏差/%	7.5	5.9	7.4	4.2	5.0	4.8	6.5	
10	泻落式公式（4-24）	460.8	489.5	524.2	553.5	595.5	614.0	645.3	
	偏差/%	-26.3	-27.5	-26.5	-22.4	-28.1	-28.3	-27.1	
11	泻落式近似公式（4-22）	513.3	567.3	634.0	691.1	773.3	821.3	870.1	—
	偏差/%	-18.0	-15.9	-11.1	-10.9	-6.6	-4.1	-1.7	

表 4-6　磨机功耗实测值与公式计算值对比（充填率 φ = 40%）

序号	名　称	转速率 ψ/%							
		67	72	79	82	86	89	93	96
1	实测 $N_{有}$/W	735.0	795.0	857.0	875.0	908.0	926.0	940.0	960.0
2	东北大学陈炳辰公式（4-39）	—	796.4	842.4	842.3	821.5	788.6	718.0	642.0
	偏差/%	—	0.2	-1.7	-3.7	-9.5	-14.8	-23.6	-33.1
3	安德烈耶夫公式（4-46）	—	771.2	819.7	819.5	798.1	764.4	692.5	614.9
	偏差/%	—	-2.4	-4.4	-6.3	-12.1	-17.45	-26.3	-35.9
4	奥列夫斯基公式（4-51）	—	581.5	730.8	739.7	683.0	589.0	414.2	272.4
	偏差/%	—	-26.9	-14.7	-15.5	-24.8	-36.4	-55.9	-71.6
5	涅罗诺夫-戴维斯公式（4-49）	—	1102.5	1013.7	930.4	783.8	652.4	461.1	317.7
	偏差/%	—	38.7	18.3	6.33	-13.68	-29.5	-50.9	-66.9
6	表面响应公式（4-66）	753.0	799.6	852.5	870.8	891.1	903.3	915.4	921.4
	偏差/%	2.4	0.58	-0.52	-0.48	-1.9	-2.5	-2.6	-4.0

续表 4-6

序号	名　称	转速率 ψ/%							
		67	72	79	82	86	89	93	96
7	列文逊公式（4-69）	765.9	837.0	941.7	988.5	1052.8	1102.6	1171.0	1224.0
	偏差/%	4.2	5.3	9.9	13.0	15.9	19.1	24.6	27.5
8	奥列夫斯基半经验公式（4-76）	670.9	721.0	791.1	821.1	861.1	891.1	931.2	961.3
	偏差/%	-8.7	-9.3	-7.7	-6.2	-5.1	-3.8	-0.93	0.01
9	泻落式公式（4-16）	759.9	806.7	873.3	902.6	942.0	972.1	1013.0	1044.2
	偏差/%	3.4	1.5	1.90	3.15	3.7	5.0	7.8	8.8
10	泻落式公式（4-24）	545.8	579.4	627.3	648.3	676.6	698.2	727.6	750.0
	偏差/%	-25.7	-27.1	-26.8	-25.9	-25.5	-24.6	-22.6	-21.9
11	泻落式近似公式（4-22）	600.3	659.7	745.6	783.2	834.2	872.9	925.4	965.4
	偏差/%	-18.3	-17.0	-13.0	-10.5	-8.1	-5.7	-1.5	0.56

表 4-7　磨机功耗实测值与公式计算值对比（充填率 φ = 45%）

序号	名　称	转速率 ψ/%							
		66	73	80	82	86	90	96	100
1	实测 $N_{有}$/W	789.0	834.0	915.0	934.0	998.0	1033.0	1045.0	1070
2	东北大学陈炳辰公式（4-39）	—	—	937.2	940.0	924.8	879.8	745.5	—
	偏差/%			2.4	0.64	-7.3	-14.8	-28.6	
3	安德烈耶夫公式（4-46）	—	—	901.6	904.9	889.6	843.6	705.7	—
	偏差/%			-1.5	-3.1	-10.9	-18.3	-32.5	
4	奥列夫斯基公式（4-51）	—	—	790.3	803.0	763.7	638.0	349.0	—
	偏差/%			-13.6	-14.0	-23.5	-38.2	-66.6	
5	涅罗诺夫-戴维斯公式（4-49）	—	—	1111	1055.7	905.6	716.5	400.3	—
	偏差/%			21.5	13.0	-9.2	-30.6	-61.7	
6	表面响应公式（4-66）	750.3	844.7	898.7	911.5	933.6	951.0	968.4	974.2
	偏差/%	-4.9	1.3	-1.8	-2.5	-6.4	-7.9	-7.3	-9.0
7	列文逊公式（4-69）	846.0	958.0	1076.8	1112.0	1184.4	1259.4	1377.0	1459
	偏差/%	7.2	14.9	17.7	19.1	18.7	21.9	31.8	36.4
8	奥列夫斯基半经验公式（4-76）	727	804.1	881.2	903.2	947.3	991.3	1057.4	1103.1
	偏差/%	-7.9	-4.6	-3.7	-3.3	-5.1	-4.0	1.2	3.3
9	泻落式公式（4-16）	789.0	859.3	933.4	954.7	998.0	1041.9	1109.9	—
	偏差/%	0	3.0	2.0	2.2	0	0.86	6.2	—
10	泻落式公式（4-24）	596.7	650.7	705.9	722.1	754.7	788.0	839.4	—
	偏差/%	-24.4	-22.0	-22.9	-22.7	-24.4	-23.7	-19.7	—
11	泻落式近似公式（4-22）	625.0	713.5	805.0	831.8	885.9	941.0	1025.2	—
	偏差/%	-20.8	-14.4	-12.0	-10.9	-11.2	-8.9	-1.9	—

表4-8　磨机功耗实测值与公式计算值对比（充填率$\varphi = 50\%$）

序号	名　称	转速率$\psi/\%$							
		66	72	79	82	86	89	94	96
1	实测$N_有/W$	812.0	901.0	962.0	996.0	1006.0	1021.0	1044.0	878.0
2	东北大学陈炳辰公式（4-39）	—	—	1018.6	1033.4	1027.0	1000.2	908.7	853.7
	偏差/%	—	—	5.9	3.8	2.1	-2.0	-13.0	-2.8
3	安德烈耶夫公式（4-46）	—	—	955.5	978.7	974.5	933.9	853.5	796.6
	偏差/%	—	—	-0.8	-1.7	-3.1	-8.5	-14.7	-9.3
4	奥列夫斯基公式（4-51）	—	—	797.9	845.7	830.8	756.4	535.9	431.6
	偏差/%	—	—	-17.1	-15.1	-17.4	-25.9	-48.7	50.8
5	涅罗诺夫-戴维斯公式（4-49）	—	—	1231.2	1171.1	1026.9	884.3	607.3	492.9
	偏差/%	—	—	28.0	17.6	2.1	-13.4	-41.8	-43.9
6	表面响应公式（4-66）	786.7	848.8	908.0	929.0	952.9	967.8	986.7	992.2
	偏差/%	-3.1	-5.8	-5.6	-6.7	-5.3	-3.2	-5.5	13.0
7	列文逊公式（4-69）	940	1046.3	1177.1	1235.6	1316.0	1378.2	1485.6	1529.9
	偏差/%	15.8	16.1	22.4	24.1	30.8	37.8	42.3	74.3
8	奥列夫斯基半经验公式（4-76）	793.1	865.2	949.3	985.3	1033.4	1069.4	1129.5	1153.6
	偏差/%	-2.3	-4.0	-1.3	-1.1	2.7	6.9	8.2	31.38
9	泻落式公式（4-16）	812.1	877.5	955.3	989.4	1035.9	1071.3	1131.9	1156.6
	偏差/%	~0	-2.6	-0.7	-0.7	3.0	4.9	8.4	31.72
10	泻落式公式（4-24）	649.4	701.7	763.8	791.2	828.3	856.7	905.0	924.8
	偏差/%	-20.0	-22.1	-20.6	-20.6	-17.7	-16.1	-13.3	5.3
11	泻落式近似公式（4-22）	655.8	735.2	830.8	872.7	929.5	972.7	1046.0	1075.7
	偏差/%	-19.2	-18.4	-13.6	-12.4	-7.7	-4.7	0.2	22.5

注：$\varphi = 50\%$的功率系数由外差法求出。

表4-9　磨机功耗实测值与公式计算值对比（充填率$\varphi = 55\%$）

序号	名　称	转速率$\psi/\%$							
		61	74	81	84	86	90	96	99
1	实测$N_有/W$	751.0	887.0	931.0	953.0	967.0	894.0	840.0	813.0
2	东北大学陈炳辰公式（4-39）	—	—	—	1131.3	1128.3	1095.0	966.3	—
	偏差/%	—	—	—	18.7	16.7	22.5	15.0	—
3	安德烈耶夫公式（4-46）	—	—	—	1045.1	1047.9	1017.8	885.8	—
	偏差/%	—	—	—	9.6	8.4	13.8	5.4	—
4	奥列夫斯基公式（4-51）	—	—	—	880.5	876.4	790.0	515.4	—
	偏差/%	—	—	—	-7.6	-9.4	-11.6	-38.6	—
5	涅罗诺夫-戴维斯公式（4-49）	—	—	—	1209.6	1139.8	948.4	594.0	—
	偏差/%	—	—	—	26.9	17.9	6.1	-29.3	—

续表4-9

序号	名　称	转速率 ψ/%							
		61	74	81	84	86	90	96	99
6	表面响应公式（4-66）	711.7	857.9	916.2	936.8	949.0	970.0	991.5	1000.3
	偏差/%	-5.2	-3.3	-1.6	-1.7	-1.9	8.5	18.0	23.0
7	列文逊公式（4-69）	940.8	1191.1	13375.1	1403.0	1447.6	1539.2	1682.9	1757.8
	偏差/%	25.3	34.3	43.7	47.2	49.7	72.2	100.3	116.2
8	奥列夫斯基半经验公式（4-76）	794.0	963.3	1054.4	1093.5	1119.5	1171.6	1249.7	1289.9
	偏差/%	5.7	8.6	13.3	14.7	12.0	31.1	48.8	58.7
9	泻落式公式（4-16）	—	—	—	—	—	—	—	—
	偏差/%	—	—	—	—	—	—	—	—
10	泻落式公式（4-24）	—	—	—	—	—	—	—	—
	偏差/%	—	—	—	—	—	—	—	—
11	泻落式近似公式（4-22）	614.7	792.0	892.3	936.2	965.9	1025.9	1117.8	1164.5
	偏差/%	-18.1	-10.7	-4.2	-1.8	-0.1	14.8	25.0	43.2

表4-10　磨机功耗实测值与邦德经验公式计算值对比

充填率 φ/%	名　称	不同转速率时的功耗/W							
	转速率 ψ/%	63	68	74	79	82	86	89	94
35	实测小齿轮功率	913.0	982.0	1050.0	1128.0	1160.0	1207.0	1248.0	1303.0
	溢流型计算式（4-84）	867.0	929.7	1000.2	1052.7	1080.3	1110.9	1127.9	1140.5
	偏差/%	-5.0	-5.2	-4.7	-6.7	-6.9	-8.0	-12.0	-12.5
	根据干磨计算 β=1.08	936.4	1004.1	1080.2	1136.9	1166.7	1199.8	1218.1	1231.7
	偏差/%	2.6	2.2	2.9	0.79	0.58	-0.6	-2.4	-5.5
	格子型计算 β=1.16	1005.7	1078.5	1160.2	1221.1	1253.1	1288.6	1308.4	1323.0
	偏差/%	10.2	9.8	10.5	8.3	8.0	6.8	4.8	1.5
40	转速率 ψ/%	67	73	79	82	86	89	93	96
	实测小齿轮功率	1050.0	1125.0	1210.0	1250.0	1300.0	1335.0	1380.0	1420.0
	溢流型计算式（4-84），β=1.0	975.3	1051.3	1119.1	1148.5	1181.0	1199.1	1211.8	1210.3
	偏差/%	-7.1	-6.5	-7.5	-8.1	-9.2	-10.2	-12.2	-14.8
	根据干磨计算 β=1.08	1053.3	1135.4	1208.6	1240.3	1275.5	1295.0	1308.7	1307.1
	偏差/%	0.32	0.92	-0.11	-0.77	-1.9	-3.0	-5.2	-8.0
	格子型计算 β=1.16	1131.4	1219.5	1298.1	1332.2	1370.0	1390.9	1405.6	1403.9
	偏差/%	7.8	8.4	7.3	6.6	5.4	4.2	1.9	-1.1

充填率 φ/%	名 称	不同转速率时的功耗/W							
	转速率 ψ/%	66	73	80	82	86	90	95	100
	实测小齿轮功率	1094.0	1166.0	1273.0	1312.0	1384.0	1435.0	1471.0	1504.0
	溢流型计算式（4-84）, $\beta=1.0$	1001.2	1004.0	1175.2	1195.1	1229.0	1252.5	1261.2	1237.0
45	偏差/%	-8.5	-6.2	-9.8	-8.9	-11.2	-12.7	-14.3	-17.7
	根据干磨计算 $\beta=1.08$	1081.3	1181.6	1269.2	1290.7	1327.3	1352.7	1362.1	1334.0
	偏差/%	-1.2	1.3	-0.3	-1.6	-4.1	-5.7	-7.4	-11.2
	格子型计算 $\beta=1.16$	1161.4	1269.0	1363.2	1386.3	1425.6	1452.9	1463.0	1434.9
	偏差/%	6.2	8.8	7.1	5.7	3.0	1.2	-0.54	-4.6
	转速率 ψ/%	66	72	79	82	86	89	94	99
	实测小齿轮功率	1125.0	1220.0	1317.0	1362.0	1387.0	1410.0	1419.0	1299.0
	溢流型计算式（4-84）, $\beta=1.0$	1022.2	1104.1	1188.9	1220.2	1254.8	1274.0	1288.2	1271.4
50	偏差（%）	-9.1	-9.5	-9.7	-10.0	-9.5	-9.6	-9.2	-2.1
	根据干磨计算 $\beta=1.08$	1104.0	1192.3	1284.5	1317.9	1355.2	1375.9	1391.3	1373.1
	偏差/%	-1.9	-2.3	-2.5	-3.2	-2.3	-2.4	-2.0	5.7
	根据格子型计算 $\beta=1.16$	1185.8	1280.6	1379.1	1415.6	1455.6	1477.9	1494.3	1474.8
	偏差/%	5.4	5.0	4.7	3.9	4.9	4.8	5.3	21.6
	转速率 ψ/%	67	74	81	84	96	99	104	—
	实测小齿轮功率	1128.0	1220.0	1295.0	1325.0	1258.0	1229.0	1187.0	—
	溢流型计算式（4-84）, $\beta=1.0$	1037.3	1133.1	1213.8	1242.3	1289.7	1275.1	1212.0	—
55	偏差/%	-8.0	-7.1	-6.3	-6.2	2.5	3.7	2.1	—
	根据干磨计算 $\beta=1.08$	1120.2	1223.7	1310.9	1341.7	1392.8	1377.1	1309.0	—
	偏差/%	-0.69	0.3	1.2	1.3	10.7	12.0	10.3	—
	根据格子型计算 $\beta=1.16$	1203.2	1314.4	1408.0	1441.1	1496.0	1479.1	1405.9	—
	偏差/%	6.7	7.7	8.7	8.8	18.9	20.3	18.4	—

4.4.1 关于理论公式

在介质充填率 $\varphi=30\%\sim50\%$、磨机转速率 $\psi=60\%\sim85\%$ 的范围内，即生产中通常采用的磨矿条件下，由东北大学陈炳辰所推导的计算公式（4-39）所得结果最接近实际，其平均偏差不大于 3%；其次为 C. E. 安德烈耶夫公式（4-46），其平均偏差为 4% 左右。上述两公式因受介质层比 K 值的约束，不能计算低转速、高充填率时的有用功率，因为在这种情况下介质在磨机中的运动已不属于纯"抛落式"；由表 4-9 可知，当 $\varphi=55\%$ 时，有用功率的计算值与实际值偏差较大能进一步说明上述问题。

根据介质泻落式运动推导出的三个计算公式，只有式（4-16）较符合实际。在 φ = 30%~50%、ψ=60%~94%的范围内，按式（4-16）计算有用功率值与实测值对比，其平均偏差为4%左右。这种计算方法的优点是不受介质层比 K 值的限制；缺点是 φ >50%时，不适用；且 φ <35%时，计算误差较大，平均为6%左右。

其他理论公式，例如 B. A. 奥列夫斯基公式（4-51），H. П. 涅洛诺夫-戴维斯公式（4-49），泻落式公式（4-22）、式（4-24），其计算值偏差均较大，故不适用。

在东北大学陈炳辰、C. E. 安德列也夫、B. A. 奥列夫斯基等人的理论算式中，除式（4-39）中当 φ =50%时有用功率计算值大于实测值外，其他有用功率的计算值均小于实测值，故在理论计算时不应减去反馈能量。另外，H. П. 涅洛诺夫-戴维斯公式的计算值不仅偏差大，且转速较低时为正偏差，转速较高时为负偏差，故更不应考虑反馈能量。

4.4.2　关于半经验公式

由磨机功率的计算值和实测值的对比结果可以看出，表面响应公式（4-66）的计算结果最准确，适用范围也较宽。在 φ = 30%~55%、ψ=56%~96%的范围内，计算值与实测值对比，其平均偏差为4%。其次为 B. A. 奥列夫斯基半经验公式（4-76），在上述同样范围内，计算值平均偏差为8.5%，但该公式较简单。

半经验公式的另一优点是不包括 K 值，因此计算较简便。

4.4.3　关于邦德经验公式

由表 4-10 的数据对比结果可以看出，采用式（4-84）计算干式磨矿功耗相当准确。在 φ =30%~55%、ψ=60%~96%的范围内，按小齿轮功率的计算值，其平均偏差不大于3%。但采用式（4-84）计算湿式磨矿的磨机小齿轮功率时，计算结果偏高7%~12%，因为根据实际测定，在同样磨矿条件下湿式磨矿功耗较干式低15%~20%，但邦德公式仅考虑减小8%。

在实际计算磨机功率时，最好用上述几个较准确的公式同时分别计算，然后分析对比，最后确定。

4.5　磨矿环境对磨机功率的影响

本章所介绍的磨机功率计算公式都是仅考虑介质的运动所消耗的能量，而没有考虑磨矿环境（固体物料、水、矿浆等）对功耗的影响。东北大学陈炳辰及申科林科的试验研究发现干物料、水或矿浆均影响磨机功耗，其影响的大小取决于这些物质在磨机中的量，具体来说取决于料球比的大小。所谓料球比 φ_m 是指物料占介质空隙的比例，即：

$$\varphi_m = \frac{V_m}{V_n} \tag{4-85}$$

式中，V_m 为磨机中物料的体积；V_n 为磨机静止时介质中的空隙体积。

4.5.1　物料的影响

不同转速率 ψ、料球比 φ_m 的变化对磨机功率的影响结果如表 4-11 及表 4-12 所示。

结果表明，当磨机转速率 $\psi > 75\% \sim 80\%$ 时，磨机功耗随料球比 φ_m 的增加而降低；当 $\psi < 75\% \sim 80\%$ 时，磨机功耗随料球比的增加而增加。被研磨物料充填在球荷空隙中相当于增加了介质松散密度，使磨机负荷增加；同时加入物料又使球荷有效重心距离 L_x（图 4-1）减小。前者使有用功率增大，后者使有用功率减小，两者互为消长。

表 4-11　不同转速率 ψ、料球比 φ_m 条件下磨机有用功率的变化（$\varphi = 35\%$）

项　　目		$\psi/\%$				
		70	75	80	85	90
$\varphi_m = 0$	$N_有/W$	630	680	720	750	790
$\varphi_m = 0.6$	$N'_有/W$	630	680	720	750	790
	$N'_有/N_有$	1.24	1.18	1.12	1.07	0.94
$\varphi_m = 0.8$	$N'_有/W$	800	810	800	770	730
	$N'_有/N_有$	1.27	1.19	1.11	1.03	0.92
$\varphi_m = 1.0$	$N'_有/W$	830	820	800	760	700
	$N'_有/N_有$	1.32	1.20	1.11	1.01	0.89

表 4-12　不同转速率 ψ、料球比 φ_m 条件下磨机有用功率的变化（$\varphi = 40\%$）

项　　目		$\psi/\%$				
		65	70	75	80	85
$\varphi_m = 0$	$N_有/W$	630	670	710	750	800
$\varphi_m = 0.6$	$N'_有/W$	730	760	780	760	730
	$N'_有/N_有$	1.16	1.13	1.10	1.04	0.91
$\varphi_m = 0.8$	$N'_有/W$	740	760	—	—	700
	$N'_有/N_有$	1.17	1.13	—	—	0.88
$\varphi_m = 1.0$	$N'_有/W$	780	790	770	760	700
	$N'_有/N_有$	1.24	1.18	1.08	1.01	0.88

磨机的有用功率可用下述通式表示：

$$N'_有 = G_T \cdot L_x \cdot \omega \tag{4-86}$$

式中，L_x 为球荷重心有效距离，m；ω 为磨机角速度；G_T 为球荷实际总重，t。

因 $G_T = G + G_m$，G 为纯球荷重量，G_m 为物料重量。

则

$$G_T = G + \mu_B \cdot \varphi_m \cdot \rho_m \tag{4-87}$$

式中，μ_B 为球介质的空隙率，一般约为 0.38，ρ_m 为物料的松散密度。

因此加入干物料后磨机有用功耗 $N'_有$ 为：

$$N'_有 = (G + \mu_B \cdot \varphi_m \cdot \rho_m) L_x \cdot \omega \tag{4-88}$$

由表 4-11、表 4-12 数据可知，无论介质充填率为何值，当磨机转速提高时，磨机有用功耗降低，且料球比越大，有用功耗降低越多，这主要是由于磨机运转时物料受离心力作用趋向于筒体周边，导致介质被挤向中心，而使介质重心与筒体中心的垂直距离 L_x（力矩臂）减小，导致磨机有用功率降低。料球比越大，转速越高，物料移向筒壁的量越多，相当于筒体有效内径 D 减小得越多，即力矩臂 L_x 之值越小，导致磨机有用功率越小。

4.5.2　水的影响

由于水具有浮力作用，磨机中水的存在降低了介质的密度，从而降低了功耗。不同加水量（按球水比 φ_w 计）对磨机有用功率的影响结果如表 4-13 所示。结果表明，磨机有用功率随加水量的增加而降低；当加水量一定时，磨机有用功率随转速的增加而升高。与不加水相比，当加水量 $\varphi_w = 0.6$ 时，磨机有用功率降低 3%~5%；当 $\varphi_w = 0.8$ 时，有用功率降低 9%~12%；当 $\varphi_w = 1.0$ 时，有用功率降低 10%~14%。

表 4-13　加入不同的水量对磨机有用功率的影响（$\varphi = 35\%$）

项　　目		$\psi/\%$				
		70	75	80	85	90
$\varphi_w = 0$	$N_有/W$	630	680	720	750	790
$\varphi_w = 0.6$	$N'_有/W$	598	646	684	728	766
	$N'_有/N_有$	0.95	0.95	0.95	0.97	0.97
$\varphi_w = 0.8$	$N'_有/W$	555	598	641	675	719
	$N'_有/N_有$	0.88	0.88	0.89	0.90	0.91
$\varphi_w = 1.0$	$N'_有/W$	542	578	619	660	711
	$N'_有/N_有$	0.86	0.86	0.86	0.88	0.90

4.5.3　矿浆的影响

矿浆对磨机有用功率的影响主要包括三个方面：（1）磨机中有一定量的矿浆时，矿浆的浮力作用及其阻力作用改变了介质间相互冲击和摩擦作用的强度；（2）由于矿浆中固体颗粒的存在改变了介质彼此之间直接作用的摩擦力；（3）由于介质的空隙中充填了矿浆，因此增加了介质的松散密度，这等于增加了旋转的介质-物料混合体的质量。

一般来说，当磨机中有矿浆时将减少提升介质所消耗的能量。由于矿浆的浮力作用及阻力作用使提升后的介质再落回于矿浆时"疲软"无力，从而降低了介质之间及介质与衬板之间的冲击作用，因此降低了能量消耗。对于格子型球磨机，由于磨机中矿浆水平面较低，且排矿格子有提升矿浆的作用，故它与溢流型磨机比较，功率消耗提高 15%~20%。根据 C. Φ. 申科林科的研究，当磨机中有矿浆时，磨机所需有用功率较前述理论计算值降低 15%~20%。对于湿式自磨机，由于磨机中矿浆量相对较少，故矿浆对磨机功率的影响不大。

下面介绍考虑矿浆的影响时，磨机功率的计算方法。

图 4-4 为磨机中有矿浆存在时介质运动示意图。由于矿浆的存在，介质的脱离点 A 及落回点 B 均向内层移动。B_1 为介质开始落入矿浆的位置；v_t、v_y、v_n 分别为介质在落回点 B 的切向、垂直、法向分速度。

设 δ_B 和 δ_S 分别为介质和矿浆的密度，则重量为 G_B 的球在矿浆中的实重为 G'_B，即：

$$G'_B = V_B(\delta_B - \delta_S) \tag{4-89}$$

每秒钟在厚度为 dR 的介质中通过脱离点 A 的介质重设为 dG_B，则：

$$dG_B = \rho_B \cdot v \cdot L \cdot dR \tag{4-90}$$

式中，V_B 为球体积，m^3；ρ_B 为球荷松散密度，kg/m^3；v 为脱离点切向速度，m/s；L 为磨机长度，m；R 为介质层与筒体中心距离，m。

每秒钟从矿浆中提升出矿浆面的球重设为 dG'_B，则：

$$dG'_B = \left(1 - \frac{\delta_S}{\delta_B}\right)\rho_B \cdot v \cdot L \cdot dR \tag{4-91}$$

介质从矿浆中落回区提升至脱离 A 点所消耗的单元功为：

$$dN_1 = h_s \cdot dG'_B + (H_1 + h) \cdot dG_B \tag{4-92}$$

式中，H_1 为脱离点 A_1 至筒体中心水平面距离，m；h 为矿浆面至筒体中心水平面距离，m；h_s 为介质在矿浆中提升高度，m。

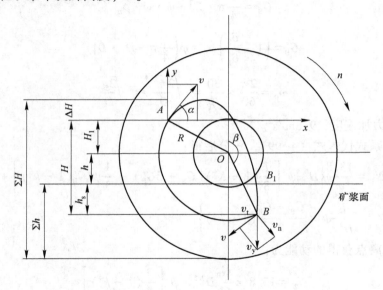

图 4-4　磨机中矿浆对介质运动的影响

$$h_s = H - H_1 - h \tag{4-93}$$

又 $H = |y_m| = 4R \cdot \sin^2\alpha \cdot \cos\alpha$，$H_1 = R \cdot \cos\alpha$，将 H、H_1 之值代入式（4-93）中可得：

$$h_s = 4R \cdot \sin^2\alpha \cdot \cos\alpha - R \cdot \cos\alpha - h \tag{4-94}$$

又 $$v = R \cdot \omega = \psi \cdot \omega_0 \cdot R \tag{4-95}$$

式中，H 为介质总提升高度，m；ω_0 为临界角速度。

将上述关系式分别代入式（4-90）、式（4-91）中可得：

$$dG_B(H_1 + h) = \delta_B \cdot \psi \cdot \omega_0 \cdot L \cdot R \cdot \cos\alpha \cdot dR + \rho_B \cdot \psi \cdot \omega_0 \cdot L \cdot h \cdot R \cdot dR \tag{4-96}$$

$$dG'_B(H - H_1 - h)$$

$$= \left(1 - \frac{\delta_S}{\delta_B}\right)\rho_B \cdot \psi \cdot \omega_0 \cdot L \cdot R \cdot dR(4R \cdot \sin^2\alpha \cdot \cos\alpha - R \cdot \cos\alpha - h) \tag{4-97}$$

将式（4-96）、式（4-97）代入式（4-92）得：

$$dN_1 = \left[\left(1 - \frac{\delta_S}{\delta_B}\right)\rho_B(4R \cdot \sin^2\alpha \cdot \cos\alpha - R \cdot \cos\alpha - h) + \right.$$

$$\left. (\delta_B \cdot \cos\alpha + \rho_B h)\right]\psi \cdot \omega_0 \cdot L \cdot R \cdot dR \tag{4-98}$$

又 $R = KR_1$；则 $dR = R_1 dK$。式中，R_1 为最外层半径（接近于筒体半径），m；K 为介质层比，为 ψ 和 φ 的函数。

由此可得提升介质的功耗 N_1 为：

$$N_1 = \int_k^{1-k} dN_1 = \int_k^{1-k}\left[\left(1 - \frac{\delta_S}{\delta_B}\right)\rho_B(4R_1 \cdot K \cdot \sin^2\alpha \cdot \cos\alpha - R_1 \cdot K \cdot \cos\alpha - h) + \right.$$

$$\left. (\delta_B \cdot \cos\alpha + \rho_B \cdot h)\right]\psi \cdot \omega_0 \cdot L \cdot R_1 \cdot K \cdot dK \tag{4-99}$$

又

$$G_B = \frac{1}{4}\pi \cdot D^2 \cdot \psi \cdot \varphi \cdot \rho_B \tag{4-100}$$

$$G_B' = \left(1 - \frac{\delta_S}{\delta_B}\right)\rho_B \cdot \varphi\left(\frac{1}{4}\pi \cdot D^2 \cdot L\right) \tag{4-101}$$

$$\omega_0 = \frac{2\pi}{60} \times \frac{30}{\sqrt{R}} = \sqrt{\frac{2\pi^2}{D}} \approx \sqrt{\frac{2g}{D}} \tag{4-102}$$

式中，g 为重力加速度，9.8m/s^2。

将以上关系式代入式（4-99），积分后得：

$$N_1 = \frac{13.8}{\varphi}\left\{D^{0.5}\psi^3\left[\frac{1}{8}(1 - K^4)(G_B + 3G_B') - \frac{1}{3}\psi^4 G_B'(1 - k^6)\right] + \right.$$

$$\left. \frac{h}{D^{0.5}}\psi \times \frac{G_B - G_B'}{2}(1 - k^2)\right\} \tag{4-103}$$

介质在脱离点获得的动能为：

$$N_2 = 13.8 \times \frac{G_B}{6\varphi}D^{0.5} \cdot \psi^3\left[\frac{3}{8}(1 - k^4)\right] \tag{4-104}$$

因此考虑矿浆影响时磨机总有用功率为：

$$N_有 = N_1 + N_2 = \frac{13.8}{6\varphi}D^{0.5}\psi^3\left\{\frac{3}{8}\left[(0.5G_B + G_B')(1 - k^4) - \frac{1}{3}\psi^4 G_B'(1 - k^6)\right] + \right.$$

$$\left. \frac{h}{D} \times \psi^{-2} \times \frac{1}{2}(G_B - G_B')(1 - k^2)\right\} \tag{4-105}$$

由式（4-105）可知，除其他影响因素外，矿浆充满率也是影响磨机功率的主要因素之一。但利用上式计算太复杂，C. Φ. 申科林科根据试验得到一个考虑矿浆影响的计算磨机有用功率的经验公式，即：

$$N_有 = K_m \cdot m_B \cdot g \cdot D \cdot n\left(\lambda + C_s \frac{m_s}{m_B}\right) \tag{4-106}$$

式中，K_m 为机械相似转换系数；m_B 为磨机中球荷质量，t；m_s 为磨机中矿浆质量，t；g 为重力加速度，9.8m/s^2；λ 及 C_s 为矿浆影响系数；D 为磨机内径，m；n 为磨机每秒钟转数，r/s。

$$K_{\text{m}} = \frac{N_{\text{B}}}{m_{\text{B}} \cdot g \cdot D \cdot n} = 1.325 - 0.18\varphi - 1.5\varphi^2 \qquad (4-107)$$

式中，N_{B} 为磨机中无矿浆时有用功耗，kW；$m_{\text{B}}g$ 为球荷重量，N。

对于格子型球磨机，$\lambda = 1.0$，$C_{\text{s}} = 1.0$。

对于溢流型球磨机：

$$\lambda = 1 - 0.04D(\varphi_{\text{m}} - 1) \qquad (4-108)$$

$$C_{\text{s}} = 0.59\frac{1}{\varphi_{\text{m}}} \qquad (4-109)$$

式中，φ_{m} 为磨机中矿浆所占容积 $\varphi_{\text{s}}V$ 与介质中空隙容积 $\mu\varphi V$ 之比；μ 为介质中空隙率；V 为磨机有效容积；φ_{s} 为矿浆占磨机有效容积的比例，即：

$$\varphi_{\text{m}} = \frac{\varphi_{\text{s}} \cdot V}{\mu \cdot \varphi \cdot V} = \frac{\varphi_{\text{s}}}{\mu \cdot \varphi} \qquad (4-110)$$

通过试验获得考虑矿浆影响时磨机有用功率的计算系数值如表 4-14 所示。

表 4-14　考虑矿浆影响时磨机有用功率的计算系数值

介质充填率 φ	0.25	0.30	0.35	0.40	0.45
介质空隙率 φ_{μ}	0.095	0.114	0.133	0.152	0.171
矿浆充满率 φ_{s}	0.26	0.264	0.270	0.272	0.281
矿浆相对充满率 $\dfrac{\varphi_{\text{s}}}{\varphi}$	1.04	0.88	0.77	0.68	0.62
料球比 $\varphi_{\text{m}} = \dfrac{\varphi_{\text{s}}}{\mu\varphi}$	2.74	2.32	2.03	1.79	1.64
$C_{\text{s}} = \dfrac{0.59}{\varphi_{\text{m}}}$	0.215	0.254	0.291	0.330	0.360
K_{m}	1.19	1.14	1.08	1.01	0.93

复习思考题

4-1　简要分析钢球在磨机筒体内的运动状态与磨矿效果的关系。

4-2　简要分析磨矿过程的有用功率与磨机筒体的结构参数之间存在的关系。

4-3　简述磨机有用功率理论计算公式及其适用范围。

4-4　简述磨机有用功率理论计算公式与半经验公式的优缺点。

4-5　影响磨机功率的主要因素有哪些？分析一下原因。

参 考 文 献

[1]《选矿手册》委员会．选矿手册（第一卷）[M]．北京：冶金工业出版社，1991.

[2] 杨小生，陈炳辰，刘其瑞 . 磨矿功率的测定、计算与最佳磨矿工作参数的研究 [C] //第三届全国粉碎工程技术研讨会讲座报告及论文集，1986：52~68.

[3] 郭润楠，杨金林，马少健，等 . 泻落状态下磨机磨矿特性研究 [J] . 矿冶工程，2020，40（2）：48~51.

[4] 魏德洲 . 固体物料分选学 [M] . 3 版 . 北京：冶金工业出版社，2015.

[5] 陈炳辰 . 磨矿理论有用功耗的计算及应用 [C] //矿山技术选矿设备与自动化专辑，1980：6~10.

[6] 段希祥 . 碎矿与磨矿 [M] . 3 版 . 北京：冶金工业出版社，2017.

[7] Mular A L. Mineral processing plant design [M] . New York：Society of Mining Engineers of the American Instit，1980.

5 碎磨功指数

5.1 概　　述

在研究物料粉碎过程的机理时，往往需要建立某种数学模型，根据建立的数学模型可以预测物料粉碎后的粒度分布特性以及粉碎过程中能量的消耗，为此不少人研究过物料粉碎前后产品的粒度分布与粉碎功耗之间的关系。邦德（F. C. Bond）发表的《破碎和磨矿计算》一文，提出了功指数系统的计算方法，该方法后来在许多国家得到推广应用，本章将着重介绍有关功指数的计算及试验方法。

5.2　邦德功指数

1952 年邦德根据大量的试验结果，提出了裂缝说，该裂缝说后来被称为第三破碎理论。他认为矿块在破碎时，外力首先使矿块局部发生变形，贮存了部分变形能，当局部变形超过临界点时，则产生垂直于表面的断裂口，断裂口形成后贮存在矿块内部的变形能被释放出来，使得裂纹扩展而形成新的表面，输入的能量一部分转化为新生成表面积的表面能，另一部分因变形时分子摩擦转化为热能而散失。所以矿石破碎所需能量应包括两部分，即变形能与表面能。其中变形能与体积成正比，表面能与表面积成正比。当等量考虑这两部分的影响时，破碎所需能量 E_B 可以认为与它们的几何平均值成正比，裂缝说的数学表达式为：

$$E_B = K_B \left(\frac{1}{\sqrt{dP}} - \frac{1}{\sqrt{dF}} \right) \tag{5-1}$$

式中，E_B 为粉碎单位重量物料所消耗的外功；K_B 为比例常数；dF、dP 分别为物料粉碎前、后的粒度，μm。

如果以 P 代替 dP、F 代替 dF，且均按 80% 物料通过的筛孔尺寸计算，则可得：

$$E_B = K_B \left(\frac{1}{\sqrt{P}} - \frac{1}{\sqrt{F}} \right) \tag{5-2}$$

当 $F \gg P$ 时，$\dfrac{1}{\sqrt{dP}} \gg \dfrac{1}{\sqrt{dF}}$，上式中 $\dfrac{1}{\sqrt{F}}$ 项可忽略不计。则式（5-2）可变为：

$$E_B \approx K_B \frac{1}{\sqrt{P}} \tag{5-3}$$

如果规定以 $P = 100 \mu m$ 为基准，则：

$$E_B = \frac{K_B}{10} \tag{5-4}$$

在该条件下的破碎功 E 以 W_I 表示，可得：

$$E_B = W_I = \frac{K_B}{10} \qquad (5-5)$$

由此得邦德破碎理论公式中比例常数 K_B：

$$K_B = 10W_I \qquad (5-6)$$

式中，W_I 为功指数，$kW \cdot h/t$，W_I 的大小反映物料的粉碎特性。

将式（5-6）代入式（5-2），即以 $10W_I$ 代替 K_B，可得：

$$W_x = 10W_I\left(\frac{1}{\sqrt{P}} - \frac{1}{\sqrt{F}}\right) \qquad (kW \cdot h/t) \qquad (5-7)$$

式中，W_x 为某条件下的粉碎功耗。

根据实测物料的 F、P 及 W_x 值，利用式（5-7），即可求出邦德功指数 W_I。W_I 值的大小反映出物料被粉碎时功耗的大小，即粉碎的难易程度。因此，功指数 W_I 可以作为矿石可磨度的标准之一，通常可用于以下几个方面：

（1）作为矿石的可磨度标准；

（2）选择和计算破碎设备的型号、台数和功率；

（3）选择和计算磨矿设备的型号、台数和功率；

（4）判断生产中磨矿设备的工作效率；

（5）估算金属磨耗；

（6）选择和计算磨矿介质尺寸。

但是邦德功指数的试验和计算也存在不少缺点，主要包括：

（1）邦德功指数是能量-粒度关系中的特定情况，以它作为普遍情况在应用时就存在一定偏差。而且求功指数的试验程序太繁琐，后来不少人研究其简化或替代功指数的测试和计算方法。

（2）实验室试验结果向工业过渡需要考虑涉及许多因素的修正系数，这些修正系数的计算不仅麻烦，而且本身是通过试验数据回归分析得出的，因此不可避免地有许多偏差。为此，不少人研究简化功指数的测定方法和邦德功指数的替代方法，后来又有人利用计算机仿真技术，模拟计算邦德功指数。虽然如此，这些方法仍局限于改进功指数的测定方法，而对功指数向工业过渡的计算研究还有很大的不足。

根据测试方法的不同，邦德功指数又可分为棒磨功指数、球磨功指数、自磨功指数等。由于邦德功指数的测定方法比较麻烦，后来又有人提出一些简化测定方法和其他算法，因此发展到现在关于功指数的概念已经扩大。由邦德原来制定的测试程序和按式（5-7）算出的 W_I 一般称为邦德功指数，其他则泛称为功指数。

5.2.1 破碎功指数

描述矿石的可碎性有很多准则，但大体上分为静力准则和动力准则。矿石在破碎机中所受的破碎力既有静力作用（压、剪、拉、弯曲等）又有动力作用（冲击等），哪种作用占优势取决于破碎机的工作特点。

邦德冲击作用破碎功指数是矿石可碎性判据之一。早期测量破碎功指数采用落锤试验，但利用这种试验装置进行冲击功测定时，一部分能量传递于下部基座，故破碎功的测定不准确。为此，1945 年邦德设计出了双摆冲击试验机，其工作原理如图 5-1 所示。该机由两个相对称的摆锤组成，每个摆锤的重量约 13.62kg，分别安装在直径为 660mm 的圆轮上。在正常位置时，两个锤面相距 50mm。从摆锤轮吊轴轴心（相当于摆锤悬挂点）到摆锤中心线的距离为 412.75mm，摆锤长约 711.2mm，宽 50mm，高 50mm。

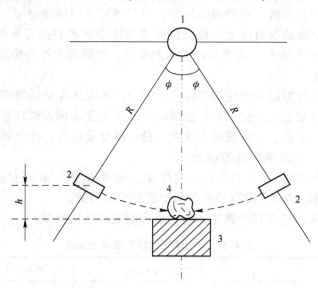

图 5-1　双摆锤冲击试验机工作原理图

如图 5-1 所示，当摆锤转动某一角度 ϕ 后，摆锤被提升的高度为 h，这样摆锤就储存了势能，其大小为：

$$E_P = 2mgh = 2mgR(1 - \cos\phi) \qquad (\text{N} \cdot \text{m}) \tag{5-8}$$

式中，m 为每个摆锤的质量，相当于 13.62kg；R 为摆锤轮中心至吊轮中心的距离，相当于 0.411m。

当摆锤提升角度 ϕ 至足够大时，矿块试件将被击碎，可用下式表征矿块的抗冲击强度：

$$E = \frac{E_P}{g} = 2mR(1 - \cos\phi) = 11.21(1 - \cos\phi) \tag{5-9}$$

当利用原北京矿冶研究总院设计的双摆锤冲击试验机测定时，由于设计参数有所不同，可按下式计算：

$$E = 9.96(1 - \cos\phi) \tag{5-10}$$

则破碎功指数 W_{IC} 可按下式计算：

$$W_{IC} = 52.42 \frac{E}{b\delta} \quad (\text{kW} \cdot \text{h/t}) \tag{5-11}$$

式中，E 为矿块的抗冲击强度，kg·m，按式（5-9）或式（5-10）计算；b 为矿块试件的厚度，cm；δ 为矿块试件密度，g/cm³。

破碎功指数 W_{IC} 测定试验的步骤如下：

对于待测试的矿块随机取 20 个具有代表性的试样（最少不得少于 10 个），其尺寸为

50~75mm。在矿块挑选时，应尽量挑选有两个近似平行面的试件。试件挑选后进行编号、称重（以克计，精确至0.1g），测出试件密度δ，并测量试件尺寸，主要是被冲击面的厚度b。

将准备好的试件置于载物台上，通过升、降载物台以调整试件位置，尽量使摆锤的打击点作用在试件的中心位置。将摆锤提升5°，然后放松吊绳使摆锤落下，这样两摆锤同时打击在已知厚度b试件的相对面上。检查试件是否被击碎或者是否有裂缝，如未被击碎，则将摆锤提升角度φ增加5°，再次冲击。以此类推，这样每次提升角度φ以5°梯度增加，直至试件被击碎为止。

试验过程中，应注意试件产生局部掉片、掉角，不应认为是试件碎裂，只有大部分试件碎解才认为是试件破裂，并记录试件破裂时的提升角度φ值及试件破裂后块数。

将试验数据进行处理，计算破裂前最大、最小厚度及质量，并计算标准差。根据测试结果，按式（5-11）计算破碎功指数 W_{IC}。

求出 W_{IC} 后代入式（5-7）可求破碎功耗 W_x。根据 W_x 值、矿石处理量 $Q(t/h)$ 及所选用的破碎机安装功率（N_c），即可计算所需要破碎机的台数。

表5-1列出了鞍山地区几个典型矿山铁矿石的破碎功指数 W_{IC}。

表5-1 鞍山地区铁矿石破碎功指数

矿山名称	矿石密度/g·cm⁻³	破碎功指数 W_{IC}/kW·h·t⁻¹
东鞍山	3.49	5.79
关宝山	3.37	10.13
大孤山	3.50	10.42
齐大山	3.34	10.45
鞍千矿业	3.25	13.73

5.2.2 棒磨功指数

棒磨功指数表示以钢棒作为磨矿介质时物料的碎磨特性。棒磨功指数 W_{IR} 是根据物料在内径为2.4m溢流型棒磨机中磨矿测得的，由式（5-7）可得：

$$W_{IR} = \frac{W_x}{\frac{10}{\sqrt{P}} - \frac{10}{\sqrt{F}}} \quad (kW·h/t) \tag{5-12}$$

测得某矿石的 P、F 及 W_x 后，利用上述式（5-12）即可求出 W_{IR}。

需要指出的是实验室中测定 W_{IR} 不是采用φ2.4m棒磨机（因试验工作量太大），而是采用特制的φ305×610mm棒磨机测得的。利用φ305×610mm棒磨机测试要遵守一套严格的程序，按照此标准程序求算棒磨功指数 W_{IR} 与下述参数之间的关系：

$$W_{IR} = f(P_i, G_{bp}, P_{80}, F_{80}) = b / \left[P_i^x G_{bp}^y \left(\frac{10}{\sqrt{P}} - \frac{10}{\sqrt{F}} \right) \right] \tag{5-13}$$

式中，b为常数；P_i 为试验用筛孔尺寸，μm；x、y为待测参数；G_{bp} 为棒磨机每转一转新

生成的小于 P_i 的物料质量，g/r。

根据邦德及其同事的试验结果，并利用回归分析求出 $b = 68.32$，$x = 0.23$，$y = 0.625$，于是可得：

$$W_{IR} = 68.32 \Big/ \left[P_i^{0.23} G_{bp}^{0.625} \left(\frac{10}{\sqrt{P}} - \frac{10}{\sqrt{F}} \right) \right] \tag{5-14}$$

因此在实验室中用 $\phi305 \times 610$mm 棒磨机在标准程序下做试验，通过测出 P_i、G_{bp}、P 及 F 值代入式（5-10）中即求得功指数 W_{IR} 值，此值相当于用 $\phi2.4$m 溢流型棒磨机开路湿式磨矿作业按式（5-14）算出的功指数，这样求出的 W_{IR} 值可折算成磨机小齿轮功率（即电动机输出功率）。

棒磨功指数测定的试验步骤如下：

取试料 5.66L，以供试验使用。试料最大粒度为 12.7mm，大于此粒度的物料用颚式破碎机、对辊机（不应挤满给料）破碎，避免产生过粉碎物料，从而影响试验准确性。棒磨功指数试验产品粒度范围为 3~0.2mm。

棒磨机转速 46r/min，相当于转速率 60%。磨机内衬板为波纹形，内装 8 根钢棒（其中 6 根直径为 31.75mm，2 根直径为 44.45mm），钢棒长 53.34mm，总重 33.38kg。美国 Allis-Chalmers（简称 A-C）公司采用的钢棒材质为 SAE1090 碳钢，相当于我国的普通含锰钢。

将试料烘干并用量筒测定其容积比重 S_V（或称堆密度，g/cm³），将试料筛析求原矿粒度分布，每次试验用料为 1250cm³，其重量按下式计算：

$$q_0 = 1250 S_V \tag{5-15}$$

试验流程采用模拟闭路（见图 5-2），一般 6~10 个磨矿周期即可达到磨矿指标稳定。所谓磨矿指标稳定是指循环负荷稳定在 100%±2% 范围内，以及磨机每转一转新生成的小于规定粒度 P_i 的重量 G_{bp} 连续出现 2~3 次稳定值。

由图 5-2 可知，当试验指标稳定时，筛下产品总量 q_u 应等于新给矿量 q_{0-i}，返回矿量 q_c 应等于磨机负荷 q_0 的一半，因为控制循环负荷 $C = 100\%$。

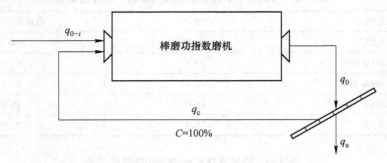

图 5-2 棒磨功指数模拟闭路流程试验示意图

每一周期补加的新矿量 q_{0-i}，应等于该试验周期磨矿产品的筛下量 q_{u-i}，这样在试验过程中磨机负荷始终保持 q_0。当试验指标稳定时，有：

$$q_0 = q_c + q_u$$

而

$$q_c = q_{0-i} = q_u$$

所以 $$q_u = \frac{1}{2}q_0; \quad q_c = \frac{1}{2}q_0$$

第一周期磨矿时间可预定为 30、50 或 100 转，视矿石的软、硬而定，矿石软则时间短些，矿石硬则时间长些。

下一周期的磨矿转数可按下式算出：

$$n_i = \frac{q_u - \gamma_{-p_i} q_{0-i}}{G_{rp(i-1)}} \tag{5-16}$$

式中，q_{0-i} 为下一试验周期新给矿量（等于本周期筛下量），g；γ_{-p_i} 为原矿中小于试验筛孔尺寸 P_i 的粒级产率（小数）；$G_{rp(i-1)}$ 为本周期试验所得每转新生成的磨矿产品质量，g/r。

下表是关于海城菱镁矿棒磨功指数的测试实例。表 5-2 为原矿粒度特性，表 5-3 为棒磨功指数试验产品粒度组成，表 5-4 为棒磨功指数磨矿试验记录。

表 5-2 海城菱镁矿棒磨功指数试验的原矿粒度组成

粒度/mm	产率/%	负累积产率/%
+9.4	0.5	100.0
-9.4+6.68	6.0	99.5
-6.68+4.70	12.0	93.5
-4.70+3.32	15.3	81.5
-3.32+1.46	23.5	66.2
-1.46+0.90	15.5	42.7
-0.90+0.45	11.5	27.2
-0.45+0.28	5.0	15.7
-0.28	10.7	10.7
合 计	100.0	

表 5-3 海城菱镁矿棒磨功指数试验的产品粒度组成

粒度/mm	产率/%	负累积产率/%
+0.589	35.8	100.0
-0.589+0.450	10.8	64.2
-0.450+0.280	17.5	53.4
-0.280+0.154	14.0	35.9
-0.154	21.9	21.9

表 5-4 海城菱镁矿棒磨功指数试验记录

序号	转数/r	给矿量/g	合格产品量/g	给矿中成品量/g	新生成产品量/g	每一转新生成产品量/g·r⁻¹
1	100	2647	2211	721.31	14889.69	14.8969
2	48	2211	1478	602.50	875.5	18.0243
3	50	1478	1504	402.76	1101.24	22.0248
4	41	1504	1244	409.84	834.16	20.3454

序号	转数/r	给矿量/g	合格产品量/g	给矿中成品量/g	新生成产品量/g	每一转新生成产品量/g·r⁻¹
5	48	1244	1290	338.99	951.01	19.8710
6	49	1290	1297	351.53	945.47	19.2953
7	50	1297	1380	353.43	1026.57	20.5314

试验用筛孔尺寸 $P_i = 900\mu m$，由表 5-2 求得 $F_{80} = 4600\mu m$，由表 5-3 求得 $P_{80} = 735\mu m$，由最后四个周期求得平均 $G_{rp} = 20.01 g/r$。将以上数据代入式（5-14）求得：

$$W_{IR} = 68.32 \Big/ \left[900^{0.23} 20.10^{0.625} \left(\frac{10}{\sqrt{735}} - \frac{10}{\sqrt{4600}} \right) \right] = 9.93$$

5.2.3 球磨功指数

球磨功指数与棒磨功指数类似，它是指 $\phi 2.4m$ 溢流型球磨机闭路湿式磨矿作业中某一矿石在指定给矿粒度条件下，将该矿石磨至某一要求粒度所消耗的功（折算到磨机传动小齿轮上的功）。

实验室测定球磨功指数是在专门制造的规格为 $\phi 305 \times 305mm$ 球磨机（筒体光滑无衬板）中完成的。与棒磨功指数的测定一样，测定球磨功指数也要按标准程序来进行。

邦德通过大量试验求得用 $\phi 305 \times 305mm$ 球磨机做试验与 $\phi 2.4m$ 溢流型球磨机功指数相当的算式为：

$$W_{IB} = 49.04 \Big/ \left[P_i^{0.23} G_{rp}^{0.82} \left(\frac{10}{\sqrt{P}} - \frac{10}{\sqrt{F}} \right) \right] \qquad (5-17)$$

式中，W_{IB} 为球磨功指数，$kW \cdot h/t$；其他符号意义同前。

球磨功指数试验步骤如下：

球磨功指数试验磨矿产品粒度在 0.02~0.6mm 范围，每一粒级试验所需物料约为 2.83L，试料最大粒度为 3.5mm。每一粒度试验约需 6~10 个周期，初始装矿量 q_0 按下式计算：

$$q_0 = 700 S_v \qquad (g) \qquad (5-18)$$

式中，S_v 为物料的堆密度，g/cm^3。

试验磨机以 70r/min 速度运转，相当于临界转速的 91.3%。磨机内共装有 285 个钢球，总质量为 20.125kg，具体球径尺寸及配比见表 5-5。

表 5-5 邦德球磨机球径尺寸及配比

球径 d/mm	个 数
36.5	43
30.2	67
25.4	10
19.1	71
15.9	94
合　计	285

规定循环负荷为 250%，当循环负荷达到 250%±5%，且最后 2~3 个周期的 G_{rp} 值相近时，即认为达到平衡。

球磨功指数测试模拟流程如图 5-3 所示，当磨矿达到平衡时，有：

$$q_0 = q_c + q_{0-i}$$

$$q_u = q_{0-i}$$

$$q_0 = 3.5q_{0-i} = 3.5q_u$$

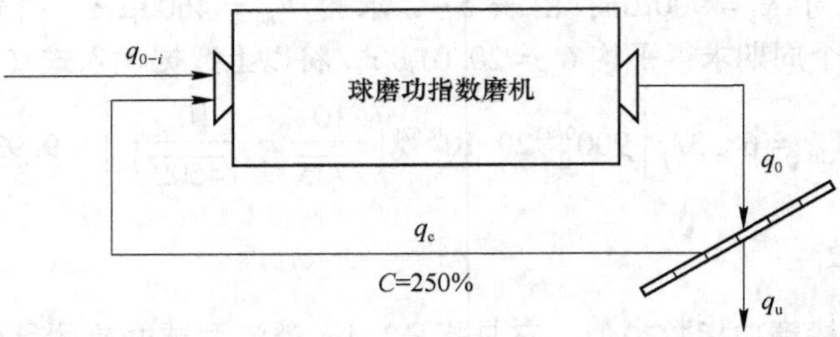

图 5-3　球磨功指数模拟闭路流程试验示意图

第一磨矿周期的磨机转数一般暂定为 100 转，下一周期的磨机转数可按下式计算：

$$n_i = \frac{q_u - \gamma_{-p_i}q_{0-i}}{G_{rp(i-1)}} \tag{5-19}$$

式中，符号意义同式（5-16）。

表 5-6 和表 5-7 分别列出了东鞍山铁矿石球磨功指数测定时原矿、产品粒度分布及试验结果。

表 5-6　东鞍山铁矿石球磨功指数试验的原矿及产品粒度分布

原　矿			产　品		
粒级/mm	产率/%	累积产率/%	粒级/mm	产率/%	累积产率/%
+3.0	1.21	100	+0.106	17.77	100.0
-3.0+2.0	28.40	98.79	-0.106+0.096	22.98	82.23
-2.0+1.5	4.15	70.39	-0.096+0.075	14.58	59.25
-1.5+1.0	21.93	66.24	-0.075+0.063	12.24	44.57
-1.0+0.75	8.22	44.31	-0.063+0.048	14.36	32.33
-0.75+0.50	11.46	36.09	-0.048	17.97	
-0.50	24.63				
合计	100.0			100.0	

表 5-7　东鞍山铁矿石球磨功指试验记录

次序	转数/r	合格产品量/g	新生成合格量/g	循环负荷 C/%	可磨度 G_{rp}/g·r^{-1}
1	100	386	187.14	289	1.87

次序	转数/r	合格产品量/g	新生成合格量/g	循环负荷 C/%	可磨度 G_{rp}/g·r⁻¹
2	203	398.5	347.19	277	1.79
3	220	421.5	368.74	266	1.68
4	223	441.5	385.69	240.2	1.73
5	214	423.5	365.04	255	1.70
6	219	440.0	383.93	241	1.75
7	212	429.5	371.24	250	1.75
8	213	451.5	394.63	233	1.85
9	205	435.5	375.72	245	1.83
10	203	433.0	375.34	247	1.85

由表 5-6、表 5-7 获得数据 $P_i = 150\mu m$，$P = 107\mu m$，$F = 1850\mu m$，同时求得 G_{rp} 稳定时的平均值为 1.84g/r，平均返砂比 $C = 241.7\% \pm 3.5\%$。

将以上有关数值代入式 (5-17)，可计算得出东鞍山铁矿石球磨功指数 $W_{IB} = 12.76$kW·h/t。

表 5-8 列出了几个矿山矿石的球磨功指数数据。

表 5-8 几个矿山的矿石球磨功指数

矿石名称	球磨功指数 W_{IB}/kW·h·t⁻¹	
	$P_i = 0.15$mm	$P_i = 0.074$mm
齐大山铁矿石	10.40	15.26
东鞍山铁矿石	12.76	15.64
大孤山铁矿石	9.05	11.59
鞍千矿业铁矿石	8.44	15.16
关宝山铁矿石	15.31	16.41
包头铁矿石	10.63	13.22
香夼铜矿石	15.92	16.85

5.2.4 自磨功指数

自磨功指数是邦德功指数的扩展应用，它主要用来判断某矿石是否适宜采用自磨机进行磨矿。有关自磨功指数的试验大体上可分为四步：

第一步是测定矿石的球磨功指数 W_{IB}，根据 W_{IB} 值作初步判断。

$W_{IB} \leqslant 8$，矿石软，易碎，矿石自磨时介质量有可能不足；$W_{IB} \approx 8 \sim 14$，可考虑采用自磨；$W_{IB} > 20 \sim 25$，矿石较硬，矿石自磨时处理能力低，功耗高，易形成顽石。

第二步是介质适应性试验，目的在于判断被磨矿石在进行自磨生产中能否提供足够的、适宜自磨的介质，这种试验是在特定的介质试验器中进行的。美国考帕公司介质试

验器规格为 $\phi1800 \times 250mm$，我国原北京矿冶研究总院设计的介质试验器规格为 $\phi1800 \times 400mm$。

试验时将待测矿石挑选出下述五个不同粒级的矿块：$100 \sim 113mm$，$113 \sim 125mm$，$125 \sim 138mm$，$138 \sim 150mm$，$150 \sim 163mm$。每个粒级选取 10 块代表性矿石，共 50 块，分别称重后一起放入介质试验器中。介质试验器运行 500 转（每分钟 20 转，共转 25 分钟）后将矿石倒出，并按下述要求进行粒度统计与计算。

（1）计算并统计出大于 100mm 以上矿块个数 n_{+100} 及累积产率 γ_{+100}，因大于 100mm 的矿块才起良好的自磨介质作用。

（2）求出产品中粒度最大的 50 个矿块的产率 γ_{50}。在此基础上计算自磨介质功指数、自磨介质适应性基准及功指数比率，计算方法如下：

1）自磨介质功指数 W_{IA} 的计算公式如下：

$$W_{IA} = 2.755 \Big/ \left(\frac{10}{\sqrt{P}} - \frac{10}{\sqrt{F}} \right) \quad (\text{kW} \cdot \text{h/t}) \tag{5-20}$$

2）自磨介质适应性基准 $\overline{N}_{om}$：

$$\overline{N}_{om} = \frac{1}{4} \sum_{i=1}^{4} N_{om-i} \tag{5-21}$$

式中，$i = 1$，2，3，4。

$i = 1$ 时，N_{om-1} 称为大块个数基准，其计算公式为：

$$N_{om-1} = 1.102 \frac{n_{+100}}{W_{IC}} \tag{5-22}$$

式中，W_{IC} 为（冲击）破碎功指数，kW·h/t（按式（5-11）计算）。

$i = 2$ 时，N_{om-2} 称为大块重量基准，其计算公式为：

$$N_{om-2} = \frac{\gamma_{+100}}{1.13 W_{IC}} \tag{5-23}$$

$i = 3$ 时，N_{om-3} 称为介质比率基准，其计算公式为：

$$N_{om-3} = \frac{\gamma_{50}}{2.26 W_{IC}} \tag{5-24}$$

$i = 4$ 时，N_{om-4} 称为粉碎比例基准，其计算公式为：

$$N_{om-4} = \frac{P_{80}}{5898 W_{IC}} \tag{5-25}$$

式（5-22）~式（5-25）中破碎功指数值均按式（5-11）计算，P_{80} 为介质适应性试验后产品总重 80% 过筛的粒度（即相应的筛孔尺寸），μm。

求出上述四个基准后，分别代入式（5-21）求自磨介质适应性基准的平均值 $\overline{N}_{om}$。一般来说，$\overline{N}_{om}$ 值越大，表明矿石越适于自磨。当 $\overline{N}_{om} < 1.0$ 时，表明矿石不适合自磨。

3）功指数比率 R_W，其计算公式为：

$$R_W = \frac{W_{IA}}{W_{IC}} \tag{5-26}$$

R_W 的数值相当于矿石自磨时介质量与被粉碎物料量的大致比例。很显然，R_W 值太小说明介质供应不足，矿石自磨过程中易形成顽石。

根据以上几个指标的综合比较，可大致判断某种矿石是否可以考虑自磨。如果可以，则下一步可以进行半工业及工业试验。这种利用综合指标的初步判断法要比直接做大规模工业试验要经济和迅速得多。

第三步是半工业试验。半工业试验一般在 $\phi1800mm$ 或 $\phi2400mm$ 自磨机中进行，其目的在于判定自磨矿的适宜流程、自磨生产可能达到的技术、经济指标等。

第四步是工业试验。试验的目的是验证工业生产中采用自磨的可行性及经济性，为最终自磨工艺及流程的选择提供参考。

表 5-9 列出了我国几个典型铁矿石标准可磨度试验与自磨试验的结果。

表 5-9　几个典型矿山矿石标准可磨性试验及自磨介质能力试验数据

矿　石		齐大山		齐大山	水厂		东鞍山	大孤山	鞍千	关宝山	包头磁铁矿
		北区	南区		一区	二区					
密度/g·cm⁻³				3.68	3.60	3.38	3.84	3.86	3.58	3.71	4.43
（冲击）破碎功指数		11.35	10.14	10.48	8.82	12.12	5.79	10.41	13.72	10.13	13.01
棒磨功指数		19.28	13.66		14.88	15.65					
球磨功指数	$P_i=0.246mm$	11.13	7.27		12.45						
	$P_i=0.208mm$										
	$P_i=0.147mm$	11.68	8.93	10.40	13.55		12.59	9.08	8.44	15.31	7.37
	$P_i=0.074mm$	15.65	15.76	14.37	18.07	17.30	15.64	11.59	15.16	16.41	6.69
	$P_i=0.044mm$	25.01	25.68		21.60	21.82					
磨损指数		0.2463	0.2274		0.1050	0.1348					
自磨介质粒度组成	>100mm			33.6			18.6	12.7	16.8	13.2	14.9
	100~60mm			19.4			19.0	15.3	18.2	19.8	23.1
	60~15mm			15.0			31.0	24.5	20.0	29.5	16.0
	15~5mm			3.5			8.0	11.5	8.5	8.5	4.0
	<5mm			28.5			24.0	36.0	36.5	29.0	42.0
介质能力试验	介质能力基准 N_{om}	N_{om-1}	2.08	1.095	2.436	1.30		1.225	1.002	1.305	0.720	1.644
		N_{om-2}	2.47	1.256	2.847	1.27		1.26	1.233	1.755	0.76	1.782
		N_{om-3}	1.80	1.68	1.923	1.09		1.141	1.358	1.755	0.861	1.991
		N_{om-4}	1.93	1.570	2.064	1.26		1.238	1.55	1.908	0.941	2.139
		平均	2.07	1.40	2.318	1.23		1.217	1.309	1.681	0.821	1.889
		介质功指数	192.74	124.53	188.66	162.10		149.16	136.32	153.95	139.18	150.64
		初步结论	北区矿石可作为良好介质，南区矿石较差		可作良好介质	基本合格		基本合格	基本合格	基本合格	不合格	基本合格

注：1. 本表中所列功指数单位均为 kW·h/t；

　　2. 本表中磨损指数单位 kg/(kW·h)。

5.3　邦德球磨功指数测定实例

5.3.1　金矿石邦德球磨功指数的测定

（1）试样制备。试样为河北东梁黄金矿业有限公司金矿石，按图 5-4 所示筛分、破碎流程制备合格（最大粒度 3.2mm）物料 50kg，供后续邦德磨矿功指数测定试验用。

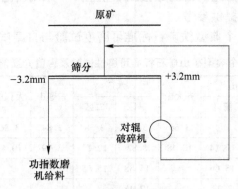

图 5-4　试样制备流程图

（2）原料堆密度测定。物料经混匀后，采用量筒（1000mL）测定物料的堆密度，样品共检测 3 次，取平均值，具体结果如表 5-10 所示。

表 5-10　试样的堆密度测试结果

金矿石	第 1 次测定	第 2 次测定	第 3 次测定	平均值
堆密度/g·cm^{-3}	1.596	1.603	1.605	1.601

由表 5-10 可知，物料堆密度为 1.601g/cm^3。据此，取 700cm^3 物料作为功指数球磨机的第一次给矿，即 $q_0 = 700cm^3 \times 1.601g/cm^3 = 1120.7g$。

（3）原料粒度分布测定。为了解原料的粒度分布情况，对物料进行筛分分析，结果如表 5-11 所示。

表 5-11　原料的粒度组成

粒级/mm	产率/%	负累计产率/%
-3.20+1.60	39.12	100.00
-1.60+0.90	22.38	60.88
-0.90+0.50	17.98	38.50
-0.50+0.15	10.44	20.52
-0.15+0.10	3.86	10.08
-0.10+0.075	1.26	6.22
-0.075	4.96	4.96

根据表 5-11 筛析结果，绘制的原料粒度特性曲线如图 5-5 所示。

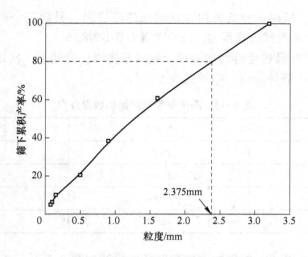

图 5-5 原料的负累积粒度特性曲线

由表 5-11 及图 5-5 可知，功指数球磨机给料中 -0.075mm 含量为 4.96%，原料的 $F_{80}=2375\mu m$。

（4）球磨功指数的测定。试验过程所用控制粒度的筛孔尺寸 P_i 为 0.075mm，在模拟闭路磨矿条件（如图 5-6 所示）下，进行该矿样的球磨功指数测定，具体试验结果见表 5-12。

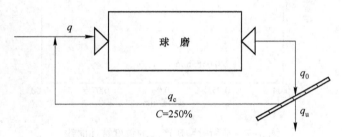

图 5-6 球磨功指数试验模拟闭路流程

表 5-12 金矿石球磨功指数测定试验数据

试验次数	转数/r	产品中 -0.075mm 质量/g	给矿中 -0.075mm 质量/g	新生成 -0.075mm 质量/g	每一转新生成 -0.075mm 质量 G_{rp}/g·r^{-1}
1	100	127.94	55.29	72.35	0.7235
2	433	238.06	6.35	231.71	0.5351
3	576	323.72	11.81	311.91	0.5415
4	561	364.03	16.06	347.97	0.6203
5	487	341.50	18.06	323.44	0.6641
6	456	317.35	16.94	300.41	0.6588
7	462	319.13	15.74	303.39	0.6567

由表 5-12 可知，所得试验结果均在误差允许范围内。最后三个周期试验，流程趋于稳定、平衡，取最后 3 次试验获得 G_{rp} 的平均值为 0.6598g/r。

（5）平衡时磨矿产品粒度特性的测定。流程平衡时，取最后一次试验获得的磨矿产品（试验筛下产品）进行筛分分析，结果见表 5-13。

表 5-13 磨矿平衡时产品的粒度分布

粒级/mm	产率/%	负累积产率/%
-0.075+0.061	15.33	100.00
-0.061+0.055	11.36	84.67
-0.055+0.043	0.44	73.31
-0.043	72.87	72.87

根据表 5-13 筛析结果，绘制的原料粒度特性曲线如图 5-7 所示。

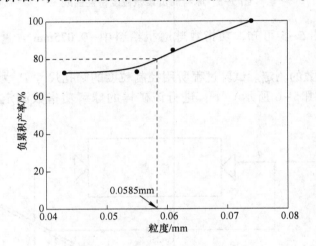

图 5-7 平衡时磨矿产品的粒度特性曲线

由图 5-7 可知，流程平衡时，磨矿产品的 $P_{80}=58.5\mu m$。

（6）球磨功指数的计算。将获得的检测数据，代入式（5-17）中计算待测金矿石的邦德球磨功指数，结果如下：

$$W_{IB} = \frac{49.04}{P_i^{0.23} \cdot G_{rp}^{0.82} \cdot \left(\dfrac{10}{\sqrt{P_{80}}} - \dfrac{10}{\sqrt{F_{80}}} \right)}$$

$$= \frac{49.04}{75^{0.23} \times 0.6598^{0.82} \times \left(\dfrac{10}{\sqrt{58.5}} - \dfrac{10}{\sqrt{2375}} \right)}$$

$$= \frac{49.04}{2.699 \times 0.711 \times 1.102}$$

$$= 23.18 \ (kW \cdot h/t)$$

通过测定与计算，待测金矿石的邦德球磨功指数为 23.18kW·h/t，属于难磨矿石。

5.3.2 铝土矿邦德球磨功指数的测定

（1）试样制备。试样为澳大利亚某铝土矿，按图 5-8 所示筛分、破碎流程制备合格（最大粒度 3.2mm）物料 50kg，供后续邦德磨矿功指数测定试验用。

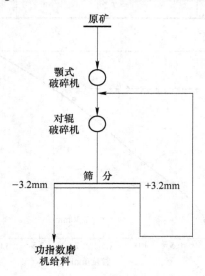

图 5-8 试样制备流程

（2）原料堆密度测定。物料经混匀后，采用量筒（1000mL）测定物料的堆密度，样品共检测 2 次，取平均值，具体结果如表 5-14 所示。

表 5-14 物料堆密度测定结果

铝土矿	第一次测定	第二次测定	平均值
堆密度/g·cm^{-3}	1.37	1.33	1.35

由表 5-14 可知，物料的堆密度为 1.35g/cm^3。据此，取 700cm^3 物料作为功指数球磨机的第一次给矿，即 $q_0 = 700\mathrm{cm}^3 \times 1.35\mathrm{g/cm}^3 = 945.0\mathrm{g}$。

（3）原料粒度分布测定。原料的粒度组成如表 5-15 所示，其粒度特性曲线如图 5-9 所示。

表 5-15 功指数球磨机给料粒度组成

粒度/mm	产率/%	负累积产率/%
−3.2+2.0	25.47	100.00
−2.0+1.0	34.36	74.53
−1.0+0.56	10.92	40.17
−0.56+0.28	9.40	29.25
−0.28+0.15	5.64	19.85

粒度/mm	产率/%	负累积产率/%
-0.15+0.10	4.46	14.21
-0.10+0.075	2.47	9.75
-0.075	7.28	7.28

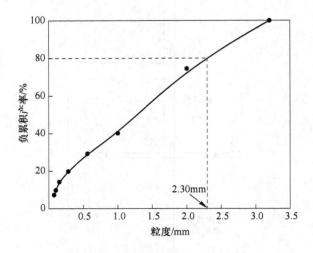

图 5-9　原料的负累积粒度特性曲线

由图 5-9 可知，该铝土矿球磨功指数试验给料中 -0.15mm 含量为 14.21%，原料的 $F_{80} = 2300\mu m$。

（4）球磨功指数的测定。选定球磨功指数测定试验的筛孔尺寸 P_i 为 0.15mm，在模拟闭路磨矿（如图 5-6 所示）条件下，分别进行 2 次功指数测定，试验结果如表 5-16 所示。

表 5-16　铝土矿球磨功指数试验数据

试样编号	次数	转数/r	产品中 -0.15mm 的质量/g	原料中 -0.15mm 的质量/g	新生成 -0.15mm 的质量/g	每一转新生成 -0.15mm 的质量 G_{rp}/g·r⁻¹
1	1	70	275.5	135.0	140.5	2.0
	2	90	213.0	39.16	173.84	1.93
	3	110	234.5	30.27	204.23	1.86
	4	125	259.0	33.33	225.67	1.80
	5	130	276.5	36.81	239.69	1.84
	6	128	272.5	39.30	233.20	1.82
	7	128	274.0	38.73	235.27	1.84
平均值						1.83

试样编号	次数	转数/r	产品中-0.15mm的质量/g	原料中-0.15mm的质量/g	新生成-0.15mm的质量/g	每一转新生成-0.15mm的质量 G_{rp}/g·r^{-1}
2	1	70	280.0	135.0	145.0	2.07
	2	90	216.5	39.79	176.71	1.96
	3	110	237.5	36.17	201.33	1.83
	4	125	256.5	33.75	222.75	1.78
	5	128	274.0	36.44	237.56	1.86
	6	129	270.5	38.93	231.57	1.80
	7	129	272.0	38.44	233.56	1.81
平均值						1.82

由表 5-16 可知,所得试验结果均在误差允许范围内。最后三个周期试验,流程趋于稳定、平衡,取最后 3 次试验获得 G_{rp} 的平均值,即 G_{rp1} =1.83g/r,G_{rp2} =1.82g/r。

(5) 平衡时磨矿产品粒度特性的测定。铝土矿球磨功指数测定试验中,磨矿平衡时产品粒度组成如表 5-17 所示,其粒度特性曲线如图 5-10 所示。

表 5-17　磨矿平衡时产品粒度组成

粒级/mm	试样 1		试样 2	
	产率/%	负累积产率/%	产率/%	负累积产率/%
-0.150+0.100	26.22	100.00	24.36	100.00100
-0.100+0.076	27.69	73.78	26.72	75.64
-0.076+0.055	12.17	46.09	14.52	48.92
-0.055+0.045	6.64	33.92	7.01	34.40
-0.045	27.28	27.28	27.39	27.39

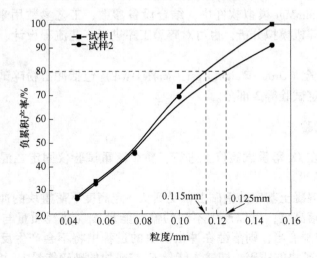

图 5-10　平衡时磨矿产品的粒度特性曲线

由图 5-10 可知，流程平衡时，试样 1、试样 2 磨矿产品的 P_{80} 分别为 115μm 和 125μm。

（6）球磨功指数的计算。将获得的检测数据，代入式（5-17）中计算待测铝土矿的邦德球磨功指数，结果表 5-18 所示。

表 5-18　铝土矿石邦德球磨功指数计算结果

试样	筛孔 $P_i/\mu m$	可磨度 $G_{rp}/g \cdot r^{-1}$	产品粒度 $P_{80}/\mu m$	给料粒度 $F_{80}/\mu m$	功指数 $W_{IB}/kW \cdot h \cdot t^{-1}$	平均功指数 $W_{IB}/kW \cdot h \cdot t^{-1}$
1	150	1.83	115	2300	13.03	13.42
2		1.82	125		13.82	

由表 5-18 可知，当控制粒度的筛孔尺寸 P_i 为 0.15mm 时，待测铝土矿的邦德球磨功指数为 13.42kW·h/t。

5.4　JKTech 落重试验

传统的（半）自磨设备选型和工艺流程设计以实验室试验、半工业试验和工业试验结果为依据，这个过程不仅周期长，而且需消耗大量的人力、物力和财力。近年来，随着（半）自磨工艺的大量应用，国际上出现了多种测定（半）自磨工艺中物料粉碎特性参数的方法，如芬兰 Metso 集团实验室的湿式分批自磨（半自磨）试验法、澳大利亚昆士兰大学 Julius Kruttschnitt 矿物研究中心（JKMRC）的 JKTech 落重试验法、加拿大 Minnov EX 技术公司的半自磨功率指数（SPI）试验法等。

我国多采用 JKTech 落重试验法来测定矿石的粉碎特性参数，故本节将详细介绍 JKTech 落重试验法。JKTech 落重试验法是根据（半）自磨机内的冲击粉碎和磨蚀粉碎两种主要粉碎方式来模拟被磨物料的（半）自磨特性，从而获得比破碎能与破碎产品细度之间的函数关系，并最终得到代表矿石碎磨特性的冲击粉碎参数 A 和 b 以及磨蚀粉碎参数 T_a 值。这些参数在 JKSimMet 模拟软件中，结合设备参数、工艺参数用来分析或预测（半）自磨机的性能及破碎机模拟分析，也可对碎磨工序进行工艺流程设计、设备选型及产品指标模拟计算等工作。

JKTech 落重试验（Drop-Weight Test，简称 DWT）包括冲击粉碎试验、磨蚀粉碎试验和矿石相对密度测定试验等 3 部分。

5.4.1　冲击粉碎试验

冲击粉碎试验在 JK 落重试验仪上进行，整个落重试验仪固定在混凝土基座上，结构示意图如图 5-11 所示。

待测试样置于混凝土基座的钢砧上，受到从一定高度下落重块的冲击而被粉碎。通过调整重块质量和下落高度，可以产生不同的输入能量 E_i（落锤质量与下落高度的乘积）。如果输入能量 E_i 控制恰当，则落锤在冲击矿块的过程中将不会产生反弹，此时可认为输入能量 E_i 完全用于矿块的粉碎，即输入能量 E_i 与矿块的破碎能量 E_c 相等，并定义破碎能

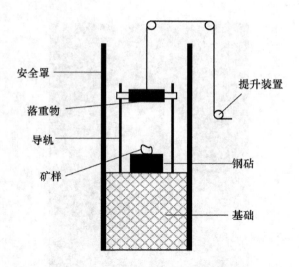

图 5-11　JK 落重试验仪结构示意图

量 E_c 与试样矿块的质量之比为比破碎能 E_{cs}。

　　按要求将试样分为 $53\sim63$mm、$37.5\sim45$mm、$26.5\sim31.5$mm、$19\sim22.4$mm 和 $13.2\sim16$mm 的 5 个窄粒级，每个粒级矿石颗粒为 $10\sim30$ 个。将每个粒级矿块分成 3 份，分别受 3 种不同的比破碎能冲击，则可以产生 15（5×3）个粒度-能量组合。冲击完成后，对每个粒级-比破碎能组合的破碎产品分别进行筛析，并绘制粒度分布曲线，求出一组 t_{10}（当筛孔尺寸为原始颗粒平均尺寸的 $1/10$ 时，产物的筛下产率定义为 t_{10}）来定量描述产物的粒度分布。由 15 个粒度-比破碎能组合可以产生 15 个 t_{10}，t_{10} 与比破碎能 E_{cs}（kW·h/t）的关系为：

$$t_{10} = A(1 - e^{-b \times E_{cs}}) \tag{5-27}$$

　　根据 15 组试验数据，采用非线性回归方法可拟合出式（5-27）中的系数 A 和 b 的值，A 和 b 即为表征矿石抵抗高能冲击粉碎作用的物料特性参数。参数 A 的意义是比破碎能 E_{cs} 趋于无穷大时 t_{10} 的取值上限，参数 b 影响 t_{10}-E_{cs} 关系曲线在不同位置的斜率。参数 A 和 b 不能单独用于判定矿石类型，$A \times b$ 值可作为矿石抗冲击粉碎强度的一个衡量指标，$A \times b$ 值越大，给定比破碎能条件下粉碎产物越细。

5.4.2　磨蚀粉碎试验

　　磨蚀粉碎试验设备为 $\phi305$mm$\times305$mm 实验室滚筒式磨机，磨机转速率为 70%（53r/min），筒体内壁上均匀分布有 4 根与轴线平行的 6mm$\times$6mm$\times$305mm 的提升条，如图 5-12 所示。

　　将粒度为 $45\sim53$mm 和 $37.5\sim45$mm 的试样各 1.5kg 同时放入磨机内，在无介质状态下粉磨 10min，然后对粉磨产品进行筛析。磨蚀系数 T_a 定义为磨蚀试验获得的 t_{10} 的 $1/10$，表示试验矿石的抗研磨破碎能力。T_a 值越小，矿石抗研磨能力越强。JKMRC 现有矿石物性数据库见表 5-19，参数 $A \times b$ 和 T_a 与物料硬度的关系见表 5-20。

图 5-12　磨蚀试验设备

表 5-19　JKMRC 现有矿石物性数据库

项　目	$A×b$			$E_{cs}=1kW \cdot h/t$ 对应的 t_{10}			T_a		
	数值	排序	%	数值	排序	%	数值	排序	%
数据库最小数据（最硬）	12.9	1	0	7.9	1	0	0	1	0
数据库中间数据（中值）	47.2	1859	50	32.5	1859	50	0.5	1950	50
数据库平均值（均值）	65.1	2664	71.7	34.9	2180	58.6	0.7	2649	69.5
数据库最大数据（最软）	809.6	3717	100	93.6	3717	100	6.9	3810	100

表 5-20　落重试验参数与物料硬度的关系

参数	极硬	硬	中硬	中	中软	软	极软
$A×b$	<30	30~38	38~43	43~56	56~67	27~127	>127
T_a	<0.24	0.24~0.35	0.35~0.41	0.41~0.54	0.54~0.65	0.65~1.38	>1.38

5.4.3　矿石相对密度测定试验

在对（半）自磨机处理矿石进行性能评估时，其相对密度是最重要的参数之一。因此，在 JKTech 落重试验中，必须进行矿石相对密度测定。矿石相对密度是通过测定 30 块粒度为 31.5~26.5mm 的矿石在空气和水中的质量 M 和 m 后计算出来的，其检测原理如图 5-13 所示。

设在空气中，待测矿块的质量为 M，水中待测矿块的质量为 m。由阿基米德原理可知，在水中矿块受到一个浮力，其大小等于块矿所排开的水重量，即：

$$F_浮 = G_{水排} = m_{水排} \, g = \rho_水 \, V_排 \, g \tag{5-28}$$

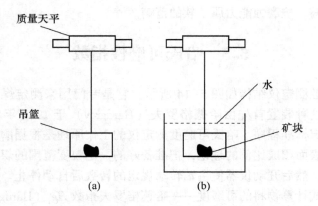

图 5-13 矿块相对密度检测原理示意图
（a）在空气中；（b）在水中

根据力平衡的作用条件，矿块的水中的"重力" G_2 等于矿块在空气中的重力 G_1 与矿块所受的浮力之差，即：

$$G_2 = G_1 - F_浮 = Mg - \rho_水 V_排 g \qquad (5-29)$$

又 $G_2 = mg$，$V_排 = V_{矿块}$，则有：

$$V_{矿块} = \frac{M - m}{\rho_水} = M - m \qquad (5-30)$$

所以矿块的相对密度 $\rho_{矿块}$ 为：

$$\rho_{块矿} = \frac{M}{V_{矿块}} = \frac{M}{M - m} \qquad (5-31)$$

需要指出的是，采用这种方法测定的矿石相对块密度，不是矿块的真密度，因为测量的体积中包含了矿石内部的空隙。

5.4.4 落重试验测定矿石粉碎特性参数实例

表 5-21 列出了几个矿山矿石碎磨特性参数。

表 5-21　几个典型矿山矿石的自磨机/半自磨机模型参数

矿山试样	粉碎特性参数				
	A	b	$A \times b$	T_a	相对密度
思山岭铁矿石	80.82	0.53	42.80	0.28	3.26
歪头山铁矿石	65.53	1.06	69.46	0.72	3.31
承德某铁矿石	55.60	1.55	86.18	0.72	3.36
内蒙古某铅锌矿石	53.60	1.53	82.00	0.84	—

根据表 5-21 可知，思山岭铁矿石的 $A \times b$ 值为 42.80、T_a 值为 0.28；歪头山铁矿石的 $A \times b$ 值为 69.46，T_a 值为 0.72。对比表 5-19 及表 5-20 中的数据，可以发现思山岭铁矿石的抗冲击破碎能力属于中硬的范畴，抗磨蚀能力属于硬的范畴；歪头山铁矿石的抗冲击破

碎能力属于软的范畴，抗磨蚀能力属于软的范畴。

5.5 哈氏可磨性指数

哈氏可磨性指数测定仪结构如图 5-14 所示，它是专门用来测定煤及其他一些脆性物料可磨度的仪器。这种装置首先由哈德格罗夫（Hardgrov）于 1932 年所提出，1951 年规定了煤的可磨度测定标准程序。哈氏可磨度测定仪的工作原理是根据磨碎粉煤所消耗的能量与粉煤新生成的表面积成比例的理论，把准备好的一定粒度范围的煤样放在哈氏可磨度测定仪的研磨碗中，然后开动仪器使主轴转动规定的转数后自动停止。仪器停止后取出试样，称重，并按公式计算物料的可磨度——哈德格罗夫指数 Hg_i（Hardgrov Index）。

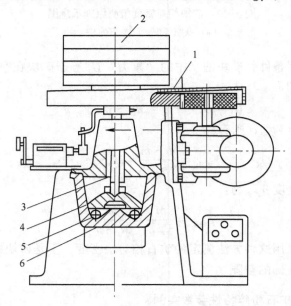

图 5-14　哈氏可磨度测定仪结构示意图
1—大齿轮；2—重块；3—主轴；4—研磨环；5—钢球；6—研磨碗

如图 5-14 所示，哈氏可磨度测定仪主要由机座、蜗轮盒、传动齿轮、研磨环、研磨碗、电机及电气系统等构成。电机和蜗轮盒安装在机座上，然后固定在机座右侧。主轴装在机座中央，其上部装有大齿轮、重块和用来拨动计数器的拨杆。主轴下部连接研磨环，其总质量为（29±0.2）kg。研磨碗内有水平轨道（弧形槽），在轨道内有八个直径为 25.4mm 的钢球。主轴由电动机带动，每分钟 20 转，由此驱动研磨环和八个钢球进行工作。电气系统包括计算器及微动开关组成的自动停机装置，能显示工作转数，当主轴旋转 60 转后自动停止。

哈氏可磨性指数的测定也有严格程序。早期规定每次给料 50g，粒度为 -1.18 ~ 0.6mm。规定某一标准煤按上述条件磨碎时，其新生成的比表面积为 30000m²/g 时，哈氏指数 $Hg_i = 100$。当测定其他物料时，如果其新生成比表面积为 S，则其哈氏指数按下式计算：

$$Hg_i = \frac{S}{30000} \times 100 \tag{5-32}$$

但是由于新生成比表面积 S 的测定比较繁琐，后来又规定按新生成的 $-0.074mm$ 克数（$q_{-0.074}$）计算，如果测知 $q_{-0.074}$（g），可按下式计算哈氏指数：

$$Hg_i = 6.93q_{-0.074} + 13 \tag{5-33}$$

1954 年邦德发表了其本人研究的哈氏指数 Hg_i 与球磨功指数 W_{IB} 之间的关系，如下所示：

$$W_{IB} = \frac{96.98}{\sqrt{Hg_i}} \tag{5-34}$$

1961 年邦德把上述式（5-34）修改为：

$$W_{IB} = \frac{479.4}{(Hg_i)^{0.91}} \tag{5-35}$$

哈氏指数的测定程序较简单，每次约需 2h。其缺点是测试试样太少，同一试样几次测试值的重现性较差。为此，1980 年麦金太尔（Mcintyre）和普利特（Plitt）经过研究提出进行哈氏指数测定时按容积计算试料量来代替原来每次试验用 50g 的试料量，即每次试验装入 $36cm^3$ 物料，其质量 $q=36\rho$，式中 ρ 为试料堆密度。根据容积法测得的哈氏指数 Hg_{iv} 与重量法测得的哈氏指数 Hg_i 的关系为：

$$Hg_{iv} = 0.143Hg_i - 2.29 \tag{5-36}$$

当 $W_{IB}>8.5kW \cdot h/t$ 时，Hg_{iv} 与 W_{IB} 有如下关系：

$$W_{IB} = \frac{87.5}{(Hg_{iv})^{0.83}} \tag{5-37}$$

表 5-22 列出了按式（5-37）计算的邦德球磨功指数 W_{IB} 与按标准程序测得的 W_{IB} 值的对比。

表 5-22 标准程序测的 W_{IB} 值与按式（5-37）的计算值对比

序号	试样	标准 $W_{IB}/kW \cdot h \cdot t^{-1}$	按式（5-37）计算 $\hat{W}_{IB}/kW \cdot h \cdot t^{-1}$	残差 $W_{IB}-\hat{W}_{IB}/kW \cdot h \cdot t^{-1}$
1	次烟煤	29.7	30.2±1.08	-0.8
2	锰矿石	23.7	22.3±1.06	1.4
3	银矿石	18.9	20.2±1.05	-1.8
4	铜矿石	16.9	17.0±1.01	-0.01
5	水泥块	15.3	15.3±1.04	0
6	钨矿石	11.3	12.3±1.04	-1.0
7	烟煤	11.1	12.0±1.04	-0.9
8	铅锌矿	11.7	11.6±1.04	0.1
9	石膏	8.9	8.7±1.06	0.2
10	铜矿石	8.7	8.5±1.06	0.2

由表 5-22 对比结果可知，按式（5-37）计算的邦德球磨功指数 W_{IB} 值与按标准程序测得的 W_{IB} 值接近，误差较小。

复习思考题

5-1 简述邦德功指数的物理意义。邦德功指数可分为哪几类？

5-2 简述邦德球磨功指数的测定程序与方法。

5-3 球磨功指数的测定步骤是怎样的？

5-4 测定（半）自磨工艺中物料粉碎特性参数的方法有哪些？

5-5 JKTech 落重试验包括哪几部分？参数 A、b 以及 T_a 有什么意义，如何利用这些参数对矿石性质进行评价与判定？

5-6 简述哈氏可磨性指数的测定方法及其与邦德球磨功指数之间的关系。

参 考 文 献

[1] 王宏勋，吴建明. 球磨可磨度和邦德球磨功指数测定 [J]. 金属矿山，1984（8）：52~54.

[2] 王宏勋，高琳. 棒磨可磨度和棒磨功指数的测定 [J]. 金属矿山，1985（2）：51~52.

[3] 曾宪滨. 破碎功指数与矿石可碎性的关系及应用 [J]. 国外金属矿选矿，1983（3）：11~15.

[4] 王宏勋，贺春山. 关于自磨的试验程序和方法 [J]. 有色金属（选矿部分），1980（6）：24~28.

[5] 王宏勋. 自磨介质适应性试验方法 [J]. 金属矿山，1985（5）：50~52.

[6] 江源. SMC 试验在碎磨工艺设计选择中的应用 [J]. 有色冶金设计与研究，2016，37（4）：1~3.

[7] 王泽红，周鹏飞，毛朝勇，等. 本钢歪头山矿石碎磨特性参数研究 [J]. 金属矿山，2018（3）：71~75.

[8] 王泽红，楚文城，孔令斌，等. 落重试验测定矿石粉碎特性参数 [J]. 金属矿山，2014（9）：85~89.

[9] 周东琴，刘建远，孙伟，等. 落重试验测定内蒙古某铅锌矿石粉碎特性参数 [J]. 中国矿业，2015，24（S1）：339~342.

[10] 王玉磊，王庆文，贾建文，等. 混煤哈氏可磨度试验研究 [J]. 节能技术，2012，30（172）：179~181.

6 磨矿数学模型

随着选矿生产过程最优化、模拟及智能控制的应用和推广，选矿数学模型的研究愈来愈广泛。其中磨矿数学模型的研究和应用更为人们所重视。

磨矿过程的数学模型主要包括描述给料和产品粒度分布的矩阵模型、磨矿动力学模型、总体平衡动力学模型等。

6.1 矩阵模型的基本概念及静态矩阵模型

磨矿过程给料和产品的粒度分布见表 6-1，并可分别用矢量 $\boldsymbol{F}$ 和 $\boldsymbol{P}$ 表示：

$$\boldsymbol{F} = (f_1, f_2, f_3, \cdots, f_n)^{\mathrm{T}}_{1 \times n} \tag{6-1}$$

$$\boldsymbol{P} = (P_1, P_2, P_3, \cdots, P_n)^{\mathrm{T}}_{1 \times n} \tag{6-2}$$

式中，T 代表矩阵转置。

表 6-1 $\boldsymbol{F}$ 及 $\boldsymbol{P}$ 的粒度分布（粒度从大到小）

粒 级	给料 $\boldsymbol{F}$	产品 $\boldsymbol{P}$
1	f_1	P_1
2	f_2	P_2
3	f_3	P_3
⋮	⋮	⋮
n	f_n	P_n
$n+1$	f_{n+1}	P_{n+1}

关于 $\boldsymbol{F}$ 和 $\boldsymbol{P}$ 的关系可用数学模型的"黑箱理论"把它们联系起来，即

$$\boldsymbol{X}\boldsymbol{F} = \boldsymbol{P} \tag{6-3}$$

式中，$\boldsymbol{X}$ 为碎解矩阵（下三角阵），其表达式如下：

$$\boldsymbol{X} = \begin{pmatrix} x_{11} & 0 & 0 & \cdots & 0 \\ x_{21} & x_{22} & 0 & \cdots & 0 \\ x_{31} & x_{32} & x_{33} & \cdots & 0 \\ \vdots & \vdots & \vdots & & \vdots \\ x_{n1} & x_{n2} & x_{n3} & \cdots & x_{nn} \end{pmatrix}_{nn} \tag{6-4}$$

将式 (6-1)、式 (6-2)、式 (6-4) 代入式 (6-3) 后展开可得：

$$\begin{cases} x_{11}f_1 = P_1 \\ x_{21}f_1 + x_{22}f_2 = P_2 \\ x_{31}f_1 + x_{32}f_2 + x_{33}f_3 = P_3 \\ \vdots \\ x_{n1}f_1 + x_{n2}f_2 + x_{n3}f_3 + \cdots + x_{nn}f_n = P_n \end{cases} \tag{6-5}$$

$$f_{n+1} = \sum_{i=1}^{n+1} f_i - \sum_{i=1}^{n} f_i \tag{6-6}$$

$$P_{n+1} = \sum_{i=1}^{n+1} P_i - \sum_{i=1}^{n} P_i \tag{6-7}$$

如果已知 X，则可求已知给料粒度 F 的磨矿产品粒度分布 P。但是式（6-5）中 x_{ij} 的数量多于方程个数，因此由已知的 F、P 分布利用式（6-5）得不到 x_{ij} 的唯一解，为此需做进一步推导。

将式（6-5）改写成下面的形式：

$$P = \begin{pmatrix} P_1 \\ P_2 \\ P_3 \\ \vdots \\ P_n \end{pmatrix} = \begin{pmatrix} P_{11} \\ P_{21} + P_{22} \\ P_{31} + P_{32} + P_{33} \\ \vdots \\ P_{n1} + P_{n2} + P_{n3} + \cdots + P_{nn} \end{pmatrix} \tag{6-8}$$

式中，P_{ij} 表示给料中第 j 粒级破裂成产品中第 i 粒级的份数。例如，$P_1 = P_{11} = x_{11}f_1$，它表示产品 P_1 粒级全由给料中 f_1 粒级破裂而来。$P_2 = P_{21} + P_{22} = x_{21}f_1 + x_{22}f_2$，它表示 P_2 由两部分组成，前一部分 $P_{21} = x_{21}f_1$ 由给料 f_1 粒级破裂而来，后一部分 $P_{22} = x_{22}f_2$ 为给料 f_2 粒级未发生破裂的残留部分。

以此类推，$P_3 = P_{31} + P_{32} + P_{33} = x_{31}f_1 + x_{32}f_2 + x_{33}f_3$，共三项。第一项 $P_{31} = x_{31}f_1$ 表示由给料 f_1 粒级破裂而来，第二项 $P_{32} = x_{32}f_2$ 表示由给料 f_2 粒级破裂而来，第三项 $P_{33} = x_{33}f_3$ 表示给料中 f_3 粒级破裂后残留部分。

因此，产品中每一粒级（除 P_1 外）从总体来说，包括两部分：（1）从大于产品的 P_i 粒级的给料 f_{i-1} 粒级破裂而来；（2）给料中 f_i 粒级未破裂的残留部分，即 $x_{ij}f_i(i > j)$ 为破裂部分，$x_{ij}f_i(i = j)$ 为破裂后残留部分。

由于 x_{ij} 的解不是唯一的，因此可将式（6-3）改写为下述矩阵形式：

$$P = (B \cdot S + I - S)F \tag{6-9}$$

式中，B 为破裂矩阵，为下三角阵；S 为选择矩阵，为对角阵；I 为单位矩阵。$B \cdot S \cdot F$ 表示产品中由给料粒度分布破裂而构成的产品中各粒级的量；$(I - S)F$ 表示给料分布中破裂后各粒级残留的量。

由此可得：

$$X = B \cdot S + I - S \tag{6-10}$$

选择函数 S 为给料各粒级的破裂比速率（或概率），破裂函数 B 为给料各粒级破裂成产品中的各粒级的相对产率。如果以小于 i 粒级的累积产率表示，则 B_{ij} 为矩阵 B 中第 i 行第 j 列元素，它表示由给料中第 j 粒级破裂后形成的产品中小于 i 粒级的累积产率。如果以单粒级产率 b_{ij} 表示，则 b_{ij} 为由给料中第 j 粒级破裂而来的产品中第 i 粒级的产率。因此：

$$B_{ij} = \sum_{i=1}^{n} b_{ij} \tag{6-11}$$

由式（6-9）可得：

$$
\begin{pmatrix}
b_{11} & 0 & 0 & \cdots & 0 \\
b_{21} & b_{22} & 0 & \cdots & 0 \\
b_{31} & b_{32} & b_{33} & \cdots & 0 \\
\vdots & \vdots & \vdots & & \vdots \\
b_{n1} & b_{n2} & b_{n3} & & b_{nn}
\end{pmatrix}
\times
\begin{pmatrix}
S_1 & 0 & 0 & \cdots & 0 \\
0 & S_2 & 0 & \cdots & 0 \\
0 & 0 & S_3 & \cdots & 0 \\
\vdots & \vdots & \vdots & & \vdots \\
0 & 0 & 0 & \cdots & S_n
\end{pmatrix}
\times
\begin{pmatrix}
f_1 \\ f_2 \\ f_3 \\ \vdots \\ f_n
\end{pmatrix}
+
$$

$$
\left\{
\begin{pmatrix}
1 & 0 & 0 & \cdots & 0 \\
0 & 1 & 0 & \cdots & 0 \\
0 & 0 & 1 & \cdots & 0 \\
\vdots & \vdots & \vdots & & \vdots \\
0 & 0 & 0 & \cdots & 1
\end{pmatrix}
-
\begin{pmatrix}
S_1 & 0 & 0 & \cdots & 0 \\
0 & S_2 & 0 & \cdots & 0 \\
0 & 0 & S_3 & \cdots & 0 \\
\vdots & \vdots & \vdots & & \vdots \\
0 & 0 & 0 & \cdots & S_n
\end{pmatrix}
\right\}
\times
\begin{pmatrix}
f_1 \\ f_2 \\ f_3 \\ \vdots \\ f_n
\end{pmatrix}
=
\begin{pmatrix}
P_1 \\ P_2 \\ P_3 \\ \vdots \\ P_n
\end{pmatrix}
\tag{6-12}
$$

由式（6-12）可得：

$$
\begin{pmatrix}
b_{11}S_1 + 1 - S_1 & 0 & 0 & & 0 \\
b_{21}S_1 & b_{22}S_2 + 1 - S_2 & 0 & \cdots & 0 \\
b_{31}S_1 & b_{32}S_2 & b_{33}S_3 + 1 - S_3 & \cdots & 0 \\
\vdots & \vdots & \vdots & & \vdots \\
b_{n1}S_1 & b_{n2}S_2 & b_{n3}S_3 & \cdots & b_{nn}S_n + 1 - S_n
\end{pmatrix}
\times
\begin{pmatrix}
f_1 \\ f_2 \\ f_3 \\ \vdots \\ f_n
\end{pmatrix}
=
\begin{pmatrix}
P_1 \\ P_2 \\ P_3 \\ \vdots \\ P_n
\end{pmatrix}
\tag{6-13}
$$

选择函数 S 和破裂函数 B 与物料性质、破裂方式及条件有关。在具体条件下做试验求出 S 和 B 后，利用上述关系可求出该条件下任意给矿粒度分布 F 的破裂产品的粒度分布 P。

例 6-1 已知某破裂过程的给料粒度分布 F、选择函数 S、破裂函数 B，求其产品粒度分布 P？

解： 已知：

$$
F =
\begin{pmatrix}
15 \\ 25 \\ 15 \\ 10 \\ 8 \\ 9
\end{pmatrix}
, \quad
S =
\begin{pmatrix}
1.0 & 0 & 0 & 0 & 0 & 0 \\
0 & 0.7 & 0 & 0 & 0 & 0 \\
0 & 0 & 0.50 & 0 & 0 & 0 \\
0 & 0 & 0 & 0.35 & 0 & 0 \\
0 & 0 & 0 & 0 & 0.25 & 0 \\
0 & 0 & 0 & 0 & 0 & 0.20
\end{pmatrix}
$$

$$
B =
\begin{pmatrix}
0.15 & 0 & 0 & 0 & 0 & 0 \\
0.20 & 0.15 & 0 & 0 & 0 & 0 \\
0.15 & 0.20 & 0.15 & 0 & 0 & 0 \\
0.10 & 0.15 & 0.20 & 0.15 & 0 & 0 \\
0.10 & 0.10 & 0.15 & 0.20 & 0.15 & 0 \\
0.10 & 0.10 & 0.10 & 0.15 & 0.20 & 0.15
\end{pmatrix}
$$

（1）求破裂颗粒 SF：

$$SF = \begin{pmatrix} 1.0 & 0 & 0 & 0 & 0 & 0 \\ 0 & 0.70 & 0 & 0 & 0 & 0 \\ 0 & 0 & 0.50 & 0 & 0 & 0 \\ 0 & 0 & 0 & 0.35 & 0 & 0 \\ 0 & 0 & 0 & 0 & 0.25 & 0 \\ 0 & 0 & 0 & 0 & 0 & 0.20 \end{pmatrix} \times \begin{pmatrix} 15 \\ 25 \\ 15 \\ 10 \\ 8 \\ 9 \end{pmatrix} = \begin{pmatrix} 15 \\ 17.5 \\ 7.5 \\ 3.5 \\ 2 \\ 1.8 \end{pmatrix}$$

（2）求给料中相应粒级未破裂的量（占该粒级的份数），即 $F-SF=(1-S)F$：

$$F - SF = \begin{pmatrix} 15 \\ 25 \\ 15 \\ 10 \\ 8 \\ 9 \end{pmatrix} - \begin{pmatrix} 15 \\ 17.5 \\ 7.5 \\ 3.5 \\ 2 \\ 1.8 \end{pmatrix} = \begin{pmatrix} 0 \\ 7.5 \\ 7.5 \\ 6.5 \\ 6 \\ 7.2 \end{pmatrix}$$

（3）求从给料 F 中破裂产生的量 BSF：

$$BSF = \begin{pmatrix} 0.15 & 0 & 0 & 0 & 0 & 0 \\ 0.20 & 0.15 & 0 & 0 & 0 & 0 \\ 0.15 & 0.20 & 0.15 & 0 & 0 & 0 \\ 0.10 & 0.15 & 0.20 & 0.15 & 0 & 0 \\ 0.10 & 0.10 & 0.15 & 0.20 & 0.15 & 0 \\ 0.10 & 0.10 & 0.10 & 0.15 & 0.20 & 0.15 \end{pmatrix} \times \begin{pmatrix} 15 \\ 17.5 \\ 7.5 \\ 3.5 \\ 2 \\ 1.8 \end{pmatrix} = \begin{pmatrix} 2.25 \\ 5.63 \\ 6.88 \\ 6.15 \\ 5.38 \\ 5.20 \end{pmatrix}$$

（4）求产品粒度分布 P：

$$P = BSF - (1-S)F = \begin{pmatrix} 2.25 \\ 5.63 \\ 6.88 \\ 6.15 \\ 5.38 \\ 5.20 \end{pmatrix} - \begin{pmatrix} 0 \\ 7.5 \\ 7.5 \\ 6.5 \\ 6 \\ 7.2 \end{pmatrix} = \begin{pmatrix} 2.25 \\ 13.13 \\ 14.38 \\ 12.65 \\ 11.38 \\ 12.40 \end{pmatrix}$$

上述计算结果见表6-2。

表 6-2　例 6-1 的计算结果

粒级	给料 F	选择函数 S	破裂量 SF	未破裂量 $(1-S)F$	破裂产生量 BSF	产品粒度分布 P
1	15	1	15	0	2.25	2.25
2	25	0.70	17.5	7.5	5.63	13.13
3	15	0.50	7.5	7.5	6.88	14.38
4	10	0.35	3.5	6.5	6.15	12.65
5	8	0.25	2.0	6.0	5.38	11.38
6	9	0.20	1.8	7.2	5.20	12.40

本例破裂函数 B 中各列元素存在下述关系：

$$b_{ij} = b_{(i+1)(j+1)} = b_{(i-j+1)\,1} \tag{6-14}$$

存在上述关系的破裂函数 B 称为规范化。

破裂函数 B 值最简单的求法是利用磨碎产品粒度方程计算，然后利用求出的 B 值反算选择函数 S，但这种方法的缺点是误差较大。磨碎产品的粒度分布大都符合一种概率统计分布规律，其中最常用的是高登-舒曼（Gaudin-Schuhmann）方程或罗辛-拉姆勒（Rosin-Rammler）方程，后者对磨矿产品更符合些。如果粒度大于 $x(\mu m)$ 的产率 R 以小数表示，则：

$$R = \exp(-bx^n) \tag{6-15}$$

式中，b 为与磨碎产品细度有关的参数；n 为与物料性质有关的参数（粒度分布常数）。

设 $B(x)$ 表示粒度小于 $x(\mu m)$ 的产率，则：

$$B(x) = 1 - R = 1 - \exp(-bx^n) \tag{6-16}$$

如果以相对粒度表示，则

$$B(x) = 1 - \exp\left(-\frac{x}{x_e}\right)^n \tag{6-17}$$

式中，$b = \left(\dfrac{1}{x_e}\right)^n$，$x_e$ 为筛上产率 $R_{xe} = 36.79\%$ 的粒度值。由此可得 $B_{xe} = 100 - R_{xe} = 63.21\%$ 或 0.6321。

因 $1 - e^{-1} = 0.6321$，故破裂函数 $B(x)$ 可按下式计算：

$$B(x) = \frac{1 - \exp\left[-\left(\dfrac{x}{x_e}\right)^n\right]}{1 - \exp(-1)} = 1.582\left\{1 - \exp\left[-\left(\dfrac{x}{x_e}\right)^n\right]\right\} \tag{6-18}$$

求出磨矿产品的粒度分布常数 n 后即可利用式（6-18）求破裂函数 $B(x)$。

例 6-2 假定通过试验已求得某磨矿产品的粒度分布常数为 n，并用（6-18）式算出了破裂函数 $B(x)$（并认为 B_{ij} 为规范化值），试求选择函数 S?

解：从（6-13）式解得选择函数 S 中各元素值 S_j 如下：

由

$$P_1 = (b_{11}S_1 + 1 - S_1)f_1$$

得

$$S_1 = \frac{p_1 - f_1}{f_1(b_{11} - 1)}$$

由

$$P_2 = b_{21}S_1 f_1 + [b_{22}S_2 + (1 - S_2)]f_2$$

得

$$S_2 = \frac{\dfrac{p_2 - b_{21}S_1 f_1}{f_2} - 1}{b_{22} - 1}$$

由

$$F_3 = b_{31}S_1 f_1 + b_{32}S_2 f_2 + [b_{33}S_3 + (1 - S_3)]f_3$$

得

$$S_3 = \frac{\dfrac{p_3 - b_{31}S_1 f_1 - b_{32}S_2 f_2}{f_3} - 1}{b_{33} - 1}$$

$$\vdots$$

由

$$P_n = b_{n1}S_1 f_1 + b_{n2}S_2 f_2 + \cdots + [b_{nn}S_n + (1 - S_n)]f_n$$

得 $\quad S_n = \dfrac{1}{f_n(b_{nn}-1)}(p_n - b_{n1}S_1f_1 - b_{n2}S_2f_2 - \cdots - b_{n(n-1)}S_{n-1}f_{n-1} - f_n)$

从而可得通式：

$$S_i = \frac{1}{f_i(b_{ii}-1)}\left(p_i - \sum_{j=1}^{i-1} b_{ij}S_jf_j - f_i\right) , \; i = 1, \; 2, \; \cdots, \; n \tag{6-19}$$

下面利用例 6-1 中 $\boldsymbol{P}$、$\boldsymbol{F}$、$B(x)$ 数据根据上述公式求 $\boldsymbol{S}$。

(1) $j = 1$，$i = 1$，求 S_1：

$$S_1 = \frac{2.25 - 15}{15 \times (0.15 - 1)} = 1.0$$

(2) $j = 1$，$i = 2$，求 S_2：

$$S_2 = \frac{13.13 - 0.2 \times 1.0 \times 15 - 25}{25 \times (0.15 - 1)} = 0.70$$

(3) $j = 2$，$i = 3$，求 S_3：

$$S_3 = \frac{(14.38 - 0.15 \times 1.0 \times 15 - 0.2 \times 0.7 \times 25 - 15)}{15 \times (0.15 - 1)} = 0.5$$

$$\vdots$$

求得：

$$\boldsymbol{S} = \begin{pmatrix} 1.0 & 0 & 0 & 0 & 0 & 0 \\ 0 & 0.70 & 0 & 0 & 0 & 0 \\ 0 & 0 & 0.50 & 0 & 0 & 0 \\ 0 & 0 & 0 & 0.35 & 0 & 0 \\ 0 & 0 & 0 & 0 & 0.25 & 0 \\ 0 & 0 & 0 & 0 & 0 & 0.20 \end{pmatrix}$$

上述推导和计算适用于开路流程，没有考虑分级作业，下边介绍适用于闭路磨矿流程的静态模型。

图 6-1 为最常用的闭路磨矿流程，$\boldsymbol{F}$、$\boldsymbol{M}$、$\boldsymbol{Q}$、$\boldsymbol{P}_{闭}$ 为相应产物的粒度分布矩阵。$\boldsymbol{Q}$ 相当于开路流程的 $\boldsymbol{P}_{开}$，$\boldsymbol{M}$ 相当于开路流程的 $\boldsymbol{F}$。

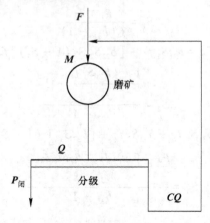

图 6-1　闭路磨矿流程

闭路流程应引入分级函数 C（对角阵），C 矩阵中各元素值相当于各粒级的分级效率。

$$C = \begin{pmatrix} C_1 & 0 & 0 & \cdots & 0 \\ 0 & C_2 & 0 & \cdots & 0 \\ 0 & 0 & C_3 & \cdots & 0 \\ \vdots & \vdots & \vdots & & \vdots \\ 0 & 0 & 0 & \cdots & C_n \end{pmatrix}_{nn} \tag{6-20}$$

与开路流程相仿：

$$Q = P = (BS + 1 - S)M \tag{6-21}$$

又有：

$$M = F + CQ \tag{6-22}$$

$$P_闭 = Q - CQ = (1 - C)Q \tag{6-23}$$

将式（6-21）代入式（6-23）可得：

$$P_闭 = (1 - C)(BS + 1 - S)M \tag{6-24}$$

将式（6-21）代入式（6-22）可得：

$$M = F + C(BS + 1 - S)M \tag{6-25}$$

由此得：

$$F = M - C(BS + 1 - S)M = [1 - C(BS + 1 - S)]M \tag{6-26}$$

所以

$$M = \frac{F}{1 - C(BS + 1 - S)} \tag{6-27}$$

将上式代入式（6-24）可得：

$$P_闭 = \frac{(1 - C)(BS + 1 - S)F}{1 - C(BS + 1 - S)} \tag{6-28}$$

设

$$G = (BS + 1 - S) \tag{6-29}$$

则：

$$P_闭 = \frac{(1 - C)GF}{1 - CG} \tag{6-30}$$

对于某一具体矿石在一定作业条件下 B、S 及 C 均为常数，因此通过开路磨矿（或批次磨矿）求出 B、S；通过闭路磨矿求分级矩阵 C，这样利用式（6-28）或式（6-30）即可预报闭路磨矿产品粒度 $P_闭$。

理论上求选择函数 S 及破裂函数 B 时均假定不发生二次破裂，但实际上在粉磨过程中不可避免地将产生重复破裂，下面介绍重复破裂过程的数学模型。

设第一次破裂产品的粒度分布为 P_1，则：

$$P_1 = X_1 F$$

设第二次破裂产品的粒度分布为 P_2，则：

$$P_2 = X_2 P_1$$

$$\vdots$$

设第 n 次破裂产品的粒度分布为 P_n ，则：

$$P_n = X_n P_{n-1}$$

如以 $P(=P_n)$ 代表物料经过 n 次破裂的产品粒度分布，则：

$$P = \left[\prod_{j=1}^{n} X_j \right] F \qquad (6-31)$$

如果 $X_j(j = 1, 2, \cdots, n)$ 为常数，即碎解矩阵 X 不随时间和物料粒度而变，则：

$$P = X^n F \qquad (6-32)$$

由此可得开路条件下重复碎解矩阵模型为：

$$P_{开} = \left[\prod_{j=1}^{n} (B_j S_j + 1 - S_j) \right] F \qquad (6-33)$$

或

$$P_{开} = (BS + 1 - S)^n F \qquad (6-34)$$

对于闭路条件下重复破裂：

$$P_{闭} = \left[\prod_{j=1}^{n} \frac{(1 - C_j)(B_j S_j + 1 - S_j)}{1 - C(B_i S_i + 1 - S_i)} \right] F \qquad (6-35)$$

或

$$P_{闭} = \left[\frac{(1 - C)(BS + 1 - S)}{1 - C(BS + 1 - S)} \right]^n \cdot F \qquad (6-36)$$

6.2 磨矿动力学模型

6.2.1 基本磨矿动力学方程

选矿工艺过程的动态模型可分为两大类型：（1）正常工艺过程受干扰而需要对过程进行调节，此与过程的自动控制有联系；（2）工艺过程本身正常进行，研究工艺过程指标随时间变化的关系，例如磨矿产品粒度分布与时间的关系，浮选回收率（或品位）与浮选时间的关系，第二种情况属于动力学问题。

在选矿生产过程中遇到的多为单峰值问题，这类问题的变量关系可用一阶微分方程描述。例如过程变化的速度与过程中某输入量本身的数量成比例，譬如磨矿速度与磨机给料中粗大颗粒（大于指定的磨矿粒度）的数量有关；选别过程中某成分回收率与选别给料中该成分的数量有关；过滤作业的过滤速度与过滤给料中的水分含量有关，这些作业的共同特点可用以下一阶微分方程描述：

$$\frac{\mathrm{d}x}{\mathrm{d}t} = - k_1 x \qquad (6-37)$$

式中，x 为被处理对象的数量指标（例如，重量、产率、回收率、品位、水分等）；k_1 为比例常数。

将式（6-37）积分后可得：

$$x_t = x_0 \exp(- k_1 t) \qquad (6-38)$$

式中，x_0 为 $t = 0$ 时被处理对象的原始数；x_t 为 t 从 0 至 t 时刻后的数量（或状态）。

由此可写出状态方程为：

$$\begin{cases} x' = \dfrac{\mathrm{d}x}{\mathrm{d}t} = -k_1 x \\ y = x_t = x_0 \exp(-k_1 x) \end{cases} \qquad (6\text{-}39)$$

式（6-38）为一阶动力学方程。对于磨矿过程来说，x_0 为磨机给料中大于某一指定粒级的产率；x_t 为磨矿经时间 t 后产品中大于该指定粒级的产率；k_1 相当于该指定粒级的选择函数 S_k。考虑给料和产品的整个粒度分布时，式（6-39）可用下式描述：

$$R_i(t) = R_i(0) \exp(-k_i t) \qquad i = 1, 2, 3, \cdots, j \qquad (6\text{-}40)$$

式中，j 为给料和产品的窄粒级数目；$R_i(0)$、$R_i(t)$ 分别为给料和产品中大于粒级 i 的累积产率；k_i 为 i 粒级的选择参数。

试验表明 k_i 为变值，即对某一物料而言，各粒级的 k_i 值并非为常数。在很多情况下 n 阶动力学较一阶动力学更符合实际，即：

$$x_i = x_0 \exp(-k_i t^n) \qquad (6\text{-}41)$$

或

$$R_i(t) = R_i(0) \exp(-k_i t^n) \qquad (6\text{-}42)$$

式中，n 为与物料性质有关的参数。

在选矿过程中进入过程的物料经常多多少少含有一部分不可转变的"死质量"。例如，筛分过程中粒度大于筛孔的那部分物料，从理论上讲永远都不能透过筛孔，此部分即称为"死质量"；又如磁铁矿石在磁选过程中非磁性矿物在理想条件下永远选不上来，此非磁性矿物即为"死质量"。设 $\hat{x}_0$ 代表原矿中含有的在过程从 $t = 0 \to \infty$ 的时间内不发生转变的量，即"死质量"，这样一来过程中参与变化的质量仅为 $(x_0 - \hat{x}_0)$；与此相应在过程中状态能发生变化的量，称为"活质量"。因此，过程经历时间 t 后的状态变量 x_t 中包括两部分，一部分为"死质量" $\hat{x}_0$，另一部分为"活质量"中尚没有发生转变的部分 x'_t。

由此可得：

$$\begin{cases} x_t = \hat{x}_0 + x'_t \\ \hat{x}_0 = x_t - x'_t \end{cases} \qquad (6\text{-}43)$$

仿式（6-41）可得：

$$x_t - \hat{x}_0 = (x_0 - \hat{x}_0) \exp(-k_2 t^n) \qquad (6\text{-}44)$$

或

$$x_t = (x_0 - \hat{x}_0) \exp(-k_2 t^n) + \hat{x}_0 \qquad (6\text{-}45)$$

以粒度分布表示时，可用下式描述：

$$R_i(t) = [R_i(0) - \hat{R}_i(0)] \exp(-k_i \cdot t^{n_i}) + \hat{R}_i(0) \qquad (6\text{-}46)$$

上述公式均易线性化，这样一来在实验室中进行批次磨矿试验，然后根据试验结果用最小二乘法求出参数 k、n 值，即可求出具体磨矿条件的动力学方程。

式（6-45）的线性化如下：

$$\ln \ln \frac{x_0 - \hat{x}_0}{x_t - \hat{x}_0} = \ln k_2 + n \ln t \qquad (6\text{-}47)$$

令 $y = \mathrm{lnln}\dfrac{x_0 - \hat{x}_0}{x_t - \hat{x}_0}$; $A = \mathrm{ln}k_2$; $Z = \mathrm{ln}t$ 。

可得:

$$y = A + nZ \tag{6-48}$$

做试验利用最小二乘法对上式进行线性(曲线)拟合,即可求出一般参数 k、n 值。应指出的是上述一阶及 n 阶动力学方程为最简单的形式,其应用范围受粒度的限制,即不同给料和产品粒度中的不同粒级的 k、n 值不一样,也即 k、n 为粒度的函数。用式(6-40)或式(6-42)进行计算时,各粒级必须用相应的 k_i、n_i 值,这很不方便。为此,下面介绍另一种形式的磨矿动力学方程,即将物料的粒度分布与动力学方程结合起来。

表 6-3 为东鞍山赤铁矿石试验室棒磨试验的结果,根据该试验数据可以推导出不同磨矿时间 t 的粒度分布方程和动力学方程。

表 6-3　东鞍山赤铁矿石试验室棒磨产品粒度分布

粒　度	磨矿时间/min									
	5		10		15		20		30	
	筛上产率/%									
mm	R	$\sum R$	R	$\sum R$	R	$\sum R$	R	$\sum R$	R	$\sum R$
+0.833	24.04	24.04	10.31	10.31	3.41	3.41	0.92	0.92	0.08	0.08
-0.833+0.246	27.42	51.46	24.83	35.41	18.90	22.31	10.57	11.49	1.02	1.10
-0.246+0.147	12.94	64.40	15.94	51.08	17.82	40.13	18.21	29.70	11.34	12.44
-0.147+0.094	9.16	73.56	12.07	63.15	14.11	54.24	16.10	45.80	18.62	31.06
-0.094+0.074	1.08	74.64	1.73	64.88	2.13	56.37	2.31	48.11	2.71	33.77
-0.074+0.047	6.57	81.21	8.83	73.71	11.10	67.47	13.70	61.81	17.03	60.80
-0.047+0.040	2.56	83.77	4.01	77.72	5.07	72.54	5.61	67.42	6.17	58.97
-0.040	16.23	100.00	22.28	100.00	27.46	100.00	32.58	100.00	43.03	100.00

粒度分布(特性)方程选取下述形式:

$$R_d = 100\mathrm{exp}(-bd^m) \tag{6-49}$$

式中,b、m 为参数。

按式(6-49)求得的不同粒级的 b、m 值列于表 6-4 中。

表 6-4　不同磨矿时间时按式(6-49)求得的 b、m 值

磨矿时间/min	粒度方程式(6-49)中参数		回归方程式(6-49)精度	
	b	m	相关指数 R^2	极差 β
5	0.0173	0.6577	0.999	1.12
10	0.0221	0.6930	0.999	1.41
15	0.0236	0.7430	0.999	1.76

磨矿时间/min	粒度方程式（6-49）中参数		回归方程式（6-49）精度	
	b	m	相关指数 R^2	极差 β
20	0.0253	0.7850	0.997	2.22
30	0.0289	0.8539	0.854	2.71

由表 6-4 可以看出，粒度方程中参数 b、m 值随磨矿产品粒度的减小而增加。由图 6-2 可以看出 $b = f(t)$ 呈抛物线型，$m = f(t)$ 近似直线。由此可得：

$$b = C_0 + C_1 t^\tau \tag{6-50}$$

$$m = a_0 + a_1 t \tag{6-51}$$

式中，τ 为方次值，C_0、C_1、a_0、a_1 均为常数。

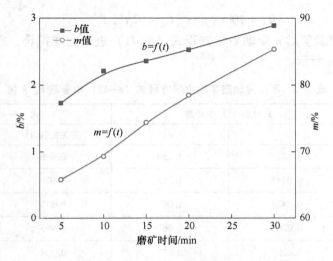

图 6-2 粒度方程中参数 b、m 与磨矿时间 t 的关系曲线

利用表 6-4 数据进行曲线拟合可以得出：

$$b = 0.000224 + 0.011 t^{0.278} \tag{6-52}$$

$$m = 0.6186 + 0.008 t \tag{6-53}$$

表 6-5 列出了 b、m 的试验值与按式（6-52）、式（6-53）计算值的对比。对比结果可以看出按上述二式计算得到的 b、m 值精度较高。

表 6-5 粒度分布方程中参数 b、m 的计算值与试验值

磨矿时间/min	试验值		计算值			
	b	m	式（6-52）中 b	$\Delta b/\%$	式（6-53）中 m	$\Delta m/\%$
5	0.0173	0.6577	0.0174	+0.6	0.6586	+0.1
10	0.0221	0.6930	0.0211	-4.5	0.6986	+0.8
15	0.0236	0.7430	0.0236	0.0	0.7386	-0.6

磨矿时间/min	试验值		计算值			
	b	m	式（6-52）中 b	$\Delta b/\%$	式（6-53）中 m	$\Delta m/\%$
20	0.0253	0.7850	0.0255	+0.8	0.7786	+0.8
30	0.0289	0.8539	0.0285	-1.4	0.8586	+0.6

因此，批次磨矿的磨矿产品粒度分布可直接与磨矿时间联系起来，其数学表达式如下：

$$R_d = 100\exp\left[-b(t)d^{m(t)}\right] \tag{6-54}$$

或

$$R_d = 100\exp\left[-(C_0 + C_1 t^\tau)d^{(a_0 + a_1 t)}\right] \tag{6-55}$$

根据表 6-3 试验值对 n 阶动力学方程式（6-41）进行曲线拟合，求出了不同粒级的 k、n 值，如表 6-6 所示。

表 6-6   不同粒级磨矿动力学方程式（6-42）中参数 k、n 值

粒级/mm	式（6-47）中参数		式（6-42）精度	
	k	n	相关指数 R^2	极差 β
+0.833	0.1241	1.159	0.995	1.05
-0.833+0.246	0.0442	1.285	0.978	4.03
-0.246+0.147	0.0423	1.087	0.897	2.83
-0.147+0.094	0.0369	0.967	0.995	1.71
-0.094+0.074	0.0388	0.932	0.994	1.84
-0.074+0.047	0.0306	0.863	0.957	0.97
-0.047+0.040	0.0258	0.851	0.993	1.43

根据表 6-6 中数据绘制 $k = f(d)$ 及 $n = f(d)$ 曲线，如图 6-3 所示。由图 6-3 可以看出，$k = f(d)$ 曲线与 $b = f(t)$ 曲线相似；当粒度 $d < 200\mu m$ 时，$n = f(d)$ 曲线接近直线。考虑到方程的通用性，上述函数可用下述数学表达式描述：

$$k = a_0' + a_1' d^{\tau 1} \tag{6-56}$$

$$n = C_0' + C_1' d^{\tau 2} \tag{6-57}$$

根据表 6-6 数据，对上述二式进行曲线拟合求取常数 a_0'、a_1'、C_0'、C_1'、τ_1 及 τ_2，便可得下述两式：

$$k = 0.00034 + 0.0078 d^{0.3420} \tag{6-58}$$

$$n = 0.08674 + 0.3671 d^{0.1948} \tag{6-59}$$

表 6-7 列出了按式（6-58）、式（6-59）计算得出的 k、n 值与试验值。由该表数据对比可以看出，式（6-58）及式（6-59）的精度较高。

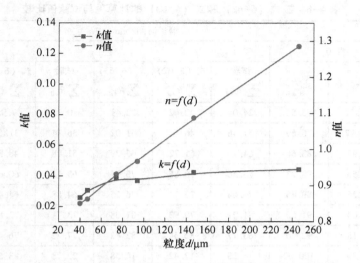

图 6-3 动学方程中参数 k、n 与粒度 d 的关系曲线

表 6-7 动力学方程中参数 k、n 的计算值与试验值比较

粒级/mm	试验值		计算值			
	k	n	式 (6-58) 中 k	$\Delta k/\%$	式 (6-59) 中 n	$\Delta n/\%$
+0.833	0.1241	1.159	0.0829	−33.9	1.484	+28.1
−0.833+0.246	0.0442	1.285	0.0561	+27.1	1.214	−5.5
−0.246+0.147	0.0423	1.087	0.0443	+4.6	1.070	−1.5
−0.147+0.094	0.0369	0.967	0.0372	+0.8	0.977	+1.1
−0.094+0.074	0.0388	0.932	0.0349	−10.0	0.945	+1.4
−0.074+0.047	0.0306	0.863	0.0298	−2.6	0.871	+0.9
−0.047+0.040	0.0358	0.851	0.0275	+6.4	0.835	−1.8

根据上述分析可以得到另一新的磨矿动力学方程，即：

$$R_d = R_0 \exp[-k(d)t^{n(d)}] \tag{6-60}$$

或

$$R_d = R_0 \exp[-(a'_0 + a'_1 d^{\tau_1})t^{(C'_0 + C'_1 d^{\tau_2})}] \tag{6-61}$$

在具体的试验条件下得到两个不同的动力学方程：

$$R_d = 100 \exp[-(0.00224 + 0.011t^{0.278}) \times d^{(0.6186 + 0.008t)}] \tag{6-62}$$

$$R_d = R_0 \exp[-(0.00034 + 0.0078d^{0.3420}) \times t^{0.08647 + 0.3671d^{0.1948}}] \tag{6-63}$$

表 6-8 列出了按式 (6-62) 及式 (6-63) 的计算值与试验值对比数据。由对比数据可以看出，新的动力学模型不仅精度高，而且应用范围较广。

表6-8 按式（6-62）和式（6-63）的计算值与试验值比较

粒度/mm	磨矿时间/min							
	0		5			10		
	R_{+d}	$\sum R_d$	试验 $\sum R_{+d}$	式（6-62）$\sum R_{+d}$	式（6-63）$\sum R_{+d}$	试验 $\sum R_{+d}$	式（6-62）$\sum R_{+d}$	式（6-63）$\sum R_{+d}$
+0.833	55.52	55.52	24.04	20.42	22.49	10.31	7.93	4.43
+0.246	21.17	76.69	51.46	46.53	51.02	35.14	31.12	30.60
+0.147	6.97	83.66	64.40	61.72	65.29	51.08	48.88	49.71
+0.094	4.56	88.22	73.56	70.85	73.74	63.15	60.60	61.99
+0.074	1.26	89.48	74.64	73.77	76.25	64.88	64.48	65.24
+0.047	2.04	91.52	81.21	79.93	81.08	73.71	72.82	73.34
+0.040	1.18	92.70	83.77	82.58	83.42	77.72	76.46	76.81
-0.040	7.30	100.00	16.23	17.42	16.58	22.78	23.54	23.19

粒度/mm	磨矿时间/min							
	15			20			30		
	试验 $\sum R_{+d}$	式（6-62）$\sum R_{+d}$	式（6-63）$\sum R_{+d}$	试验 $\sum R_{+d}$	式（6-62）$\sum R_{+d}$	式（6-63）$\sum R_{+d}$	试验 $\sum R_{+d}$	式（6-62）$\sum R_{+d}$	式（6-63）$\sum R_{+d}$
+0.833	3.41	2.40	0.55	0.92	0.76	—	—	—	—
+0.246	22.31	19.34	17.07	11.49	12.76	9.11	1.10	1.92	2.35
+0.147	40.13	37.54	37.47	29.70	30.30	28.05	12.44	11.45	15.94
+0.094	54.24	51.08	52.22	45.80	44.84	44.05	31.06	24.72	31.43
+0.074	56.37	55.77	56.93	48.11	50.07	49.41	33.77	30.50	37.43
+0.047	67.47	66.07	66.18	61.81	61.76	61.04	50.80	45.06	51.42
+0.040	72.54	70.66	71.20	67.42	67.03	66.28	56.97	52.25	57.40
-0.040	27.46	29.34	28.80	32.58	32.97	33.72	43.03	47.75	42.60

6.2.2 开路连续磨矿动力学方程

在连续磨矿过程中，磨矿时间是未知的。此外，由于连续磨矿中磨机内物料随磨机处理量的变化而变化，而这种变化使动力学方程中参数（k、n 或 m）发生变化。

试验表明，磨机内固体物料的容积充满率（φ_s）影响磨机处理量（固体物料容积充满率指矿浆体积与磨机有效容积的比值），可用下式表示：

$$\varphi_s = C \cdot q^{m+1} \tag{6-64}$$

或

$$\varphi_s = C\left(\frac{Q}{V}\right)^{m+1} = \frac{C}{V^{m+1}}Q^{m+1} = C'Q^{m+1} \tag{6-65}$$

式中，q 为磨机利用系数，$t/(m^3 \cdot h)$；V 为磨机有效容积，m^3；Q 为磨机处理量，t/h；m 为参数；C 为比例常数。

设磨矿时间为 t，则：

$$q = \frac{Q}{V} = \frac{Q_F}{t \cdot V} \tag{6-66}$$

式中，Q_F 为磨矿时间为 t 时被磨物料的总重。

由上式可得：

$$t = \frac{Q_F}{Q} = \frac{\varphi_s \cdot V \cdot M \cdot \rho}{Q} \tag{6-67}$$

式中，M 为矿浆中固体物料的质量百分数（小数）；ρ 为矿浆密度。

将式（6-64）代入式（6-67）可得：

$$t = \frac{C \cdot q^{m+1}}{Q} V \cdot M \cdot \rho = C \cdot q^m \cdot M \cdot \rho \tag{6-68}$$

如果给料粒度 R_0 不变，进行不同时间的磨矿，可得不同粒度的磨矿产品，即：

$$R_1(t_1) = R_0 \exp[-k(F)t_1^{n(F)}]$$
$$R_2(t_2) = R_0 \exp[-k(F)t_2^{n(F)}]$$
$$\vdots$$
$$R_n(t_n) = R_0 \exp[-k(F)t_3^{n(F)}]$$

式中，$k(F)$、$n(F)$ 为给料粒度分布不变时的动力学方程参数。当给料粒度分布不变时，$k(F)$、$n(F)$ 为常数。

由式（6-67）的关系，可得出当给料粒度 F 不变、产品粒度变化的动力学方程的另一形式：

$$R_1(t_1) = R_0 \exp\left[-\frac{k(t_1)}{F^{n(t_1)}}\right]$$

$$R_2(t_2) = R_0 \exp\left[-\frac{k(t_2)}{F^{n(t_2)}}\right]$$

$$\vdots$$

式中，$k(t_1)$、$k(t_2)$、$n(t_1)$、$n(t_2)$ 为不同粒度产品的磨矿动力学参数。

由以上可得：

$$\ln k(F) + n(F)\ln t_1 = \ln k(t_1) - n(t_1)\ln F \tag{6-69}$$

$$\ln k(F) + n(F)\ln t_2 = \ln k(t_2) - n(t_2)\ln F \tag{6-70}$$

因 $n(t_i)$、$k(t_i)$ 在一定的磨矿时间均为常数，故上述两式可化为：

$$\ln k(F) = b_0 - b_1 \ln F \tag{6-71}$$

$$n(F) = a_0 - a_1 \ln F \tag{6-72}$$

式中，a_0、a_1、b_0、b_1 均为新常数。

将式（6-68）、式（6-71）、式（6-72）代入式（6-47）后得（x 相应以 R 代换）：

$$\ln\ln \frac{R_0 - \hat{R}_0}{R_1 - \hat{R}_0} = (b_0 - b_1 \ln F) + (a_0 - a_1 \ln F) \times \ln(C \cdot M \cdot \rho \cdot q^m)$$

$$= b_0 + [a_0 - b_1 - a_1 \ln(C \cdot M \cdot \rho)] \times \ln(C \cdot M \cdot \rho) + [a_0 m + b_0(m+1) -$$
$$a_1(2m+1)\ln(C \cdot M \cdot \rho)]\ln q - a_1 m \times (m-1)(\ln q)^2 \tag{6-73}$$

在给定条件下 a_0、b_0、a_1、b_1、C、M、ρ、m、F 均为常数，故式（6-73）可简化为：

$$\ln\ln\frac{R_0 - \hat{R}_0}{R_1 - \hat{R}_0} = B_0 + B_1\ln q + B_2(\ln q)^2 \qquad (6-74)$$

式中，B_0、B_1、B_2 为新常数。

由以上推导可以得到开路连续磨矿动力学方程为：

$$R_t = (R_0 - \hat{R}_0)\exp(-e^{B_0}q^{B_1+B_2\ln q}) + \hat{R}_0 \qquad (6-75)$$

当给料中不含"死质量"时，$\hat{R}_0 = 0$，式（6-75）可简化为：

$$R_t = R_0\exp(-e^{B_0}q^{B_1+B_2\ln q}) \qquad (6-76)$$

式（6-76）经线性化可得：

$$\ln\ln\frac{R_0}{R_t} = B_0 + B_1\ln q + B_2(\ln q)^2 \qquad (6-77)$$

令 $y = \ln\ln\dfrac{R_0}{R_t}$，$x_1 = \ln q$，$x_2 = (\ln q)^2$，则可得：

$$y = B_0 + B_1 x_1 + B_2 x_2 \qquad (6-78)$$

测定不同条件下 q、R_0、R_1 值，利用回归分析方法可求得 B_0、B_1、B_2 值，将上述求算值代入式（6-76）中即得到实用的开路连续磨矿动力学方程。

上述开路连续磨矿动力学方程含有三个待测参数，使用比较麻烦。下面介绍含有两个参数的连续开路磨矿动力学方程，该动力学方程使用起来较方便，但计算精度稍差些。

由式（6-44）可得：

$$\ln\frac{R_t - \hat{R}_0}{R_0 - \hat{R}_0} = -k_2 \cdot t^n \qquad (6-79)$$

或

$$\left(\ln\frac{R_t - \hat{R}_0}{R_0 - \hat{R}_0}\right)^{\frac{1}{n}} = -k_2^{\frac{1}{n}} \cdot t \qquad (6-80)$$

由式（6-71）可得：

$$k(F) = \exp(b_0 - b_1\ln F) = \frac{\exp(b_0)}{\exp(b_1\ln F)} \qquad (6-81)$$

被磨物料总量为 Q_F，且 $Q_F \approx F$，由式（6-68）可得：

$$Q_F \approx F \approx C \cdot M \cdot \rho \cdot q^{m+1} \qquad (6-82)$$

$$\ln F = \ln(C \cdot M \cdot \rho \cdot q^{m+1}) \qquad (6-83)$$

由此可得：

$$\exp(b_1 \cdot \ln F) = [\exp(\ln F)]^{b_1} = (C \cdot M \cdot \rho)^{b_1}q^{(m+1)\cdot b_1} \qquad (6-84)$$

将式（6-84）代入式（6-81）后再代入式（6-80），并将式（6-68）代入（6-80），可得：

$$\ln\frac{R_t - \hat{R}_0}{R_0 - \hat{R}_0} = \frac{-\exp(b_0)}{(CM\rho)^{b_1}q^{(m+1)\cdot b_1}} \cdot (CM\rho q^m)^n = -\frac{\exp(b_0)(CM\rho)^n q^{mn}}{(CM\rho)^{b_1}q^{(m+1)b_1}} \qquad (6-85)$$

令 $k_3 = \dfrac{\exp(b_0)(CM\rho)^n}{(CM\rho)^{b_1}}$，$n_3 = (m+1)b_1 - mn$，则可得：

$$R_t = (R_0 - \hat{R}_0)\exp\left(-\frac{k_3}{q^{n_3}}\right) + \hat{R}_0 \qquad (6\text{-}86)$$

式中，k_3、n_3 为动力学方程参数；q 为磨机的比生产率，$\text{t/}(\text{m}^3 \cdot \text{h})$。

当 $\hat{R}_0 = 0$ 时，式（6-86）可简写为：

$$R_t = R_0\exp\left(-\frac{k_3}{q^{n_3}}\right) \qquad (6\text{-}87)$$

式（6-87）即为含有两个参数（k_3 和 n_3）的连续开路磨矿动力学方程，利用式（6-87）可估算不同给料粒度、产品细度对磨机产量的影响或者作为可磨度指标。

6.2.3 闭路连续磨矿动力学方程

6.2.3.1 不考虑分级效率 E

如图 6-4 所示，Q_0、Q_1、Q_2、Q_c、Q_s 分别代表各产物的处理量，t/h；γ_0、γ_1、γ_2、γ_c、γ_s 分别代表各产物对原矿 Q_0 的产率；R_0、R_1、R_2、R_c、R_s 分别代表以筛上累积百分数（或小数）表示的该产物的粒度。

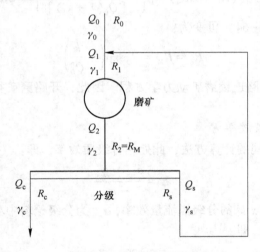

图 6-4　闭路连续磨矿流程

返砂比：
$$C = \frac{Q_s}{Q_0}$$

$$Q_1 = Q_0 + Q_s = (1 + C)Q_0$$

流程中矿量平衡时：
$$Q_c = Q_0$$

磨机利用系数：
$$q = \frac{Q_0}{V} = \frac{1}{V}Q_0 = C'Q_0$$

仿式（6-87），并以此类推可得：

$$R_M = R_1 \exp\left(-\frac{k'}{q^n}\right) \tag{6-88}$$

或

$$R_M = R_1 \exp\left(-\frac{k}{Q_1^n}\right) = R_1 \exp\left\{-\frac{k}{\left[Q_0(1+C)\right]^n}\right\} \tag{6-89}$$

当流程平衡时磨机排矿中粗粒级含量为:

$$Q_0(1+C)R_M = Q_0 R_c + Q_0 R_s C \tag{6-90}$$

由此可得:

$$R_M = \frac{R_c + CR_s}{1+C} \tag{6-91}$$

磨机给料中粗级别量:

$$Q_0(1+C)R_1 = Q_0 R_0 + Q_0 CR_s \tag{6-92}$$

由此可得:

$$R_1 = \frac{R_0 + CR_s}{1+C} \tag{6-93}$$

将 R_M、R_1 值代入式 (6-89) 得:

$$R_c = (R_0 + CR_s) \exp\left\{-\frac{k}{\left[Q_0(1+C)\right]^n}\right\} - CR_s \tag{6-94}$$

当 $C = 0$ 时,式 (6-64) 可变为:

$$R_c = R_M = R_0 \exp\left(-\frac{k}{Q_0^n}\right) \tag{6-95}$$

式 (6-95) 即为开路连续磨矿动力学方程。因此,开路磨矿得到的 k、n 值可用于闭路连续磨矿。

6.2.3.2　考虑分级效率 E

分级效率有各种不同的计算方法,此处用分级质效率,即:

$$E = \frac{\varepsilon_{-x} - \gamma'_c}{1 - \alpha_{-x}} \tag{6-96}$$

式中,ε_{-x} 为按小于粒级 x 计的分级溢流量效率,α_{-x} 为分级给料中小于 x 粒级的产率;γ'_c 为溢流对分级给料的产率,即:

$$\gamma'_c = \frac{\gamma_c}{\gamma_1} = \frac{\gamma_0}{\gamma_1} \tag{6-97}$$

将上式代入式 (6-97) 后得:

$$E = \frac{\varepsilon_{-x} - \dfrac{\gamma_0}{\gamma_1}}{1 - \alpha_{-x}} \tag{6-98}$$

又 $R_M = 1 - \alpha_{-x}$,所以:

$$E = \frac{\varepsilon_{-x} - \dfrac{\gamma_0}{\gamma_1}}{R_M} \tag{6-99}$$

由此可得：

$$\gamma_1 = \frac{\gamma_0}{\varepsilon_{-x} - ER_M} \qquad (6-100)$$

又 $\dfrac{\gamma_s(1 - R_s)}{\gamma_2(1 - R_M)} = 1 - \varepsilon_{-x}$，由此可得：

$$\gamma_s = \frac{\gamma_2(1 - R_M)(1 - \varepsilon_{-x})}{1 - R_s} \qquad (6-101)$$

当矿量平衡时，有：

$$\gamma_0(1 - R_0) + \gamma_s(1 - R_s) = \gamma_1(1 - R_1) \qquad (6-102)$$

将式（6-100）、式（6-101）代入式（6-102）可得：

$$R_1 = 1 - \frac{\gamma_0(1 - R_0) + \gamma_1(1 - R_M)(1 - \varepsilon_{-x})}{\gamma_1}$$

$$= 1 - \left[\frac{1 - R_0}{1 + C} + (1 - R_M)(1 - \varepsilon_{-x}) \right] \qquad (6-103)$$

由此可得闭路连续磨矿动力学方程：

$$R_M = R_1 \exp\left\{ - \frac{k}{[Q_0(1 + C)]^n} \right\} \qquad (6-104)$$

或

$$R_M = R_1 \exp\left[- \frac{k}{(\gamma_1 Q_0)^n} \right] \qquad (6-105)$$

这样可以得到一组方程：

$$\begin{cases} \gamma_1 = \dfrac{\gamma_0}{\varepsilon_{-x} - ER_M} \\[2mm] R_1 = 1 - \left[\dfrac{1 - R_0}{1 + C} + (1 - R_M)(1 - \varepsilon_{-x}) \right] \\[2mm] R_M = R_1 \exp\left\{ - \dfrac{k}{[Q_0(1 + C)]^n} \right\} \\[2mm] R_c = 1 - \dfrac{\varepsilon_{-x}(1 - R_M)(1 + C)}{\gamma_c} \\[2mm] Q_0 = \dfrac{k^{\frac{1}{n}}}{\left[\ln\left(\dfrac{R_1}{R_M} \right) \right]^{\frac{1}{n}}} \end{cases} \qquad (6-106)$$

上述方程组可用作连续闭路磨矿的自动控制模型，计算方法如下：

（1）开路磨矿测得参数 k、n；

（2）粒度传感器测得磨机排矿及分级溢流粒度；

（3）测知磨机原矿给料量 Q_0。

这样可利用上述模型算出其他参数，并可根据对溢流粒度的要求调整其他参数。

6.3　磨矿总体平衡动力学模型

总体平衡动力学模型是把矩阵模型与动力学模型结合起来，其用途更为广泛。在介绍这个模型之前，先列出下述符号及其表述含义：

$Q(t)$——在 t 时刻内磨机中被磨物料总量，t；

Q_F——给入磨机的固体流率，t/h；

Q_p——从磨机中排出的固体流率，t/h；

$\gamma_i(t)$——在 t 时刻磨机中第 i 粒级的产率；

$\gamma_{iF}(t)$——在 t 时刻磨机给料中第 i 粒级的产率；

$\gamma_{ip}(t)$——在 t 时刻磨机排料中第 i 粒级的产率；

S_i——第 i 粒级的离散型选择函数（或选择参数），假定 S_i 不随时间而变；

b_{ij}——从给料第 j 粒级粉碎至产品中第 i 粒级的份数（破裂函数 B 中相应元素），假定 b_{ij} 不随时间而变。

$i = 1, 2, \cdots, n(i > j)$，$j = 1, 2, \cdots, n$。

由以上可知：

$Q_F\gamma_{1F}(t)$——给料中第 1 粒级物料量；

$Q_P\gamma_{1P}(t)$——排料中第 1 粒级物料量；

$S_1Q(t)\gamma_1(t)$——磨机中物料第 1 粒级被磨碎的量。

由此可得，物料第 1 粒级被磨碎的速率为：

$$\frac{\mathrm{d}[Q(t)\gamma_1(t)]}{\mathrm{d}t} = Q_F\gamma_{1F}(t) - S_1Q(t)\gamma_1(t) - Q_P\gamma_{1P}(t) \tag{6-107}$$

以此类推，第 2 粒级物料的被磨碎速率为：

$$\frac{\mathrm{d}[Q(t)\gamma_2(t)]}{\mathrm{d}t} = Q_F\gamma_{2F}(t) - S_2Q(t)\gamma_2(t) + b_{21}S_1Q(t)\gamma_1(t) - Q_P\gamma_{2P}(t) \tag{6-108}$$

第 3 粒级物料的被磨碎速率为：

$$\frac{\mathrm{d}[Q(t)\gamma_3(t)]}{\mathrm{d}t} = Q_F\gamma_{3F}(t) - S_3Q(t)\gamma_3(t) + b_{31}S_1Q(t)\gamma_1(t) +$$

$$b_{32}S_2Q(t)\gamma_2(t) - Q_P\gamma_{3P}(t) \tag{6-109}$$

式中，$b_{21}S_1Q(t)\gamma_1(t)$ 为从给料中第 1 粒级破裂而进入产品中第 2 粒级的量；$b_{31}S_1Q(t)\gamma_1(t)$ 为从给料中第 1 粒级破裂而进入产品中第 3 粒级的量；$b_{32}S_2Q(t)\gamma_2(t)$ 为从给料中第 2 粒级破裂而进入产品中第 3 粒级的量。

同理，可得磨碎速率通式为：

$$\frac{\mathrm{d}[Q(t)\gamma_i(t)]}{\mathrm{d}t} = Q_F\gamma_{iF}(t) - S_iQ(t)\gamma_i(t) + b_{i1}S_1Q(t)\gamma_1(t) + b_{i2}S_2Q(t)\gamma_2(t) +$$

$$b_{i3}S_3Q(t)\gamma_3(t) + \cdots + b_{ij}S_jQ(t)\gamma_j(t) - Q_P\gamma_{iP}(t)$$

$$= Q_F\gamma_{iF}(t) - S_iQ(t)\gamma_i(t) + \sum_{j=1}^{i-1} b_{ij}S_iQ(t)\gamma_i(t) - Q_P\gamma_{iP}(t) \tag{6-110}$$

对于连续磨矿，当流程处于稳态时，$Q_F = Q_P$。

对于批次磨矿，$Q_F = Q_P = 0$。因此式（6-110）可变为：

$$\frac{\mathrm{d}[Q(t)\gamma_i(t)]}{\mathrm{d}t} = -S_i Q(t)\gamma_i(t) + \sum_{j=1}^{i-1} b_{ij} S_i Q(t)\gamma_i(t),\ i = 1,\ 2,\ \cdots,\ n \quad (6-111)$$

如果 $Q(t)$ 为常数，则式（6-111）可变为：

$$\frac{\mathrm{d}[\gamma_i(t)]}{\mathrm{d}t} = -S_i \gamma_i(t) + \sum_{j=1}^{i-1} b_{ij} S_j \gamma_j(t) \quad (6-112)$$

式（6-112）用矩阵表示式为：

$$\frac{\mathrm{d}}{\mathrm{d}t}\begin{pmatrix} \gamma_1(t) \\ \gamma_2(t) \\ \gamma_3(t) \\ \vdots \\ \gamma_n(t) \end{pmatrix} = \begin{pmatrix} -S_1 & 0 & 0 & \cdots & 0 & 0 \\ b_{21}S_1 & -S_2 & 0 & \cdots & 0 & 0 \\ b_{31}S_1 & b_{32}S_2 & -S_3 & \cdots & 0 & 0 \\ \vdots & \vdots & \vdots & & \vdots & \vdots \\ b_{n1}S_1 & b_{n2}S_2 & b_{n3}S_3 & \cdots & b_{n(n-1)}S_{n-1} & -S_n \end{pmatrix} \times \begin{pmatrix} \gamma_1(t) \\ \gamma_2(t) \\ \gamma_3(t) \\ \vdots \\ \gamma_n(t) \end{pmatrix} \quad (6-113)$$

式（6-112）及式（6-113）的解有多种求法。总体来说，可分为两种：一种是求分析解，另一种是利用数值计算方法求近似解。后一种方法利用计算机求解比较方便，下边介绍分析解的求法：

（1）$i = 1$ 时，

$$\frac{\mathrm{d}[\gamma_1(t)]}{\mathrm{d}t} = -S_1 \gamma_1(t) \quad (6-114)$$

对 $\int \frac{\mathrm{d}[\gamma_1(t)]}{\gamma_1(t)} = \int -S_1 \mathrm{d}t$ 进行积分，可得：

$$\ln\gamma_1(t) = -S_1 t + C \quad (6-115)$$

当 $t = 0$ 时，$C = \ln\gamma_1(0)$，并代入式（6-115）得：

$$\gamma_1(t) = \gamma_1(0)\exp(-S_1 t) \quad (6-116)$$

式（6-116）即为一阶动力学方程，式中选择函数 S_1 相当于式（6-38）或式（6-40）中的参数 k。

（2）$i = 2$ 时，

$$\frac{\mathrm{d}[\gamma_2(t)]}{\mathrm{d}t} = b_{21} S_1 \gamma_1(t) - S_2 \gamma_2(t) \quad (6-117)$$

式（6-117）为一阶常微分方程，其通解为：

$$\gamma_2(t) = \exp\left(-\int S_2 \mathrm{d}t\right)\left\{\int\left[b_{21} S_1 \gamma_1(t)\exp\left(\int S_2 \mathrm{d}t\right)\right]\mathrm{d}t + C\right\}$$

$$= \exp\left(-\int S_2 \mathrm{d}t\right)\left\{b_{21}\int\left[S_1 \gamma_1(0)\exp(-S_1 t)\exp(S_2 t)\right]\mathrm{d}t + C\right\}$$

$$= \exp(-S_2 t)\left\{\left[b_{21} S_1 \gamma_1(0)\frac{1}{S_2 - S_1}\exp(S_2 - S_1)t\right]\mathrm{d}t + C\right\} \quad (6-118)$$

当 $t = 0$ 时，

$$C = \gamma_2(0) - b_{21} S_1 \gamma_1(0)\frac{1}{S_2 - S_1} \quad (6-119)$$

将式（6-119）代入式（6-118），整理化简后得：

$$\gamma_2(t) = \frac{b_{21}S_1\gamma_1(0)}{S_2 - S_1}[\exp(-S_1 t) - \exp(-S_2 t)] + \gamma_2(0)\exp(-S_2 t) \quad (6\text{-}120)$$

(3) $i = 3$ 时，

$$\frac{\mathrm{d}[\gamma_3(t)]}{\mathrm{d}t} = b_{31}S_1\gamma_1(t) + b_{32}S_2\gamma_2(t) - S_3\gamma_3(t) \quad (6\text{-}121)$$

式（6-121）也为一阶常微分方程，式中 $\gamma_1(t)$、$\gamma_2(t)$ 已由式（6-116）、式（6-120）求出，将其代入式（6-121）可求得分析解为：

$$\gamma_3(t) = \gamma_3(0)\exp(-S_3 t) + \frac{b_{32}S_2\gamma_2(0)}{S_3 - S_2} \times [\exp(-S_2 t) - \exp(-S_3 t)] +$$

$$\frac{b_{31}S_1\gamma_1(0)}{S_2 - S_1} \times [\exp(-S_1 t) - \exp(-S_3 t)] + S_1 S_2 b_{21} b_{31}\gamma_1(0) \times$$

$$\left[\frac{\exp(-S_1 t)}{(S_3 - S_1)(S_2 - S_1)} - \frac{\exp(-S_2 t)}{(S_3 - S_2)(S_2 - S_1)} + \frac{\exp(-S_2 t)}{(S_3 - S_1)(S_3 - S_2)}\right]$$

$$(6\text{-}122)$$

$$\vdots$$

由此，可求得式（6-113）的通解如下：

$$\begin{cases} \gamma_1(t) = \gamma_1(0)\exp(-S_1 t) \\ \gamma_2(t) = \gamma_2(0)\exp(-S_2 t) + \dfrac{b_{21}S_1\gamma_1(0)}{S_2 - S_1} \times [\exp(-S_1 t) - \exp(-S_2 t)] \\ \vdots \\ \gamma_i(t) = \displaystyle\sum_{j=1}^{i} a_{ij}\exp(-S_i t) \end{cases} \quad (6\text{-}123)$$

式中，$a_{ij} = \begin{cases} 0 & i < j \\ \gamma_i(0) - \displaystyle\sum_{k=1}^{i-1} a_{ik} & i = j \\ \dfrac{1}{S_i - S_j}\displaystyle\sum_{k=j}^{i-1} b_{ik}S_k a_{kj} & i > j \end{cases}$

由以上推导可知，直接求 $\gamma_i(t)$ 的分析解（即磨矿产品的粒度分布）是非常麻烦的，况且还必须知道选择函数 S 和破裂函数 B 的值。

国内外不少学者研究了式（6-113）的解法，由此而派生出众多 S、B 的求法。由于式（6-113）的用途较为广泛，下面介绍 S、B 的求法。

6.4　选择函数 S 和破裂函数 B 的求法

选择函数 S 和破裂函数 B 有很多种求法，但这些研究大多局限于球磨或棒磨。目前，求选择函数 S 和破裂函数 B 较普遍采用的方法是直接试验，然后根据试验数据计算 S 及 B，S 及 B 的求法主要有以下几种：

（1）零阶产出率法；

（2）奥斯汀（Austin）－勒基（Luckie）理论简算法及其他反算法；

（3）理想混合模拟器模拟计算法；

（4）卡普尔的 G-H 算法；

（5）经验公式法。

此外，还有利用示踪原子的直接测定法。这种方法虽然直观，但测定步骤太麻烦，因此应用较少。

6.4.1 零阶产出率法

这种计算方法是由赫尔伯斯特和富尔斯坦诺提出的，它的基本出发点是假定磨矿速率为常数，即：

$$\frac{\mathrm{d}y(x,\ t)}{\mathrm{d}t} = \overline{F}(x) \tag{6-124}$$

式中，$y(x,\ t)$ 为 t 时刻粒度小于 x 的累积产率；$\overline{F}(x)$ 代表粒度为 x 的零阶累积产率速度常数。

式（6-124）也为磨矿动力学方程，它与 6.2 章节所述的动力学方程的主要区别在于它是零阶，而前边所述为一阶、n 阶（或 $n(t)$ 阶）。

假定速度常数

$$\overline{F}(x) = k_0\left(\frac{x}{x_0}\right)^a \tag{6-125}$$

$$x_0 = \sqrt{x_1 x_2} \tag{6-126}$$

式中，a 为粒度分布指数；k_0 为常数；x_0 为基准粒度；x_1、x_2 为最大相邻的二粒级粒度。

将式（6-126）代入式（6-125）可得：

$$\overline{F}_i = k_0\left(\frac{x_i}{\sqrt{x_1 x_2}}\right)^a \tag{6-127}$$

式中，$i = 1,\ 2,\ \cdots,\ n$（n 为物料粒级数）。

由此可得：

$$\frac{\mathrm{d}y_1(t)}{\mathrm{d}t} = \overline{F}_1$$

$$\frac{\mathrm{d}y_2(t)}{\mathrm{d}t} = \overline{F}_2$$

$$\vdots$$

$$\frac{\mathrm{d}y_i(t)}{\mathrm{d}t} = \overline{F}_i$$

将 $y_i(t)$ 离散化，即以窄级别产率 $y_i(t)$ 之和表示，则得：

$$Y_i(t) = \sum_{j=n}^{i} y_i(t) \tag{6-128}$$

$$\frac{\mathrm{d}Y_i(t)}{\mathrm{d}t} = \sum_{j=1}^{i}\frac{\mathrm{d}y_i(t)}{\mathrm{d}t} = b_{21}S_1 y_1(t) + b_{31}S_1 y_1(t) + \cdots + b_{n1}S_1 y_1(t) + b_{32}S_2 y_2(t) +$$

$$b_{42}S_2 y_2(t) + \cdots + b_{n2}S_2 y_2(t) + b_{43}S_3 y_3(t) + b_{53}S_3 y_3(t) + \cdots + b_{n3}S_3 y_3(t) + \cdots$$

$$= \sum_{j=1}^{i-1} B_{ij} S_j y_j(t) \tag{6-129}$$

式中, $j = 1, 2, \cdots, i - 1$; B_{ij} 为以累积产率表示的破裂参数, 其数学表达式为:

$$B_{ij} = \sum_{k=i}^{n} b_{kj} \tag{6-130}$$

当磨矿时间较短时, 细粒级产品符合下述关系:

$$B_{ij} S_j = \overline{F}_i \quad (j = 1, 2, \cdots, i - 1) \tag{6-131}$$

将式 (6-131) 代入式 (6-129) 得:

$$\frac{\mathrm{d}Y_i(t)}{\mathrm{d}t} = \sum_{j=1}^{i-1} \overline{F}_i y_j(t) = \overline{F}_i \sum_{j=1}^{i-1} y_j(t) \tag{6-132}$$

如果 $\sum_{j=1}^{k} y_j(0) = 1.0$, 又 $x_j \ll x_k$, 则 $\sum_{j=1}^{i-1} y_j(t) \approx 1.0$, 即最细粒级不计。

下面求给料中最粗粒级的破裂参数, 即 $j = 1$。当 $t \to 0$ 时, 由式 (6-131)、式 (6-132) 得:

$$\frac{\mathrm{d}Y_i(t)}{\mathrm{d}t} = B_{i1} S_1 \sum_{j=1}^{i-1} y_j(t) \tag{6-133}$$

由式 (6-131) 的关系可得:

$$S_1 = \frac{\overline{F}_i}{B_{i1}}, \ B_{i1} = \frac{\overline{F}_i}{S_1}; \ S_1 = \frac{\overline{F}_k}{B_{k1}}, \ B_{k1} = \frac{\overline{F}_k}{S_1}$$

即 $\dfrac{\overline{F}_i}{\overline{F}_k} = \dfrac{B_{i1}}{B_{k1}}$, 可得通式如下:

$$\frac{\overline{F}_i}{\overline{F}_k} = \frac{B_{ij}}{B_{kj}} \tag{6-134}$$

由此可得:

$$B_{i1} = \frac{\overline{F}_i}{S_1} = \frac{1}{S_1} \times k_0 \left(\frac{x_i}{\sqrt{x_1 x_2}} \right)^{\alpha} \tag{6-135}$$

所以:

$$\frac{B_{ij}}{B_{kj}} = \frac{\dfrac{k_0}{S_1} \left(\dfrac{x_i}{\sqrt{x_1 x_2}} \right)^{\alpha}}{\dfrac{k_0}{S_1} \left(\dfrac{x_k}{\sqrt{x_1 x_2}} \right)^{\alpha}} = \left(\frac{x_i}{x_k} \right)^{\alpha} \tag{6-136}$$

如果破裂参数是规范化的, 则:

$$B_{ij} = \frac{1}{S_j} \times k_0 \left(\frac{x_i}{\sqrt{x_j x_{j+1}}} \right)^{\alpha} \tag{6-137}$$

$$S_j = \frac{F_i}{B_{ij}} = \frac{k_0 \left(\dfrac{x_i}{\sqrt{x_1 x_2}} \right)^{\alpha}}{\dfrac{1}{S_1} \times k_0 \left(\dfrac{x_i}{x_j x_{j+1}} \right)^{\alpha}} = S_1 \left(\frac{\sqrt{x_j x_{j+1}}}{\sqrt{x_1 x_2}} \right)^{\alpha} \tag{6-138}$$

零阶产出率法的试验及计算步骤可归纳如下：

（1）进行单粒级短时间间隔磨矿试验（例如 1、2、3min），然后将不同磨矿时间的磨矿产品进行粒度分析，绘制不同粒级的 $\gamma_{-x} = f(x)$ 曲线。

（2）求零阶磨矿速率常数 $\overline{F}_i$。

由 $\dfrac{\mathrm{d}Y_i(t)}{\mathrm{d}t} = \dfrac{\Delta y_i(t)}{\Delta t} = \overline{F}_i = k_0 \left(\dfrac{x_i}{\sqrt{x_1 x_2}} \right)^{\alpha}$ 可得：

$$\ln \frac{\Delta y_i(t)}{\Delta t} = \ln \overline{F}_i = \ln k_0 + \alpha \ln \frac{x_i}{\sqrt{x_1 x_2}} \tag{6-139}$$

根据 $\gamma_{-x} = f(x)$ 曲线或试验值，利用上式进行回归分析求 k_0、α 值。求出 k_0、α 值后，即可计算不同 x_i 值的 $\overline{F}_i$ 值。

（3）根据一阶磨矿动力学求 S_1。

由 $\dfrac{\mathrm{d}\gamma_1(t)}{\mathrm{d}t} = -S_1 \gamma_1(t)$ 可得：

$$\gamma_1(t) = \gamma_1(0) \exp(-S_1 t) \tag{6-140}$$

式中，$\gamma_1(0)$ 为给料中第一粒级筛上产率；$\gamma_1(t)$ 为不同磨矿时间产品中第一粒级剩余筛上粒级。

将式（6-140）线性化得：

$$\ln\ln \frac{\gamma_1(0)}{\gamma_1(t)} = \ln S_1 + \ln t \tag{6-141}$$

利用上式进行回归分析，即可求出 S_1。

（4）求出 S_1 后根据下式求 B_{i1}：

$$B_{i1} = \frac{\overline{F}_i}{S_1}$$

（5）根据下式求 S_j：

$$S_j = S_1 \left(\frac{\sqrt{x_j x_{j+1}}}{\sqrt{x_1 x_2}} \right)^{\alpha}$$

（6）求出 S_1、S_j、S_{i1}，后求 B_{ij}。

求 B_{ij} 有两种方法：

第一，由式（6-131）求，即

$$B_{ij} = \frac{\overline{F}_i}{S_j}$$

第二，由式（6-137）求，即

$$B_{ij} = \frac{1}{S_j} \times k_0 \left(\frac{x_i}{\sqrt{x_j x_{j+1}}} \right)^{\alpha}$$

6.4.2 奥-勒法

这种算法由奥斯汀和勒基提出，是以单粒级物料短时间磨矿试验的数据为基础来推导

选择函数 S 和破裂函数 B。进行单粒级不同磨矿时间试验，然后根据一阶动力学方程式 (6-38) 求不同粒度的 S_i（相当于 k_i）；求出 S 值后反算 B 值。

关于 B 值有三种求法，即所谓 B_I、B_{II} 及 B_{III} 算法。

6.4.2.1 B_I 算法

试料为单粒级，将其进行筛分后得到两个粒级产品，其产率分别为：

$$\gamma_1(0) = 1 - \sigma \tag{6-142}$$

$$\gamma_2(0) = \sigma \tag{6-143}$$

式中，σ 为筛分误差。

如果磨矿时间很短，颗粒几乎没有受到二次破碎，试验产品筛析后获得下述粒级：

$$\gamma_1(t)，\gamma_2(t)，\gamma_3(t)，\cdots，\gamma_n(t)$$

设由第 1 粒级物料破裂而来的物料量为 $\Delta\gamma$，则

$$\Delta\gamma = \gamma_1(0) - \gamma_1(t) \tag{6-144}$$

式中，$\gamma_1(t)$ 为第 1 粒级破裂后的残留量。

进入产品中第 2 粒级的量为：

$$\Delta\gamma_2 = \gamma_2(t) - \sigma \tag{6-145}$$

于是根据破裂函数的定义可得：

$$b_{21} = \frac{\gamma_2(t) - \sigma}{\Delta\gamma} = \frac{\gamma_2(t) - \sigma}{\gamma_1(0) - \gamma_1(t)} \tag{6-146}$$

因原始给料仅为一单粒级，故 $\gamma_3(0)$、$\gamma_4(0)$ 可忽略，可得：

$$b_{31} = \frac{\gamma_3(t)}{\Delta\gamma} = \frac{\gamma_3(t)}{\gamma_1(0) - \gamma_1(t)} \tag{6-147}$$

设 B_{31} 为由细至粗级别累积破裂函数，则：

$$B_{31} = \sum_{i=n}^{3} \frac{\gamma_i(t)}{\Delta\gamma} = \frac{1}{\Delta\gamma} \sum_{i=n}^{3} \gamma_i(t) = \frac{p_3(t)}{\Delta\gamma} \tag{6-148}$$

式中，$p_3(t)$ 为磨矿产品中粒度小于第 3 粒级的累积产率。

仿此可得 $i \geqslant 3$ 时，

$$B_{i1} = \frac{p_i(t)}{\Delta\gamma} = \frac{p_i(t)}{p_2(t) - p_2(0)} \tag{6-149}$$

假设 $B_{11} = 1$，$B_{21} = 1$。

6.4.2.2 B_{II} 算法

与零阶产出率法的假设相同，认为：

$$S_j B_{ij} = \overline{F}_i \tag{6-150}$$

由一阶动力学方程得：

$$1 - p_i(t) = [1 - p_i(0)]\exp(-\overline{F}_i \cdot t) = [1 - p_i(0)]\exp(-S_j B_{ij}t) \tag{6-151}$$

式中，$p_i(t)$ 为产品中小于 i 粒级的累积产率。

与前述相同，假定磨矿时间很短，无重复破裂；原单粒级物料破裂后的产物为：

$$1 - p_i(t) = [1 - p_i(0)]\exp(-S_1 \cdot B_{i1} \cdot t) \tag{6-152}$$

假定 $t = 0$ 时，原料单粒级分布为 $(1 - \sigma)$，即产率为 1.0 减去少量细级别，于是得

$p_2(0) = \sigma$ 。

对于第 2 粒级（$i = 2$），得：

$$1 - p_2(t) = (1 - \sigma)\exp(-S_1 t) \tag{6-153}$$

由此可得：

$$-S_1 t = \ln\frac{1 - p_2(t)}{1 - \sigma} = \ln\frac{1 - p_2(t)}{1 - p_2(0)} \tag{6-154}$$

同理，由式（6-152）可得：

$$B_{i1}S_1 t = -\ln\frac{1 - p_i(t)}{1 - p_i(0)} \tag{6-155}$$

$$B_{i1} = -\frac{1}{S_1 t}\ln\frac{1 - p_i(t)}{1 - p_i(0)} \tag{6-156}$$

将式（6-154）代入式（6-156）可得：

$$B_{i1} = \frac{\ln\dfrac{1 - p_i(t)}{1 - p_i(0)}}{\ln\dfrac{1 - p_2(t)}{1 - p_2(0)}} \tag{6-157}$$

如果假定破裂函数值为规范化，故求出 B_{i1} 后即可求知 B_{ij}（$i = 1$，2，$\cdots$，n；$j = 1$，2，$\cdots$，$i - 1$）。也即：

$$B_{ij} = B_{i+1,\,j+1} = B_{(i-j+1),\,1} \tag{6-158}$$

如果 B 值为非规范化，则用第 2 粒级单级别物料仿照上述步骤进行试验求 S_2，然后计算 B_{i2}，依此类推，可求出 S_j、B_{ij}（$j = 1$，2，$\cdots$，$i - 1$）。

6.4.2.3 B_{III} 算法

理论上从特别指定的单粒级物料进行短时间间隔磨矿所产生的粒度分布是参数 S、B 的唯一结果，因此知道 S 后可反算 B。但这种反算除最大的 1、2 粒级外，其他粒级不易进行。下面先按式（6-116）、式（6-120）求分析解，再由 S 反算 B_{i1}，然后再推导出求近似解公式。

当物料进行短时间磨矿后，第 1 粒级破裂产生的小于 i 粒级的量为：

$$\gamma_{i1}(t) = B_{i1}[\gamma_1(0) - \gamma_1(t)] \tag{6-159}$$

由此可得：

$$B_{i1} = \frac{\gamma_{i1}(t)}{\gamma_1(0) - \gamma_1(t)} \quad i > 1 \tag{6-160}$$

从原料第 2 粒级破裂而来的小于第 i 粒级的量为：

$$\gamma_{i2}(t) = B_{i2}\int_0^t S_2\gamma_2(t)\,\mathrm{d}t \tag{6-161}$$

由 $\dfrac{\mathrm{d}[\gamma_2(t)]}{\mathrm{d}t} = -B_{i2}S_2\gamma_2(t)$，可得：

$$\int_0^t \mathrm{d}[\gamma_2(t)] = \int_0^t -B_{i2}S_2\gamma_2(t)\,\mathrm{d}t \tag{6-162}$$

因 $\int_0^t \mathrm{d}[\gamma_2(t)] = \sum_{i=n}^{2} \gamma_{i2}(t) = p_2(t)$ ，又令 $\int_0^t S_2 \gamma_2(t) \mathrm{d}t = \Delta_2$ ，可得：

$$p_2(t) = B_{i2} \Delta_2 \tag{6-163}$$

由式（6-120）可知：

$$\gamma_2(t) = \frac{b_{21} S_1}{S_2 - S_1}[\exp(-S_2 t) - \exp(-S_2 t)]\gamma_1(0) + + \gamma_2(0)\exp(-S_2 t)$$

将式（6-120）代入 $\int_0^t S_2 \gamma_2(t)\mathrm{d}t = \Delta_2$ 中，可得：

$$\Delta_2 = \int_0^t S_2 \left\{ \frac{b_{21} S_1}{S_2 - S_1} - \gamma_1(0)[\exp(-S_1 t) - \exp(-S_2 t)] + \gamma_2(0)\exp(-S_2 t) \right\} \mathrm{d}t$$

$$= S_2 \left\{ \frac{b_{21} S_2 \gamma_1(0)}{S_2 - S_1}[\exp(-S_1 t) - \exp(-S_2 t)] + \frac{\gamma_2(0)}{S_2}[1 - \exp(-S_2 t)] \right\} \tag{6-164}$$

为了消去 b_{21} ，由式（6-120）可知：

$$\frac{b_{21} S_1}{S_2 - S_1}\gamma_1(0) = \frac{\gamma_2(t) - \gamma_2(0)\exp(-S_2 t)}{\exp(-S_1 t) - \exp(-S_2 t)} \tag{6-165}$$

将上式（6-165）代入式（6-164）可得：

$$\Delta_2 = S_2 \left\{ \frac{\gamma_2(t) - \gamma_2(0)\exp(-S_2 t)}{\exp(-S_1 t) - \exp(-S_2 t)}\left[\frac{1 - \exp(-S_1 t)}{S_1} - \frac{1 - \exp(-S_2 t)}{S_2} \right] + \right.$$
$$\left. \gamma_2(0)\frac{1 - \exp(-S_2 t)}{S_2} \right\} \tag{6-166}$$

由 $\gamma_1(0) - \gamma_1(0)\exp(-S_1 t) = \gamma_1(0) - \gamma_1(t) = \Delta\gamma$ ，可得：

$$1 - \exp(-S_1 t) = \frac{\Delta\gamma}{\gamma_1(0)} \tag{6-167}$$

$$1 - \exp(-S_2 t) = 1 - \left[1 - \frac{\Delta\gamma}{\gamma_2(0)} \right]^{\frac{S_2}{S_1}} \tag{6-168}$$

其中，式（6-168）的证明如下：

因为 $[\exp(-S_2 t)]^{S_1} = [\exp(-S_1 t)]^{S_2}$ ，由此可得：

$$\exp(-S_2 t) = [\exp(-S_1 t)]^{\frac{S_2}{S_1}} = \{1 - [1 - \exp(-S_1 t)]\}^{\frac{S_2}{S_1}} = \left[1 - \frac{\Delta\gamma}{\gamma_1(0)} \right]^{\frac{S_2}{S_1}}$$

将式（6-167）、式（6-168）代入式（6-166）得：

$$\Delta_2 = \frac{\gamma_2(t) - \gamma_2(0)(1-A)^\lambda}{A + (1-A)^\lambda - 1}[1 - (1-A)^\lambda - \lambda A] + [1 - (1-A)^\lambda]\gamma_2(0)$$
$$\tag{6-169}$$

式中，$A = \dfrac{\Delta\gamma}{\gamma_1(0)}$ ；$\lambda = \dfrac{S_2 t}{-\ln\left(1 - \dfrac{\Delta\gamma}{\gamma_1(0)}\right)}$ 。

按照上述方法计算第 3 粒级时太麻烦，因此第 j 粒级的磨矿量可用简单线性平均值求出，即第 j 粒级物料破裂后小于第 i 粒级的量 $\gamma_{ij}(t)$ 为：

$$\gamma_{ij}(t) \approx B_{ij}S_jt\left[\frac{\gamma_i(0) + \gamma_i(t)}{2}\right] \tag{6-170}$$

式中，$i > j \geqslant 3$。

当磨矿时间短、$\gamma_i(t)$ 随时间的变化呈线性或近似线性时，上式满足要求。

在磨矿过程中产生的小于第 3 粒级的量等于从第 1、2 粒级原料破裂而来的总和，即：

$$p_3(t) - p_3(0) = B_{31}\Delta\gamma + \Delta_2 \tag{6-171}$$

式中，B_{31} 为由第 1 粒级原料破裂后成为小于第 3 粒级的累积破裂参数；$\Delta\gamma$ 为第 1 粒级物料破裂总量；Δ_2 为第 2 粒级原料破裂后小于第 3 粒级的量，由此可得：

$$B_{31} = \frac{p_3(t) - p_3(0) - \Delta_2}{\Delta\gamma} \tag{6-172}$$

同理，可得磨矿中产生的小于第 4 粒级的量等于从第 1、2 和第 3 粒级破裂而来的总和，即：

$$p_4(t) - p_4(0) \approx B_{41}\Delta\gamma + B_{42}\Delta_2 + S_3t\left[\frac{\gamma_3(0) + \gamma_3(t)}{2}\right] \tag{6-173}$$

如果 B 为规范化值，则由式（6-158）得 $B_{42} = B_{31}$；如果 B 为非规范化值，这种假设对 $p_4(t)$ 的影响也认为可忽略不计。于是将 $B_{42} = B_{31}$ 代入式（6-173），得：

$$B_{41} \approx \frac{p_4(t) - p_4(0)}{\Delta\gamma} - B_{31}\frac{\Delta_2}{\Delta\gamma} - S_3t\left[\frac{\gamma_3(0) + \gamma_3(t)}{2\Delta\gamma}\right] \tag{6-174}$$

同理，可得如下通式：

$$B_{i1} = \frac{p_i(t) - p_i(0)}{\Delta\gamma} - B_{i-1,1}\frac{\Delta_2}{\Delta\gamma} - \sum_{k=3}^{i-1}\left\{\frac{B_{i-k+1,1}S_kt}{2\Delta\gamma} \times \left[\gamma_k(0) + \gamma_k(t)\right]\right\} \tag{6-175}$$

式中，$i \geqslant 4$。

利用上式进行计算需已知下述值：

$S_3\gamma_1(0) = 1 - p_2(0)$；

$\Delta\gamma = \gamma_1(0) - \gamma_1(t) = p_2(t) - p_2(0)$；

$p_3(t), p_4(t), \cdots, p_n(t)$；

$p_3(0), p_4(0), \cdots, p_n(0)$。

Δ_2 可由式（6-169）求得，B_{31} 可由式（6-172）求得，然后求 $i > 4$ 的 B_{i1} 值。

表 6-9、表 6-10 分别列出了不同磨矿时间所得的两套试验数据及按 B_I、B_{II}、B_{III} 三种方法计算的结果，表 6-11 列出了非单粒级物料磨矿时间为 4min 的计算结果。

表 6-9 已知 S 反求 B 的三种算法结果对比 I

粒级	试验 B	$t = 0.1$min			$t = 1.6$min			$t = 4.0$min		
		B_I	B_{II}	B_{III}	B_I	B_{II}	B_{III}	B_I	B_{II}	B_{III}
1	1	1	1	1	1	1	1	1	1	1
2	1	1	1	1	1	1	1	1	1	1
3	0.680	0.72	0.7	0.68	0.75	0.71	0.680	0.80	0.73	0.680
4	0.463	0.49	0.475	0.463	0.54	0.50	0.465	0.62	0.54	0.474
5	0.313	0.33	0.323	0.313	0.39	0.36	0.315	0.49	0.41	0328

粒级	试验 B	$t = 0.1\text{min}$			$t = 1.6\text{min}$			$t = 4.0\text{min}$		
		B_{I}	B_{II}	B_{III}	B_{I}	B_{II}	B_{III}	B_{I}	B_{II}	B_{III}
6	0.212	0.23	0.220	0.212	0.29	0.26	0.214	0.38	0.32	0.226
7	0.146	0.16	0.152	0.146	0.21	0.19	0.148	0.30	0.25	0.156
8	0.100	0.11	0.105	0.1	0.16	0.14	0.101	0.24	0.19	0.106
9	0.088	0.094	0.091	0.088	0.13	0.12	0.088	0.20	0.16	0.0885
10	0.079	0.084	0.081	0.079	0.11	0.10	0.079	0.17	0.13	0.0767
11	0.071	0.075	0.073	0.071	0.098	0.087	0.070	0.14	0.11	0.069
12	0.0635	0.067	0.0648	0.0635	0.086	0.076	0.0632	0.12	0.097	0.0608
13	0.0567	0.060	0.0578	0.0567	0.076	0.067	0.0564	0.11	0.084	0.0548
14	0.050	0.053	0.051	0.05	0.066	0.059	0.0498	0.094	0.073	0.0489
15	0.0445	0.047	0.0454	0.0445	0.059	0.052	0.0444	0.083	0.064	0.0440
16	0.040	0.043	0.0407	0.040	0.053	0.047	0.010	0.073	0.057	0.0398
17	0.0357	0.038	0.0364	0.0357	0.047	0.041	0.0357	0.065	0.050	0.0357
18	0.0318	0.034	0.0288	0.0283	0.042	0.037	0.0318	0.058	0.044	0.0318
19	0.0283	0.030	0.0288	0.0283	0.037	0.033	0.0283	0.051	0.039	0.0284
20	0.0250	0.026	0.0255	0.0250	0.033	0.029	0.0250	0.045	0.035	0.0250
p_2		4.2%			20.8%			41.5%		

表6-10 已知 S 反求 B 三种算法结果对比 II

粒级	试验 B	$t = 0.1\text{min}$			$t = 0.4\text{min}$			$t = 2.0\text{min}$		
		B_{I}	B_{II}	B_{III}	B_{I}	B_{II}	B_{III}	B_{I}	B_{II}	B_{III}
1	1	1	1	1	1	1	1	1	1	1
2	1	1	1	1	1	1	1	1	1	1
3	0.680	0.71	0.686	0.680	0.74	0.690	0.680	0.84	0.719	0.680
4	0.463	0.49	0.469	0.463	0.52	0.477	0.463	0.67	0.51	0.49
5	0.313	0.33	0.319	0.313	0.36	0.329	0.314	0.52	0.37	0.34
6	0.212	0.23	0.217	0.212	0.25	0.227	0.213	0.40	0.27	0.23
7	0.146	0.16	0.150	0.146	0.18	0.150	0.147	0.30	0.20	0.16
8	0.100	0.11	0.103	0.100	0.13	0.111	0.100	0.23	0.15	0.11
9	0.088	0.094	0.089	0.088	0.11	0.095	0.088	0.19	0.12	0.091
10	0.079	0.084	0.080	0.079	0.093	0.082	0.079	0.15	0.095	0.080
11	0.071	0.075	0.071	0.071	0.083	0.072	0.071	0.13	0.080	0.071
12	0.0035	0.067	0.0635	0.0635	0.073	0.0641	0.0635	0.11	0.067	0.064
13	0.0567	0.060	0.0567	0.0567	0.065	0.0570	0.0567	0.099	0.060	0.058
14	0.0500	0.053	0.0500	0.0500	0.057	0.0502	0.0500	0.087	0.052	0.051
15	0.0445	0.047	0.0445	0.0445	0.051	0.0446	0.0445	0.077	0.046	0.046

粒级	试验 B	$t = 0.1\text{min}$			$t = 0.4\text{min}$			$t = 2.0\text{min}$		
		B_{I}	B_{II}	B_{III}	B_{I}	B_{II}	B_{III}	B_{I}	B_{II}	B_{III}
16	0.0400	0.042	0.0400	0.0400	0.046	0.0400	0.0400	0.068	0.041	0.041
17	0.0357	0.037	0.0357	0.0357	0.041	0.0357	0.0357	0.061	0.036	0.037
18	0.0318	0.034	0.0318	0.0318	0.036	0.0318	0.0318	0.054	0.032	0.033
19	0.0283	0.030	0.0283	0.0283	0.032	0.0283	0.0283	0.048	0.0285	0.039
20	0.0250	0.026	0.0250	0.0250	0.029	0.0250	0.0250	0.043	0.0253	0.036
p_2		8.32%			22.5%			68.4%		

表 6-11　非单粒级物料磨矿时间为 4min B 值的计算结果

粒级	$t = 4\text{min}$				试验 B
	$p(0)$	$p(4)$	B_{II}	B_{III}	
1	1	1	1	1	1
2	0.415	0.647	1	1	1
3	0.308	0.534	0.78	0.680	0.680
4	0.239	0.449	0.64	0.47	0.463
5	0.187	0.382	0.54	0.32	0.313
6	0.148	0.327	0.47	0.22	0.212
7	0.117	0.279	0.40	0.15	0.146
8	0.093	0.237	0.34	0.106	0.100
9	0.077	0.204	0.29	0.090	0.088
10	0.065	0.175	0.25	0.078	0.079
11	0.055	0.150	0.21	0.069	0.071
12	0.048	0.129	0.18	0.061	0.0635
13	0.041	0.111	0.15	0.055	0.0567
14	0.036	0.096	0.013	0.049	0.050
15	0.032	0.084	0.11	0.044	0.0445
16	0.028	0.073	0.094	0.040	0.0400
17	0.025	0.065	0.081	0.036	0.0357
18	0.022	0.057	0.071	0.032	0.0318
19	0.0197	0.050	0.063	0.029	0.0283
20	0.0175	0.045	0.055	0.025	0.0250

综合上述，奥斯汀本人认为 B_{III} 法精度高于 B_{II} 法，B_{I} 法算法简单但仅适用于特殊情况。

国内学者熊维平等对奥-勒法曾进行了一些改进，改进的实质是：奥-勒算法中的 B_{III} 算法，当 $i \geqslant 3$ 时被积函数 $\gamma_i(t)$ 较繁杂且不易处理，用求平均值的算法精度又差一些，因此采用精度较高的辛卜生数值积分求物料被磨碎量 Δ_i。

按辛卜生数值积分 Δ_3 的算法如下：

$$\Delta_3 = \int_0^1 S_3 \gamma_3(t)\,\mathrm{d}t = S_3\frac{t}{6}\left[\gamma_3(0) + 4\gamma_3\left(\frac{t}{2}\right) + \gamma_3(t)\right] \tag{6-176}$$

一般形式为：

$$\Delta_i = \int_0^t S_i \gamma_i(t)\,\mathrm{d}t = S_i\frac{t}{6}\left[\gamma_i(0) + 4\gamma_i\left(\frac{t}{2}\right) + \gamma_i(t)\right] \quad (n-1 \geq i \geq 3) \tag{6-177}$$

磨矿时间为 t，$i=3$ 粒级的上限粒度 x_3 以下的累积产率为：

$$p_3(t) = p_3(0) + B_{31}\Delta\gamma + \Delta_2 \tag{6-178}$$

由此可得：

$$B_{31} = \frac{p_3(t) - p_3(0) - \Delta_2}{\Delta\gamma} \tag{6-179}$$

同理可得：

$$p_4(t) = p_4(0) + B_{41}\Delta\gamma + B_{42}\Delta_2 + \Delta_3 \tag{6-180}$$

如果 B 为规范化值，则 $B_{42} = B_{31}$，代入式（6-180）得：

$$p_4(t) = p_4(0) + B_{41}\Delta\gamma + B_{31}\Delta_2 + \Delta_3 \tag{6-181}$$

由此可得：

$$B_{41} = \frac{p_4(t) - p_4(0) - B_{31}\Delta_2 - \Delta_3}{\Delta\gamma} \tag{6-182}$$

将式（6-176）代入式（6-182）可得：

$$B_{41} = \frac{p_4(t) - p_4(0) - B_{31}\Delta_2}{\Delta\gamma} - \frac{S_3 t\left[\gamma_3(0) + 4\gamma_3\left(\frac{t}{2}\right) + \gamma_3(t)\right]}{6\Delta\gamma} \tag{6-183}$$

同理可得计算按累积产率表示的破裂参数 B_{i1} 的通式为：

$$B_{i1} = \frac{p_i(t) - p_i(0) - B_{i-1,1}\Delta_2}{\Delta\gamma} - \sum_{k=3}^{i-1}\left\{\frac{B_{(i-k+1),1}S_k t}{6\Delta\gamma} \times \left[\gamma_k(0) + 4\gamma_k\left(\frac{t}{2}\right) + \gamma_k(t)\right]\right\} \tag{6-184}$$

式中，$i \geq 4$。

以单粒级石英为原料，短时间磨矿所得试验结果分别按熊维平法（按式（6-184））、奥-勒 B_{III} 法（按式（6-175））及零阶产出率法（按式（6-135））计算 B_{i1}。表6-12列出了三种方法计算结果与实测值的误差对比，结果表明熊维平算法精度与 B_{III} 法相近，但高于零阶产出率法。

表6-12   破裂参数 B 的不同计算方法的相对误差 $\overline{R}$ （%）

石英粒级/mm	计算方法	磨矿时间/min			
		0.5	1	2	4
	熊维平法	4.32	2.69	4.48	3.51
-0.850+0.600	奥-勒 B_{III} 法	5.01	3.22	4.81	5.59
	零阶产出率法	11.92	7.32	5.28	4.75

石英粒级/mm	计算方法	磨矿时间/min			
		0.5	1	2	4
-0.600+0.425	熊维平法	3.52	2.12	0.94	1.65
	奥-勒 B_{III} 法	2.84	2.12	1.61	1.22
	零阶产出率法	5.82	4.69	3.80	4.47
-0.425+0.350	熊维平法	1.89	2.33	2.71	1.69
	奥-勒 B_{III} 法	1.87	2.28	2.74	1.73
	零阶产出率法	6.45	5.47	3.21	3.56

6.4.3 理想混合器法

莫罗卓夫和舒马依洛夫（Шумайлов）提出了这样一个设想，即把连续操作磨机看作一理想混合器，并且磨机无分级作用，磨机中物料呈均一混合状态，这样磨矿速度可表示为：

$$\frac{\mathrm{d}[\gamma_i(t)]}{\mathrm{d}t} = \frac{p_i - f_i}{\tau} \tag{6-185}$$

因此式（6-112）可写成下述形式：

$$\gamma_i = f_i + \tau \sum_{j=1}^{i-1} b_{ij} S_j \gamma_j - \tau S_i \gamma_i \tag{6-186}$$

当 $\tau \to 0$ 时，可以把批次或连续磨矿过程的矿浆流看作无限多个串联的理想混合器。设 n 为串联的混合器数目，则式（6-186）可写成：

$$\begin{cases} \gamma_i^{(n)} = f_i + \tau_n \sum_{j=1}^{i-1} b_{ij} S_j \gamma_j^{(n)} - \tau_n \gamma_i^{(n)} S_i \\ \gamma_i^{(n-1)} = \gamma_i^{(n)} + \tau_{n-1} \sum_{j=1}^{i-1} b_{ij} S_j \gamma_j^{(n-1)} - \tau_{n-1} S_i \gamma_i^{(n-1)} \\ \vdots \\ \gamma_i^{(1)} = \gamma_i^{(2)} + \tau_1 \sum_{j=1}^{i-1} b_{ij} S_j \gamma_j^{(1)} - \tau_1 S_i \gamma_i^{(1)} \end{cases} \tag{6-187}$$

式中，$\gamma_i^{(n)}$、$\gamma_i^{(n-1)}$、$\gamma_i^{(n-2)}$、$\cdots$、$\gamma_i^{(1)}$ 分别为磨矿产品中第 i 粒级在第 n、$n-1$、$n-2$、$\cdots$、1 个混合器中的质量分数（产率），τ_n、τ_{n-1}、τ_{n-2}、$\cdots$、τ_1 分别为物料在第 n、$n-1$、$n-2$、$\cdots$、1 个混合器中停留时间。

因 $\gamma_i^{(1)} = \gamma_i$，解方程（6-187）得：

$$f_i = (1 + \tau_1 S_i)(1 + \tau_2 S_i)(1 + \tau_3 S_i) \cdots (1 + \tau_n S_i) \gamma_i -$$

$$\tau_1 (1 + \tau_2 S_i)(1 + \tau_3 S_i) \cdots (1 + \tau_n S_i) \sum_{j=1}^{i-1} b_{ij} S_j \gamma_j -$$

$$\tau_2 (1 + \tau_3 S_i)(1 + \tau_4 S_i) \cdots (1 + \tau_n S_i) \sum_{j=1}^{i-1} b_{ij} S_j (1 + \tau_1 S_j) \gamma_j - \cdots -$$

$$\tau_n \sum_{j=1}^{i-1} b_{ij} S_j (1 + \tau_1 S_j) \cdots (1 + \tau_{n-1} S_j) \gamma_j$$

$$= \gamma_i \prod_{m=1}^{n} (1 + \tau_m S_i) - \sum_{m=1}^{n} \tau_m \left[\prod_{c=m+1}^{i-1} (1 + \tau_c S_i) \right] \sum_{j=1}^{i-1} b_{ij} S_j \gamma_j \times \prod_{q=1}^{m-1} (1 + \tau_q S_j) \quad (6\text{-}188)$$

假定物料在各混合器中停留时间相等，则：

$$\tau_1 = \tau_2 = \cdots = \tau_n = \frac{\tau}{n} = \Delta\tau \quad (6\text{-}189)$$

这样一来式（6-188）变为：

$$f_i = \gamma_i (1 + \Delta\tau \cdot S_i)^n - \Delta\tau \sum_{m=1}^{n} \sum_{j=1}^{n-1} (1 + \Delta\tau \cdot S_i)^{n-m} b_{ij} S_j (1 + \Delta\tau \cdot S_j)^{m-1} \gamma_j \quad (6\text{-}190)$$

$$\lim_{n\to\infty} (1 + \Delta\tau \cdot S_i)^n = \lim_{n\to\infty} \left(1 + \frac{\tau}{n} S_i \right)^n = e^{\tau \cdot S_i} \quad (6\text{-}191)$$

$$\gamma_i = \frac{f_i}{(1 + \Delta\tau S_i)^n} + \frac{\Delta\tau}{(1 + \Delta\tau S_i)^n} \sum_{m=1}^{n} \sum_{j=1}^{i-1} (1 + \Delta\tau S_i)^{n-m} b_{ij} S_j \times (1 + \Delta\tau S_j)^{m-1} \gamma_j$$

$$= \frac{f_i}{\exp(\tau S_i)} + \frac{\Delta\tau}{(1 + \Delta\tau S_i)} \sum_{m=1}^{n} \sum_{j=1}^{i-1} b_{ij} S_j \gamma_j \left(\frac{1 + \Delta\tau S_j}{1 + \Delta\tau S_i} \right)^{m-1} \quad (6\text{-}192)$$

当 $i = 2$ 时，

$$\gamma_2 = f_2 \exp(-\tau S_2) + \frac{\Delta\tau}{(1 + \Delta\tau S_2)} b_{21} S_1 \gamma_1 \sum_{m=1}^{n} \left(\frac{1 + \Delta\tau S_1}{1 + \Delta\tau S_2} \right)^m \quad (6\text{-}193)$$

上述式（6-193）与式（6-120）比较可知：

$$\frac{\exp(-\tau S_1) - \exp(-\tau S_2)}{S_2 - S_1} = \frac{\Delta\tau}{(1 + \Delta\tau S_1)^{n+1}} \sum_{m=1}^{n} \left(\frac{1 + \Delta\tau S_1}{1 + \Delta\tau S_2} \right)^m \quad (6\text{-}194)$$

当 $S_2 - S_1 \to 0$，$S_2 = S_1$，$n \to \infty$ 时，

$$\lim_{(S_2-S_1)\to 0} \frac{\exp(-\tau S_1) - \exp(-\tau S_2)}{S_2 - S_1} = \tau\exp(-\tau S_1) = \tau\exp(-\tau S_2) \quad (6\text{-}195)$$

假定破裂参数规范化，即 $b_{ij} = b_{i-j+1,\,1}$，则由式（6-190）可得：

$$b_{i1} = \frac{\gamma_i - f_i\exp(-\tau S_i) - \Delta\tau \sum\limits_{m=1}^{n} \sum\limits_{j=2}^{i-1} (1 + \Delta\tau S_i)^{-m} b_{i-j+1,\,1} S_j (1 + \Delta\tau S_j)^{m-1} \gamma_j}{\Delta\tau S_1 \gamma_1 \sum\limits_{m=1}^{n} (1 + \Delta\tau S_j)^{-m} (1 + \Delta\tau S_1)^{m-1}}$$

$$(6\text{-}196)$$

当 $S_i \neq S_1$ 时，

$$b_{i1} = \frac{\gamma_i - f_i\exp(-\tau S_i) - \Delta\tau \sum\limits_{m=1}^{n} \sum\limits_{j=2}^{i-1} (1 + \Delta\tau S_i)^{-m} b_{i-j+1,\,1} S_j (1 + \Delta\tau S_j)^{m-1} \gamma_j}{\dfrac{S_1 \gamma_1}{S_i - S_1} [1 - \exp(\tau S_1 - \tau S_2)]}$$

$$(6\text{-}197)$$

上面的推导利用了下面的数学关系：

$$\lim_{n\to\infty} \sum_{m=1}^{n} \left(\frac{1 + \Delta\tau S_1}{1 + \Delta\tau S_2} \right)^m = 1 + \Delta\tau S_1 \frac{1 - \exp[\tau(S_1 - S_i)]}{\Delta\tau(S_i - S_1)} \quad (6\text{-}198)$$

当 $(S_i - S_1) \to 0$ 时，式（6-197）中

$$\lim_{(S_i - S_1) \to 0} \frac{1 - \exp[\tau(S_1 - S_i)]}{S_i - S_1} = \tau \tag{6-199}$$

例 6-3 经过磨矿试验获得如表 6-13 所示的数据，试用混合器法和 B_{II}、B_{III} 法计算破裂参数 B？

表 6-13 计算破裂参数的原始数据

粒度/mm	原料	产品	选择参数 S	粒度/mm	原料	产品	选择参数 S
-0.8	1.000	1.000	0.202	-0.10	0	0.108	0.075
-0.66	0	0.517	0.231	-0.071	0	0.082	0.054
-0.40	0	0.364	0.215	-0.05	0	0.061	0.038
-0.28	0	0.261	0.177	-0.035	0	0.047	0.028
-0.20	0	0.194	0.138	-0.025	0	0.035	0.019
-0.14	0	0.144	0.102				

根据表 6-13 数据，按不同方法计算的破裂函数 B 之值列于表 6-14 中。由表 6-14 中的数值可以看出 B_{II} 法较 B_{III} 法精确些；如果采用混合器法，当混合器数目 $n \geq 200$ 时为适宜。

表 6-14 按混合器法、B_{II}、B_{III} 法计算破裂参数 B 值得结果

混合器数目/n	粒度/mm										
	0.80	0.50	0.40	0.28	0.20	0.14	0.10	0.074	0.050	0.035	0.025
$n = 2$	1.000	1.000	0.493	0.165	-0.029	-0.162	-0.244	-0.301	-0.342	-0.370	-0.391
$n = 12$	1.000	1.000	0.634	0.397	0.258	0.162	0.102	0.059	0.029	-0.008	-0.008
$n = 20$	1.000	1.000	0.646	0.146	0.281	0.188	0.129	0.088	0.059	0.038	0.028
$n = 50$	1.000	1.000	0.650	0.433	0.301	0.211	0.154	0.114	0.086	0.065	0.050
$n = 100$	1.000	1.000	0.659	0.438	0.308	0.219	0.162	0.123	0.094	0.074	0.060
$n = 200$	1.000	1.000	0.661	0.441	0.312	0.222	0.167	0.127	0.099	0.073	0.064
$n = 400$	1.000	1.000	0.662	0.443	0.313	0.224	0.169	0.129	0.101	0.081	0.066
$n = 700$	1.000	1.000	0.662	0.443	0.314	0.225	0.170	0.130	0.102	0.082	0.068
B_{II} 法	1.000	1.000	0.662	0.446	0.297	0.213	0.158	0.117	0.087	0.066	0.049
B_{III} 法	1.000	1.000	0.466	0.287	0.200	0.139	0.106	0.079	0.058	0.045	0.034

6.4.4 G-H 算法

该算法由卡普尔提出，它的基本指导思想是将总体平衡动力学方程转换成 G、H 两个函数，使之能迭代运算，以便于用计算机求解参数 S、B 的值。

式（6-112）中 $\gamma_i(t)$ 代表窄级别产率，b_{ij} 为单粒级破裂参数值。如果以累积产率 $R_i(t)$ 和积累破裂参数值 B_{ij} 表示，则可得：

$$R_i(t) = \sum_{j=1}^{i} \gamma_j(t) \tag{6-200}$$

$$B_{ij} = \sum_{k=i+1}^{n} b_{kj} \tag{6-201}$$

$$\gamma_i(t) = R_i(t) - R_{i-1}(t) \tag{6-202}$$

这样一来，式（6-112）可变为下述形式：

$$\frac{d[R_i(t)]}{dt} = -S_i R_i(t) + \sum_{j=1}^{i-1} S_j B_{ij}[R_i(t) - R_{i-1}(t)]$$

$$= -S_i R_i(t) + \sum_{j=1}^{i-1} R_j(t)(S_{j+1} B_{i,j+1} - S_j B_{ij}) \tag{6-203}$$

如果破裂函数 B 为规范化值，并以 Z_{ij} 表示，则 $B_{ij} = Z_{ij}$，$Z_0 = 1.0$。

令 $C_{ij} = S_{j+1} Z_{i,j+1} - S_j Z_{ij}$，并代入式（6-203）后得：

$$\frac{d[R_i(t)]}{dt} = -S_i R_i(t) + \sum_{j=1}^{i-1} C_{ij} R_j(t) \tag{6-204}$$

为了简化上述方程，一般 $S_1 \geqslant S_2 \geqslant S_3 \cdots$，$Z_0 \geqslant Z_1 \geqslant Z_2 \cdots$。

又因 $\dfrac{d[\ln R_i(t)]}{dt} = \dfrac{1}{R_i(t)} \dfrac{d[R_i(t)]}{dt}$，故式（6-203）可写成下述形式：

$$\frac{d[\ln R_i(t)]}{dt} = -S_i + \sum_{j=1}^{i-1} \left[\frac{R_j(t)}{R_i(t)}(S_{j+1} B_{i,j+1} - S_j B_{ij}) \right] \tag{6-205}$$

式（6-205）又可以用近似求解写成下述迭代方程：

$$\frac{d[\ln R_i^{(n+1)}(t)]}{dt} = -S_i + \sum \left[\frac{R_j^{(n)}(t)}{R_i^{(n)}(t)}(S_{j+1} B_{i,j+1} - S_j B_{ij}) \right] \tag{6-206}$$

式中，$R_i^{(n+1)}(0) = R_i^{(0)}(t) = R_i(0)$。

第一次迭代可得：

$$\ln \frac{R_i^{(1)}(t)}{R_i(0)} = -S_i t + t \sum_{j=1}^{i-1} \left[\frac{R_j(0)}{R_i(0)}(S_{j+1} B_{i,j+1} - S_j B_{ij}) \right] \tag{6-207}$$

将 $R_i^{(1)}(t)$ 代替式（6-206）中的 $R_i^{(n)}(t)$ 可得：

$$\frac{d[\ln R_i^{(2)}(t)]}{dt} = -S_i + \sum_{j=1}^{i-1} \left\{ (S_{j+1} B_{i,j+1} - S_j B_{i,j}) \left[\frac{R_j(0) \exp(G_j t)}{R_i(0) \exp(G_i t)} \right] \right\} \tag{6-208}$$

式中，$G_i = -S_i + \sum \left[\dfrac{R_j(0)}{R_i(0)}(S_{j+1} B_{i,j+1} - S_i B_{ij}) \right]$，称为磨碎函数。

将式（6-208）积分得到式（6-205）的第二次近似解，即：

$$1 - \frac{R_i^{(2)}(t)}{R_i(0)} = -S_i t + \sum_{j=1}^{i-1} \left\{ \frac{R_j(0)}{R_i(0)}(S_{j+1} B_{i,j+1} - S_j B_{i,j}) \frac{\exp[(G_j - G_i)t] - 1}{G_j - G_i} \right\} \tag{6-209}$$

因为 $(G_j - G_i)$ 很小，因此式（6-209）中指数项可按泰勒级数展开，取前三项；于是式（6-209）变为：

$$\ln \frac{R_i(t)}{R_i(0)} = -S_i t + t \sum_{j=1}^{i-1} \left[\frac{R_j(0)}{R_i(0)}(S_{j+1} B_{i,j+1} - S_j B_{ij}) \right] +$$

$$\frac{t^2}{2} \sum_{j=1}^{i-1} \left\{ \frac{R_j(0)}{R_i(0)}[S_{j+1} B_{i,j+1} - S_j B_{ij}(G_j - G_i)] \right\} \tag{6-210}$$

将 G_i 代入式（6-210），得：

$$\ln \frac{R_i(t_1)}{R_i(0)} = G_i t_1 + \frac{t_1^2}{2} \sum_{j=1}^{i-1} \left[(S_{j+1} B_{i,j+1} - S_j B_{ij})(G_j - G_i) \frac{R_j(0)}{R_i(0)} \right] \quad (6\text{-}211)$$

式中，t_1 为选择的任意磨矿时间。

由此可得：

$$t_1^2 = \frac{2\left[\ln \dfrac{R_i(t_1)}{R_i(0)} - t_1 G_i \right]}{\displaystyle\sum_{j=1}^{i-1} \left[(S_{j+1} B_{i,j+1} - S_j B_{ij})(G_j - G_i) \dfrac{R_j(0)}{R_i(0)} \right]} \quad (6\text{-}212)$$

对于任意磨矿时间 t_2，则有：

$$\frac{t_1^2}{t_2^2} = \frac{\ln \dfrac{R_i(t_1)}{R_i(0)} - t_1 G_i}{\ln \dfrac{R_i(t_2)}{R_i(0)} - t_2 G_i} \quad (6\text{-}213)$$

由式（6-211）及式（6-213）得：

$$\frac{t_1^2}{t_2^2} \ln \frac{R_i(t_2)}{R_i(0)} - \frac{t_1^2}{t_2^2} t_2 G_i = \ln \frac{R_i(t_1)}{R_i(0)} - t_1 G_i$$

$$= \frac{t_1^2}{2} \sum_{j=1}^{i-1} \left[(S_{j+1} B_{i,j+1} - S_j B_{ij})(G_j - G_i) \frac{R_j(0)}{R_i(0)} \right] \quad (6\text{-}214)$$

由此可得：

$$\frac{t_1^2}{t_2^2} \ln \frac{R_i(t_2)}{R_i(0)} = \frac{t_1^2}{t_2^2} G_i + \frac{t_1^2}{2} \sum_{j=1}^{i-1} \left[(S_{j+1} B_{i,j+1} - S_j B_{ij})(G_j - G_i) \frac{R_j(0)}{R_i(0)} \right] \quad (6\text{-}215)$$

将式（6-211）代入上式后可得：

$$G_i = \frac{1}{t_1 t_2^2 - t_1^2 t_2} \left[t_2^2 \ln \frac{R_i(t_1)}{R_i(0)} - t_1^2 \ln \frac{R_i(t_2)}{R_i(0)} \right] \quad (6\text{-}216)$$

上式表明磨碎函数 G_i 与磨矿时间 t_1、t_2，磨矿产品 $R_i(t_1)$、$R_i(t_2)$ 及原料粒度 $R_i(0)$ 有关。

后来卡普尔在此基础上进一步提出了改进算法，将式（6-211）按幂级数展开，其形式如下：

$$\ln \frac{R_i(t)}{R_i(0)} = G_i t + \frac{H_i t^2}{2!} + \frac{I t^3}{3!} + \cdots \quad (i = 1, 2, 3, \cdots) \quad (6\text{-}217)$$

式中，G、H、$I \cdots$ 为磨矿时间 t 的多项式系数的函数。

上述式（6-217）取前二项，得：

$$\ln \frac{R_i(t)}{R_i(0)} = G_i t + \frac{H_i}{2} t^2 \quad (6\text{-}218)$$

式中，系数函数 H_i 的形式如下：

$$H_i = \begin{cases} \displaystyle\sum_{j=1}^{i-1} \left[\frac{R_j(0)}{R_i(0)} (S_{j+1} B_{i,j+1} - S_j B_{ij})(G_j - G_i) \right] & (i = 2, 3, 4, \cdots) \\ 0 & (i = 1) \end{cases} \quad (6\text{-}219)$$

当原料为单粒级时，$\dfrac{R_j(0)}{R_i(0)} = 1.0$，$R_i(0) = 1.0$，因此磨碎函数 G_i 可变为：

$$G_i = -B_{ij}S_j = -B_{i1}S_1 \qquad (6\text{-}220)$$

因为 $B_{11} = 1.0$，所以 $G_1 = -S_1$。

根据上述关系，当原料为单粒级时，有：

$$\ln R_i(t) = G_i t + \frac{H_i}{2}t^2 \qquad (6\text{-}221)$$

由此可得：

$$\frac{1}{t}\ln R_i(t) = G_i + \frac{H_i}{2}t \qquad (6\text{-}222)$$

将式（6-220）代入上述式（6-222）后得：

$$\frac{\ln R_i(t)}{-S_1 t} = B_{i1} - \frac{H_i}{2S_1}t \qquad (6\text{-}223)$$

又因 $\ln R_1(t) = -S_1 t$，并代入式（6-223）得：

$$\frac{\ln R_i(t)}{\ln R_1(t)} = B_{i1} - \frac{H_i}{2S_1}t \qquad (6\text{-}224)$$

根据试验值，利用式（6-222）、式（6-223）及式（6-224），进行回归分析即可求出 B_{i1} 值。因 B 为规范化值，因此不难求 B_{ij} 值。

利用上述关系可以证明零阶产出率算法和 B_{II} 算法均为 $G-H$ 算法的特殊情况。现证明如下：

零阶产出率速度常数 $\overline{F}_i(t)$ 为：

$$\overline{F}_i(t) = 1 - R_i(t) \qquad (6\text{-}225)$$

将上述关系代入式（6-221），并进行微分可得：

$$\frac{\mathrm{d}\{\ln[1 - \overline{F}_i(t)]\}}{\mathrm{d}t} = \frac{\mathrm{d}}{\mathrm{d}t}\left(G_i t + \frac{H_i}{2}t^2\right) \qquad (6\text{-}226)$$

即：

$$\frac{\mathrm{d}\overline{F}_i(t)}{[1 - \overline{F}_i(t)]\mathrm{d}t} = -G_i - H_i t = S_1 B_{i1} - H_i t \qquad (6\text{-}227)$$

当 $t \to 0$ 时，H_i 变为很小；当 $\overline{F}_i(t) \to 0$ 时，对于短的磨矿时间可得：

$$\frac{\mathrm{d}\overline{F}_i(t)}{\mathrm{d}t} \approx B_{i1}S_1 \qquad (6\text{-}228)$$

由此可得：

$$B_{i1} = \frac{1}{S_1}\frac{\mathrm{d}\overline{F}_i(t)}{\mathrm{d}t} \qquad (6\text{-}229)$$

将式（6-229）与式（6-133）、式（6-135）比较，可知式（6-229）即为用零阶产出率法计算破裂函数 B 的公式。

将式（6-225）与式（6-223）合并，得：

$$\frac{\ln[1 - \overline{F_i}(t)]}{\ln[1 - \overline{F_1}(t)]} = B_{i1} - \frac{H_i}{2S_1}t \qquad (6-230)$$

当 $t \to 0$ 时，$H_i \to 0$，可得：

$$\frac{\ln[1 - \overline{F_i}(t)]}{\ln[1 - \overline{F_1}(t)]} = B_{i1} \qquad (6-231)$$

单粒级试验时，$p_1(0) = 0$，$p_2(0) = 0$，$i > j$，把上式与式（6-157）比较，可知式（6-231）即为 B_{II} 算法。

6.4.5 经验公式法

前面所介绍的按理论公式计算 S 和 B 的方法，由于在推导理论公式时都有一些假设和简化，因此计算结果有一定偏差，而且各种方法计算的结果也不一样。因此，不少人研究采用经验公式计算 S、B。下面介绍主要的经验公式。

6.4.5.1 奥斯汀经验公式

根据试验结果，奥斯汀提出单粒级的选择函数 S 可由下式求出：

对于干式磨矿：

$$S_i = Ax_i^{\alpha} \qquad (6-232)$$

对于湿式磨矿：

$$S_i = S_1\left(\frac{x_i}{x_0}\right)^{\alpha} \qquad (6-233)$$

式中，A、α 为参数。

破裂参数 B_{ij} 的值有两种情况，一种为规范化值，一种为非规范化值。

A B_{ij} 值规范化

对于规范化的破裂函数 B 中的元素可用下述经验公式求出：

$$B_{ij} = \varphi\left(\frac{x_{i-1}}{x_j}\right)^{\gamma} + (1 - \varphi)\left(\frac{x_{i-1}}{x_j}\right)^{\beta} \qquad (n \geq i \geq j \geq 1) \qquad (6-234)$$

式中，φ、γ、β 均为参数，其意义见图 6-5；γ、β 分别为 $B_{ij} = f(x)$ 曲线的两个斜率；φ 为斜率为 γ 的直线与最大相对粒度的交点相应的 B_{ij} 值

公式（6-234）描述了斜率为 γ、β 的两条直线的函数关系，即把 $B_{ij} = f(x)$ 的关系近似看作在对数坐标上由斜率不同的（γ、β）两条直线组成。

对单粒级物料进行磨矿试验，按式（6-40）求 S_i 值（$k_i = S_i$），然后根据式（6-157）B_{II} 算法求 B_{i1}。根据所求出的 B_{i1} 值对式（6-234）进行曲线拟合求 φ、γ、β 值，求出 φ、γ、β 值后即可利用式（6-234）预报破裂函数 B。

应指出的是湿式磨矿与干式磨矿的产品粒度分布形状是相似的，但湿式磨矿的产品粒度相对细一些。此外，物料性质不一样，式（6-234）中的参数值也不一样。

表 6-15 列出了不同物料根据试验求出的单粒级参数。一般来说，对某些物料如 B_{ij} 为规范化值，则参数 φ、γ、β 与粒度无关，也不随磨矿时间变化。这些参数值对磨机矿浆充满率、球径或磨机内径不敏感，α 值与物料性质有关。

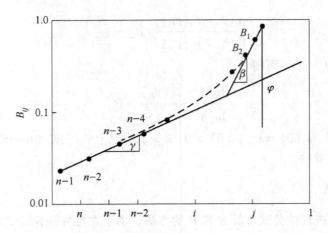

图 6-5 B_{ij} 与粒度（磨矿时间间隔表示）的关系曲线

表 6-15 不同物料的破裂参数

破裂参数	符号	焦炭	石英	水泥熟料	无烟煤	夹层煤	煤
选择函数 $S/\min^{-1}$	α	0.70	0.87	0.91	0.65	1.03	1.16
	S_1（干）	0.52	0.52	0.38	0.69	1.67	2.60
	S_1（湿）	0.73	1.04	无	0.90	2.90	5.80
B 值	γ	0.85	1.1	0.75	1.05	0.97	0.87
	β	4.80	5.4	4.00	4.00	4.80	3.40
	φ_1	0.40	0.52	0.37	0.50	0.57	0.67
	δ	0.00	0.00	0.23	0.00	0.00	0.00
功指数/kW·h·t^{-1}	批次磨矿	40	30	23	31	18	15
	闭路磨矿	26	17	12	18	10	6
	邦德标准法	无	17.3	无	25.8	无	无

B B_{ij} 值非规范化

计算公式为：

$$B_{ij} = \varphi_j \left(\frac{x_{i-1}}{x_j}\right)^{\gamma} + (1 - \varphi_j)\left(\frac{x_{i-1}}{x_j}\right)^{\beta} \qquad (6-235)$$

式中，$\varphi_i = \varphi_1 \left(\dfrac{x_j}{x_1}\right)^{-\delta}$；$\delta \geqslant 0$；$1 \geqslant \varphi_j \geqslant 0$。

在进行计算时，选择函数 S_i 取下式：

$$S_i = A x_i^{\alpha}[1 - LP(Z)] \qquad (6-236)$$

式中，$LP(Z)$ 为对数概率函数。

$$LP(Z) = \frac{1}{\sqrt{\pi}}\int_{-\infty}^{z} \exp\left[-\left(\frac{t}{\sqrt{2}}\right)^2\right] \mathrm{d}\left(\frac{t}{\sqrt{2}}\right) \qquad (6-237)$$

$$Z = \frac{\lg \dfrac{x_i}{\mu}}{\lg \sigma}$$ (6-238)

式中，μ 为选择函数 S_i 相对于粒度达到最大值时粒度的数学期望值；σ 为对数概率函数 $LP(Z)$ 的标准差。根据试验发现，对于大多数物料和磨矿条件来说，$\sigma \approx 1.5 \sim 2.5$。

概率函数的近似值可用下式计算：

$$P(Z) = 1 - \frac{1}{2}(1 + C_1 Z + C_2 Z^2 + C_3 Z^3 + C_4 Z^4)^{-4} \quad (Z \geqslant 0)$$ (6-239)

对于非规范化 B_{ij} 值的求法应是计算所得粒度分布值与试验值之差的平方和最小，即：

$$Q = \sum_n \sum_i (P_{i-\text{计}} - P_{i-\text{试}})^2 \quad (1 < i < n)$$ (6-240)

式中，$P_{i-\text{计}}$、$P_{i-\text{试}}$ 分别为产品的计算和试验所得小于第 i 粒级的累积产率；n 为试验所用组数（例如 0 和 1min，0 和 5min）。

$$P_i = \sum_{k=n}^{i} \gamma_k$$ (6-241)

式中，γ_k 为产品中窄级别产率。

在进行非规范化破裂函数 B_{ij} 的计算时，如果计算窄粒级破裂函数，即 b_{ij}，其计算公式如下：

$$b_{ij} = \varphi_j \left[\left(\frac{x_i}{x_j} \right)^\gamma - \left(\frac{x_{i+1}}{x_j} \right)^\gamma \right] + (1 - \varphi_j) \left[\left(\frac{x_i}{x_j} \right)^\beta - \left(\frac{x_{i+1}}{x_j} \right)^\beta \right] \quad (i > j > 0)$$ (6-242)

在进行计算时，需要用原始参数的估计值。这可能有两种情况：

第一，短时间间隔和窄级别原料的数据不适合采用下述数据 $A = 0.5 \text{min}^{-1}$、$\alpha = 1.0$、$\varphi_j = 0.3$、$\gamma = 1.0$、$\beta = 3.0$、$\delta = 0$ 和 $LP(Z) = 0$ 进行估算。

第二，如果窄级别原料数据合适，那么可按下述步骤计算 A、φ_j、α、β、γ 值。

（1）利用 B_{II} 法估算 B_{i1} 值：

$$B_{i1} = \frac{\ln \dfrac{1 - p(x_i, t)}{1 - (x_i, 0)}}{\ln \dfrac{\gamma_i(t)}{\gamma_i(0)}}$$ (6-243)

（2）用下式估算 γ 值：

$$\gamma \approx \frac{1}{3} \left(\frac{\lg \dfrac{B_{n-2}}{B_{n-1}}}{\lg \dfrac{x_{n-1}}{x_{n-2}}} + \frac{\lg \dfrac{B_{n-3}}{B_{n-2}}}{\lg \dfrac{x_{n-2}}{x_{n-1}}} + \frac{\lg \dfrac{B_{n-4}}{B_{n-3}}}{\lg \dfrac{x_{n-3}}{x_{n-4}}} \right)$$ (6-244)

（3）利用下式求 φ_j：

$$\varphi_j \approx \frac{1}{3} \left[\frac{B_{n-1}}{(x_{n-1}/x_1)^\gamma} + \frac{B_{n-2}}{(x_{n-2}/x_1)^\gamma} + \frac{B_{n-3}}{(x_{n-3}/x_1)^\gamma} \right]$$ (6-245)

求出的 γ、φ_j 值反代入式（6-242）求 β 值。

（4）求 β 值公式：

$$\beta = \frac{1}{2}\left[\frac{\lg\dfrac{B_2 - \varphi_j\left(\dfrac{x_2}{x_1}\right)^{\gamma}}{1 - \varphi_i}}{\lg\dfrac{x_2}{x_1}} + \frac{\lg\dfrac{B_3 - \varphi_j\left(\dfrac{x_3}{x_1}\right)^{\gamma}}{1 - \varphi_j}}{\lg\dfrac{x_2}{x_1}}\right] \tag{6-246}$$

式中，B_1、B_2 值为与极大 1、2 粒级相应的破裂函数值。

求出 γ、φ_j、β 值后代入下式求较精确的 φ_j 值。

$$\varphi_j = \frac{1}{3}\left[\frac{B_{n-1} - \left(\dfrac{x_{n-1}}{x_1}\right)^{\beta}}{\left(\dfrac{x_{n-1}}{x_1}\right)^{\gamma} - \left(\dfrac{x_{n-1}}{x_1}\right)^{\beta}} + \frac{B_{n-2} - \left(\dfrac{x_{n-2}}{x_1}\right)^{\beta}}{\left(\dfrac{x_{n-2}}{x_1}\right)^{\gamma} - \left(\dfrac{x_{n-2}}{x_1}\right)^{\beta}} + \frac{B_{n-3} - \left(\dfrac{x_{n-3}}{x_1}\right)^{\beta}}{\left(\dfrac{x_{n-3}}{x_1}\right)^{\gamma} - \left(\dfrac{x_{n-3}}{x_1}\right)^{\beta}}\right] \tag{6-247}$$

（5）按下式计算 A 值：

$$A = \frac{1}{S_1} = \frac{1}{n}\sum_n\left(\ln\frac{\gamma_1(0)}{\gamma_1(t)}\right) \quad \left(\frac{\gamma_1(0)}{\gamma_1(t)} < 10\right) \tag{6-248}$$

（6）求 S_i：

求出 A、φ_j、α、β、γ 后代入式（6-232）或式（6-233）求 S_i。

（7）求 b_{ij}：

由公式（6-242）求 b_{ij}。

（8）求不同磨矿时间间隔组的产品的产率差值：

$$\gamma_i(t_2) - \gamma_i(t_1) = -Ax_i^{\alpha}[1 - LP(Z)]\Delta\gamma_i + A\sum_{j=1}^{i-1}x_{i-j}\times[1 - LP(Z)]\Delta\gamma_{i-j}\times$$

$$[\varphi_j x_{i-j}^{-\delta}(x_i^{\gamma} - x_{i+1}^{\gamma}) + (1 - \varphi_j x_{i-j}^{-\delta})(x_j^{\beta} - x_{i+1}^{\beta})] \quad (i = 1, 2, \cdots, n) \tag{6-249}$$

式中，$\Delta\gamma_i$ 为由 i 粒级物料被磨碎的量。

$$\Delta\gamma_i = \int_{t_1}^{t_2}\gamma_i(t)\mathrm{d}t \tag{6-250}$$

上式中磨矿试验时间间隔组可取：$t_1 \sim t_2$，$t_1 \sim t_3$，$t_2 \sim t_3$ 等。

由式（6-249）求出的产率值与试验值之差最小即为 A、φ_j、α、β、γ 的最优值，可用最优化方法迭代计算，但这种计算只能用计算机进行。

6.4.5.2　古普塔经验公式

以上所介绍的关于选择函数 S 及破裂函数 B 的求法大多根据纯矿物或均质物料的试验结果进行计算的，例如石英、石灰石、白云石、赤铁矿、无烟煤、金矿石、水泥熟料等。古普塔（Gupta）等人对复杂细粒浸染黄铁矿型矿石进行批次磨矿试验，然后根据奥斯汀经验公式进行修正，推导出新的计算 S、B 的经验公式。以累积产率 $R_i(t)$ 表示的总体平衡动力学方程为：

$$\frac{\mathrm{d}[R_i(t)]}{\mathrm{d}t} = -S_iR_i(t) + \sum_{j=1}^{i-1}B_{ij}S_jR_j(t) \tag{6-251}$$

根据定时磨矿试验求得 $\hat{R}_i(t)$ 值，同时根据式（6-124）求式（6-112）或式

（6-251）的计算值 $R_i(t)$ ，然后利用鲍威尔最优化方法求下述误差函数的极小值：

$$E_\gamma = \sum_q \sum_i 10^4 [R_i(t) - \hat{R}_i(t)]^2 \tag{6-252}$$

式中，q 为磨矿给料组的数目。

试验用矿石的矿物组成示于表 6-16 中。

表 6-16 磨矿试验矿石的矿物组成

矿 物	莫氏硬度	含量/%	矿 物	莫氏硬度	含量/%
黄铁矿	6~6.5	61	石英	7.0	11
闪锌矿	3.5~4.0	12	绿泥石	2.0~2.5	8
方铅矿	2.5	3	白云石	3.5~4.0	1
黄铜矿	3.5~4.0	1	方解石	3.0	0.5
磁黄铁矿	4.0	0.5	菱铁矿	3.5~4.0	0.5
磁铁矿	6.0	1	云母	2.0~3.0	0.5

试验所用干磨机 $D \times L = 280\text{mm} \times 203\text{mm}$ ，介质充填率 $\varphi \approx 33.7\%$ ，转速为 60r/min。原料首先破碎至 6 目（3.327mm）以下，然后筛分成多个粒级。各粒级物料分别进行磨矿试验，例如分成 20~28、35~48、65~100、150~200 目 4 个粒级；其装入量分别为 3795、3500、3420、3510g，各粒级磨矿时间分别为 4、8、12、16min。试验结果发现只有当磨矿时间大于 3~4min 时，S_i 才为常数。同时发现不符合下述关系，即 $S_i \neq Ax_i^\alpha$ 。因此，该物料不适用一阶磨矿动力学，故可以采用下述联立方程组先算出 S_i 及 B_{ij} 的原始估计值：

$$R_{j+1}(t) = bR_j(0) + CR_{i+1}(0) \tag{6-253}$$

$$R_{j+1}(2t) = b(a+c)R_j(0) + C^2 R_{j+1}(0) \tag{6-254}$$

$$a = \exp(-S_j t) \tag{6-255}$$

$$c = \exp(-S_{j+1} t) \tag{6-256}$$

$$b = \frac{B_{i+1,j} S_j}{S_{j+1} - S_j} [\exp(-S_j t) - \exp(-S_{j+1} t)] \tag{6-257}$$

求出 S_j 的原始估计值后代入下式利用回归方法求常数 C_k ：

$$\lg S_i = C_1 + C_2(\lg x_i) + C_3(\lg x_i)^2 + C_4(\lg x_i)^3 + C_5(\lg x_i)^4 + \cdots \tag{6-258}$$

根据求出的 $C_k(k = 1, 2, 3, \cdots)$ 值，利用式（6-258）预报各粒级的选择函数 S_i 。同时根据式（6-257）求出的 B_{ij} 值代入下式进行回归分析，求经验公式中常数 φ_j 及 $\lambda_k(k = 1, 2, 3, 4)$ 。求出常数 φ_j 及 $\lambda_k(k = 1, 2, 3, 4)$ 后，即可利用下式进行计算 B_{ij} 。

$$B_{ij} = \varphi_j \left(\frac{x_i}{x_j}\right)^{\lambda_1} \left[\left(\frac{x_{i-1}}{x_j}\right)^{k_2+k_{4j}} - \left(\frac{x_i}{x_j}\right)^{k_2+k_{4j}}\right] + (1-\varphi_j)\left(\frac{x_1}{x_j}\right)^{k_1} \times \left[\left(\frac{x_{i-1}}{x_j}\right)^{k_3+k_{4j}} - \left(\frac{x_i}{x_j}\right)^{k_3+k_{4j}}\right]$$

$$\tag{6-259}$$

6.4.6 示踪剂法

以上所介绍的求 S、B 的方法均为根据试验数据进行某些假设或简化推导出相应公式。

无论是理论公式或经验公式都依赖于磨矿试验数据的正确与否，都不能进行直接观察。格尔纳（Gardner）等人曾利用示踪剂对磨矿过程的破裂行为进行直接观测，并通过与反算结合起来成功地测定了球磨机内物料的破裂分布参数。其中，示踪剂的选择应满足以下条件：

（1）示踪剂的行为应与被研究系统中物料的行为一致；

（2）示踪剂必须具有易于与其他成分相区别的性质，且易于定量测定。

放射性同位素是较合适的示踪剂的一种。

示踪剂法是在全部粒级都存在的情况下进行磨矿试验，这样就不需要做出与 S、B 有关的磨矿条件的假设。另外，例如进行连续磨矿系统的模拟研究时，最好采用示踪剂法测定物料在磨机中停留时间分布。

示踪剂法与其他方法比较，需要较复杂的测试仪表，试验工作量大。此外，放射性同位素需要很好的防护装置，以免对人体产生危害。

复习思考题

6-1 磨矿数学模型的研究方式可分为几种？磨矿数学模型可以分为哪几类？

6-2 请简述破裂函数 B_{ij} 与选择函数 S_j 的概念？

6-3 请比较几种求解选择函数 S_j 与破裂函数 B_{ij} 方法的优缺点？

6-4 如何利用 Matlab 工具通过选择函数 S_j 快速反求出破裂函数 B_{ij}？

6-5 总体平衡动力学模型除应用在磨矿领域外，还有其他用途吗？

6-6 利用构建的磨矿总体平衡动力学模型，如何预测磨矿产物粒度分布？

参 考 文 献

[1] E. Bilgili，B. Scarlett. Population balance modeling of non-linear effects in milling processes ［J］. Powder Technology，2005，153：59~71.

[2] Maxx Capece，Ecevit Bilgili，Rajesh Dave. Identication of the breakage rate and distribution parameters in a non-linear population balance model for batch milling ［J］. Powder Technology，2011，208：195~204.

[3] 王晓丽. 铝土矿连续球磨过程建模与关键参数优化 ［D］. 长沙：中南大学，2011.

[4] 杨金林，周文涛，蒋林伶，等. 磨矿动力学研究概述 ［J］. 矿产综合利用，2017（4）：4~10.

7 磨矿回路中的分级作业

7.1 概　　述

由于矿石性质的非均一性，给料粒度一般为某一粒度的筛下产品，加之介质对物料磨碎作用的概率性，因此磨机排矿产品的粒度分布也是非均一的。欲使物料在磨机中全部磨碎至合格粒度（即有用矿物和脉石矿物解离），则必然会使部分有用矿物颗粒过粉碎。因此，具有分级作业的闭路磨矿是十分必要的。

理想的磨矿情况是指当磨机中粗颗粒磨至合格粒度就应及时排出，然后经过分级作业将粒度合格产品送往下一道工序，粗大颗粒则返回磨机再磨。但在实际工作中由于分级设备分级效率的限制，以及给入磨机中的总物料量（原给矿量+返回矿量）影响适宜的球料比而影响磨矿效率。本章主要针对磨矿回路中分级作业的分级效率及其设备进行讨论。

目前选矿厂广泛采用的分级设备是螺旋分级机及水力旋流器，两者都是基于固体颗粒在流体中沉降速度的差异而进行分级的。但是固体颗粒在流体中的沉降速度除与颗粒粒度有关外，还受其密度及形状的影响，而且有时后二者因素的影响还大于前者。因此根据在流体中按沉降规律进行分级的设备的分级效率都较低，进而影响了磨矿回路作业指标。当有用矿物与脉石矿物的密度差较大时，就导致分级沉砂中含有大量密度大的有用矿物返回磨机，进行不必要的再磨而造成过粉碎。此外，对于按沉降规律进行分级的设备，由于主要靠调节溢流浓度来控制粒度，细粒分级时溢流浓度太低，有时还需要在选别前增加脱水作业。许多采用螺旋分级机及水力旋流器作为磨矿回路分级设备的选矿厂都存在这个问题，而且对于很多处理密度大的有用矿物（例如含铁、钨、锡、铅、金矿石）的选矿厂，上述问题更为突出。为此，目前国内外研究单位针对如何改进细粒分级作业开展了大量技术攻关，其中包括新型分级设备的研制，例如，采用筛分机、圆锥水力分级机等作为磨矿回路的分级设备。此外采用二段串联分级也是提高分级效率的主要手段。

由于水力旋流器和螺旋分级机是目前选矿厂磨矿回路中主要的分级设备，因此本章主要对其进行介绍，其他类型分级设备仅予以简略评述。

7.2 分 级 效 率

按颗粒在流体中沉降速度的不同而进行的粒度分离，由于受颗粒粒度、密度、形状等因素的影响，因此颗粒不能严格按粒度大小进行分离，则导致溢流和沉砂中都将产生粗、细颗粒相互混杂现象。为此提出了如下评价分级效率的标准。

7.2.1 量效率 ε

分级量效率的意义是指某粒级在分级溢流或沉砂中的回收率。

分级溢流的量效率 ε_{c-x} 为：

$$\varepsilon_{c-x} = \frac{Q_4 \alpha_{c-x}}{Q_3 \alpha_{F-x}} = \gamma_4' \frac{\alpha_{c-x}}{\alpha_{F-x}} \tag{7-1}$$

$$\gamma_4' = \frac{Q_4}{Q_3} = \frac{1}{1+C} \tag{7-2}$$

式中，Q_3、Q_4 分别为图 7-1 中相应各产物固体流率，t/h；α_{F-x}、α_{c-x} 分别为给料、溢流中粒度小于 x 的产率。

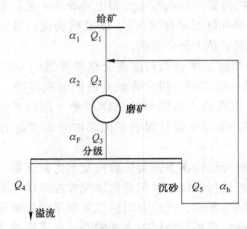

图 7-1　闭路磨矿流程

溢流中按小于 x 粒级的量效率（回收率）为：

$$\varepsilon_{c-x} = \frac{\alpha_{c-x}(\alpha_{F-x} - \alpha_{h-x})}{\alpha_{F-x}(\alpha_{c-x} - \alpha_{h-x})} \tag{7-3}$$

式中，α_{h-x} 为沉砂中小于 x 粒级的产率。

沉砂中大于 x 粒级的量效率（回收率）为：

$$\varepsilon_{h+x} = \frac{\alpha_{h+x}(\alpha_{F+x} - \alpha_{c+x})}{\alpha_{F+x}(\alpha_{h+x} - \alpha_{c+x})} \tag{7-4}$$

式中，α_{F+x}、α_{c+x}、α_{h+x} 为给料、溢流、沉砂中大于 x 粒级的产率。

7.2.2 质效率 E

理想的情况是溢流中不含粗颗粒，沉砂中不含细颗粒，因此评价溢流或沉砂的质量时应采用质效率，即应考虑粗、细颗粒在分级产品中的混杂情况。质效率的定义为：

溢流质效率：

$$E_{c质} = \varepsilon_{c-x} - \varepsilon_{c+x} \tag{7-5}$$

沉砂质效率：

$$E_{h质} = \varepsilon_{h+x} - \varepsilon_{h-x} \tag{7-6}$$

式中，ε_{c+x} 为溢流中粗颗粒的回收率；ε_{h-x} 为沉砂中细颗粒的回收率。

实际工作中 ε_{c+x}、ε_{h-x} 越小，溢流或沉砂质效率越高。

因为：

$$\varepsilon_{h-x} = 1 - \varepsilon_{c-x} \tag{7-7}$$

$$\varepsilon_{h+x} = 1 - \varepsilon_{c+x} \tag{7-8}$$

将式（7-7）和式（7-8）分别代入式（7-6）或式（7-5）得：

$$E_{h质} = (1 - \varepsilon_{c+x}) - (1 - \varepsilon_{c-x}) = \varepsilon_{c-x} - \varepsilon_{c+x} = E_{c质} \tag{7-9}$$

由上式可知，溢流和沉砂的质效率是等价的，故统一以 $E_质$ 表示。如上所述，分级质效率较量效率更能确切地反映分级工作状况。

$E_质$ 有不同的数学表达式，它们彼此之间可以相互转化。例如：

$$E_质 = \varepsilon_{c-x} - \varepsilon_{c+x} = \gamma'_4 \frac{\alpha_{c-x}}{\alpha_{F-x}} - \gamma'_4 \frac{\alpha_{c+x}}{\alpha_{F+x}} = \gamma'_4 \frac{\alpha_{c-x} - \alpha_{F-x}}{\alpha_{F-x}(1 - \alpha_{F-x})} \tag{7-10}$$

又由式（7-1）可得：

$$E_质 = \gamma'_4 \frac{\alpha_{c-x}}{\alpha_{F-x}(1 - \alpha_{F-x})} - \gamma'_4 \frac{\alpha_{F-x}}{\alpha_{F-x}(1 - \alpha_{F-x})} = \frac{\varepsilon_{c-x}}{1 - \alpha_{F-x}} - \frac{\gamma'_4}{1 - \alpha_{F-x}} = \frac{\varepsilon_{c-x} - \gamma'_4}{1 - \alpha_{F-x}} \tag{7-11}$$

又因为：

$$\gamma'_4 = \frac{\alpha_{F-x} - \alpha_{h-x}}{\alpha_{c-x} - \alpha_{h-x}} \tag{7-12}$$

将式（7-12）代入式（7-10）得：

$$E_质 = \frac{(\alpha_{F-x} - \alpha_{h-x})(\alpha_{c-x}\alpha_{F-x})}{\alpha_{F-x}(\alpha_{c-x} - \alpha_{h-x})(1 - \alpha_{F-x})} \tag{7-13}$$

上式中所有产率值均为小数值，$E_质$ 也为小数值，式（7-13）即为常用的分级质效率表达式。

7.2.3 总效率 $E_总$

溢流中大于 x 粒级的回收率为：

$$\varepsilon_{c+x} = 1 - \varepsilon_{h+x} \tag{7-14}$$

将式（7-14）代入式（7-5）得：

$$E_质 = \varepsilon_{c-x} - (1 - \varepsilon_{h+x}) = \varepsilon_{c-x} + \varepsilon_{h+x} - 1 \tag{7-15}$$

可定义：

$$E_总 = \varepsilon_{c-x} + \varepsilon_{h+x} \tag{7-16}$$

式（7-16）的意义为：分级总效率 $E_总$ 为溢流量效率 ε_{c-x} 和返砂量效率 ε_{h+x} 之和。因此分级总效率更能确切反映分级机工作情况。

7.2.4 修正效率 E_{cr}

按颗粒在流体中沉降速度的差异进行分级的设备，无论是螺旋分级机还是水力旋流器，按式（7-4）算出颗粒在沉砂中大于 x 粒级的回收率曲线（即量效率曲线）都不过原点（如图7-2所示），其主要是由沉砂和溢流中混入未经分级的原矿所造成。

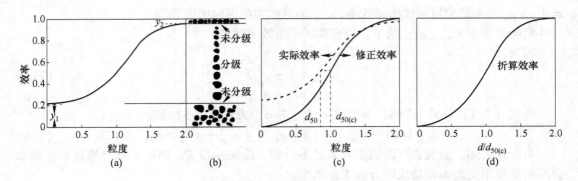

图 7-2 实际效率、修正效率、折算效率曲线

设沉砂中混入的未经分级的原矿回收率为 y_1，溢流中混入的未经分级的原矿回收率为 y_2，真正由于分级作用而进入沉砂中的粗级别回收率应按下式计算：

$$E_{cr} = \frac{\varepsilon_{h+x} - y_1}{1 - y_1 - y_2} \qquad (7-17)$$

式中，E_{cr} 为修正效率。

一般来说，$y_2 \approx 1\% \sim 3\%$，可以忽略不计，则上式可简化为：

$$E_{cr} = \frac{\varepsilon_{h+x} - y_1}{1 - y_1} \qquad (7-18)$$

按 $E_{cr} = f(d)$ 绘制的曲线经过坐标原点。由图 7-2 可以看出实际测定的分离粒度 d_{50} 与由修正效率曲线得到的 $d_{50(c)}$，二者数值不同，且 $d_{50} < d_{50(c)}$。通常称 d_{50} 为"表观分离粒度"，$d_{50(c)}$ 为"真实分离粒度"。

7.2.5 折算效率 E_{Rcd}

1955 年岳晓卡（Yoshioka）和候塔（Hotta）采用 $\phi 75 \sim 150$mm 旋流器进行试验发现，如果横坐标以 $d/d_{50(c)}$ 表示，则物料性质相同的 $E_{cr} = f(d/d_{50(c)})$ 的曲线形式基本一致（如图 7-3 所示）。式中 d 为窄级别平均粒度，按算术平均 $\left(d_i = \dfrac{d_i + d_{i+1}}{2} \right)$ 或几何平均（$d_i = \sqrt{d_i d_{i+1}}$）计算，d_i 及 d_{i+1} 为 i 粒级上下限粒度。东北大学陈炳辰采用 $\phi 75$mm 旋流器对东鞍山赤铁矿所作的连续磨矿回路的分级试验也发现上述规律。

岳晓卡提出以下述方程描述折算效率曲线：

$$E_{Rcd} = 1 - \exp\left(-\frac{d}{d_{50(c)}} - 0.115 \right)^3 \qquad (7-19)$$

但式（7-19）为单参数模型，应用范围有很大局限性。

1965 年伦奇（Lynch）等利用计算机对规格为 $\phi 150$、250 及 500mm 的水力旋流器的试验数据进行了回归分析，得出以下描述折算效率曲线——S 曲线的数学模型：

$$E_{Rcd} = \frac{\exp\left(\alpha \dfrac{d}{d_{50(c)}} \right) - 1}{\exp\left(\alpha \dfrac{d}{d_{50(c)}} \right) + \exp(\alpha) - 2} \qquad (7-20)$$

式中，α 为 S 曲线陡度。

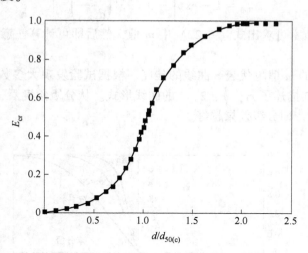

图7-3　不同条件下的折算效率曲线

　　α 值的大小决定了 S 曲线经过 $d_{50(c)}$ 时曲线变化的大小程度（如图7-4所示）。α 值一般介于 2.5~4.5 之间。当 α ≤ 3 时，分级效果欠佳；当 α ≥ 4 时分级较精确。式（7-20）为超越方程，一般可用计算机求 α 近似解。

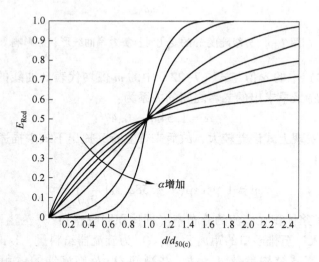

图7-4　不同 α 值时折算效率曲线的变化

　　1971 年普立特（Plitt）提出采用下式描述折算效率曲线：

$$E_{Rcd} = 1 - \exp\left[- A\left(\frac{d}{d_{50(c)}}\right)^m \right] \tag{7-21}$$

式中，A、m 为参数。

　　当 $d = d_{50(c)}$ 时，$E_{Rcd} = 0.5$，可求得 $A = 0.6931$，则式（7-21）可简化为单参数方程：

$$E_{\mathrm{Rcd}} = 1 - \exp\left[-0.6931\left(\frac{d}{d_{50(\mathrm{c})}}\right)^m\right] \tag{7-22}$$

利用线性回归技术可求出式（7-22）中 m 值，然后即可计算任意相对粒度 $d/d_{50(\mathrm{c})}$ 时的折算效率 E_{Rcd}。

式（7-22）中的 m 值也代表 S 曲线的陡度。根据试验发现大多数水力旋流器的 m 值为 1.5~3.5。图 7-5 描述了 $m = 1$、2、3 的曲线形式。从分级角度看，m 值越大，曲线经过 $d_{50(\mathrm{c})}$ 时变化越陡，即分级效果越好。

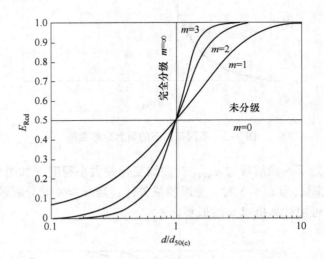

图 7-5　分级陡度 m 的变化对折算效率曲线形状的影响

既然式（7-20）中的 α 值与式（7-22）中的 m 值均代表 S 曲线的陡度，二者必然存在一定联系。普立特最早求出的二者之间的关系为：

$$\alpha = 1.54m - 0.47 \tag{7-23}$$

但进一步研究发现上式误差较大，故后来普立特又提出下式来描述参数 m 与旋流器其他参数之间的关系：

$$m = 1.94\exp(-1.58\varepsilon_{\mathrm{h}V})\left(\frac{d_{\mathrm{c}}^2 h}{Q_V}\right)^{0.15} \tag{7-24}$$

式中，$\varepsilon_{\mathrm{h}V}$ 为给料矿浆体积在底流的分布率（即体积回收率）；d_{c} 为溢流管下部内径，cm；h 为溢流管下部插入口至排砂口的距离，cm；Q_V 为旋流器给料量，1/min。

因此，已知旋流器结构参数 d_{c}、h，并测知 Q_V 及旋流器的体积分布，即可利用式（7-24）求出 m 值，然后利用式（7-22）求出折算效率。如果已知分布粒度 $d_{50(\mathrm{c})}$，即可求出溢流和底流的粒度分布。

伦奇认为式（7-20）中 α 值为常数，式（7-18）中 y_1 与旋流器中水量分布有关，即：

$$y_1 = R_{\mathrm{f}} = \frac{W_{\mathrm{h}}}{W_{\mathrm{f}}} \tag{7-25}$$

式中，W_{h}、W_{f} 分别为分级底流和给料中水量，t/h。

进一步研究发现，对于既定的旋流器作业条件（即结构参数）来说，式（7-21）中 α 值并非为常数，因为 y_1 不能单纯地认为等于分级底流的水量分布 R_f。

勒基、奥斯汀在试验的基础上提出了下述计算折算效率的半经验公式：

$$E_{\text{Rcd}} = \cfrac{1}{1 + \left[\cfrac{d}{d_{50(\text{c})}} \right]^{2.196/\ln(\text{SI})}} \tag{7-26}$$

式中，SI 为折算效率曲线的陡度指数（Sharpness Index）。

SI 的定义为：

$$\text{SI} = d_{0.25}/d_{0.75} \tag{7-27}$$

式中，$d_{0.25}$（或 d_{25}）、$d_{0.75}$（或 d_{75}）分别为修正效率（按式（7-18）计算）等于 0.25 及 0.75 时相应的粒度值（如图 7-6 所示），因此 $0 \leqslant \text{SI} \leqslant 1.0$。大多数工业用旋流器的陡度指数 SI 值介于 0.3~0.6 之间。

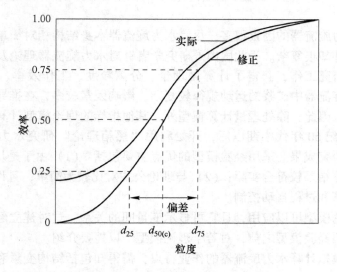

图 7-6　典型效率曲线及 $d_{0.25}$、$d_{0.75}$ 值

1982 年罗杰斯提出下述既适用于螺旋分级机、水力旋流器，又适用于湿式细粒分级用筛分机的折算效率模型，即：

$$E_{\text{Rcd}} = \cfrac{1}{1 + \cfrac{d_{50(\text{c})}}{d} \exp\left\{ \alpha \left[1 - \left(\cfrac{d}{d_{50(\text{c})}} \right)^3 \right] \right\}} \tag{7-28}$$

罗杰斯等进一步研究发现，上式中陡度参数 α 与陡度指数 SI 间存在下述关系：

$$\text{SI} = \cfrac{\ln(\alpha/0.07986)}{14.564} \tag{7-29}$$

因此，由效率曲线求出陡度指数 SI 后不难求出陡度参数 α 值，这样即可利用式（7-20）或式（7-22）计算分级效率。

7.3　计算水力旋流器作业指标的数学模型

水力旋流器是一种典型的离心力场粒度分离设备，由于它构造简单、处理量大、占地面积小等优点，在选矿厂中得到广泛应用，主要用于分级、脱水、脱泥等作业。

水力旋流器主要用于磨矿回路的开路和闭路作业，其中闭路作业又分为预先分级和检查分级（或控制分级），其分级粒度范围一般为 $40\sim400\mu m$，有时可扩展至 $5\sim1000\mu m$。由于水力旋流器的分级粒度范围较宽，因此可用于一段磨矿、二段磨矿或再磨矿回路的分级。

水力旋流器的作业指标主要包括处理量、分级效率、分离粒度（常以 d_{50} 表示）等。影响作业指标的因素很多，其主要分为两大类：（1）设计（或结构）变量，如旋流器直径、给料口尺寸及形状、溢流口及沉砂口尺寸、锥角、溢流管插入深度（溢流管下口至沉砂口的距离）等。（2）操作变量，如给料量、压力、浓度、给料粒度分布、密度、颗粒形状等。

由于影响水力旋流器的因素很多，尽管水力旋流器本身结构相对简单，但其工作机理及最优化工作条件却很复杂。为此国内外研究学者针对水力旋流器理论及相关最优化工作参数开展了大量研究工作，获得了计算处理量、分离粒度、工作效率、压力降等理论公式。但由于水力旋流器中矿浆的运动规律较复杂，影响因素较多，在推导理论公式时需做一些假设及简化，因此，除处理量计算模型外，其他指标的理论模型计算结果都有较大的偏差。为此 20 世纪 60 年代中期以后，开始利用"黑箱理论"研究水力旋流器的经验模型，取得了诸多研究成果。采用经验模型的优点主要包括：（1）由于是从实际试验数据总结归纳而成，计算结果较符合实际；（2）与理论公式对比较为简单，且许多变量可以容易获得，故便于计算和过程自动控制。

由于有些理论模型可以应用，且它可显示变量间的关系，这对建立经验模型有指导意义，因此，在介绍经验模型之前，对若干理论模型予以扼要介绍。

为了完整地模拟计算水力旋流器的作业特点，需得知包括结构变量和操作变量的下述四个基本参数，即：（1）分离粒度；（2）矿浆（或水）在底流和溢流中的分布；（3）分级效率曲线的陡度；（4）处理量-压力降的关系。只要能获得给定条件下的上述四个基本参数，就能确定物料在旋流器产品中的分布及各产品的粒度分布。

7.3.1　理论模型

7.3.1.1　处理量模型

А. И. 波瓦洛夫（Поваров）曾推导出下述公式：

$$Q_V = k_1 D d_c \sqrt{gp} \tag{7-30}$$

式中，Q_V 为旋流器给料体积流率，$1/\min$；D 为旋流器内径，cm；d_c 为溢流管直径，cm；g 为重力加速度，$9.81 m/s^2$；p 为进口压力，kg/cm^2。

式（7-30）中 k_1 为常数，根据试验发现其与 d_f/D 之比有关，可用下式描述：

$$k_1 = \exp\left(4.8\frac{d_f}{D} - 1\right) \tag{7-31}$$

式中，d_f 为入料口当量直径，cm。

由式（7-30）可以看出，水力旋流器的体积流率 Q_V 与旋流器内径 D、溢流管内径 d_c 的一次方成比例，与进口压力的 0.5 次方成比例；同时也与 d_f/D 的比值有关。当 d_f/D 保持不变时，得：

$$Q_V \propto Dd_c p^{0.5} \tag{7-32}$$

随后波瓦洛夫对式（7-30）进行了改进，提出采用下式计算水力旋流器的处理量：

$$Q_V = 3K_\alpha K_D d_f d_c \sqrt{p_0} \tag{7-33}$$

式中，K_α 为旋流器锥角修正系数，$\alpha = 10°$ 时，$K_\alpha = 1.15$，$\alpha = 20°$ 时，$K_\alpha = 1.0$；p_0 为入料口压力，MPa；K_D 为不同规格旋流器的修正系数，按式（7-34）计算：

$$K_D = 0.8 + \frac{1.2}{1 + 0.1D} \tag{7-34}$$

当旋流器直径 $D > 500\text{mm}$ 时，应考虑旋流器本身内部液柱高的影响，此时 p_0 按式（7-35）计算。

$$p_0 = p + 0.01H_g\delta_s \tag{7-35}$$

式中，δ_s 为矿浆密度，t/m^3；H_g 为旋流器高，m；p 为旋流器入口压力，MPa，$1\text{Pa} = 1\text{N/m}^2$。

1 工程压力 $= 0.098\text{MPa}$，通常旋流器入口压力 $p_0 \approx 0.04 \sim 0.15\text{MPa}$。

7.3.1.2 分离粒度模型

分离粒度大多数按 d_{50} 计算，个别公式按溢流中最大粒度计算。计算分离粒度的公式有以下几个：

（1）达尔斯托姆（Dahlsrom）公式：

$$d_{50} = 85\frac{(d_f d_c)^{0.68}}{Q_V^{0.53}(\delta - \Delta)^{0.5}} \tag{7-36}$$

式中，δ 为固体物料密度，g/cm^3；Δ 为流体密度，g/cm^3。

（2）岳晓卡和侯塔计算公式：

$$d_{50} = \frac{6.3 \times 10^3 d_c^{0.1} d_f^{0.6} D^{0.8} \mu^{0.5}}{Q_V^{0.5}(\delta - \Delta)^{0.5}} \tag{7-37}$$

式中，μ 为矿浆黏度，cP；d_c 为溢流管直径，cm；d_f 为入料口当量直径，cm；D 为旋流器内径，cm；Q_V 为旋流器给料体积流率，$1/\text{s}$；δ 为固体物料密度，g/cm^3；Δ 为流体密度，g/cm^3。

（3）李吉（Lilge）公式：

$$d_{50} = \frac{47.34 d_f^{0.87} d_c^{1.13}}{\left(1 - \dfrac{d_f}{d_c}\right)^{0.5}}\sqrt{\frac{(1 - \varepsilon_{hv})\mu}{(\delta - \Delta)Q_V h}} \tag{7-38}$$

式中，d_c 为溢流管直径，cm；d_f 为入料口当量直径，cm；ε_{hv} 为按体积计矿浆在底流中的量占给料体积的比；μ 为矿浆黏度，cP；Q_V 为旋流器给料体积流率，$1/\text{min}$；δ 为固体物料密度，g/cm^3；Δ 为流体密度，g/cm^3；h 为溢流底部至沉砂口距离，cm。

（4）波瓦洛夫公式：

$$d_{50} = 0.9 \sqrt{\frac{d_c D T_f}{d_f^2 p^{0.5} (\delta - \Delta)}} \tag{7-39}$$

按溢流中最大粒度计为：

$$d_{cmax} = 1.5 \sqrt{\frac{D d_c T_f}{K_D d_h p_0^{0.5} (\delta - \Delta)}} \tag{7-40}$$

式中，d_c 为溢流管直径，cm；d_f 为入料口当量直径，cm；D 为旋流器内径，cm；p_0 为入料口压力，MPa；T_f 为入料浓度，%；δ 为固体物料密度，t/m^3；Δ 为流体密度，t/m^3。

（5）长沙矿冶研究院提出的公式：

$$d_{cmax} = k \frac{D d_c T_f^n}{d_f^m p^{0.25} (\delta - \Delta)^{0.5}} \tag{7-41}$$

式中，k、n、m 为常数，它们的取值与 d_c、T_f 有关（表 7-1）。

表 7-1 中 T_f 增加、d_c 增大时，k、n 取大值，m 取小值。

表 7-1 式（7-41）中 k、n、m 值与 d_c、T_f 的关系

d_c/mm	$T_f/\%$	k	n	m
<100	<20	0.9~1.0	0.5	1.0
<110	20~25	1.2~1.6	0.5	1.0
150~300	40~60	0.9~1.0	0.5~7.5	1.0~0.5

式（7-41）与式（7-40）相仿，差别在于式（7-41）中 T_f、d_c 的方次是变值。一般认为：

$$d_{cmax} = (1.5 \sim 2.0) d_{50} \tag{7-42}$$

7.3.2 经验模型

7.3.2.1 处理量模型

为了使模型适用范围更宽，考虑式（7-30）及式（7-33）的特点，伦奇提出了下述计算处理量的模型。

$$Q_V = k_0 d_c^{k_1} d_f^{k_2} p^{k_3} \tag{7-43}$$

式中，d_c、d_f 的单位为 cm；压力 p 的单位为 kPa；k_i 为待测参数，$i = 0$，1，2，3。

当给料粒度变化较大时，应考虑沉砂口 d_h 的大小以及给料中小于 $53\mu m$ 粒级含量（$\gamma_{-53}(\%)$）的影响：

$$Q_V = k_0 d_c^{k_1} d_f^{k_2} d_h^{k_3} P^{k_4} \gamma_{-53}^{k_5} \tag{7-44}$$

通过试验用回归分析技术可求出上述两式中的参数 k_i，这样即可利用上述两式预测水力旋流器的处理量。

7.3.2.2 分离粒度模型

根据式（7-36）及式（7-41）理论模型的特点，可以考虑经验模型中应包括的因素；此外，经验模型应易于线性化，以便利用回归技术求出模型中参数。

普立特提出了包括因素更多的计算 $d_{50(c)}$ 的经验模型：

$$d_{50(c)} = 50.5 \frac{D^{0.46} d_f^{0.6} d_c^{1.21} \exp(0.063 T_V)}{d_h^{0.71} h^{0.38} Q_V^{0.45} (\delta - \Delta)^{0.5}} \tag{7-45}$$

式中，D、d_f、d_c、d_h、h 的单位为 cm；Q_V 的单位为 1/min；δ、Δ 的单位为 g/cm³；T_V 为给料中固体的体积浓度，%。

由式（7-36）~式（7-41）及式（7-45）分析可以看出 $d_{50(c)}$ 为 D、d_f、d_c、d_h、h、Q_V、T_f（或 T_V）、δ、Δ 等变量的函数即：

$$d_{50(c)} = f(D、d_f、d_c、d_h、h、Q_V、T_f、\delta \cdots) \tag{7-46}$$

根据诸变量的关系可以表示为：

$$d_{50(c)} = D^{\lambda_1} d_f^{\lambda_2} d_c^{\lambda_3} d_h^{\lambda_4} h^{\lambda_5} Q_V^{\lambda_6} T_f^{\lambda_7} \delta^{\lambda_8} \cdots \tag{7-47}$$

为了便于计算，上式可简化为线性，即：

$$\lg d_{50(c)} = \lambda_1 \lg D + \lambda_2 \lg d_f + \lambda_3 \lg d_c + \lambda_4 \lg d_h + \lambda_5 \lg Q_V + \lambda_6 \lg T_f + \lambda_7 \lg \delta + \cdots \tag{7-48}$$

上式改变系数后可得出下述近似方程：

$$\lg d_{50(c)} = k_0 + k_1 D + k_2 d_f + k_3 d_c + k_4 d_h + k_5 Q_V + k_6 T_f + k_7 \delta + \cdots \tag{7-49}$$

在实际工作中可根据具体情况取舍变量，并考虑变量对 $d_{50(c)}$ 影响的性质（正或负）。例如，伦奇采用下式作近似计算：

$$\lg d_{50(c)} = k_0 + k_1 d_c + k_2 d_f + k_3 d_h - k_4 Q_V + k_5 T_f \tag{7-50}$$

式中，d_f、d_c、d_h、Q_V 的意义同前，单位同式（7-45）；入料固体重量浓度 T_f 单位为%。

当给料粒度变化不大时，在实验室中利用小尺寸旋流器做试验求出常数 $k_i(i=0, 1, \cdots, 5)$ 之值，这样就可以利用式（7-49）预测大规格水力旋流器的分离粒度 $d_{50(c)}$，只要大规格旋流器与试验用旋流器保持几何结构参数的相似。如果给料粒度有较大变化，则应考虑给料粒度分布的影响，此时可采用下式：

$$\lg d_{50(c)} = k_0 + k_1 d_c + k_2 d_f - k_3 d_h - k_4 Q_V + k_5 T_f - k_6 \gamma_{+d_1} + k_7 \gamma_{-d_2} \tag{7-51}$$

式中，γ_{+d_1}、γ_{-d_2} 分别为给料中粒度大于 d_1 及小于 d_2 粒级的产率，%。

由于 $d_{50(c)}$ 与溢流中-0.074mm 含量密切相关，故也可以 $\gamma_{-0.074}$ 表示溢流粒度：

$$\lg(\gamma_{-0.074}) = k_0 - k_1 Q_{fs} - k_2 Q_V + k_3 Q_w \tag{7-52}$$

式中，$\gamma_{-0.074}$ 为溢流中-0.074mm 含量，%；Q_{fs} 为磨矿分级回路的新给矿量，t/h；Q_w 为水力旋流器给料中水量，m³/h。

分离粒度的经验模型的表达式多种多样，应根据具体情况进行选用。应指出的是，上述公式都是单成分或混合物料的总分离效果。由于密度的影响，混合物料中各单个成分的分离粒度 $d_{50(c)}$ 也有差异。根据 D. 布雷德利（Bradley）和普立特等人的研究，由不同密度矿物组成的混合矿石的单体矿物的分离粒度 $d_{50(c)}$ 可用下式描述：

$$d_{50(c)} = C(\delta_{矿物} - 1)^{-k} \tag{7-53}$$

式中，$\delta_{矿物}$ 为矿物密度，g/cm³；C、k 为常数，其中 $C = \dfrac{\delta_{矿石} - 1}{\delta_{矿物} - 1}$，$k$ 介于 0.5~1.0 之间。

7.3.2.3 水量（或矿浆）分布模型

水量（或矿浆）在旋流器出口（溢流口及沉砂口）的分布既影响分离粒度及分离效率，又影响处理能力。

设底流和溢流流量分布为 s，则：

$$s = \frac{V_h}{V_c} \tag{7-54}$$

式中，V_h、V_c 为旋流器底流和溢流的流量速率，m^3/h。

矿浆的流量分布 R_s 为：

$$R_s = \frac{V_h}{V_h + V_c} = \frac{V_h}{V_f} = \frac{s}{1+s} \tag{7-55}$$

设水的流量分布为 R_f，则：

$$R_f = \frac{W_h}{W_f} = \frac{V_h - \varepsilon_{hs} T_V}{1 - T_V} \tag{7-56}$$

或

$$R_f = \frac{\varepsilon_{hs} - E_{cr}}{1 - E_{cr}} \tag{7-57}$$

式中，ε_{hs} 为底流固体体积回收率（小数）；T_V 为给料中固体体积浓度（小数）。

许多试验结果表明底流与溢流的流量分布与 d_h/d_c 值有关，即：

$$s = \frac{V_h}{V_c} \propto \left(\frac{d_h}{d_c}\right)^{\lambda} = k\left(\frac{d_h}{d_c}\right)^{\lambda} \tag{7-58}$$

不同的研究学者根据试验获得不同的 λ 值，如表 7-2 所示。

表 7-2 式 (7-58) 中的 λ 值

研 究 者	式 (7-58) 中的 λ 值
岳晓卡和侯塔	4.0
达尔斯托姆	4.4
塔尔坚（Tarjan）	3.0
史塔斯（Stass）	3.5

但上述 λ 值只在一定条件下适用。

达尔斯托姆曾推导出求 s 的公式：

$$s = \frac{3.413}{Q_V^{0.44}}\left(\frac{d_h}{d_c}\right)^{4.4} \tag{7-59}$$

式中，Q_V 的意义同前，$1/min$；d_h、d_c 的意义同前，cm。

伦奇得出计算水量分布 R_f 的公式为：

$$R_f = \frac{193 d_f}{(1 - T_V) Q_V} - \frac{271.6}{(1 - T_V) Q_V} - 1.61 \tag{7-60}$$

式中，R_f 为小数；T_V 为小数；d_f 的意义同前，cm；Q_V 的意义同前，$1/min$。

式 (7-60) 中虽没有包括溢流管尺寸 d_c，但包含了流量速率 Q_V 及给料的固体体积浓度 T_V，故在一定条件下较符合实际。为了扩大应用范围可采用下述水量分布模型：

$$R_f = k_0 - \frac{k_1 d_h}{W_f} + \frac{k_2}{W_f} \tag{7-61}$$

上式通过试验求出参数 $k_i (i = 0, 1, 2)$，即可用来预测水量分布。

如果考虑给料粒度的影响，则可用下式求水量分布：

$$R_f = k_0 - k_1 \frac{d_f}{W_h} + \frac{k_2}{W_f} + k_3 \frac{W_f}{\gamma_{+420}} - k_4 \frac{W_f}{\gamma_{-53}} \qquad (7\text{-}62)$$

式中，γ_{+420}、γ_{-53} 分别为大于 420μm 和小于 53μm 粒级的产率，%。

根据式 (7-61)、式 (7-62) 可求得溢流中水量 W_c 的计算公式为：

$$W_c = k_0 - k_1 d_h + k_2 W_f \qquad (7\text{-}63)$$

式中，k_i、d_h、W_f 的意义同前。

7.3.2.4 溢流粒度分布模型

设 $F_f(x)$ 为旋流器给料的粒度分布，则其密度函数为 $F'_f(x)$（即窄级别产率）。由此得粒度为 d 的粒级的真正分级给料为：

$$F'_f(d)(1 - y_1)$$

如果 $y_1 \approx R_f$，则：

$$F'_f(d)(1 - y_1) \approx F'_f(d)(1 - R_f) \qquad (7\text{-}64)$$

由此得细粒级在溢流中的回收率 ε 为：

$$\varepsilon = F'_f(d)(1 - R_f)[1 - E_{cr}(d)] \qquad (7\text{-}65)$$

式中，$E_{cr}(d)$ 为 d 粒级的修正效率。

细粒级在溢流中的总回收率 ε_{t0} 为：

$$\varepsilon_{t0} = \sum_{d=0}^{d_{max}} F'_f(d)(1 - R_f)[1 - E_{cr}(d)] \qquad (7\text{-}66)$$

溢流的粒度分布 $F_c(d)$ 的密度函数 $F'_c(d)$ 为：

$$F'_c(d) = \frac{F'_f(d)(1 - R_f)[1 - E_{cr}(d)]}{\sum\limits_{d=0}^{d_{max}} F'_f(d)(1 - R_f)[1 - E_{cr}(d)]} = \frac{F'_f(d)[1 - E_{cr}(d)]}{\sum\limits_{d=0}^{d_{max}} F'_f(d)[1 - E_{cr}(d)]} \qquad (7\text{-}67)$$

溢流中小于粒度 d 的累积产率为：

$$F_c(d) = \frac{\sum\limits_{d=0}^{d} F'_f(d)[1 - E_{cr}(d)]}{\sum\limits_{d=0}^{d_{max}} F'_f(d)[1 - E_{cr}(d)]} \qquad (7\text{-}68)$$

从式 (7-68) 可以看出，$F_c(d)$ 是分级给料粒度分布和折算效率曲线的函数。这个函数可以用 $d_f(50)$ 及 $d_{50(c)}$ 来表述，即：

$$F_c(d) = G[d_f(50)、d_{50(c)}] \qquad (7\text{-}69)$$

根据试验求得 $F_c(d)$ 与 $d_{50(c)}$ 的关系为：

$$\lg[F_c(d)] = k_0 - k_1 \lg d_{50(c)} \qquad (7\text{-}70)$$

将式 (7-49) 代入上式，同时认为 d_c、d_f、d_h 为常数（即在 d_c、d_f、d_h 不变的条件下），则可得：

$$\lg[F_c(d)] = k_6 - k_7 T_f + k_8 Q_V \qquad (7\text{-}71)$$

把式 (7-43) 代入上式，则可得溢流粒度分布与给料浓度 T_f 及入口压力 p 的关系式：

$$\lg[F_c(d)] = k_6 - k_7 T_f + k_9 p^\lambda \qquad (7\text{-}72)$$

在某些条件下 $\lambda = 0.42$，故上述方程可写成：

$$\lg[F_c(d)] = k_6 - k_7 T_f + k_9 p^{0.42} \tag{7-73}$$

上述诸式根据试验利用回归分析技术求出常数 $k_i(i = 0, 1, \cdots, 9)$ 后，即可用以预测溢流粒度分布，特别是式（7-71）及式（7-72）在生产中应用更为方便，因为仅测知旋流器入料浓度及入口压力即可。

如果把普立特求 $d_{50(c)}$ 的公式（7-45）代入式（7-70），则可得：

$$\lg[F_c(d)] = k_0 - k_1 T_{fv} + k_2 Q_V - k_3 \lg(\delta_s - \delta_f) \tag{7-74}$$

式中，δ_s、δ_f 为给料中固体物料及矿浆的密度，g/cm^3；T_{fv} 为给料中固体体积浓度，%。

将式（7-43）代入式（7-74），可得：

$$\lg[F_c(d)] = k_0 - k_1 T_{fv} + k_2 \lg p - k_3 \lg(\delta_s - \delta_f) \tag{7-75}$$

比较上述诸式可以看出，式（7-74）及式（7-75）由于多考虑了固体物料及矿浆的密度，故计算结果精度高一些。

经验模型的优点是简单，精度也高；缺点是经验模型都带有待测系数，利用这些模型在进行计算时，必须预先做试验求出待测系数值，如果没有经验，则得不出上述相应模型中待测系数值，这样一来这些模型就不能使用。

7.4　水力旋流器的选择计算

（1）初步确定水力旋流器直径 D。根据溢流中最大粒度和处理量，按表 7-3 初步确定水力旋流器的直径 D。

表 7-3　水力旋流器主要技术参数

水力旋流器直径 D/mm	锥角 $\alpha/(°)$	处理量 $/m^3 \cdot h^{-1}$	溢流粒度 $/\mu m$	给矿管直径 d_n/cm	溢流管直径 d_c/cm	沉砂管直径 d_h/cm
25	10	0.45~0.9	8	0.6	0.7	0.4~0.8
50	10	1.8~3.6	10	1.2	0.13	0.6~1.2
75	10	3~10	10~20	1.7	2.2	0.8~1.7
150	10, 20	12~30	20~50	3.2~4.0	4~5	1.2~3.4
250	20	27~70	30~100	6.5	8	2.4~7.5
360	20	50~130	40~150	9.0	11.5	3.4~9.6
500	20	100~260	50~200	13	16	4.8~15
710	20	200~460	60~250	15	20	4.8~20
1000	20	360~900	70~280	21	25	7.5~25
1400	20	700~1800	80~300	30	38	15~36
2000	20	1100~3600	90~330	42	42	25~50

注：$p_0 = 0.1 MPa$，$\rho = 2.7 t/m^3$。

（2）根据确定的水力旋流器直径 D，按下面经验公式，计算给矿口直径 d_n、溢流口直径 d_c 和沉砂口直接 d_h。

$$d_n = (0.15 \sim 0.25)D; \quad d_c = (0.2 \sim 0.3)D; \quad d_h = (0.7 \sim 0.10)D \tag{7-76}$$

一般 $d_h/d_c = 0.3 \sim 0.5$ 时，水力旋流器分级效率高。

（3）确定给矿压力 p。水力旋流器进口压力通常在 $0.05 \sim 0.16$MPa。大规格旋流器选用小压力值；小规格旋流器选用较大的压力值。一般进口压力与分离粒度的关系，见表 7-4。

表 7-4 进口压力与分离粒度关系表

进口压力 p/MPa	0.03	0.05	0.04~0.08	0.05~0.10	0.06~0.12	0.08~0.14	0.10~0.15	0.12~0.16	0.15~0.20	0.20~0.25
分离粒度 d/mm	0.59	0.42	0.30	0.21	0.15	0.10	0.074	0.037	0.019	0.010

水力旋流器的分离粒度，可通过要求的溢流粒度（即溢流中最大粒度）按下式反算。水力旋流器的溢流粒度一般为 $0.3 \sim 0.1$mm，溢流粒度比分离粒度大 $0.5 \sim 1$ 倍，即：

$$d_{\max} = (1.5 \sim 2.0)d \tag{7-77}$$

式中，$d_{\max}$ 为溢流粒度，μm；d 为分离粒度，μm。

（4）验证溢流粒度。根据上述确定的技术参数，按下式验证溢流粒度，其值应小于或接近设计要求。否则应调整参数（如 d_c、d_h、p 等）重新计算。

$$d_{\max} = 1.5 \sqrt{\frac{Dd_c\beta}{d_h K_D P^{0.5}(\rho - \rho_0)}} \tag{7-78}$$

式中，β 为给矿中固体含量，%；d_c 为水力旋流器溢流口直径，cm；d_h 为水力旋流器沉砂口直径，cm；D 为水力旋流器直径，cm；P 为水力旋流器进口压力，MPa；ρ 为矿石密度，t/m^3；ρ_0 为水的密度，t/m^3；K_D 为水力旋流器直径修正系数，按下式计算

$$K_D = 0.8 + \frac{1.2}{1 + 0.1D} \tag{7-79}$$

（5）计算水力旋流器处理量。通过得出的各参数，按下式计算出一台水力旋流器的处理量。

$$V = 3K_\alpha K_D d_n d_c \sqrt{p} \tag{7-80}$$

式中，V 为按给矿矿浆体积计的处理量，$m^3/(h \cdot 台)$；d_h 为水力旋流器给矿口直径，cm；K_α 为锥角修正系数，按下式计算：

$$K_\alpha = 0.799 + \frac{0.044}{0.0397 + \tan\frac{\alpha}{2}} \tag{7-81}$$

式中，α 为水力旋流器锥角，(°)；其他符号同前。

（6）计算水力旋流器所需台数。

$$n = \frac{V_0}{V} \tag{7-82}$$

式中，V_0 为按给矿矿浆体积计的设计处理量，m^3/h。

7.5 螺旋分级机的选择计算

计算螺旋分级机的生产能力与分级机的规格、安装坡度、溢流粒度及组成、溢流浓度、矿

石密度和矿浆黏度等因素有关。一般按溢流中固体重量计的处理量,求出螺旋的直径。

（1）高堰式螺旋分级机：

$$D = -0.08 + 0.103\sqrt{\frac{Q}{mK_1K_2}} \tag{7-83}$$

（2）沉没式螺旋分级机：

$$D = -0.07 + 0.115\sqrt{\frac{Q}{mK_1K_2'}} \tag{7-84}$$

式中,D 为分级机螺旋直径,m；Q 为按溢流中固体重量计的处理量（其值等于与该分级机形成闭路的磨矿机的给矿量）,t/d；m 为分级机螺旋个数；K_1 为矿石密度矫正系数,按下式计算：

$$K_1 = 1 + 0.5(\rho_2 - \rho_1) \tag{7-85}$$

式中,ρ_2 为设计的矿石密度,t/m³；ρ_1 为标准矿石密度,t/m³,一般取 2.7；K_2、K_2' 为分级粒度矫正系数,见表 7-5。

表 7-5　分级粒度矫正系数 K_2、K_2' 值

分级溢流粒度/mm	1.17	0.83	0.59	0.42	0.30	0.20	0.15	0.10	0.074	0.061	0.053	0.044
K_2	2.50	2.37	2.19	1.96	1.70	1.41	1.00	0.67	0.46	–	–	–
K_2'	–	–	–	–	–	3.00	2.30	1.61	1.00	0.72	0.55	0.36

按上述方法求出螺旋直径后,还需要验算按返砂中固体重量计的处理量是否满足设计需求,否则可改变螺旋转数或磨矿机循环负荷 C。计算式为：

$$Q_1 = 135mK_1nD^3 \tag{7-86}$$

式中,Q_1 为按返砂中固体重量计的螺旋分级机处理量,t/d；n 为螺旋转数,r/min；其他符号意义同前。

7.6　细筛和高频振动筛

7.6.1　细筛和高频振动筛的选择计算

目前细筛和高频振动筛在黑色金属矿选矿厂中的主要用途有两个：（1）提高分级效率,用于磨矿回路中,作磨矿产品的控制分级；（2）提高产品的品位,使粗粒精矿自循环返回再磨。其生产能力的计算主要是依据各类型的生产实践数据。固定细筛由于筛分效率低,大部分已经被高频振动筛取代,其生产能力的选择和计算一般参照下式：

$$F = \frac{Q}{a} \tag{7-87}$$

式中,Q 为所需要处理的矿石量,t/h；a 为单位筛分面积的筛分能力,t/(m²·h)；F 为所需要处理矿石的筛分面积,m²。

根据公式计算得到的 F 值以及各个型号高频振动筛的筛分面积（如表 7-6 所示）,求得所需筛分设备的工作台数。

表 7-6　GZS 系列高频电磁振网筛的技术性能

指标 \ 型号	GZS1020	GZS1220	GZS2020	GZS2220
筛面面积/m²	2.0	3.0	4.0	6.0
筛网倾斜角/(°)	23~33	23~33	23~33	23~33
筛面层数/层	3	3	3	3
筛孔尺寸/mm	0.1~1.0	0.1~1.0	0.1~1.0	0.1~1.0
振幅/mm	0~3.0	0~3.0	0~3.0	0~3.0
频率/Hz	25~50	25~50	25~50	25~50
生产能力/t·h⁻¹	5~10	7.5~15	10~25	15~35
功率/kW	0.5	0.5	1.0	1.0

注：当高频振网筛的筛孔尺寸较小时，生产能力取小值，反之，取大值。

7.6.2　德瑞克高频振动细筛

美国德瑞克公司在 20 世纪末开发出了一种新概念的高效湿法筛分机，即德瑞克高频振动细筛（如图 7-7 所示）。其设计原理为：当筛分含细粒物料的矿浆时，筛面宽度比长度或面积更具重要作用。只要保持适当的给料和矿浆浓度，多路给料就能保证高频振动细筛高效的分级效果。

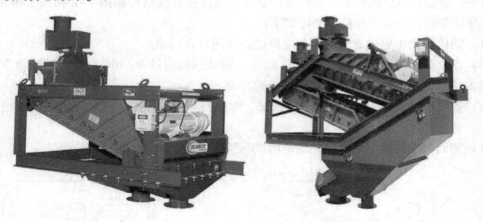

图 7-7　德瑞克高频振动细筛设备图

德瑞克高频振动细筛是利用持续水流和高频振动的综合作用来实现细粒物料的分级的。在两片筛网之间配置衬有耐磨橡胶的洗矿槽，根据需要每台筛机配置 1~3 个洗矿槽。为使前一筛网已脱水的筛上产品在洗矿槽再造浆，喷淋装置直接向洗矿槽喷水，可以使筛上物在洗矿槽内重新造浆固体颗粒彻底翻转、结团矿泥碎散再经筛分使粗、细物料分离。

德瑞克五路重叠式高频振动细筛是德瑞克公司对细粒物料湿式分级领域的重要贡献，也是全球首台以最小占地面积获取最大筛分能力的高频振动细筛，已经广泛应用于各矿山领域，其具有以下优点：

（1）采用 Hi-G 强力振动技术实现高效筛分，且振动噪声低。

（2）采用独有 SG 型振动电机，具有高频率、低振幅、免维护、节能可靠的特点。

（3）将平面分布立体化，占地面积小，处理能力大。

（4）采用 MS 布料器，使物料从出料口流出时能有效满筛面，实现筛机的均匀给料和有效筛分面积最大化。

（5）采用独有的聚酯筛网，具有耐磨防堵的特点。

（6）耐磨防腐的筛机表面处理，筛机使用寿命长。

（7）德瑞克细筛具有较高的筛分效率（≥85%），远高于其他筛分设备；可有效降低磨选系统的循环负荷，进而降低磨矿的电耗和钢球损耗；同时，可减少有用矿物的过粉碎和泥化现象，为后续选别作业（如浮选、重选）提供了最佳的粒度组成，从而提高有用矿物回收率。

7.6.3　陆凯高频电磁振网筛

高频电磁振网筛，采用电磁激振装置，驱动振动系统直接振动筛网。由于其振动系统具有多点分布、高频振动和瞬时强振等特定智能化自动控制功能，因此该设备具有筛分效率高、能耗低、操作简单、性能稳定、筛网自清理能力强的特点。筛分效率是传统固定式细筛的 1~3 倍。

陆凯 FMVS 复合振动电磁高频振网筛简称复振筛，是一种新型高频细筛。适用于细粒物料的干、湿法筛分分级作业，筛机结构及其电磁激振系统结构如图 7-8 和图 7-9 所示。该类筛分设备的突出特点和技术特征如下：

（1）筛机振动由整机直线振动与电磁激振筛网复合而成。

（2）电磁激振筛面高频振动，频率 50Hz，振动强度可达 8~10G，是一般振动筛振动强度的 2~3 倍，利于细粒物料透筛，筛分效率高。

（3）直线振动频率 16Hz，振幅 2~3mm，对物料起抛掷作用，有利于物料层的松散和透筛。

（4）筛面可安装防堵耐磨聚氨酯筛网或不锈钢丝复合网，自清理能力强。

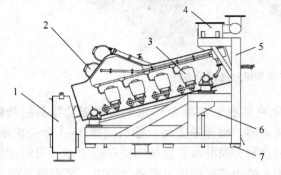 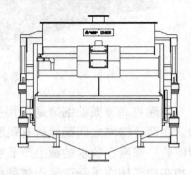

图 7-8　陆凯 FMVS 复合振动电磁高频振网筛结构示意图

1—筛上物料接矿槽；2—振动电机；3—电磁激振器；4—给料箱；

5—机架组合；6—筛下物料收料斗；7—减震弹簧

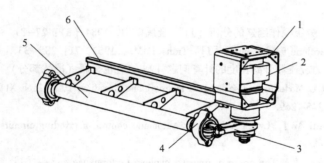

图 7-9 陆凯电磁激振系统结构示意图

1—电磁激振器箱体；2—激振器；3—振动杆；4—弹簧紧定座；5—振动轴；6—振动帽

（5）筛机安装角度可调节，以适应不同的物料性质及筛分作业。

（6）筛机振动参数采用计算机控制，方便可调。

（7）实现封闭式作业，减少环境污染。

筛机工作时，布置在筛箱外侧的电磁激振器通过振动杆带动布置在筛网下的振动轴振动，振动轴上装有沿筛面全宽的聚酯振动帽，聚酯振动帽托住筛网并激振筛网，每台设备沿纵向布置有若干组激振器及传动系统，每个激振系统独立激振筛面，可分段调节。筛机振动梁上安装两台振动电机，筛机在振动电机的驱动下做直线振动。物料在直线振动与电磁激振筛网的复合振动下沿筛面流动、松散、透筛。

FMVS 复振筛筛分效率高、处理量大，在我国细粒物料筛分分级领域取得了广泛的应用。

复习思考题

7-1 分析分级在选矿作业中的重要性及其原理。

7-2 对比分析量效率、质效率、总效率及修正效率。

7-3 试分析影响水力旋流器及螺旋分级机作业指标的主要因素。

7-4 已知给矿矿浆体积为 $50m^3/h$，给矿压强为 100kPa，试设计一台分级用水力旋流器，并确定各结构参数。

7-5 简述主要分级设备及其工作原理。

参 考 文 献

[1] 樊绍良，常庆芬. 立式圆筒筛的研制与初步试验 [J]. 金属矿山，1983 (10)：31~34.

[2] 陈炳辰，刘其瑞. 高频细筛性能和应用的初步研究 [J]. 金属矿山，1983 (5)：31~36.

[3] 韩寿林，马重光. Φ3000 圆锥水力分级机的工业试验及经济效果 [J]. 金属矿山，1984 (10)：38~41.

[4] Errol G K, Spottiswood D J. Introduction to mineral processing [M]. New York：John Wiley & Sons, 1982.

[5] 陈炳辰. 磨矿原理 [M]. 北京：冶金工业出版社，1989.

[6] Lynch A J. Mineral crushing and grinding circuits [M]. New York：Elsevier Amsterdam, 1977.

[7] Plitt L R. A mathematical model of the hydrocyclone classifier [J]. CIM Bulletin, 1976, 69 (776)：114~123.

[8] Rogers R S C. A classification function for vibrating screens [J]. Powder Technology, 1982, 31

（1）：135~137.

[9] 陈炳辰. 影响磨矿分级操作因素的分析 [J]. 金属矿山, 1984 (8)：27~31.

[10] Lilge E O. Hydrocyclone fundamentals [J]. Trans. IMM., 1962, 71：285~337.

[11] 孙铁田. 有关水力旋流器分离粒度的计算问题 [J]. 有色金属（冶炼部分）, 1976 (9)：63~66.

[12] Lynch A J, Rao T C. Modeling and scale up of hydrocyclone classifiers [J]. Proc. XI Int. Min. Proc. Congress, Cagliari, 1975, 245~269.

[13] Gault G A, Howarth W J, Lynch A J, et. al. Automatic control of grinding circuits [J]. World Mining, 1979 (11)：59~63.

[14] Laplante A R, Finch J A. The origin of unusual cyclone performance curves [J]. International Journal of Mineral Processing, 1984, 13 (1)：1~11.

[15] Finch J A, Matwijenko O. Individual mineral behaviour in a closed grinding circuit [J]. CIM. Bulletin, 1977, 70：164~172.

[16] Seitz R A, Kawatra S K. Further studies on the use of classifiers for the control of wet grinding circuits [J]. International Journal of Mineral Processing, 1984, 12 (4)：239~249.

[17] 王毓华, 王化军. 矿物加工工程设计 [M]. 长沙：中南大学出版社, 2012.

[18] 周洪林. 德瑞克高频振动细筛在矿物分级和脱水中的应用 [J]. 金属矿山, 2002 (7)：44~47.

[19] 沈丽娟, 陈建中, 胡言凤. 细粒矿物分级设备的研究现状及进展 [J]. 选煤技术, 2010 (3)：65~69.

8 磨矿工艺参数的选择和计算

8.1 概　　述

磨矿作业的指标主要是指处理量、磨矿效率、作业率（或运转率）、钢耗及能耗、产品粒度分布等，理想的情况是在保证磨矿作业粒度和质量合格（尽可能达到有用矿物单体解离又不过粉碎）的前提下，最大限度地提高磨机处理量，同时降低钢耗及能耗，实际上这是一个磨矿过程的最优化问题。影响磨矿过程作业指标的因素很多，属于物料性质方面的有：矿石可磨度、给料粒度、产品细度；属于磨机结构方面的有：磨机规格、形式、衬板；属于操作方面的有：介质形状、尺寸配比及材质，介质充填率，磨机转速，返砂比，分级效率，矿浆的浓度、黏度以及矿浆的化学成分（包括助磨剂）等，这些因素本身又相互影响。

除此以外，上述诸因素的多变性及随机性也增加了最优化问题解决的难度。例如，矿石性质是多变的，即使属于同一矿床的矿石其性质也往往不完全相同，这就给研究矿石可磨度的试验标准带来困难和复杂化。又如关于介质尺寸及配比的选择，这个问题除了受矿石性质的影响，还受磨机其他工作条件的影响（比如转速、衬板形式、球料比等）；再加上介质本身材质和磨损的变化，这样一来，即使最初选择的介质尺寸及配比是适宜的，但连续生产中维持这种适宜状态又是相当困难的。所以，开展磨矿过程参数的选择与计算，实施磨矿过程优化与自动控制具有重要意义。

8.2 矿石可磨度

矿石可磨度是衡量某一种矿石抵抗外力作用的特定指标，以这种指标来衡量矿石在常规磨矿条件下被磨碎的能力。但是由于矿石性质的变化（抗压、抗拉、抗剪强度的不同）以及破碎作用力的不同（冲击、磨剥、膨胀、振动、腐蚀等），到目前为止还没有找到能确切描述矿石性质与磨矿条件之间的吻合关系，为此不得不借用宏观的复杂试验来解决。

矿石可磨度主要用来计算不同规格磨机处理不同矿石的处理能力，因此确定矿石可磨度的原则是选择一磨矿常数作为可磨度单位。所谓磨矿常数即在不同磨矿条件下其值不变，或呈某一比例变化。目前，通常采用的磨矿常数分为容积常数及功率常数两类。

常用的容积常数有：

（1）按新生成的指定粒级计算的比生产率（利用系数）（t/(h·m³)），通常按-200目（-0.075mm）计算。

（2）按新生成的表面积计算，即新生成的总表面积。

常用的功率常数有：

（1）在指定的给矿和产品粒度下处理每吨矿石的耗电量（kW·h/t）。

（2）按新生成的指定粒度计的每吨矿石的耗电量，例如按新生成 -0.075mm 耗电量（kW·h/t）。

（3）按处理每吨矿石每新生成 $1000 cm^2/cm^3$ 的标准比表面积 ΔS_0 计的耗电量（kW·h/ΔS_0·t）。

根据试验方法和可磨度测定结果计算方法的不同，又分为绝对可磨度和相对可磨度。如果试验测出的可磨度值是以单位容积生产能力或单位电耗的绝对值表示，称为绝对可磨度；如果测出的是待测物料试样和标准物料试样的单位容积生产能力或单位电耗量的比值作为可磨度量度，称为相对可磨度。无论哪种方法测定的可磨度，它的准确程度取决于下述因素：（1）试样的代表性；（2）可磨度测试方法本身的准确性及试验操作的精确性；（3）试验测得的可磨度结果向大规模工业生产条件下过渡方法的准确性。后二者是紧密相关的，因此所选用的"磨矿常数"越稳定，即影响其值的变化因素（特别是操作因素）越少，向工业过渡就越容易，精确度也越高。

下面介绍目前常用的几种可磨度测试方法及其应用。

8.2.1 邦德功指数法

邦德功指数可以作为绝对可磨度的标准。邦德功指数的测定及计算方法已于第五章中介绍，此处只介绍从实验室测定结果向工业过渡的方法。

因为邦德功指数相当于直径 $D = 2.4m$ 磨机在标准条件下所得到的试验结果，因此根据实验室测出的邦德功指数进行磨机的比例放大或其他模拟计算必须乘上一系列修正系数。根据邦德功指数来计算工业用磨机的规格、产量和台数的步骤如下：

（1）计算给料粒度为 F_x、产品粒度为 P_x 的工业磨机所需单位功耗 W_x（kW·h/t）：

$$W_x = W_{\mathrm{I}} \left(\frac{10}{\sqrt{P_x}} - \frac{10}{\sqrt{F_x}} \right) \tag{8-1}$$

（2）计算由标准磨机 $D = 2.4m$ 过渡到工业用的其他规格、形式磨机在不同作业条件下所需的单位功耗 W_{x-p}（kW·h/t）：

$$W_{x-p} = W_{\mathrm{I}} \left(\frac{10}{\sqrt{P_x}} - \frac{10}{\sqrt{F_x}} \right) \prod_{i=1}^{8} k_i \tag{8-2}$$

式中，k_i 为不同磨矿条件的修正系数。k_1 为磨矿方式修正系数，对棒磨或球磨来说，干式磨矿的功耗为湿式磨矿的 1.3 倍；k_2 为磨矿回路修正系数，对于球磨来说，用作开路磨矿时由于要控制产品粒度故其磨矿功耗较闭路大。不同磨矿产品开路磨矿修正系数按表 8-1 选取；k_3 为磨机直径修正系数，邦德试验以内径为 2.4m 的磨机为基准，不同直径的磨机修正系数按式（8-3）计算。

$$k_3 = \left(\frac{2.4}{D_x} \right)^{0.2} \tag{8-3}$$

式中，D_x 为工业磨机内径，m。应指出的是当 $D_x > 3.81m$ 时，修正系数 $k_3 = 0.914$，不再变化。

表 8-1 开路球磨修正系数 k_2

控制的产品粒度通过率/%	k_2 系数值	控制的产品粒度通过率/%	k_2 系数值
50	1.035	90	1.4
60	1.05	92	1.46
70	1.1	95	1.57
80	1.2	93	1.70

k_4 为给料粒度过大修正系数，在邦德试验中磨机有一适宜给料粒度 F_0（μm），F_0 值的计算如下：

对于棒磨机：
$$F_0 = 16000 \sqrt{\frac{14.33}{W_{IR}}} \tag{8-4}$$

式中，W_{IR} 为棒磨功指数，kW·h/t。

对于球磨机：
$$F_0 = 4000 \sqrt{\frac{14.33}{W_{IB}}} \tag{8-5}$$

式中，W_{IB} 为球磨功指数，kW·h/t。

当给料不适宜时（即非为上述二式的计算值），可按下式计算修正系数：

$$k_4 = \frac{R + \left(\dfrac{W_I}{1.102} - 7\right)\dfrac{F_x - F_0}{F_0}}{R} \tag{8-6}$$

式中，R 为磨碎比，$R = F_x/F_0$；F_0 为适宜给料粒度，μm，按式（8-4）或式（8-5）计算。

k_5 为磨矿细度修正系数，当磨矿产品粒度要求 -0.074mm 粒级占 80% 以上时采用，这种条件下可按下式计算：

$$k_5 = \frac{P_x + 1.03}{1.145 P_x} \tag{8-7}$$

当 $P_x > 74$μm 时不考虑，一般棒磨产品粒度均较粗，故不考虑此系数。

k_6 为棒磨破碎比修正系数，棒磨机有一最佳破碎比 R_{opt}，当工作破碎比 $R = P/F$ 值偏离最佳破碎比 R_{opt} 之值时，应考虑修正系数 k_6。

最佳破碎比 R_{opt} 按下式计算：

$$R_{opt} = 8 + 5\frac{L}{D} \tag{8-8}$$

式中，L、D 为棒磨机筒体内长和内径，m。

$$k_6 = 1 + \frac{(R - R_{opt})^2}{150} \tag{8-9}$$

当 $|R - R_{opt}| < 2$ 时，可不考虑 k_6。

k_7 为球磨机破碎比修正系数。当破碎比 $R < 6$ 时，用下式计算 k_7：

$$k_7 = \frac{2(R - 1.35) + 0.26}{2(R - 1.35)} \tag{8-10}$$

k_8 为棒磨回路修正系数，此系数根据棒磨机给矿特点及棒磨机在回路中应用情况而采用不同值，即：

1）对于棒磨-球磨流程，当棒磨机给料为闭路破碎产品时，$k_8 = 1.0$；当棒磨机给料为开路破碎产品时，$k_8 = 1.2$。

2）对于单独使用的棒磨机，当棒磨机给料为闭路破碎产品时，$k_8 = 1.2$；当棒磨机给料为开路破碎产品时，$k_8 = 1.4$。

根据拟采用的棒磨机或球磨机的具体条件计算出修正系数 k_i（$i = 1$，2，$\cdots$，8）值，然后代入式（8-2）即可分别算出棒磨机或球磨机在生产条件下的单位功耗（kW·h/t）。

（3）计算磨矿生产需用总功耗 N（kW）：

$$N = Q \cdot W_{x-p} \tag{8-11}$$

式中，Q 为生产要求的磨矿量，t/h。

（4）选择磨机规格和计算需用磨机台数。根据式（4-80）或式（4-84）计算所选用的棒磨机或球磨机的小齿轮功率 N_R 或 N_B，由此可计算所需磨机的台数 n。

对于棒磨机：

$$n_R = \frac{N}{N_R} = \frac{QW_{x-p}}{N_R} \tag{8-12}$$

对于球磨机：

$$n_B = \frac{N}{N_B} = \frac{QW_{x-p}}{N_B} \tag{8-13}$$

8.2.2　汤普孙比表面积法

汤普孙（Thompson）基于"磨矿输入的能量与磨矿新生成的表面积有关"的理论研究而建立一套比表面积法可磨度测定程序，汤普孙法可磨度试验程序如下：

（1）试验装置。

需用矿样的质量：22.7kg

颚式破碎机：102×152mm

棒磨机：$D×L = 304.8×609.6$mm，$n = 48$r/min

装棒：

直径d(mm)	根数
38.13	3
31.86	6
24.55	5

长度：$L = 597$mm

总重：45.4kg

缩分器开口：25.4mm 及 6.4mm

标准套筛：13.33mm；9.423mm；以下为网目：3，4，6，8，10，14，20，28，35，48，65，100，150，200。

（2）试验程序。

1）取代表性试样 30～90kg，筛出 -25.4+12.7mm 粒级作为试验用物料。

2）对试样进行干燥（试样水分含量不超过 1%），因为水分大时试样易于结块或黏着在磨机筒壁上，这样会造成较大的试验误差。

3）对试样进行环锥法混合、四分法缩分，取出 6.8kg 试样作 15min 磨矿试验用，

11.4kg 试样作 25min 磨矿试验用，15.4kg 试样作 35min 磨矿试验用。

4）将试样进行阶段破碎和筛分，直至粒径小于 9.53mm。从试料中取出 200g，将余下试料分作几份，每份质量 4.55kg。

5）将原矿进行筛分分析。为了试验精确，采用联合筛分。用湿筛筛去 -200 目部分，然后将 +200 目部分干燥；干燥后的 +200 目部分用套筛在振动筛上筛 15min，并计算各粒级产率及比表面积。

6）取 4.55kg 矿样放入棒磨机中磨 5min，然后倒出，并取出 100g 按上述第 5 步所述方法进行筛分分析。将试样合并（9.55kg）送回磨机再磨 5min，然后倒出并取 100g 进行粒度分析。筛析后将原试样再返回磨矿机再磨 5min，如此往复，累积磨矿时间共 15min，每磨 5min 停下来，倒出矿样 100g 作粒度分析，这样共进行三次。

7）取第二份试样 4.55kg，重复上述试验。不同之处是开始连续磨 15min，然后停下来取出 100g 进行筛分分析，之后将所有矿样送回磨机再磨。每次磨矿时间间隔也为 5min，累积磨矿时间共 25min。

8）取第三份试样 4.55kg，进行 35min 磨矿试验。最初连续磨矿 25min，然后停下来取出 100g 进行筛分分析，以后每磨 5min 就停下来取出 100g 试样进行粒度分析。如此往复，共进行三次，累积磨矿时间共 35min。

9）将上述不同磨矿时间的 9 个试样分别进行粒度分析后，计算各粒级产率及相对比表面积 S：

$$S = \gamma_i S_i \qquad (8-14)$$

式中，γ_i 为窄级别产率，%；S_i 为该粒级比表面积。其中，S_i 可按下式计算：

$$S_i = \frac{10}{d_i} \qquad (8-15)$$

式中，d_i 为第 i 粒级上限尺寸，mm。例如，-2.5+3 目（-8+6.7mm）的粒级比表面积 $S_i = \frac{10}{8} = 1.25$。

10）求各磨矿时间新生成的相对比表面积。

11）标准相对表面积 S_0 之值如下：

磨矿时间/min	S_0
5	6281
10	8771
15	10676
20	11063
25	12018
30	13068
35	13844

上述数值是经过多次试验得出的。由前述试验方法求出待测物料新生成的相对表面积 S 后，用标准相对表面积 S_0 除之即得相对可磨度 G_r，即：

$$G_r = \frac{S}{S_0} \qquad (8-16)$$

例如，$G_r = 1.09$，表示待测矿石较标准矿石易磨。当磨矿条件都相同时，前者的处理量较后者高 9%；$G_r = 0.85$，说明待测矿石较标准矿石难磨，在同样磨矿条件下前者的处理量较后者低 15%。

（3）有关说明。

1）采用不同的磨矿时间是为了能够选择试验与将来生产要求的磨矿粒度尽量接近，同时考虑将来采用两段磨矿流程的可能性。时间间隔短的磨矿试验反映较粗的棒磨产品，据此选择棒磨机；磨矿时间较长的试验反映较细的球磨产品，据此选择球磨机。

2）上述试验程序仅用来计算湿式开路棒磨或湿式闭路球磨机。

3）改变磨矿时间，例如磨矿时间少于 5min，可用来求软物料，例如煤、石膏等的可磨度；磨矿时间多于 35min，可用来求其他硬度更大物料的可磨度。

表 8-2 ~ 表 8-4 分别列出了溢流型棒磨机、溢流型球磨机及格子型球磨机的标准可磨度，利用上述表中数据即可求出待测矿石的可磨度。图 8-1 给出了不同给料粒度对磨机产量的影响，纵坐标表示在同样磨矿条件下，给料粒度减小时产量增加的百分数。

表 8-2　溢流型棒磨机标准可磨度　　　　　　　　　　（kW·h/t）

磨机内径 D/m	给矿粒度 F/mm							
	25.4	25.4	25.4	25.4	25.4	25.4	25.4	25.4
	产品粒度 p/mm							
	4.699	2.362	1.168	0.833	0.589	0.417	0.295	0.298
1.52	2.98	3.42	3.97	4.63	5.18	5.73	6.94	9.26
1.83	2.88	3.31	3.86	4.41	4.96	5.51	6.72	8.93
2.13	2.75	3.19	3.75	4.3	4.85	5.29	6.39	8.59
2.44	2.64	3.08	3.64	4.19	4.74	5.18	6.28	8.37
2.74	2.64	3.08	3.53	4.08	4.63	5.07	6.17	8.15
3.05	2.63	2.97	3.42	3.97	4.52	4.96	6.06	8.04
3.35	2.53	2.86	3.42	3.86	4.41	4.85	5.84	7.82
3.66	2.42	2.86	3.31	3.75	4.3	4.74	5.73	7.71
3.96	2.42	2.86	3.31	3.75	4.19	4.63	5.62	7.49
4.17	2.42	2.75	3.31	3.75	4.19	4.63	5.62	7.49
4.42	2.31	2.75	3.19	3.64	4.08	4.63	5.51	7.38

表 8-3　溢流型球磨机标准可磨度　　　　　　　　　　（kW·h/t）

磨机内径 D/m	给矿粒度 F/mm							
	19.1	12.7	12.7	9.5	9.5	6.4	6.4	6.4
	产品粒度 p/mm							
	0.417	0.295	0.208	0.175	0.147	0.104	0.074	0.043
1.53	8.12	9.37	11.68	15.21	18.62	23.08	29.31	36.48
1.83	7.49	8.70	10.69	13.44	17.30	21.16	27.22	34.05
2.13	7.05	8.26	10.25	12.89	16.09	19.95	25.32	31.63

磨机内径 D/m	给矿粒度 F/mm							
	19.1	12.7	12.7	9.5	9.5	6.4	6.4	6.4
	产品粒度 p/mm							
	0.417	0.295	0.208	0.175	0.147	0.104	0.074	0.043
2.44	6.61	7.71	9.48	12.12	15.21	18.73	23.80	29.75
2.74	6.39	7.49	9.04	11.68	14.66	17.96	22.59	28.21
3.05	6.17	7.16	8.59	11.13	13.99	17.19	22.04	27.44
3.35	5.95	6.72	8.37	10.80	14.44	16.53	21.37	26.58
3.66	5.73	6.50	8.04	10.36	13.00	15.98	20.39	25.68
3.96	5.40	6.28	7.82	9.92	12.56	15.76	20.17	25.01
4.27	5.18	6.06	7.60	9.70	12.23	15.54	19.95	24.48
4.57	5.07	5.95	7.38	9.59	11.90	15.32	19.72	24.02
4.88	4.96	5.84	7.27	9.48	11.79	15.21	19.61	23.69
5.33	4.85	5.73	7.16	9.37	11.57	14.99	19.28	24.35

表 8-4　格子型球磨机标准可磨度 （kW·h/t）

磨机内径 D/m	给矿粒度 F/mm							
	19.1	12.7	12.7	9.5	9.5	6.4	6.4	6.4
	产品粒度 p/mm							
	0.417	0.295	0.208	0.175	0.147	0.104	0.074	0.043
1.52	7.71	9.04	11.35	14.77	18.18	22.59	28.98	36.48
1.83	7.16	8.37	10.36	13.11	16.86	20.72	27.00	34.05
2.13	6.72	7.93	9.92	12.55	15.76	19.50	52.12	31.62
2.44	6.28	7.33	9.15	11.79	14.88	18.40	23.58	29.25
2.74	6.06	7.16	8.82	11.35	14.33	17.63	22.37	28.21
3.05	5.84	6.83	8.37	10.80	13.66	16.86	21.82	27.44
3.35	5.62	6.50	8.15	10.47	13.11	16.20	21.05	26.56
3.66	5.40	6.28	7.82	10.03	12.67	15.65	20.17	25.68

例 8-1　某选厂利用汤普孙法进行矿石可磨度测试，试验结果示于表 8-5 中。生产中要求每小时处理矿石 90.5t，给料粒度为 −15.9mm，产品粒度为 65 目（0.212mm），求需用的磨机规格、形式及台数。

解：由表 8-5 可知，当要求产品粒度为 65 目时，需要磨 20min，筛上剩余量为 1.2%，相对可磨度因子为 0.902，也即此矿样较标准矿石难磨，其硬度较标准矿石高 9.8%，即可磨度修正系数为 1.098。标准矿石可磨度是在给料粒度为 12.7mm、产品粒度为 65 目条件下求得的，因此应求出给矿粒度修正系数。

由图 8-1 可知，给料粒度为 −15.9mm 时，结料粒度影响系数值 k_F = 37%；给料粒度为 12.7mm 时，k_F = 43%。故生产中给料粒度为 12.7mm 时，可磨度系数为 43% − 37% = 6%，

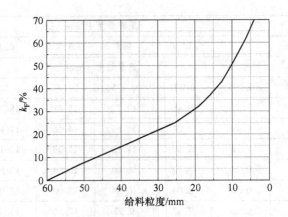

图 8-1　不同给料粒度的可磨度修正值

即待测矿石较标准矿石硬 6%，故给矿粒度修正系数 $k_F = 1.06$。

由表 8-3 可知，当 $D = 2.74m$ 的溢流型磨机用以磨碎标准矿石时，其可磨度为 $G = 9.04kW \cdot h/t$，由此可求出磨碎待测矿石时需用的总功率 N_t。

$$N_t = 9.04 \times 1.098 \times 1.06 \times 90.5 = 952.2$$

磨碎待测矿石时需用的总功率为 952.2kW。查产品目录，当选用 $D×L = 2.7m×2.7m$ 溢流型球磨机时，其轴功率为 260kW，所需球磨机台数 n 为：

$$n = \frac{952.2}{260} = 3.7$$

故选用 4 台。

当选用 $D×L = 3.6m×5.0m$ 溢流型球磨机用以磨碎标准矿石时，其可磨度为 $G = 8.04kW \cdot h/t$，其轴功率为 850kW，求得需用总功率 N_t 为：

$N_t = 8.04×1.098×1.06×90.5 = 846.9$，故选用一台即可

格子型球磨机的计算方法同上。

例 8-2　某矿石可磨度试验结果如表 8-5 所示，生产中要求给矿粒度 -19.1mm，产品粒度为 35 目（0.417mm），每小时处理矿石 180t，试进行选用棒磨机的计算。

解：由表 8-5 可知，磨矿 10 分钟时获得产品粒度 +35 目（0.417mm）占 3%。该矿石可磨度为 0.725，较标准矿石硬（1-0.725）= 27.5%，由此得可磨度修正系数为 1.275。由表 8-2 可知，标准矿石可磨度试验给料粒度为 25.4mm，现场生产中给料粒度为 -19.1mm。由图 8-1 查得标准矿石可磨度系数为 25%-32% = -7%，则对标准矿石来说粒度修正系数 $k_F = 1-0.07 = 0.93$。

如选用 $D×L = 3.66m×4.88m$ 棒磨机，查表 8-2 得标准矿石可磨度 $G = 4.74kW \cdot h/t$。由此求得在上述生产条件下所需总功率 N_t（kW）为：

$$N_t = 4.74 \times 1.275 \times 0.93 \times 180 = 1011.7$$

查产品目录，上述规格磨机轴功率为 751kW，因此需用 2 台。如果选用 $D×L = 3.96m×5.8m$ 棒磨机，其轴功率为 1048kW，故选用一台即可。

表 8-5 矿石可磨度试验相对表面积计算结果

粒度/mm	面积系数	原矿 γ/%	原矿 S	5min γ/%	5min S	10min γ/%	10min S	15min γ/%	15min S	15min γ/%	15min S	20min γ/%	20min S	25min γ/%	25min S
13.330	0.6														
9.423	0.9														
6.680	1.2	19.8	23.8												
4.699	1.8	16.1	29.0												
3.327	2.5	10.1	25.8	1.0	2.5										
2.362	3.5	6.3	22.1	1.6	5.6										
1.651	5.0	5.3	26.5	3.9	19.5										
1.168	7.0	4.5	31.5	6.3	44.1										
0.833	10.0	3.2	32.0	7.9	79.0										
0.589	14.1	2.5	36.7	10.4	146.6										
0.417	19.9	2.0	39.8	10.0	199.0	3.0	59.7								
0.295	28.1	1.8	59.8	9.3	261.3	12.6	354.7								
0.208	39.8	1.5	59.7	6.8	270.6	13.5	537.3	7.3	290.5	9.5	378.1	1.2	47.8		
0.147	56.2	0.8	45.0	4.0	224.8	9.1	511.4	11.5	646.3	11.5	646.3	6.8	382.2	2.5	140.5
0.104	78.7	1.0	78.7	4.7	369.9	8.1	637.5	11.9	936.5	11.6	912.9	12.6	991.6	10.6	834.2
0.074	112.6	0.7	78.8	3.6	405.0	6.4	720.0	9.1	1023.8	8.9	1001.3	10.9	1226.3	11.5	1293.3
-0.074	179.0	24.3	4349.7	30.5	5459.5	47.3	8486.7	60.2	10775.8	58.5	10471.5	68.5	12261.5	75.4	13496.3
合计		100.0	4929.2	100.0	7487.4	100.0	11286.7	100.0	13672.9	100.0	13410.1	100.0	14909.4	100.0	15785.1
产品 S					7487.4		11286.7		13672.9		13410.1		14909.4		15785.1
给料 S			4929.2		4929.2		4929.2		4929.2		4929.2		4929.2		4929.2
新生成 S_0					2558.2		6357.5		8743.7		8480.9		9980.2		10835.9
标准 S_0					6281		8771		10676		10676		11063		12010
相对可磨度 G_r					0.407		0.725		0.794		0.794		0.902		0.992

（4）汤普孙法与邦德法的对比

汤普孙法和邦德法对同一种矿石的试验对比结果如表8-6所示。由表8-6中试验计算数据与实际生产数据对比可以看出，汤普孙法更接近实际，而邦德法较实际值大得多。

表 8-6　磨矿能耗试验的计算值与工业实际值对比

磨机内径 D/m	给料粒度 F/mm	产品粒度 P/mm	功耗/kW·h·t^{-1}						
			实际	邦德法		汤普孙法		二法平均值	
				计算	误差/%	计算	误差/%	计算	误差/%
3.81	14.30	0.417	5.02	8.00	+59.2	5.39	+7.24	6.7	+33.33
2.74	14.30	0.417	5.93	8.54	+44.1	5.87	-0.93	7.21	+21.58
3.10	15.90	0.417	6.71	11.21	+67.0	6.63	-1.15	8.93	+33.00
3.51	12.70	0.417	4.33	7.69	+77.61	4.74	+9.41	6.21	+43.15
3.66	6.40	0.208	14.17	20.28	+43.08	12.31	-13.14	16.26	+14.27
4.27	4.75	0.295	8.11	10.34	+27.45	7.16	-11.68	8.75	+7.88
3.66	4.75	0.295	8.24[①]	7.79[①]	-5.48[①]	8.68[①]	+5.38[①]	8.24[①]	0

①为球磨开路结果，其他为球磨闭路结果。

表8-7为两种方法细磨试验的计算结果。由该表数据可以看出，细磨时按汤普孙法求出的比功耗高于邦德法。

表 8-7　石灰石磨矿能耗　　　　　　　　　　　　　　　（kW·h/t）

给料粒度/mm	产品粒度（网目）					
	48		80		150	
	邦德法	汤普孙法	邦德法	汤普孙法	邦德法	汤普孙法
6.4	5.40	5.91	8.10	9.40	10.51	18.35
25.4	7.48	7.00	11.81	12.69	13.70	20.17
12.7	10.82	8.67	15.26	16.14	21.55	27.03
12.7	8.55	8.97	10.53	19.25	13.33	28.72
12.7	11.16	8.68	14.30	15.15	16.01	24.25

汤普孙法的优点是利用实验室棒磨试验即可获得不同磨矿细度（包括很细的产品）、不同矿石性质的可磨度数据，而邦德试验对于要求不同磨矿细度的试验必须分别进行。汤普孙试验每次用一份矿样从头至尾试验到底，邦德闭路试验每个循环必须补加部分新料。这样一来由于试验、缩分等方面的误差以及矿石性质的变动，很可能会影响试验结果的精度。对于大型磨机采用邦德功指数进行比例放大可能会产生较大的误差，例如，布干维尔（Bougainville）以实验室邦德功指数为基础选用 $D×L=5.5m×6.4m$ 球磨机，设计每日处理量82000t，投产后只达到每日66000t，较设计值低20%，实际单位能耗比按 $D=3.7m$ 推算多三分之一。这说明按邦德功指数法进行计算和比例放大，在某些情况下可能出现较大偏差。目前来看，最好几种方法都用，然后进行对比。

8.2.3 容积法

容积法可磨度的定义是待测矿石和标准矿石按指定某粒级计算的磨矿后新生成粒级的比生产率（$t/(m^3 \cdot h)$）之比值，即：

$$K_G = \frac{q_x}{q_{st}} \qquad (8-17)$$

式中，q_x 为待测矿石的比生产率，$t/(m^3 \cdot h)$；q_{st} 为标准矿石在同样磨矿条件下的比生产率，$t/(m^3 \cdot h)$。

在实验室中利用容积法求矿石可磨度时，应采用同样的磨机及同样的磨矿条件分别求出 q_x 及 q_{st}。利用实验室试验求出待测矿石的可磨度系数 K_G 以后，往工业过渡时还应考虑工业用磨机的规格、形式、给矿及产品粒度的差别而进行修正。一般采用下式：

$$q_x = q_{st}K_GK_DK_{TY}K_FK_P \qquad (8-18)$$

式中，K_D、K_{TY}、K_F、K_P 分别为工业用磨机处理待测矿石和标准矿石时磨机的规格、形式以及给料和产品粒度的不同而引入的修正系数。这些修正系数有许多不同的算法，不同的计算方法所得的结果也往往不一样。

前苏联针对有色金属和黑色金属两类矿石的可磨度测定分别制定了相关准则和标准试验程序，下面介绍前苏联有关部门研究制定的利用容积法求矿石可磨度的准则和试验程序。

8.2.3.1 前苏联选矿研究设计院制定的矿石可磨度测试程序

设备 $D \times L = 300mm \times 215mm$ 球磨机，有效容积 $V = 15L$；衬板形式为半圆锥凸起，高 7mm；磨机转速 $n = 64.7r/min$，装球 27kg，充填率 $\varphi = 45\%$；球径 40mm 及 50mm，各装一半。

试验用矿样利用颚式破碎机、辊式破碎机破碎至 4.7~0mm，筛分成 4.7~2.4mm，2.4~1.0mm，1.0~0.5mm，-0.5mm 四个级别。

试样装入量占球磨机有效容积的 12%，其重量 Q（g）按下式计算：

$$Q = 0.12V\delta_v \qquad (8-19)$$

式中，V 为磨机有效容积，cm^3；δ_v 为粒度为 4.7~0mm 试样的堆密度，g/cm^3。

湿式磨矿浓度为 75%，试验分模拟开路和模拟闭路两种。

模拟开路：磨矿时间为 1、3、5、10、20、40、80、120（或 160）min。

模拟闭路：磨矿最终稳定在产品中所含粒度合格成品量占原矿总质量的三分之一，即返砂比 $C = 200\%$。筛分筛孔尺寸为 0.8、0.5、0.2、0.16、0.10、0.074、0.063、0.053、0.044mm。

筛分效率：筛孔尺寸大于 0.1mm 时筛分效率 $E = 100\%$；筛孔尺寸小于 0.1mm 大于 0.44mm 时，$E < 100\%$；筛孔尺寸小于 0.044mm，$E = 75\% \sim 85\%$。

按下式计算求模拟开路试验所得待测矿石和标准矿石的比生产率：

$$q = \frac{60Q}{Vt}(\beta_{-x} - \alpha_{-x}) \qquad (8-20)$$

式中，t 为要求磨矿产品中粒度小于 x 的含量为 β_{-x} 时所需的磨矿时间，min；α_{-x} 为原矿中粒度小于 x 的粒级含量。

按下式计算模拟闭路试验所得待测矿石和标准矿石的比生产率：

$$q = \frac{60Q}{V(1+C)t}(\beta_{-x} - \alpha_{-x}) \tag{8-21}$$

式中，C 为磨矿返砂比（小数）。

根据实验室可磨度试验数据绘制待测矿石和标准矿石的 $q = f(\beta - x)$ 曲线，利用这种曲线可求出任意磨矿细度时的比生产率，由此可求得任意磨矿细度时待测矿石的可磨度系数 K_G 之值。

应指出的是对于同一种矿石，开路和闭路试验所得的可磨度值是不一样的。如果工业上采用闭路生产，可磨度试验应采用闭路模拟。

一般来说，应把矿床规模较大、矿石性质均匀且较稳定、球磨机操作条件及生产指标均较稳定和合理的选矿厂所处理的矿石选作可磨度试验的标准矿石。

8.2.3.2　前苏联黑色金属选矿研究设计院制定的可磨度测试程序

磨原矿：设备为 $D×L = 360\text{mm} × 290\text{mm}$ 磨机，$V = 30\text{L}$，磨机转速 $n = 55\text{r/min}$，介质充填率 $\varphi = 35\%$，装球量 48kg，球径 $d = 80\text{mm}$，湿式磨矿浓度 80%。

磨细粒中矿：设备 $D×L = 300×200\text{mm}$ 磨机，$V = 14\text{L}$，磨机转速 $n = 65\text{r/min}$，介质充填率 $\varphi = 35\%$，装球量 24kg，球径 $d = 40\text{mm}$，湿式磨矿浓度为 60%。

磨机装矿量按下式计算：

$$Q = \zeta \delta T / (\delta - \delta T + T) \quad (\text{kg}) \tag{8-22}$$

式中，ζ 为磨机中物料充满率系数，磨原矿时 $\zeta = 0.14$，磨中矿时 $\zeta = 0.26$；δ 为试料密度，t/m^3；T 为磨机中固体物料浓度（小数）。

试样粒度：磨原矿，5~0mm；磨中矿，3~0mm。

磨矿时间：磨原矿，1、2、3、4min；磨中矿，40、80、120、160min。

磨矿过程中记录实验室磨机功耗，并计算有用功耗 $N_有$：

$$N_有 = N - N_空 \tag{8-23}$$

式中，N 为从电网获取的总功率；$N_空$ 为磨机空转功率。

根据原矿、磨矿产品的粒度分布及功率消耗，计算磨矿新生成按指定粒级计的比功耗 E（kW·h/t）。一般原矿按 -0.074mm 计，中矿按 -0.044mm（或 0.053mm）计。比功耗 E 按下式计算：

$$E = \frac{N_有 t}{0.06Q(\beta_{-x} - \alpha_{-x})} \tag{8-24}$$

式中，t 为磨矿时间，min；其他符号同前。

同时也可计算磨矿效率，即消耗 1kW·h 电能所磨碎的（按新生成指定粒级计）的物料量 W，t/(kW·h)：

$$W = \frac{1}{E} = \frac{0.06Q(\beta_{-x} - \alpha_{-x})}{N_有 t} \tag{8-25}$$

由此可求得可磨度系数为：

$$K_G = \frac{E_{st}}{E_x} = \frac{W_x}{W_{st}} \tag{8-26}$$

式中，注脚 st、x 分别为标准矿石和待测矿石。

求出 K_G 后，按下式计算工业生产磨机处理待测矿石时的比生产率 $q_x(t/(m^3 \cdot h))$：

$$q_x = K_G \cdot q_{st} \tag{8-27}$$

式中，q_{st} 为标准矿石的比生产率，$t/(m^3 \cdot h)$。

8.2.4 哈德格罗夫法

对于如煤及其他一些硬度较小的物料，可用哈德格罗夫法求可磨度（见第五章第五节）。求出哈氏指数 Hg_i 后，将其与邦德功指数 W_{IB} 联系起来，即：

$$W_{IB} = \frac{1622}{Hg_i} \quad \text{或} \quad W_{IB} = \frac{87.5}{(Hg_{iv})^{0.83}} \tag{8-28}$$

式中，Hg_i 为重量法哈氏指数，Hg_{iv} 为容量法哈氏指数。

表 8-8 列出了几种矿石用不同方法求出的可磨度值以供参考。

表 8-8　几种不同方法求得的可磨度值

物料	密度/t · m⁻³	按-74μm 占 100%计比生产率		W_{IB}/kW · h · t⁻¹	Hg_i	Hg_{iv}
		g/r	t/(m³ · h)			
石灰石	2.65	2.56	0.489	8.1	184	23.9
铜矿石	3.78	1.90	0.363	8.7	129	16.2
石膏	2.31	1.88	0.374	8.9	126	15.9
铅锌矿石	3.88	1.17	0.223	11.7	97	11.6
烟煤	1.41	1.53	0.292	11.1	94	11.2
钨矿石	3.50	1.32	0.252	11.3	92	10.9
水泥料	3.21	0.96	0.183	15.3	75	8.2
铜矿石	3.66	1.01	0.193	16.9	68	7.3
镍矿石	2.80	0.74	0.141	8.9	58	6.0
锰矿石	3.10	0.64	0.122	23.7	53	5.3
褐煤	1.48	0.45	0.086	29.9	40	3.4

8.3　给料及产品粒度分布对磨机产量的影响

在连续湿式磨矿作业中，当磨机新给料的性质不变，同时维持下述操作条件，如给料粒度组成、给料速率、加水量等条件不变化时才能保证磨矿产品粒度及浓度的稳定，这样才有利于下游选别作业。其中，给料粒度组成是影响磨机产量重要的因素之一。一般来说，由于磨矿作业的投资及生产费用较破碎作业高得多，因此降低磨矿给矿粒度总是有利的。"多碎少磨"是目前选矿厂设计和生产的主要原则之一，但是到目前为止还没有确立一种较合适的计算方法，以便能较准确的算出不同类型矿石、不同规模的选矿厂适宜的磨矿给矿粒度。

关于磨矿产品粒度对磨矿的影响，在绝大多数情况下要求的磨矿产品粒度愈细，所需磨矿时间愈长，或者磨矿比功耗愈高，因此磨机比生产率或磨矿效率愈低。同样，关于磨矿细度对磨机产量的影响目前也没有较准确的计算公式。

下面介绍几种方法，以供参考。

8.3.1　拉祖莫夫经验数据法

表 8-9 示出了中硬矿石（斑岩铜矿）在实验室试验得出的不同磨矿产品细度和不同给矿粒度时磨机的相对生产能力，其中以给矿粒度 $F = 25\text{mm}$、产品粒度 p 为 -200 目占 60% 的磨机处理量 q_0 为标准。在具体计算时，如无实际试验数据可采用表 8-9 中数据作近似计算。

对不同性质的矿石，当给矿粒度和产品粒度不同时按下式计算修正系数 K_F：

$$K_F = \frac{k_{f-x}}{k_{f-st}} \tag{8-29}$$

式中，k_{f-x} 为待测矿石在指定给矿粒度和产品粒度条件下按新生成计算级别（-0.074mm）计的相对生产能力；k_{f-st} 为标准矿石在某一给矿粒度和产品粒度条件下按新生成计算级别（-0.074mm）计的相对生产能力。

表 8-9　不同给矿粒度对磨机产量（按原矿计）的影响

磨机产品中 -0.074mm 含量 /%	给料最大粒度/mm								
	40	30	25	20	15	12	10	8	5
	给料中-0.074mm 含量/%								
	3	3.5	5.3	6	8	9.2	10	14	20
15	4.56	5.21	5.64	6.08	7.81	9.43	10.94		
25	2.49	2.67	2.78	2.88	3.22	3.46	3.65	4.97	10.94
40	1.48	1.54	1.58	1.61	1.71	1.78	1.82	2.10	2.74
48	1.22	1.26	1.28	1.30	1.37	1.42	1.44	1.61	1.95
60	0.96	0.99	1.00	1.01	1.05	1.08	1.09	1.19	1.38
72	0.79	0.81	0.82	0.83	0.85	0.87	0.88	0.94	1.05
85	0.67	0.68	0.69	0.69	0.71	0.72	0.73	0.77	0.84
95	0.56	0.60	0.61	0.62	0.63	0.64	0.64	0.68	0.73

根据矿石的相对可磨度定义可得：

$$k_{f-x} = \frac{q_x}{q_{0-x}} \tag{8-30}$$

$$k_{f-st} = \frac{q_{x-st}}{q_{0-st}} \tag{8-31}$$

式中，q_x 为待测矿石在任意给矿粒度和任意产品细度条件下按新生成计算级别计的比生产率，$\text{t/(m}^3 \cdot \text{h)}$；$q_{x-st}$ 为同上条件下标准矿石的比生产率，$\text{t/(m}^3 \cdot \text{h)}$；$q_{0-x}$ 为待测矿石在标准磨矿条件下（$F = 25\text{mm}$，$p = \gamma_{-0.074}$ 占 60%）的比生产率，$\text{t/(m}^3 \cdot \text{h)}$；$q_{0-st}$ 为同上条件下标准矿石的比生产率，$\text{t/(m}^3 \cdot \text{h)}$。

将式（8-30）、式（8-31）代入式（8-29）后得：

$$K_F = \frac{\dfrac{q_x}{q_{0-x}}}{\dfrac{q_{x-st}}{q_{0-st}}} = \frac{q_x q_{0-st}}{q_{0-x} q_{x-st}} = \frac{Q_x(\beta_{-x_1} - \alpha_{-x_1})}{Q_{0-x}(0.60 - 0.053)} \times \frac{Q_{0-st}(0.60 - 0.053)}{Q_{x-st}(\beta_{-x_2} - \alpha_{-x_2})}$$

$$= \left(\frac{Q_x}{Q_{0-x}} \div \frac{Q_{x-st}}{Q_{0-st}}\right) \frac{\beta_{-x_1} - \alpha_{-x_1}}{\beta_{-x_2} - \alpha_{-x_2}} = K_G \cdot K_a \tag{8-32}$$

式中，K_G 为按原矿计相对可磨度；K_a 为粒度比，其值为：

$$K_a = \frac{\beta_{-x_1} - \alpha_{-x_1}}{\beta_{-x_2} - \alpha_{-x_2}} \tag{8-33}$$

式中，α_{-x_1}、α_{-x_2}、β_{-x_1}、β_{-x_2} 分别为待测矿石和标准矿石的磨机给料和产品中计算级别含量（小数）。

8.3.2　奥列夫斯基公式法

奥列夫斯基在实验室条件下试验得出，当其他磨矿条件相同时，按原矿计磨机生产能力与给料中最大粒度的 4 次方根成反比。为了便于比较，以给矿粒度 $d = 50\text{mm}$ 为基准粒度，由此得：

$$K_F = \frac{Q_{d_x}}{Q_{50}} = \left(\frac{50}{d_x}\right)^{\frac{1}{4}} \tag{8-34}$$

设 d_x、d_x' 分别为任意不同的两种给料粒度，则由 (8-34) 式可得：

$$K_{F-1} = \frac{Q_{d_x}}{Q_{so}} = \left(\frac{50}{d_x}\right)^{\frac{1}{4}}, \quad K_{F-2} = \frac{Q_{d_x'}}{Q_{50}} = \left(\frac{50}{d_x'}\right)^{\frac{1}{4}}$$

由此可得：

$$K_F = \frac{K_{F-1}}{K_{F-2}} = \frac{Q_{d_x}}{Q_{d_x'}} = \left(\frac{d_x}{d_x'}\right)^{\frac{1}{4}} \tag{8-35}$$

如果以 Q_x、Q_{st} 分别代表待测矿石和标准矿石的不同给料粒度时磨机的生产能力，则：

$$K_G = \frac{\dfrac{Q_x}{Q_{50-x}}}{\dfrac{Q_{st}}{Q_{50-st}}} = \frac{\left(\dfrac{50}{d_x}\right)^{\frac{1}{4}}}{\left(\dfrac{50}{d_{st}}\right)^{\frac{1}{4}}} = \left(\frac{d_{st}}{d_x}\right)^{\frac{1}{4}} \tag{8-36}$$

将上式（8-36）代入式（8-32），可得待测矿石和标准矿石给料粒度不同时的修正系数 K_F：

$$K_F = K_a K_G = K_a \left(\frac{d_{st}}{d_x}\right)^{\frac{1}{4}} = \frac{\beta_x - \alpha_x}{\beta_{st} - \alpha_{st}} \left(\frac{d_{st}}{d_x}\right)^{\frac{1}{4}} \tag{8-37}$$

式中，d_x、d_{st} 为待测矿石和标准矿石的给矿粒度；α_x、α_{st} 分别为磨机给料中待测矿石和标准矿石小于某粒度的产率；β_x、β_{st} 为磨矿产品中待测矿石和标准矿石小于某粒度的产率。

依据表 8-9 中数据，以给矿粒度 $d = 25\text{mm}$ 为基准，表 8-10 列出了按式（8-35）及式

（8-37）计算的修正系数 K_F 结果。

表 8-10　按原给矿及新生成-0.074mm 计不同给料粒度对磨机产量的影响

计算公式	磨矿产品中-0.074mm 含量/%	原矿给矿最大粒度/mm						
		40	30	25	20	15	12	10
		原矿中-0.074mm 含量/%						
		3	4.5	5.3	6	8	9.2	10
式（8-35）	15~95	0.89	0.96	1	1.06	1.14	1.20	1.26
式（8-37）	15	1.10	1.04	1	0.98	0.82	0.72	0.65
	25	0.99	1.00	1	1.02	0.98	0.96	0.96
	40	0.95	0.98	1	1.04	1.05	1.07	1.09
	48	0.94	0.98	1	1.04	1.07	1.09	1.12
	60	0.93	0.97	1	1.05	1.08	1.11	1.15
	72	0.92	0.97	1	1.05	1.09	1.13	1.17
	85	0.92	0.97	1	1.05	1.10	1.14	1.18
	95	0.91	0.97	1	1.05	1.11	1.15	1.19

例 8-3　已知某矿石要求磨矿细度为 $\gamma_{-0.074}$ 占 15%，给矿中最大粒度为 20mm。试按式（8-37）计算给矿粒度变化的修正系数？

解：由表 8-10 查得 $\alpha_x = 6\%$，$\beta_x = 15\%$；$a_{st} = 5.3\%$，$\beta_{st} = 15\%$。将以上数据代入式（8-37），可得：

$$K_F = \frac{0.15 - 0.06}{0.15 - 0.053} \times \left(\frac{25}{20}\right)^{\frac{1}{4}} = 0.9278 \times 1.057 = 0.98$$

8.3.3　邦德功指数公式法

由第 5 章第 2 节中式（5-7）可知：磨碎同一种物料，在给矿粒度和磨矿产品细度不同的条件下所消耗的能量为：

$$\begin{cases} W_{x-1} = W_I\left(\dfrac{10}{\sqrt{p_1}} - \dfrac{10}{\sqrt{F_1}}\right) \\ W_{x-2} = W_I\left(\dfrac{10}{\sqrt{p_2}} - \dfrac{10}{\sqrt{F_2}}\right) \end{cases} \tag{8-38}$$

利用同一磨机处理同一物料，但磨机新给矿粒度 F 和产品粒度 p 不一样，这样一来其处理量也不一样，分别设为 Q_1、Q_2。如果该磨机小齿轮功率为 N，则：

$$Q_1 = \frac{N}{W_{x-1}}, \quad Q_2 = \frac{N}{W_{x-2}} \tag{8-39}$$

由相对可磨度定义可知：

$$K_G = \frac{Q_1}{Q_2} = \frac{\dfrac{N}{W_{x-1}}}{\dfrac{N}{W_{x-2}}} = \frac{W_{x-2}}{W_{x-1}}$$

$$= \frac{W_{\mathrm{I}}\left(\dfrac{10}{\sqrt{p_2}} - \dfrac{10}{\sqrt{F_2}}\right)}{W_{\mathrm{I}}\left(\dfrac{10}{\sqrt{p_1}} - \dfrac{10}{\sqrt{F_1}}\right)} = \frac{\dfrac{\sqrt{F_2} - \sqrt{p_2}}{\sqrt{p_2 F_2}}}{\dfrac{\sqrt{F_1} - \sqrt{p_1}}{\sqrt{F_1 p_1}}}$$

$$= \left(\frac{p_1 F_1}{p_2 F_2}\right)^{0.5} \times \frac{F_2^{0.5} - p_2^{0.5}}{F_1^{0.5} - p_1^{0.5}} \tag{8-40}$$

当产品粒度相同时，即 $p_1 = p_2 = p$，上式变为：

$$K_{\mathrm{G}} = \left(\frac{F_1}{F_2}\right)^{0.5} \times \frac{F_2^{0.5} - p^{0.5}}{F_1^{0.5} - p^{0.5}} \tag{8-41}$$

按原矿计，依照式（8-41）计算的结果列于表 8-11 中。

表 8-11 计算的不同给料粒度及产品细度时磨机处理能力

产 品 粒 度			最大给矿粒度（按95%过筛计）/mm					
最大给矿粒度（按95%过筛计）/mm	P_{80}（按80%过筛计）/μm	−0.074mm（−200目）含量/%	40	25	20	15	10	5
			F_{80}（按80%过筛计）/mm					
			30	19	15	11.5	7.5	3.8
2.20	1240		4.10	4.39	4.58	4.92	5.60	7.62
2.00	1125		3.86	4.11	4.28	4.53	5.08	6.82
1.80	1010		3.61	3.63	3.98	4.18	4.66	6.08
1.60	900		3.37	3.53	3.68	3.87	4.26	5.42
1.40	790		3.12	3.27	3.38	3.53	3.66	4.79
1.20	675	17	2.84	2.97	3.06	3.18	3.44	4.16
1.00	560	20	2.54	2.64	2.72	2.81	3.02	3.56
0.80	450	24	2.24	2.33	2.88	2.45	2.61	3.00
0.60	340	31	1.91	1.97	2.02	2.06	2.17	2.44
0.50	280	36	1.72	1.77	1.79	1.84	1.92	2.13
0.40	225	43	1.52	1.56	1.58	1.62	1.68	1.84
0.30	170	52	1.31	1.34	1.35	1.38	1.43	1.53
0.25	140	59	1.18	1.20	1.22	1.24	1.27	1.45
0.20	115	67	1.06	1.08	1.09	1.10	1.14	1.28
0.18	100	72	0.98	1.00	1.01	1.02	1.05	1.11
0.15	85	79	0.90	0.92	0.92	0.93	0.96	1.07
0.125	70	85	0.81	0.83	0.84	0.85	0.86	0.96
0.100	50	90	0.72	0.73	0.74	0.75	0.76	0.79
0.074	42	95	0.61	0.62	0.62	0.63	0.64	0.66
0.063	35	96	0.56	0.57	0.57	0.58	0.59	0.61
0.053	30	97	0.52	0.63	0.53	0.54	0.54	0.56

产 品 粒 度			最大给矿粒度（按 95%过筛计）/mm					
最大给矿粒度（按 95%过筛计）/mm	P_{80}（按 80%过筛计）/μm	-0.074mm（-200 目）含量/%	40	25	20	15	10	5
			F_{80}（按 80%过筛计）/mm					
			30	19	15	11.5	7.5	3.8
0.044	26	98	0.47	0.48	0.48	0.49	0.49	0.50
0.030	18		0.40	0.41	0.41	0.41	0.41	0.42

　　以最大给料粒度 $d=25\text{mm}$（$F_{80}=19\text{mm}$）为基准，按式（8-41）计算的不同给料粒度和产品细度时磨机相对生产能力结果列于表 8-12 中。

表 8-12　以 $F=19000\mu\text{m}$ 为基准的不同给料粒度和产品细度时磨机相对生产能力

产 品 粒 度			最大给矿粒度（按 95%过筛计）/mm					
最大给矿粒度（按 95%过筛计）/mm	P_{80}（按 80%过筛计）/μm	-0.074mm（-200 目）含量/%	40	25	20	15	10	5
			F_{80}（按 80%过筛计）/mm					
			30	19	15	11.5	7.5	3.8
2.20	1240		0.93	1	1.04	1.12	1.25	1.74
2.00	1125		0.94	1	1.04	1.10	1.24	1.66
1.80	1010		0.95	1	1.04	1.10	1.22	1.60
1.60	900		0.95	1	1.04	1.00	1.20	1.52
1.40	790		0.95	1	1.03	1.08	1.8	1.46
1.20	675	17	0.96	1	1.03	1.07	1.15	1.40
1.00	560	20	0.96	1	1.03	1.06	1.14	1.35
0.80	450	24	0.96	1	1.02	1.05	1.12	1.29
0.60	340	31	0.97	1	1.02	1.05	1.10	1.24
0.50	280	36	0.97	1	1.01	1.04	1.08	1.20
0.40	225	43	0.97	1	1.01	1.04	1.03	1.18
0.30	170	52	0.98	1	1.01	1.03	1.07	1.14
0.25	140	59	0.98	1	1.01	1.03	1.05	1.21
0.20	115	67	0.98	1	1.01	1.02	1.03	1.18
0.18	100	72	0.98	1	1.01	1.02	1.05	1.11
0.15	85	79	0.98	1	1.01	1.02	1.04	1.16
0.125	70	85	0.98	1	1.01	1.02	1.04	1.16
0.100	50	90	0.98	1	1.01	1.02	1.04	1.08
0.074	42	95	0.98	1	1.0	1.02	1.03	1.06
0.063	35	96	0.98	1	1.0	1.02	1.03	1.07
0.053	30	97	0.98	1	1.0	1.02	1.02	1.05
0.044	26	98	0.98	1	1.0	1.02	1.02	1.04
0.030	18		0.98	1	1.0	1.0	1.0	1.02

如果待测矿石和标准矿石的功指数不同，分别为 W_{I-x}、W_{I-st}，则得：

$$K_G = \frac{W_{I\text{-st}}\left(\dfrac{10}{\sqrt{p_{st}}} - \dfrac{10}{\sqrt{F_{st}}}\right)}{W_{I\text{-}x}\left(\dfrac{10}{\sqrt{p_x}} - \dfrac{10}{\sqrt{F_x}}\right)} = \frac{W_{I\text{-st}}}{W_{I\text{-}x}}\left(\frac{p_x F_x}{p_{st} F_{st}}\right)^{0.5} \times \left(\frac{F_{st}^{0.5} - p_{st}^{0.5}}{F_x^{0.5} - p_x^{0.5}}\right) \tag{8-42}$$

当产品粒度相同时，$p_x = p_{st} = p$，上式变为：

$$K_G = \frac{W_{I\text{-st}}}{W_{I\text{-}x}}\left(\frac{F_x}{F_{st}}\right)^{0.5}\left(\frac{F_{st}^{0.5} - p^{0.5}}{F_x^{0.5} - p^{0.5}}\right) \tag{8-43}$$

下面推导按邦德功指数计算待测矿石和标准矿石的不同给矿粒度和产品细度影响磨机产量的另一模型形式：

实验室试验计算棒磨或球磨功指数的通式为：

$$W_I = \frac{b}{(p_i)^\alpha (G_{rp})^\beta \left(\dfrac{10}{\sqrt{p}} - \dfrac{10}{\sqrt{F}}\right)} \tag{8-44}$$

如果待测矿石和标准矿石的功指数分别为 W_{I-x}、W_{I-st}，则由式（8-44）得相对可磨度为：

$$K_G = \frac{\dfrac{b}{(p_i)_{st}^\alpha (G_{rp})_{st}^\beta \left(\dfrac{10}{\sqrt{p_{st}}} - \dfrac{10}{\sqrt{F_{st}}}\right)}}{\dfrac{b}{(p_i)_x^\alpha (G_{rp})_x^\beta \left(\dfrac{10}{\sqrt{p_{st}}} - \dfrac{10}{\sqrt{F_{st}}}\right)}} = \frac{(p_i)_x^\alpha (G_{rp})_x^\beta}{(p_i)_{st}^\alpha (G_{rp})_{st}^\beta} \tag{8-45}$$

令 $K_p = \dfrac{(p_i)_x^\alpha}{(p_i)_{st}^\alpha}$，$K_R = \dfrac{(G_{rp})_x^\beta}{(G_{rp})_{st}^\beta}$，则式（8-45）变为：

$$K_G = K_p K_R \tag{8-46}$$

又由式（8-45）可得：

$$\lg K_G = \alpha \lg \frac{(p_i)_x}{(p_i)_{st}} + \beta \lg \frac{(G_{rp})_x}{(G_{rp})_{st}} \tag{8-47}$$

上式为线性方程，且对于棒磨机，$\alpha = 0.23$，$\beta = 0.625$；对于球磨机 $\alpha = 0.23$，$\beta = 0.82$。

8.3.4 磨矿动力学公式法

按第 6 章 6.2 节磨矿动力学式（6-87）计算，当磨机给料粒度不相同时，可得：

$$\begin{cases} R_{t\text{-}1} = R_{0\text{-}1} \exp\left(-\dfrac{k_1}{q_1^{n_1}}\right) \\[2mm] R_{t\text{-}2} = R_{0\text{-}2} \exp\left(-\dfrac{k_2}{q_2^{n_2}}\right) \end{cases} \tag{8-48}$$

由上式可得：

$$\begin{cases} q_1 = \left(k_1 \dfrac{1}{\ln \dfrac{R_{0-1}}{R_{t-1}}} \right)^{1/n_1} \\[4mm] q_2 = \left(k_2 \dfrac{1}{\ln \dfrac{R_{0-2}}{R_{t-2}}} \right)^{1/n_2} \end{cases} \tag{8-49}$$

由上可得矿石相对可磨度计算公式为：

$$K_F = \frac{q_1}{q_2} = \frac{k_1^{1/n_1}}{k_2^{1/n_2}} \times \frac{\left(\ln \dfrac{R_{0-2}}{R_{t-2}} \right)^{1/n_2}}{\left(\ln \dfrac{R_{0-2}}{R_{t-2}} \right)^{1/n_2}} \tag{8-50}$$

8.3.5　科尔年科公式法

前面所介绍的均是按单粒级给料及磨矿产品粒度的不同对磨机产量的影响。1977年科尔年科等人提出磨机给料的粒度分布对磨机产量影响计算公式：

$$K_F = \frac{(1 - \alpha_{d-st}) \sum \alpha_{x-i} k_{f-i}}{(1 - \alpha_{d-x}) \sum \alpha_{st-i} k_{f-i}} \tag{8-51}$$

式中，α_{d-st}、α_{d-x} 分别为磨机给料中最大粒度为 d 的标准矿石和待测矿石的 -200 目含量（小数）；α_{st-i}、α_{x-i} 分别磨机给料中标准矿石和待测矿石第 i 粒级的含量（小数）；k_{f-i} 为工业磨机按新生成 -200 目计的相对可磨度，见表8-13。

表8-13　工业磨机给料中窄级别物料的相对可磨度

给料中窄粒级粒度/mm	45~30	30~25	25~16	16~6	6~3	3~0.07
相对可磨度 k_{f-i}	0.90	0.97	1.02	1.08	1.21	1.32

表8-14列出了某些矿石磨机给料粒度变化时磨机产量的实际变化值及按公式计算值。

表8-14　几种矿石的不同原矿粒度组成对磨机产量影响的实际值与计算值对比

球磨机规格类型（$D \times L$）/m	矿石类型	原矿粒度		工艺指标				原矿粒度变化对球磨产量的影响			
		最大粒度/mm	-0.075mm（-200目）含量/%	产品中-0.075mm含量/%	比生产率/t·(m³·h)⁻¹	磨机能力/t·(m³·h)⁻¹	按新生成-0.075mm比生产率/t·(m³·h)⁻¹	按原矿计		按新生成-0.075mm计	
								实际	计算[①]	实际	计算[②]
溢流 3.2×3.5	复合矿	32	4.5	54.4	2.39	3.90	0.715	1.22	1.18	1.16	1.11
		17	6.5	34.5	2.92	5.90	0.830		1.17		1.09
格子 3.2×3.8	铜镍矿	15	5.5	49.2	1.92	5.20	0.840	1.06	1.05	1.055	1.03
		12.3	6.5	50.2	2.03	6.30	0.886		1.05		1.06
格子 3.6×4.0	含铁石英岩	22	2.5	54	2.23	6.0	1.15	1.12	1.07	1.10	1.05
		13.5	3.0	54	2.49	9.5	1.27		1.13		1.11

球磨机规格类型 ($D \times L$) /m	矿石类型	原矿粒度		工艺指标				原矿粒度变化对球磨产量的影响			
		最大粒度/mm	-0.075mm (-200目) 含量/%	产品中 -0.075mm 含量/%	比生产率 /t·(m³·h)⁻¹	磨机能力 /t·(m³·h)⁻¹	按新生成 -0.075 比生产率 /t·(m³·h)⁻¹	按原矿计		按新生成 -0.075mm 计	
								实际	计算①	实际	计算②
格子 3.6×5.0	铜镍矿	22	2.5	50	1.53	4.7	0.73	1.30	1.21	1.19	1.17
		9.5	4.0	50	2.03	7.7	0.872		1.23		1.19
格子 3.6×5.0	铜镍矿	22	2.5	50	1.57	4.7	0.73	1.74	1.75	1.19	1.17
		7	17	50	2.72	7.7	0.572		1.31		1.19
格子 3.6×4.0	含铁石英岩	30	3.3	61.7	3.32	7.50	1.87	1.99	1.38	1.32	1.31
		7.4	6.4	61.7	4.42	15.10	2.46		1.42		1.34
格子 3.6×4.0	含铁石英岩	30	3.3	61.7	3.20	7.50	1.87	1.89	1.96	1.32	1.33
		6.5	21.1	61.7	6.05	15.10	2.46		1.47		1.02

①分子为按式（8-32）计算，分母为按式（8-37）计算；
②分子为按式（8-51）计算，分母为按式（8-40）计算。

由表中数据对比可以看出：

（1）根据式（8-32）算出的给料粒度对磨机产量（按原矿计比生产率，t/（m³·h））的影响值，有的偏差大，有的偏差小。

（2）按式（8-42）、式（8-51）计算的对磨机比生产率（按新生成-0.075mm 计，t/（m³·h））的影响值，也同样有的偏大，有的偏小。

把表 8-9～表 8-13 中的数据加以比较可以看出：（1）按拉祖莫夫和邦德公式计算，随着磨矿粒度的变细，磨机给矿粒度对磨机产量的影响程度愈来愈小，但按奥列夫斯基公式计算（表 8-10）结果则相反；（2）从总的趋势来看，粗磨矿减小给料粒度对磨机产量的增加作用较大；细磨矿时只有把给料粒度减小至 10mm 以下时，磨机产量的增加才较显著。因此，对于难磨、矿物嵌布粒度细的矿石，减小球磨机新给矿粒度至 10mm 以下，并进行阶段磨矿-阶段分选是降低生产成本的主要途径。

从技术经济角度出发，不同规模的选矿厂应有一适宜的球磨机给料粒度。前苏联扎赫瓦特金研究了处理斑岩铜矿的选矿厂的生产经验，得出了如表 8-15 所示的不同规模选矿厂适宜的磨矿给料粒度值。根据这些数据，推导出了下式，用以概算不同规模选矿厂适宜的磨矿给矿粒度值 d_{opt}：

$$d_{\mathrm{opt}} = \frac{32.86}{Q_{\mathrm{d}}^{0.133}} \quad （\mathrm{mm}） \tag{8-52}$$

式中，Q_{d} 为选矿厂日处理量，t/d。

表 8-15 处理斑岩铜矿不同规模选矿厂的球磨机适宜给料粒度

选矿厂规模	处理量 Q/t·d⁻¹	d_{opt}/mm	
		实际	按式（8-52）计算
小型	$Q<500$	15	14.4

选矿厂规模	处理量 $Q/\text{t} \cdot \text{d}^{-1}$	d_{opt}/mm	
		实际	按式（8-52）计算
中小型	$500 \leqslant Q < 1500$	12	12.4
中型	$1500 \leqslant Q < 2500$	11	11.6
大型	$2500 \leqslant Q < 10000$	10	9.7
特大型	$10000 \leqslant Q < 40000$	8	8

8.4　介质的选择和计算

　　磨矿介质是影响磨矿效率的重要因素。一般来说，如果介质充填率、尺寸及配比选择不当，即使磨机的其他工作条件很适宜，磨机的工作效率也不会很高。在工业生产中，应根据矿石性质、给料及磨矿产品粒度特性以及其他工作条件来确定磨机中介质的充填率、形状、尺寸、配比及合理补给，这统称为介质制度。到目前为止，关于生产中适宜的磨矿介质制度的理论计算还没有得到很好地解决。其主要原因是：（1）矿石性质多变，而生产中很难随时根据矿石性质的变化而改变介质制度；（2）加工介质材质的多样化以及磨机中矿浆性质及成分的多变及复杂化，这就使介质的磨损规律也常变动不居。这样一来，就很难确定最优化工作制度，即使确立了在生产条件下也很难维持。因此，适宜磨矿介质制度的确立是一个有待深入研究解决的问题。下面仅就这方面的研究情况及实践给予扼要介绍。

8.4.1　介质填充率

　　根据理论分析和生产实践得知，磨机产量 $Q(\text{t/h})$ 与其功耗成比例。在磨机转速既定的情况下，磨机功率与其中介质充填率的变化如图 8-2 所示，也按下式计算：

$$F_{(\varphi)} = 2.468\varphi(1.325 - 0.18\varphi - 1.5\varphi^2) \tag{8-53}$$

式中，$F_{(\varphi)}$ 为介质充填率修正系数，其值为以 $\varphi = 50\%$ 为基准的功率变化比值；φ 为介质充填率（小数）。

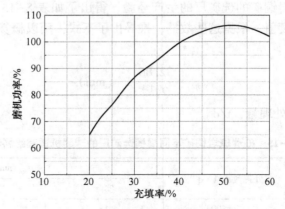

图 8-2　介质充填率与功率的关系

按式（8-53）计算的 $F_{(\varphi)}$ 值列于表8-16中，应指出的是图8-2及式（8-53）均没有考虑磨机中具有固体物料及矿浆的影响。

表8-16　其他条件不变时介质填充率 φ 的变化对磨机功率的影响

介质填充率 φ	0.3	0.35	0.40	0.45	0.50	0.55	0.60	0.65	0.70
功率系数 $F_{(\varphi)}$	0.841	0.931	1.00	1.043	1.061	1.048	1.002	0.92	0.801

8.4.2　介质尺寸的计算

磨矿介质的适宜尺寸取决于许多因素，例如矿石硬度、磨机给料及产品粒度、磨机规格、衬板形式、介质形状及材质等。到目前为止，还没有一种完全适用的计算磨矿介质尺寸的公式。而生产实践中往往是根据公式概算，然后通过试验来确定适宜的介质尺寸。

实践证明，介质的适宜尺寸 D_b 是磨机给料粒度 d 的函数。该函数的形式多种多样，常见下述形式：

$$D_b = kd^n \tag{8-54}$$

式中，k、n 为参数，与磨机给料粒度及磨矿作业条件有关。

8.4.2.1　计算钢球介质尺寸常用的公式

（1）戴维斯公式。

$$D_b = k\sqrt{d} \tag{8-55}$$

式中，d 为80%过筛的给矿粒度，mm；k 为物性常数，对于硬矿石，$k=35$，对于软矿石，$k=30$。

（2）斯塔劳柯公式。

$$D_b = k\sqrt{d} \tag{8-56}$$

对于硬矿石，$k=23$，对于软矿石，$k=13$。

（3）拉祖莫夫公式。

$$D_b = 28\sqrt[3]{d} \tag{8-57}$$

式中，d 为给矿最大粒度，即95%过筛粒度，mm。

（4）奥列夫斯基公式。

$$D_b = 52d^{0.2} \tag{8-58}$$

（5）邦德公式。

$$D_b = 2.08\left(\frac{\delta W_{IB}}{\psi\sqrt{D}}\right)^{0.5} \cdot d^{\frac{4}{3}} \tag{8-59}$$

式中，δ 为被磨物料密度，t/m³；W_{IB} 为球磨功指数，kW·h/t；ψ 为磨机转速率（小数）；D 为磨机内径，m；d 为按80%物料过筛计的磨机给料粒度，μm。

式（8-59）可简化为下述形式：

$$D_b = 2^{\frac{k}{2}}d \tag{8-60}$$

对于硬矿石，$k=5$，对于软矿石，$k=4$。

（6）斯梅什利亚也夫公式。

$$D_b = 5d \tag{8-61}$$

不同给料粒度和不同硬度矿石按上述诸公式的计算结果列于表 8-17 中。由该表所示结果可以看出，用不同公式算出的球径 D_b 差别很大，因此适宜球径多根据生产中具体条件经过试验来求得。但是由于矿石性质的千差万别，特别是试验方法的不同，所得结果也有所不同。

表 8-17　按不同公式计算的球径与给料粒度和硬度的关系

给料粒度/mm	球径/mm								
	式 (8-55)		式 (8-56)		式 (8-60)		式 (8-57)	式 (8-58)	式 (8-61)
	硬	软	硬	软	硬	软			
30	192	164	136	71	170	120	88	102	150
25	175	150	115	65	141	100	81	99	125
20	156	134	103	58	113	80	75	95	100
15	105	116	89	50	85	60	68	89	75
10	121	104	80	45	68	48	63	85	60
10	110	95	73	41	57	40	60	82	50
8	99	85	66	37	45	32	56	79	40
6	86	73	56	32	34	24	50	74	85

（7）陈炳辰公式。原东北工学院陈炳辰教授提出了一种用动力学求适宜球径的方法，该方法把磨机给料分成几组不同的窄粒级，将每一窄级别物料分别进行不同尺寸球的批次磨矿试验。根据试验结果，求不同粒级、不同球径的磨矿动力学方程式（6-40）中的参数 k，即：

$$R(t) = R(0)\exp(-kt)$$

根据动力学方程的意义，定义 $\dfrac{R(0)}{R(t)}$ 的比值表示为物料被磨碎的概率。在磨矿条件相同的情况下，不同尺寸的钢球分别磨碎同一粒级物料，磨矿时间也相同；在这种条件下，$R(t)$ 愈小，则 $\dfrac{R(0)}{R(t)}$ 比值愈大，即该尺寸的钢球其磨碎效率最高，这样式（6-40）可写成下述形式：

$$\ln\frac{R(0)}{R(t)} = kt \tag{8-62}$$

根据上述式（8-62）比较相同磨矿时间的 k 值大小，判断不同尺寸球的磨碎作用大小，这样即可决定各粒级物料最适宜的球径。根据这种方法，可得出下述两种球径计算模型：

$$D_b = a + k\ln d \tag{8-63}$$

式中，a 为常数，其他符号意义同前。

$$D_b = kd^n \tag{8-64}$$

式（8-64）与式（8-54）属同一种模型。

以东鞍山铁矿石为原料进行磨矿试验所得的结果，对上述二式进行曲线拟合，得出下述二式：

$$D_b = 25.8 + 20.4\ln d \tag{8-65}$$

$$D_b = 26d^{0.48} \tag{8-66}$$

东鞍山铁矿石属硬矿石，因此式（8-66）接近于斯塔劳柯公式。表 8-18 列出了各公式计算值与实测值。由该表数据可以看出式（8-65）计算结果与实测值偏差最小，其次为斯塔劳柯公式和邦德公式；戴维斯及奥列夫斯基公式计算结果偏高，其他公式计算结果偏小。

表 8-18　球磨机不同给料粒度所需适宜球径的计算值与实测值对比

给料粒度 /mm	实测适宜球径 /mm	公式计算适宜球径							
		式（8-55）		式（8-56）		式（8-57）		式（8-58）	
		计算值 /mm	误差值 /%	计算值 /mm	误差值 /%	计算值 /mm	误差值 /%	计算值 /mm	误差值 /%
-10+7.3	70	110	+57.1	73	+4.3	60	-14.3	82	+17.7
-6.3+4.2	65~70	88	+30.4	58	-14.1	52	-23	75	+7.1
-4.2+2	55~57	72	+28.6	47	-16.1	45	-19.6	69.3	+21.6
-2+0.9	38~41	49	+25.6	33	-15.4	35	-10.3	59.7	+45.7
-0.9+0.3	21~22	33	+53.5	22	+2.3	27	+25.6	50.1	+130

给料粒度 /mm	实测适宜球径 /mm	公式计算适宜球径							
		式（8-60）		式（8-61）		式（8-66）		式（8-65）	
		计算值 /mm	误差值 /%	计算值 /mm	误差值 /%	计算值 /mm	误差值 /%	计算值 /mm	误差值 /%
-10+7.3	70	80	+14.3	50	-28.6	78	+12.2	72	+2.9
-6.3+4.2	65~70	64	-5.2	31.5	-53.3	63	-10.2	63	-6.7
-4.2+2	55~57	52	-7.14	21	-62.5	52	-9.1	55	-1.8
-2+0.9	38~41	45	+15.4	10	-74.4	36	-12.2	40	-2.5
-0.9+0.3	21~22	21	-2.3	4.5	-79.2	25	+12.3	24	+9.1

8.4.2.2　计算钢棒介质尺寸常用的公式

棒径是棒磨机的重要参数，适宜装棒尺寸可按下述公式概算：

（1）奥列夫斯基公式。

$$D_r = (15 \sim 20)\sqrt{d} \tag{8-67}$$

式中，D_r 为棒径，mm；d 为给矿粒度，mm。

（2）邦德公式。

$$D_r = 2.08\left(\frac{\delta W_{IR}}{\psi\sqrt{D}}\right) \cdot d^{\frac{4}{3}} \tag{8-68}$$

式中，W_{IR} 为棒磨功指数，kW·h/t；其他参数意义同公式（8-59）。

上述两个棒径计算公式考虑的因素不多，计算出的误差很大。但因长期以来无更好的公式代替，所以有的厂矿仍在应用它。

8.4.3 介质配比的计算

前苏联米哈诺伯尔根据试验得出了计算加球的经验公式，这种计算方法的基本要点是根据日丹诺夫选矿厂处理铜-镍矿的试验结果为标准，然后根据某一选矿厂的具体矿石性质及作业条件进行修正，这样就得出该厂应加入磨机的适宜介质尺寸。

计算步骤及所用公式如下：

（1）添加两种（或三种）不同尺寸介质的需要性及合理性判。

对于球磨机，判断准则是：

$$\tau_B = 1.11\sqrt{\frac{\beta_{-0.074} - \alpha_{-0.074}}{K_S}} \qquad (8-69)$$

式中，$\alpha_{-0.074}$ 为给料中 -0.074mm 含量（小数）；$\beta_{-0.074}$ 为磨矿产品中 -0.074mm 产率（小数）；K_S 为考虑到待测矿石原料中等于最大粒度（按 95% 过筛计）一半的相应粒度的筛下产率修正系数。

K_S 可按下式计算：

$$K_S = \frac{0.475}{\alpha_{-0.5}} \qquad (8-70)$$

式中，$\alpha_{-0.5}$ 为相当于磨机给料中最大粒度（按 95% 过筛计）一半的粒度值的筛下产率（小数）。

对于棒磨机，判断准则是：

$$\tau_R = \frac{1.30}{\sqrt{K_S q_0}} \qquad (8-71)$$

式中，q_0 为按原矿计比生产率，t/(m^3·h)。

根据计算结果，当 $\tau_B > 1$ 时加两种不同尺寸的球是合理的；当 $\tau_B < 1$ 时加两种不同尺寸的球是不合理的。同理，$\tau_R > 1$ 时加两种不同直径的棒是合理的，当 $\tau_R < 1$ 时应仅加一种棒。

两种尺寸的球（或棒）的重量配比按下式计算：

$$\frac{\gamma_\text{小}}{\gamma_\text{大}} = \frac{\alpha_{-0.5} - \alpha_{-0.074}}{1 - \alpha_{-0.5}} \qquad (8-72)$$

式中，$\gamma_\text{小}$、$\gamma_\text{大}$ 为所加小、大尺寸球（或棒）的重量配比分数。

（2）计算介质尺寸。

加入的钢球尺寸按下述经验公式进行计算：

$$D_b = D_{b-st}\lambda_\sigma\lambda_{95}\lambda_{50}\lambda_\beta\lambda_D \qquad \text{（mm）} \qquad (8-73)$$

加入棒的直径按下式进行计算：

$$D_r = D_{r-st}\lambda_\sigma\lambda_{95}\lambda_{50}\lambda_q\lambda_D \qquad \text{（mm）} \qquad (8-74)$$

式中，D_{b-st} 为标准条件（见下述）下加入的适宜球径，mm；D_{r-st} 为标准条件下加入的适宜棒的直径；λ_σ 为矿石硬度修正系数，按式（8-75）计算；λ_{95} 为待测矿石给料中最大粒度修正系数，按式（8-76）计算；λ_{50} 给料中间粒度修正系数，按式（8-77）计算；λ_{β} 为磨矿产品粒度修正系数，按式（8-78）计算；λ_q 为按新给料计给料速率修正系数，按式（8-79）计算；λ_D 为磨机直径修正系数，按表 8-19 数据选取。

表 8-19　磨机直径修正系数 λ_D 的取值

	磨机直径 D/mm	2700	3200	3600	4000	4500	5000	5500
λ_D	球（按申科林科公式）	1.08	1.04	1	0.96	0.92	0.88	0.86
	球（按邦德公式）	1.05	1.02	1	0.98	0.96	0.946	0.93
	棒（按邦德公式）	1.07	1.03	1	0.97	0.94	0.92	0.90

$$\lambda_{\sigma} = 0.251\sigma_{pr}^{0.25} \qquad (8-75)$$

式中，σ_{pr} 为待测矿石的矿块中最大抗压强度值，在给矿中这种硬度的矿块不应少于 $10\% \sim 15\%$。

$$\lambda_{95} = 0.446d_{95}^{0.25} \qquad (8-76)$$

式中，d_{95} 为待测矿石中最大粒度尺寸，mm。

$$\lambda_{50} = 1.08K_S^{0.33} \qquad (8-77)$$

式中，K_S 按式（8-76）计算。

$$\lambda_{\beta} = 1.25 - 0.5(\beta_{-0.074} - \alpha_{-0.074}) \qquad (8-78)$$

式中，$\beta_{-0.074}$、$\alpha_{-0.074}$ 为按小数计算。

$$\lambda_q = 0.87q_0^{0.1} \qquad (8-79)$$

式中，q_0 为棒磨机按原矿计比生产率，$t/(m^3 \cdot h)$。

以上计算均以日丹诺夫铜-镍选矿厂的矿石性质、磨矿作业条件及磨矿作业指标为基准，该厂处理极难磨的细粒嵌布铜镍矿石，其单向抗压强度为 250MPa。磨矿设备为：格子型球磨机 $D \times L = 3.2 \times 5.0$m，介质充填率为 $45\% \sim 47\%$，转速率为 78.7%；溢流型球磨机 $D \times L = 3.2 \times 4.5$m，介质充填率为 $35\% \sim 37\%$，转速率为 70%。最大给矿粒度为 -25mm 占 86%，球磨机给料和产品中 -200 目含量分别为 2.5% 和 50%。球磨机按原矿计比生产率为 $1.5t/(m^3 \cdot h)$，棒磨机为 $4t/(m^3 \cdot h)$。球和棒的适宜尺寸为 125mm，失效尺寸：球为 55mm，棒为 60mm。

（3）计算介质的失效尺寸。所谓介质的失效尺寸是指已经失去有效磨矿作用的介质尺寸。

球的失效尺寸 d_B 按下式计算：

$$d_B = D_b(0.3 + 0.13\lambda_{95}'\lambda_{q_0}') \qquad (mm) \qquad (8-80)$$

式中，D_b 为原始加球尺寸。

棒的失效尺寸 d_R，按下式计算：

$$d_R = D_r(0.3 + 0.18\lambda'\lambda_{q_0}'') \qquad (mm) \qquad (8-81)$$

式中，D_r 为原始加棒的直径；λ_{95}' 测矿石粒度修正系数，按下式计算：

$$\lambda_{95}' = 0.2d_{95}^{0.3} \qquad (8-82)$$

式中，d_{95} 为待测矿石给料的最大粒度值，mm；λ_{q_0}' 为球磨机按原矿计比生产率修正系数，按式（8-89）计算；λ''_{q_0} 为棒磨机按原矿计比生产率修正系数，按式（8-90）计算。

$$\lambda'_{q_0} = 0.60q_{0-B}^{1.25} \tag{8-83}$$

$$\lambda''_{q_0} = 0.63q_{0-R}^{0.33} \tag{8-84}$$

式中，q_{0-B} 为球磨机处理待测矿石按原矿计比生产率，$t/(m^3 \cdot h)$；q_{0-R} 为棒磨机处理待测矿石比生产率，$t/(m^3 \cdot h)$。

以上各修正系数的计算值列于表 8-20 中。

表 8-20　介质尺寸及配比选择和计算的修正系数值

名　称	修正系数值							
σ_{pr}/MPa	75	100	125	150	175	200	220	275
λ_σ	0.74	0.79	0.84	0.88	0.91	0.94	1.00	1.02
d_{95}/mm	0.2	0.5	1	5	8	12	16	20
λ_{95}	0.30	0.38	0.45	0.67	0.75	0.83	0.88	0.95
λ'_{95}	0.09	0.14	0.20	0.45	0.70	0.70	0.80	0.90
d_{95}/mm	25	30	35	40	50	75	100	125
λ_{95}	1.0	1.04	1.09	1.12	1.19	1.31	1.41	1.49
λ'_{95}	1.0	1.10	1.18	1.27	1.41	1.73	2.00	2.24
K_S	0.50	0.60	0.70	0.80	0.90	1.00	1.25	1.59
λ_{50}	0.83	0.91	0.96	1.00	1.03	1.08	1.16	1.24
$\beta_{-0.074} - \alpha_{-0.074}$	0.20	0.30	0.40	0.50	0.60	0.70	0.80	0.90
λ_β	1.15	2.10	1.5	1.00	0.95	0.90	0.85	0.80
$q_0/t \cdot (m^3 \cdot h)^{-1}$	1	2	3	4	5	6	8	12
λ'_{q_0}	0.63	0.79	0.61	1.00	1.08	1.15	1.26	1.44
$q_0/t \cdot (m^3 \cdot h)^{-1}$	0.83	1.04	1.2	1.5	1.8	2.0	2.2	2.4
λ'_{q_0}	0.46	0.60	0.69	1.0	1.25	1.42	1.61	1.79

8.4.4　介质形状

在金属矿选矿厂的生产实践中应用最多的磨矿介质为球和长圆棒，水泥厂和某些选煤厂也采用短圆棒（柱）作为磨矿介质。

凯尔萨尔（Kelsall）等人利用实验室磨机对六种形状的磨矿介质进行了试验对比，这六种介质分别为球、立方体、短柱、等长径柱体、长柱、六面体柱，不同形状的每个介质重量均使其约等于一个球体重量，其尺寸列于表 8-21 中。试验结果表明，在小型筒式磨机中磨矿介质形状对磨矿速度及破裂函数 B 有显著影响，对物料在磨机中平均存留时间也有较大影响，但对物料通过磨机的能力影响不大。研究结果表明，球体介质磨矿效果最好，且粒度范围较窄。需要指出的是，上述结论是按磨矿产品粒度 $P_{80} = 208\mu m$ 得出的，如为细磨矿未必如此。

表 8-21　不同形状介质的磨矿效果对比

介质形状	球	立方体	短柱	等长径柱	长柱	六面体柱
当量直径/mm	25.4	19.05	25.4	22.35	19.05	22.35
长度/mm	—	23.62	17.02	22.35	30.23	20.07
$P_{80}=208\mu m$ 的相对产量	1.000	0.529	0.640	0.752	0.825	0.514

　　利比利亚邦格矿山公司对总质量相同的三种磨矿介质（ϕ30mm 的铸铁球、ϕ25mm 的钢球和 ϕ28mm、$D=h$ 的圆（柱）棒）进行了对比试验。结果表明，圆（柱）棒介质的磨机生产率比铸铁球高 8.5%，比钢球高 8.3%；采用圆（柱）棒作为介质的磨机其单位功耗比铸铁球低 12.1%，比钢球低 7.5%。

　　我国大石河选矿厂曾采用新型磨矿介质柱（棒）球对所处理的贫磁铁矿石进行了为期 3.5 个月的磨矿（一段磨机，型号：格子型 ϕ2700×3600mm）工业试验。在分级溢流细度 -200 目占 39%～43% 的条件下，与采用钢球介质磨矿的磨机相比，采用柱（棒）球磨矿时磨机台时能力可提高 3.52～4.34t，磨矿效率提高 7.63%～9.77%，球耗降低 6.49%～10%，每吨原矿磨矿节电约 1.23kW·h。

　　东北大学（原东北工学院）曾对不同形状磨矿介质在实验室中做过详细的试验研究，所用介质形状为短柱、柱球、球三种。柱球是一种异形柱，其中间为圆柱、两端为半球体。这种异形柱兼具短柱和球体两种介质的破碎效能；其中柱长 L 与端头球径 D 之比（柱球比或称长径比）对磨矿效果及磨矿产品粒度分布有很大影响。表 8-22 列出了实验室模拟工业生产条件的连续磨矿试验结果，表 8-23 列出了不同形状介质磨矿时按新生成不同粒级的生成速度，t/(m^3·h)。

表 8-22　不同形状磨矿介质模拟工业生产条件的连续闭路磨矿试验结果（以东鞍山铁矿石为例）

介质类型	磨矿产品	粒度/mm										-0.009
		+1.0	-1.0 +0.3	-0.3 +0.15	-0.15 +0.10	-0.10 +0.077	-0.077 +0.05	0.05 +0.038	-0.038 +0.027	-0.027 +0.018	-0.018 +0.009	
		磨矿产品粒度分布 $\Sigma\gamma$/%										
球介质（Ⅰ）	排矿	13.98	27.21	49.37	56.21	76.83	80.67	86.82	93.15	93.4	95.77	100.00
	溢流		8.01	16.24	47.34	52.03	60.00	74.48	74.9	82.92	100.00
	返砂	15.99	31.13	55.33	65.4	81.08	84.75	90.56	95.17	95.93	97.52	100.00
球介质（Ⅱ）	排矿	13.74	22.96	39.82	49.78	68.07	71.22	81.17	89.27	89.59	92.11	100.00
	溢流		2.72	7.92	33.40	35.88	56.38	71.20	71.39	78.95	100.00
	返砂	17.16	28.67	49.12	60.27	76.75	81.00	88.37	95.24	95.69	97.46	100.00
柱球介质	排矿	11.52	20.01	37.61	48.25	69.48	74.02	82.25	89.96	90.18	93.20	100.00
	溢流		2.57	7.87	33.59	37.91	47.96	68.01	68.76	98.46	100.00
	返砂	13.49	23.97	44.53	56.22	76.57	83.49	92.19	96.71	96.76	97.73	100.00
柱介质（Ⅰ）	排矿	14.14	30.07	54.47	64.90	79.46	82.45	87.54	93.32	93.61	95.80	100.00
	溢流		9.48	18.75	49.76	53.66	61.08	75.03	75.47	83.12	100.00
	返砂	16.36	34.78	61.53	71.1	84.11	87.02	91.84	96.34	96.71	97.90	100.00

介质 类型	磨矿 产品	+1.0	粒度/mm									-0.009
			-1.0 +0.3	-0.3 +0.15	-0.15 +0.10	-0.10 +0.077	-0.077 +0.05	0.05 +0.038	-0.038 +0.027	-0.027 +0.018	-0.018 +0.009	
		磨矿产品粒度分布 Σγ/%										
柱介质 （Ⅱ）	排矿	10.19	24.97	51.03	59.85	78.80	80.33	83.47	88.77	89.71	93.26	100.00
	溢流		13.71	21.12	49.84	54.11	63.32	75.05	77.06	84.92		100.00
	返砂	12.27	30.09	58.99	67.51	84.79	87.92	92.66	97.05	97.06	97.89	100.00

注：1. 球介质（Ⅰ）为与异形介质单个质量相同；

　　2. 球介质（Ⅱ）为与异形介质直径相同；

　　3. 柱介质（Ⅰ）为其长度不等于直径，即 $L/D \neq 1.0$；

　　4. 柱介质（Ⅱ）为长度径比等于 1.0。

表 8-23　不同形状介质磨矿时按新生成量计的各粒级生成速度（$t/(m^3 \cdot h)$）及相对比率

粒度/mm	介 质 类 型									
	球介质（Ⅰ）		球介质（Ⅱ）		柱球介质		柱介质（Ⅰ）		柱介质（Ⅱ）	
	生成速度	相对比率	生成速度	相对比率	生成速度	相对比率	生成速度	相对比率	生成速度	相对比率
-0.15+0.10	0.63	1.40	0.62	1.38	0.65	1.44	0.61	1.36	0.57	1.27
-0.10+0.077	0.58	1.20	0.60	1.33	0.63	1.40	0.55	1.22	0.53	1.18
-0.077+0.05	0.35	0.78	0.43	0.95	0.45	1.00	0.34	0.76	0.32	0.71
-0.05+0.038	0.32	0.71	0.42	0.93	0.42	0.93	0.30	0.67	0.30	0.67
-0.038	0.27	0.60	0.28	0.62	0.36	0.80	0.25	0.58	0.24	0.53

　　由表 8-22、表 8-23 的数据可以看出：（1）不同类型的介质其磨矿产品粒度分布不同，就粗级别（按+0.1mm）而言，无论在溢流、磨机排矿或返砂中，磨矿介质为柱球的其含量最低，其次为柱介质（Ⅱ），再次为球介质（Ⅱ）；就细级别（按-0.077mm）而言，柱球介质的产品粒度与球介质（Ⅱ）相近，这说明柱球介质的磨矿产品粒度要均匀得多。（2）柱球介质与球介质（Ⅰ）及球介质（Ⅱ）比较，球介质（Ⅰ）的磨矿效果要差些。这说明按单个介质质量相等与按单个介质直径相同对比试验，其效果不一样。就异形介质而言，按单个介质质量与球介质相当的试验结果来作对比更恰当些。（3）柱球介质的溢流产品-0.05+0.009mm 粒级的量占 60.55%，而球介质为 30.87%～43.07%，柱介质为 29.46%～22.6%；对-0.009mm 粒级而言，柱球介质溢流中仅占 1.54%，而球介质中占 17.08%～21.05%，柱介质中占 15.08%～16.88%。因此，柱球介质的磨矿产品粒度均匀、泥化轻，这非常有利于浮选。（4）就各级别的生成速率而言，柱球介质均明显高于球介质及柱介质。

　　在实验室中曾对上述几种类型介质在同样转速率和充填率条件下的运动状态进行了研究。实际观测和快速摄影发现，在同样转速和充填率条件下，柱介质提升高度最大，其次为柱球介质，球介质最低。这说明球介质与衬板的相对滑动较大。就抛落区域而言，柱介质抛落区最大，其次为柱球介质，球介质最小。抛落区域大，冲击作用强，粉碎效果好些。除此之外，介质与物料及介质与介质之间的接触方式也有很大影响，图 8-3 为不同形状磨矿介质的接触方式示意图。实验室批次磨矿试验表明，当磨矿产品粒度大于 0.5mm 时，柱介质的磨矿速度较球介质高 10%以上。柱球介质兼有选择破碎和细磨作用，故产品粒度均匀、过粉碎轻，为很好的磨矿介质形状，需注意的是要正确决定其长径比。

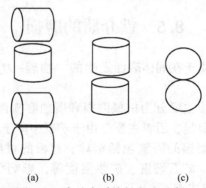

图 8-3 磨矿介质接触方式示意图
(a) 柱形介质的线接触；(b) 柱形介质的面接触；(c) 球介质的点接触

（短）柱形介质是棒形及球形介质的变种，具有球形介质传动性能好及表面积大的优点，又有棒形介质线接触可减轻过粉碎的优点，具有明显的选择磨碎作用。但是同质量介质的破碎力比球形小，同体积介质有效研磨面积也比球形小，属于短线接触，减轻过粉碎不及棒形。优缺点介于球和棒之间，是两者的综合。经工业试验研究证明，在细磨阶段，短柱形小尺寸介质比同质量的球形介质细磨效果好，在处理量相同时，粗级别及过粉碎级别都有明显减少，合格粒级产率有明显增加，产品粒度均匀，故适用于细磨。常见的短柱形介质有两种形状，一种是双球面段，另外一种是双平面段。目前，生产的短圆柱形和短圆锥形介质的种类很多，其规格习惯用柱体或锥体的圆直径 D 与柱体或锥体长度 L 的乘积表示。一般长径比 L/D 的值选取 1.0~1.5，当要求细磨效果好时取小值，要求过粉碎轻时取大值。

一般来说，磨矿介质应满足下述要求：

（1）质量足够，这样介质在运动时具有较高的破碎能量；

（2）表面积尽可能大，以提供与被磨物料接触时的适当表面积。

在进行对比试验时，应充分考虑介质形状的差异而造成的技术特征的差异。表 8-24 列出了球体和圆柱体的技术特征。

表 8-24 圆柱与球体介质的技术特征

直径与材质相同的两种介质关系	柱 ($d_C = h$[①])	球 (d_B)
柱比球的表面积 A 大 50%	$A_C = 1.5\pi d_C^2$	$A_B = \pi d_B^2$
柱比球的体积 V 大 50%	$A_C = \dfrac{1}{4}\pi d_C^3$	$A_B = \dfrac{1}{6}\pi d_B^3$
柱比球的质量 m 大 50%（δ 为密度）	$m_C = \delta V_C$	$m_B = \delta V_B$
柱与球的比表面积 S 相同	$S_C = \dfrac{6}{\delta} \cdot \dfrac{1}{d_C}$	$S_B = \dfrac{6}{\delta} \cdot \dfrac{1}{d_B}$
当单个柱重=单个球重时	$d_C = 0.8734 d_B$	$d_B = 1.145 d_C$
	$S_C = 1.145 \dfrac{1}{\delta} \cdot \dfrac{1}{d_B}$	$S_B = \dfrac{6}{\delta} \cdot \dfrac{1}{d_B}$

①h 为柱高。

由表 8-23 的数据可以看出，在进行不同形状的介质效果对比试验，要考虑对比的标准，即按单个介质质量相同，或直径相同，或表面积相同，同时应考虑介质材质的密度差别及要求的磨矿产品细度的差别。

8.5　铁介质的磨损

磨矿过程中介质的磨损属于在固体表面发生的"物理–力学"及"物理–化学"的不可逆过程。

钢球、钢棒等介质的磨损主要分为机械磨损和腐蚀磨损两大类，前者主要由于冲击、磨剥、摩擦、疲劳等作用所引起，后者主要是由于矿浆中离子及化学药剂的化学反应和电化学作用所引起。影响机械磨损的因素包括钢球、衬板的材质、球的质量、磨机工作条件、给料和产品的粒度分布、矿石硬度、矿浆温度等，影响化学腐蚀的因素主要包括水质、矿浆 pH 值、矿浆成分组成等。

介质的总磨损量可用下述模型表示：

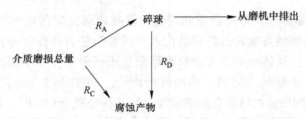

上述模型中 R_A 为介质的机械磨损速度，R_C 为腐蚀磨损速度。钢球受机械磨损变成碎块后，因表面积增大更易受（电）化学腐蚀，其腐蚀速度为 R_D；另外，部分碎球从磨机中排出。对于具体磨矿过程来说，机械磨损与腐蚀磨损所占比例与很多因素有关，因此其比例是变化的。

8.5.1　机械磨损

（1）冲击、磨剥磨损。物料受冲击、研磨的磨损速度主要取决于冲击能量，当物体冲击接触的瞬间，在接触点产生高度应力集中，从而引起塑性变形，由此而在固体金属表面形成不同形状和深度的裂缝。在磨矿过程中，介质受到多次的冲击–研磨作用后，裂缝不断加深、加宽，最后部分碎块从介质上脱落。

由于磨矿过程中介质是连续运动的，对每个介质来说它受到周期性的冲击–研磨作用，因而造成金属疲劳，这样就加快了介质的磨损与破坏过程。从另一角度来说，介质遭受到反复冲击将产生两种影响因素：第一，在反复冲击作用下，即使冲击力较小也会产生金属疲劳，从而造成微裂缝或缺陷，这些微裂缝或缺陷逐渐增大；第二，在多次冲击作用下，金属表面会硬化，从而加强了介质表面使其变硬。硬化了的金属表面易于被腐蚀，并形成表面裂纹。由于上述两种作用的结果，金属介质表面被腐蚀部分不断剥去而露出新鲜表面，被露出的新鲜表面又被冲击–腐蚀–而剥去，这样金属介质很快被磨耗。

（2）粘着磨损。钢球在加工制造过程中其表面存在一定的粗糙度，而在研磨过程中，由于机械作用和物理化学作用，使得表面凹凸不平。当钢球表面与其他固体表面相互作用时，仅在少数几个孤立的微凸体顶尖上发生接触，接触面上产生很高的应力，接触面出现塑性流动。在摩擦力的作用下，材料会从一个表面转移到另一个表面，部分材料脱落成游离的磨屑，从而产生粘着磨损。

（3）磨料磨损。磨料磨损是指较硬的磨料（被磨物料）在对钢球表面的摩擦过程中，使钢球表面材料发生损耗的现象。磨料磨损主要是由于犁沟所造成的显微切削、反复塑性变形而使磨屑脱落的。在球磨机中，一般认为以高应力碾碎式磨料磨损为主，同时还存在凿削式和低应力磨料磨损。

（4）疲劳磨损。作用在钢球表面微观体积上周期性的接触载荷或交变应力，使表面或次表面形成裂纹，裂纹沿着与表面平行或垂直的方向扩展，导致表层材料成细片状剥落，从而产生表面疲劳磨损。疲劳磨损与表层的应力滞后现象有关，应力循环的应力幅不超过材料的弹性极限。疲劳磨损失效的主要形式是点蚀和剥落，即在原来光滑的接触面上产生深浅不同的凹坑（也称麻点）和较大面积的剥落坑。

（5）冲蚀磨损。冲蚀磨损是指含有固体颗粒的流体冲击介质表面时使表面发生损坏的一种磨损形式。早期的冲蚀理论认为冲蚀磨损是由于冲击流体中的颗粒对介质表面的显微切削引起的，磨损与颗粒的冲击速度平方成正比。

8.5.2　腐蚀磨损

腐蚀磨损是腐蚀和磨损同时起作用的一种磨损。钢球在液体（湿式磨矿）和气体（干式磨矿）环境中发生化学或电化学反应，在表面形成腐蚀产物，这些产物往往黏附不牢，在磨矿过程中被剥离下来，其后新的表面又继续与介质发生反应，这种腐蚀与磨损的重复过程称为腐蚀磨损。

腐蚀磨损是极为复杂的，环境、温度、运动速度、载荷等条件稍有变化，就会使磨损发生很大的变化。在湿式磨矿中，腐蚀不仅造成钢球的快速磨损，而且对磨料的特性和可选性产生影响。腐蚀磨损可分为化学腐蚀磨损和电化学腐蚀磨损，化学腐蚀磨损又可分为氧化腐蚀磨损和特殊介质腐蚀磨损。

（1）化学腐蚀。

1）氧化腐蚀作用。由于空气或矿浆中溶解氧的作用，钢球表面的铁及其合金元素由一种较低价态变为较高价态时，便形成金属氧化物薄膜，反应式为：

$$mMe + \frac{n}{2}O_2 \longrightarrow Me_mO_n \tag{8-85}$$

式中，n 为金属 Me 的化合价。

钢球中的金属常为多价金属，因而会形成多种氧化物。氧化速度通常用氧化物的厚度 y 与氧化时间 t 之间的数学关系描述。在干磨和湿磨的温度范围内，钢球的氧化速度符合抛物线关系 $y^2 = kt$ 或直线关系 $y = kt$，氧化膜有时是这两种生长方式的结合，称为抛物直线关系。由于钢球是多成分的合金，其氧化过程更为复杂，且生成物更为多样化，这对选矿过程必将产生复杂的影响。

2）特殊介质中的腐蚀作用。在干磨的工厂内，厂区空气中常常混入 SO_2、CO 和 CO_2 等污染气体，这些污染气体对钢球产生化学腐蚀作用，例如，当空气中含有 SO_2 时，一部分 SO_2 在空气中氧化成 SO_3，溶于钢球表面的吸附水膜中生成 H_2SO_4；另一部分 SO_2 吸附在钢球表面，与铁作用生成易溶的硫酸亚铁，硫酸亚铁进一步氧化并由于强烈的水解作用生成硫酸，硫酸与铁反应生成硫酸亚铁，整个腐蚀过程具有自催化反应的特点。

在湿式磨矿中，盐类矿物大多具有一定的溶解性，从而导致矿浆溶液化学的复杂性。当矿浆中含有氯化物或氟化物时，钢球的化学腐蚀速度会加快。矿浆的 pH 值是影响钢球化学腐蚀的重要因素，随着矿浆 pH 值的提高，金属铁的腐蚀反应速度降低。图 8-4 示出了用苛性钠、苏打、石灰调整 pH 值时，磨机中矿浆 pH 值对介质磨损的影响。当 pH 值分别为 12.5、12.0、11.2 时，钢球的化学腐蚀作用极小，当 pH=7~10 时化学，腐蚀最大。

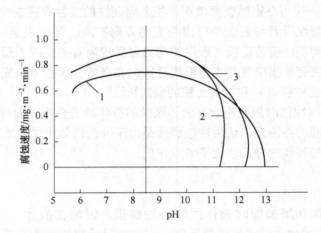

图 8-4   不同药剂调整矿浆 pH 值对磨矿介质腐蚀速度的影响
1—NaOH；2—Na_2CO_3；3—CaO

矿浆的多相结构及其组成的复杂性影响磨球的化学腐蚀特性，钢球在硫化矿磨矿中的磨损比在氧化矿磨矿中的磨损要大得多，这是因为硫化矿在磨矿过程中可能发生如下一系列化学反应：

$$MeS + \frac{1}{2}O_2 + 2H^+ \longrightarrow Me^{2+} + S^0 + H_2O \tag{8-86}$$

$$2MeS + 3O_2 + 4H_2O \longrightarrow 2Me(OH)_2 + 2H_2SO_3^- \tag{8-87}$$

$$MeS + 2O_2 + 2H_2O \longrightarrow Me(OH)_2 + H_2SO_4 \tag{8-88}$$

$$2MeS + 2O_2 + 2H^+ \longrightarrow 2Me^{2+} + S_2O_3^{2-} + H_2O \tag{8-89}$$

所生成的 $H_2SO_3^-$、H_2SO_4、$S_2O_3^{2-}$ 与钢球表面的金属发生化学反应，从而使其腐蚀。

（2）电化学腐蚀。电化学腐蚀是指金属表面与电解质溶液发生电化学反应而产生的腐蚀作用，反应过程有电流产生，以形成微电池为主的磨损称为电化学腐蚀磨损。据报道，在湿式磨矿中由于电化学腐蚀而造成的钢耗有时占磨矿总钢耗的 40%~90%，因为矿浆中具有许多增强腐蚀作用的因素。由于介质具有很大的暴露表面，而矿物颗粒摩擦的金属表面具有较高的腐蚀电势，因此在磨矿作业环境中介质的金属表面具有电性质阳极区和阴极区；前者具有活泼的腐蚀作用，后者则否。如果金属表面形成氧化铁薄膜，此氧化铁薄膜可以阻止金属表面进一步腐蚀。但在磨矿环境中氧化铁薄膜很难稳定，因为这种薄膜一旦形成马上又被磨掉，这样一来，金属表面经常暴露出具有强腐蚀性的活性表面，所以磨损速度很快。

加拿大腐蚀研究所霍义（Hoey）等研究了硫化矿、氧化矿（赤铁矿）等不同类型矿石湿式磨矿过程中介质的腐蚀机理，并研究了某些化学药剂对介质腐蚀的影响。他们研究了用合金钢球（含 C0.77%，Mn0.8%，Cr0.06%，Ni0.12%）磨镍铜硫化矿时加入不同的药剂对介质的腐蚀及磨矿产品中-200 目生成量的影响（见表 8-25）。

表 8-25　不同药剂对介质腐蚀的影响

加入药剂种类		介质损失量		磨矿产品中-200目增加/%
名　称	矿浆中浓度/%	绝对量/g	相对损失/%	
无	0	1.779	100.00	54.9
硼砂	1	1.776	-0.17	53.9
亚硝酸钠	1	0.901	-49.4	54.6
铬酸钠	1	0.966	-45.7	57.8
偏硅酸钠	0.5	0.963	-45.9	53.7
苯酸钠	1	2.12	-190	56.1

注：矿浆固体浓度为 60%。

由表 8-24 所示结果可以看出，加入亚硝酸钠、铬酸钠及偏硅酸钠分别可以降低腐蚀磨损量的 49.4%、45.7% 及 45.9%，加入苯酸钠反而增加了腐蚀磨损量。前三种药剂称为防腐蚀剂，后者称为促腐蚀剂。另外，铬酸钠不仅有防腐蚀作用，还增加了磨矿产品细度，兼有助磨剂作用。

在上述试验基础上，霍义等进行了不同材质的介质在不同磨矿条件下磨碎镍铜硫化矿及赤铁矿的试验，以考查不同材质介质的耐腐蚀性。与此同时，测定了不同材质钢球的表面电位以推断介质被腐蚀的机理。表 8-26 列出了腐蚀试验用六种不同材质的钢球成分，表 8-27、表 8-28 分别列出了磨硫化矿和磨赤铁矿的试验结果。

表 8-26　腐蚀试验用不同材质的钢球成分

介质编号	金属结构	硬度 R_C	元素/%								
			C	Mn	P	S	Si	Ni	Cr	Mo	Cu
1	锻钢	60~65	0.77	0.80	—	0.26	0.16	0.12	0.06	0.005	0.024
2	球光体白口铁	50~65	3.06	0.49	—	0.20	0.66	1.16	2.12	0.07	0.20
3	马氏体白口铁	50~65	2.94	0.44	—	0.21	0.60	3.22	1.88	0.06	0.29
4	马氏体白口铁	50~65	3.26	0.34	0.08	0.10	0.38	0.10	12.34	0.02	0.15
5	马氏体不锈钢	65	1.05						17.60	0.63	—
6	奥氏体不锈钢	35	0.07	0.82				8.90	19.78		—

表 8-27　不同材质介质磨硫化矿的腐蚀试验结果对比

介质编号	亚硝酸钠浓度/%	磨矿温度 25℃±2℃			磨矿温度 50℃±2℃		
		介质表面电位 $V([H^+])$	磨损速度 /mg·(cm²·h)⁻¹	磨损降低 /%	介质表面电位 $V([H^+])$	磨损速度 /mg·(cm²·h)⁻¹	磨损降低 /%
1	0	-0.47	1.79	—	-0.46	1.79	—
	1.0	+0.07	0.71	60	-0.09	0.92	49
2	0	-0.43	1.35	—	-0.50	1.39	—
	1.0	+0.05	0.76	40	-0.19	1.05	25
3	0	-0.34	0.81	—	-0.47	0.72	—
	1.0	+0.08	0.38	53	-0.03	0.50	31
4	0	-0.19	0.77	—	-0.47	0.89	—
	1.0	+0.08	0.46	40	-0.02	0.54	39
5	0	+0.05	0.38	—	-0.15	0.42	—
	1.0	+0.07	0.36	5	+0.05	0.38	10
6	0	+0.05	0.95	—	-0.06	1.09	—
	1.0	+0.05	0.94	1	+0.01	1.00	9

由表 8-27 的数据可以看出，六种不同材质的合金球磨镍铜硫化矿时：（1）锻钢及白口铸铁球易于腐蚀，加入防腐蚀剂后防腐蚀效果显著；（2）不锈钢球（编号 5、6）具有相当好的抗腐蚀性，特别是马氏体不锈钢（编号 5）表面硬度高、抗腐蚀性好，磨损速度最低；（3）加入防腐蚀剂可使球介质表面电位升高（向正方向），表面电位变化的幅度与亚硝酸钠防腐蚀效果的大小有关。

表 8-28　不同材质介质磨赤铁矿的腐蚀试验结果对比

介质编号	亚硝酸钠浓度/%	磨矿温度 25℃±2℃			磨矿温度 50℃±2℃		
		介质表面电位 $V([H^+])$	磨损速度 /mg·(cm²·h)⁻¹	磨损降低 /%	介质表面电位 $V([H^+])$	磨损速度 /mg·(cm²·h)⁻¹	磨损降低 /%
1	0	-0.44	1.50	—	-0.51	1.70	—
	1.0	-0.11	1.10	27	-0.01	1.17	31
2	0	-0.36	1.94	—	-0.46	2.04	—
	1.0	-0.11	1.37	29	-0.01	1.52	25
3	0	-0.33	1.15	—	-0.43	1.22	—
	1.0	-0.13	0.76	34	-0.01	0.7	36
4	0	-0.15	1.16	—	-0.45	1.26	—
	1.0	-0.10	0.76	33	-0.04	0.81	36
5	0	-0.08	0.50	—	-0.07	0.58	—
	1.0	-0.14	0.52	4	+0.02	0.57	2
6	0	-0.08	1.17	—	-0.12	1.03	—
	1.0	-0.12	1.06	9	+0.04	1.10	-7

由表 8-28 的数据可以看出，六种不同材质的合金球磨赤铁矿时：（1）编号 1~4 的球易于被腐蚀，加入防腐蚀剂后磨损降低效果明显；（2）编号 5 球抗腐蚀性及耐磨性均最好；（3）编号 6 球抗腐蚀性好但耐磨性差；（4）编号 1~4 种合金球加入防腐蚀剂以后其表面电位增高，而编号 5、6 的合金球则相反。

根据以上试验，霍义等人提出了钢球电化学腐蚀的两种机理模型，如图 8-5 所示。钢球介质被机械磨损后露出新鲜表面，铁原子（Fe）失去电子而荷正电，构成阳极区；水分子与氧结合获得电子后生成 OH^-，构成阴极区。这样一来，钢球介质表面就产生表面电位差，阳极区被腐蚀。其反应式为：

阳极：
$$Fe \longrightarrow Fe^{2+} + 2e \tag{8-90}$$

阴极：
$$\frac{1}{2}O_2 + H_2O + 2e \longrightarrow 2OH^- \tag{8-91}$$

电池反应为：

$$Fe + \frac{1}{2}O_2 + H_2O \longrightarrow Fe^{2+} + 2OH^- \tag{8-92}$$

当钢球与被磨物料接触时，矿石表面氧化并吸附 OH^- 构成阴极区。因此，如果磨机中有物料，由于钢球表面不断磨损露出新鲜表面，这种新鲜表面与物料接触后能构成电偶，这样就加快了钢球的腐蚀。加入防腐剂能使球表面很快形成钝化薄膜，这种"钝化"薄膜阻止了电流流动（表中球表面电位升高可以说明），从而减缓了介质的腐蚀。

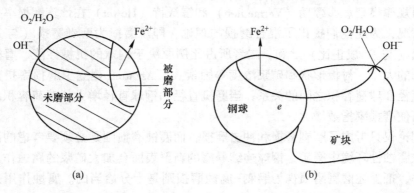

图 8-5 钢球介质电化学腐蚀的机理模型
（a）球表面电位的形成；（b）球-物料间电偶的形成

钢球被腐蚀后可能生成三种产物，即 $Fe(OH)_2$、Fe_3O_4 及 $FeOOH$。可能发生的化学反应如下：

$$Fe \longrightarrow Fe^{2+} + 2e \tag{8-93}$$

$$\frac{1}{2}O_2 + H_2O + 2e \longrightarrow 2OH^- \tag{8-94}$$

$$Fe^{2+} \xrightarrow{OH^-} FeOH^+ \xrightarrow{OH^-} Fe(OH)_2 \xrightarrow{缓慢氧化} Fe_3O_4 \tag{8-95}$$

$$Fe(OH)_2 \xrightarrow{OH^-} Fe(OH)_3^- \xrightarrow{氧化} Fe(OH)_3(aq) \tag{8-96}$$

$$\text{Fe(OH)}_3\text{(aq)} \xrightarrow{\text{聚合}} [\text{Fe(OH)}_3]_n \xrightarrow{\text{沉淀}} \alpha-\text{FeOOH} \qquad (8-97)$$

8.5.3　介质磨损规律的数学模型

根据以上分析可以看出，磨矿过程中介质的磨损是个非常复杂的物理、化学过程。长期以来，描述球磨机中钢球磨损规律的数学模型的一般形式为：

$$\frac{\mathrm{d}W}{\mathrm{d}t} = kD^n \qquad (8-98)$$

式中，W 为钢球质量；t 为磨矿时间；k 为比例常数；D 为钢球直径；n 为磨损率指数。

戴维斯（Davis）指出，钢球的磨损率与钢球的质量成正比，即 $n=3$，则钢球磨损的动力学模型为：

$$D = D_0 \mathrm{e}^{-kt} \qquad (8-99)$$

诺奎斯特（Norquist）和米勒（Miller）发现钢球的磨损率与钢球的表面积成正比，即 $n=2$，则钢球磨损的动力学模型为：

$$D = D_0 - kt \qquad (8-100)$$

邦德（Bond）认为钢球的磨损率与钢球直径的 2.21 次幂成正比，即 $n=2.21$。后来的研究发现，钢球的磨损率与钢球直径之间的关系并不是固定不变的，而取决于磨损环境。奥斯汀（Austin）和克利佩尔（Klimpel）发现有些试验数据遵循表面积规律，而另一些试验数据则不遵循，由于在湿式磨矿中化学腐蚀的作用，所以干法测定的磨损结果不能得出钢球的磨损规律模型。弗缪勒（Vermeulen）和霍沃特（Howat）在计算磨损率指数时也发现了这种情况，为此他们提出了混合磨损的理论，即总磨损为磨剥磨损（与 D^2 成正比）和冲击磨损（与 D^3 成正比）之和，二者所占比例取决于钢球的机械性能、磨机直径和转速、补加球的大小、衬板形状和矿浆浓度等因素。E. Azzaroni 建立了磨损率指数与磨机直径、钢球直径和球荷容积之间的关系，当磨机直径和钢球直径增大、球荷容积减小时，冲击力增大而使磨损率指数增大。

上述理论仅只考虑了磨剥磨损和冲击磨损，而腐蚀磨损则是必须要考虑的因素。霍义等认为，在腐蚀性环境中磨矿，钢球连续暴露的新鲜表面会加大矿浆的腐蚀作用，从而加速总磨损率，把上述磨剥磨损视为磨剥-腐蚀磨损则是十分恰当的。腐蚀作用是一种表面反应，腐蚀磨损与 D^2 成正比。

奥斯汀等从统计意义上把假定磨矿过程中补加的钢球能使任意直径钢球的重量维持不变，那么在时间间隔为 t 至 $t+\mathrm{d}t$ 时，钢球半径为 r 至 $r+\mathrm{d}r$ 的球荷磨损至半径小于 r 至 $r+\mathrm{d}r$ 粒级的平衡式为：

$$-(4\pi r^2 \delta)\mathrm{d}r = f(r)\mathrm{d}t \qquad (8-101)$$

式中，δ 为球介质密度；$f(r)$ 为单个球的磨损速率，g/h。经过推导，求出磨机中半径为 r 的球荷平衡分布为：

$$Q(r) = \frac{r^{4-\alpha} - r_{\min}^{4-\alpha}}{r_{\max}^{4-\alpha} - r_{\min}^{4-\alpha}} \qquad (8-102)$$

式中，$r_{\max}$、$r_{\min}$ 为球荷中球径的最大值和最小值，α 为与磨矿条件有关的参数。

拉祖莫夫提出，当磨机筒体转速较高时，球荷作抛物线运动，以冲击作用为主，钢球的磨损速度与其体积成正比；当磨机筒体转速较低时，球荷作泻落运动，以磨剥作用为主，钢球的磨损速度与其表面积成正比。一般情况下，钢球既存在冲击作用，又存在磨剥作用，钢球的磨损速度与其直径 D 的 $2 \sim 3$ 次方成正比，据此推导出磨损规律的动力学模型：

$$D = \sqrt[3-n]{D_0^{3-n} - \frac{k(3-n)t}{12.3}} \tag{8-103}$$

式中，D_0 为钢球的初始直径，$n = 2 \sim 3$。磨机内直径大于 D 的钢球在整个球荷中所占的百分率 γ 为：

$$\gamma = \frac{D_0^{6-n} - D^{6-n}}{D_0^{6-n}} \tag{8-104}$$

刘建国等从德兴铜矿磨矿试验结果中发现，钢球的磨损速率主要取决于钢球的接触面积，钢球的比表面积越大，其磨损速率也越大，建立的数学模型为：

$$\frac{dW}{dt} = -m\Delta S \tag{8-105}$$

式中，ΔS 为钢球的比表面积；m 为比例系数。因 $\Delta S = \dfrac{4\pi r^2}{\frac{4}{3}\pi r^3 \delta}$，则：

$$\frac{dW}{dt} = -k\frac{1}{r} \tag{8-106}$$

式中，$k = \dfrac{3m}{\delta}$；δ 为钢球的密度。

由此可以看出，钢球的磨损速率与钢球的半径成反比，半径越小的钢球其磨损速率越大。这一结论对于硬度不大、腐蚀作用较强的磨矿环境是适用的，但目前尚未得到理论上的解释。

8.6　返砂比、分级效率及球料比对磨机产量的影响

长期以来，一直认为在闭路磨矿作业中提高返砂比对提高磨机产量是有利的。根据磨矿动力学，可得出磨机产量 Q 与返砂比 C、分级效率 ε 的关系为：

$$K = \frac{Q_2}{Q_1} = \frac{(1 + C_1)\ln\dfrac{2 + C_1 - \dfrac{1}{\varepsilon_1}}{1 + C_1 - \dfrac{1}{\varepsilon_1}}}{(1 + C_2)\ln\dfrac{2 + C_2 - \dfrac{1}{\varepsilon_2}}{1 + C_2 - \dfrac{1}{\varepsilon_2}}} \tag{8-107}$$

式中，Q_1、Q_2 分别为返砂比为 C_1、C_2 及分级效率为 ε_1、ε_2 时的磨机台时产量，t/h；K 为磨机相对产量。令 $C_1 = C_2 = C$，$\varepsilon_1 = 1.0$，则可得：

$$K = \frac{Q_2}{Q_1} = \frac{\ln \dfrac{1 + C}{C}}{\ln \dfrac{2 + C - \dfrac{1}{\varepsilon_2}}{1 + C - \dfrac{1}{\varepsilon_2}}} \tag{8-108}$$

利用上式可计算不同返砂比 C、分级效率 ε 时磨机的相对产量（以 Q_1 为基准）K_0 计算结果示见表 8-29 和图 8-6。

表 8-29　不同返砂比、分级效率对磨机产量的影响

分级效率 $\varepsilon/\%$	返砂比 $C/\%$					
	100	200	300	400	500	600
60	0.50	0.72	0.80	0.85	0.88	0.94
70	0.68	0.82	0.87	0.90	0.92	0.96
80	0.82	0.89	0.92	0.94	0.95	0.97
90	0.92	0.95	0.96	0.97	0.98	0.99
100	1.00	1.00	1.00	1.00	1.00	1.00

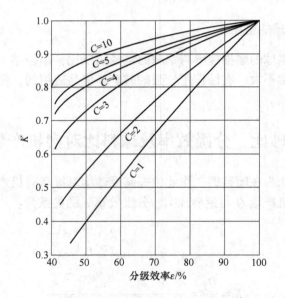

图 8-6　不同返砂比及分级效率对磨机产量的影响

由表 8-29 所示结果可以看出，提高返砂比可以降低分级效率变化对磨机产量的影响，例如当返砂比 $C = 100\%$ 时，分级效率从 100% 降低为 60%，则磨机产量降低了 50%。当返砂比 $C = 400\%$ 时，分级效率从 100% 降低为 60% 时，磨机产量仅降低了 15%。另外，从图 8-6 中曲线的变化趋势来看，无论返砂比为何值，分级效率 ε 从 40% 提高至 50%~60% 以

上时，磨机产量都能大幅度的提高。目前，广泛采用的分级设备（水力旋流器、螺旋分级机）的量效率（质效率）都较低，因此提高分级效率对提高磨机产量有很大的潜力。

以上是理论分析得出的结论，实际上还应考虑下述一些因素：（1）过多的提高返砂比增加了返砂运输费用，造成经济上不合适；（2）返砂比的变化将影响分级作业，分级量效率随返砂比的增加而降低，分级质效率在一定范围内随返砂比的增加而增加，达到某一极大值后下降；（3）磨机中矿浆的轴向流速是一定的，即单位时间内流过磨机横截面的流量是一定的，超过某一极限值，磨机工作将失调，例如发生胀肚现象，此极限值称为磨机的通过能力 $Q_{通}$。$Q_{通}$ 与磨机的结构参数、操作变量及矿石性质有关，由于生产中必须维持 $Q_0(1+C) \leqslant Q_{通}$（Q_0 为磨机新给矿量），故返砂比 C 不能太大，否则将影响磨机新给矿量；（4）磨机有一适宜球料比，在一定的磨矿条件下如果磨机中物料过多（即球料比 φ_M 值太高），磨矿效率将下降。

下面推导磨矿生产率 Q（或 q）与返砂比 C、分级效率（溢流）的量效率 ε_{c-x} 及质效率 $E_质$ 的关系式，由磨矿分级流程（见图 8-7）中矿量平衡及（8-109）式可得：

$$\varepsilon_{c-x} = \frac{Q_4\alpha_{c-x}}{Q_3\alpha_{F-x}} = \gamma'_4\frac{\alpha_{c-x}}{\alpha_{F-x}} \qquad (8-109)$$

$$\varepsilon_{c-x} = \frac{\alpha_{c-x}}{\alpha_{c-x} + C\alpha_{h-x}} = 1/(1+JC) \qquad (8-110)$$

式中，$J = \dfrac{\alpha_{h-x}}{\alpha_{c-x}}$。

又 $\gamma'_4 = \dfrac{Q_4}{Q_3} = \dfrac{1}{1+C}$，$E_质 = \dfrac{\varepsilon_{F-x} - \gamma'_4}{1 - \alpha_{F-x}}$，联立式（8-110）可得：

$$E_质 = \frac{C(1-J)}{[1 - \alpha_{c-x} + C(1 - \alpha_{h-x})](1+JC)} \qquad (8-111)$$

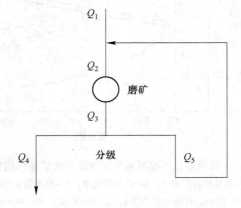

图 8-7 闭路磨矿流程

表 8-30 列出了实际生产中溢流粒度变化时 J 值的变化情况。由表 8-30 所列数据可以看出，J 值的变化范围较返砂比 C 小得多。故由式（8-110）可知，随着返砂比 C 的增加，$J \cdot C$ 的乘积也相应增大，分级溢流量效率 ε_{c-x} 将降低。

表 8-30   不同溢流粒度时 J($J = \alpha_{h-x}/\alpha_{c-x}$)的变化

溢流粒度/mm	$\gamma_{-0.074}$ /%		J 值	
	溢流	返砂	平均值	ΔJ /%
0.4	40	4	0.100	—
0.3	50	6	0.120	20
0.2	60	7.4	0.123	26
0.15	75	10	0.133	33
0.10	85	12	0.141	41
0.074	95	13	0.136	36

图 8-8 绘出了上述因素变化关系的实际测试结果。当磨矿回路中新给矿量 Q_1 不变时，由图 8-8 可以看出：（1）溢流相对产率 γ'_4 随返砂比 C 的增加而降低（图 8-8 中曲线 1）；（2）按 -0.074mm 计的 ε_{c-x} 随返砂比 C 的增加而降低（图 8-8 中曲线 3）；（3）按 -0.074mm 计的分级质效率 $E_质$ 随返砂比 C 的增加而增加至极大值，当 C 再增加时 $E_质$ 下降（图 8-8 中曲线 2）；（4）按新生成 -0.074mm 计的磨机比生产率随返砂比 C 的增加而增加（图 8-8 中曲线 4）；（5）溢流中 -0.074mm 的含量 α_{c-x} 随返砂比 C 的增加而增加（图 8-8 中曲线 5）。

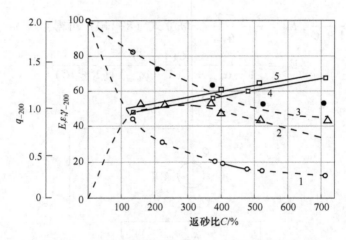

图 8-8   新给矿量不变时返砂比变化对磨矿指标的影响
1—溢流相对产率%；2—分级质效率；3—分级量效率；
4—按 -0.074mm 计的比生产率 q_{-200}；5—溢流中 -0.074mm 含量

由图 8-8 中曲线 5 可以看出，在 $C = 200\% \sim 700\%$ 范围内 $\alpha_{c-0.074} = f(c)$ 的关系近似直线，它可用下式表示：

$$\alpha_{c-0.074} = b_0 + b_1 C \tag{8-112}$$

式中，b_0、b_1 为待定系数，可根据回归分析求出。

由表 8-29 可知，J 值的变化值与相应粒度变化值比较要小得多，因此可把 J 看作常数。将 J 及式（8-112）代入式（8-111）后可得：

$$E_{质} = \frac{C(1-J)}{[(1+C)-(b_0+b_1C)(1+JC)](1+JC)} \tag{8-113}$$

由 $\dfrac{d(E_{质})}{dC}=0$，可求得分级效率 $E_{质}$ 有极大值时相应的分级返砂比。由此得：

$$2J^2b_1C^3 - J(1-Jb_0-2b_1)C^2 - (1-b_0) = 0 \tag{8-114}$$

已知 b_0、b_1、J 值，代入式（8-114）即可求出与等于最大值时相应的返砂比 C。例如，根据试验求得 $b_0=0.45$、$b_1=0.034$、$J=0.18$ 并代入式（8-113）求得与 $E_{质}$ 最大值相对应的返砂比 $C=2.0$，即 $C=200\%$。

下面求磨机处理量 Q（或 q）与返砂比 C、分级效率 $E_{质}$（或 ε_{h-x}）的关系。

由磨矿动力学可知，当磨矿产品粒度一定时，磨机台时处理量 Q 与磨机中粗级别量 Q_{+x} 成正比，但实际生产中磨机中粗级别量 Q_{+x} 很难测知，因此可近似认为：

$$Q_{+x} \approx \frac{Q_{F+x}+Q_{P+x}}{2} \tag{8-115}$$

式中，Q_{F+x}、Q_{P+x} 分别为磨机给料及排料中粗级别量。

由磨矿流程中（见图 8-7）矿量平衡可得：

$$Q_{2+x} = Q_{F+x} = Q_1(1-\alpha_{1-x}) + Q_1C(1-\alpha_{h-x}) \tag{8-116}$$

$$Q_{3+x} = Q_{P+x} = Q_4(1-\alpha_{c-x}) + Q_4C(1-\alpha_{h-x}) \tag{8-117}$$

将式（8-116）、式（8-117）及式（8-110）代入式（8-115）后得：

$$Q_{+x} = Q_1\left(1 - \frac{\alpha_{1-x}+\alpha_{c-x}}{2} - \alpha_{c-x}\frac{1-\varepsilon_{c-x}}{\varepsilon_{c-x}} + C\right) \tag{8-118}$$

由式（8-110）及图 8-8 曲线 3 可知，分级溢流量效率 ε_{c-x} 随返砂比 C 的增加而下降；由图 8-8 曲线 5 可知，溢流中细级别含量 α_{c-x} 随返砂比 C 的增加而略有增加。因此式（8-118）中右端第三项与返砂比 C 比较，其对磨机中粗级别量 Q_{+x} 值的影响较小。由以上分析可知，磨矿分级回路中新给矿量 Q 不变时，磨机中粗级别量 Q_{+x} 随返砂比 C 的增加而增加，故磨机处理量增加。

图 8-9 为由试验得到的不同返砂比 C 时磨机的比生产率 $q_{-0.074}(t/(m^3 \cdot h))$ 与磨机中粗级别量 $q_{+0.074}$ 的关系曲线，由该图可以看出当 $C \geqslant 100\%$ 时曲线近似直线，因此可得出下述模型：

$$q_{-0.074} = a_0 + a_1q_{+0.074} \tag{8-119}$$

或

$$q_{-0.074} = a_0 + a_1\frac{Q_{+x}}{V} \tag{8-120}$$

式中，V 为磨机有效容积，m^3；a_0、a_1 为待定系数。

将式（8-118）代入式（8-120）得：

$$q_{-0.074} = a_0 + a_1\frac{Q_1}{V}\left[1 + C - \left(\frac{a_{1-x}+a_{c-x}}{2}\right) - \left(a_{c-x}\frac{1-\varepsilon_{c-x}}{\varepsilon_{c-x}}\right)\right] \tag{8-121}$$

通过试验进行回归分析，求出待定系数 a_0、a_1 后，即可利用上式预报不同新给矿最 Q、返砂比 C、分级效率 ε_{c-x} 及磨机新给矿和分级溢流中不同的细级别含量（α_{1-x}、α_{c-x}）时

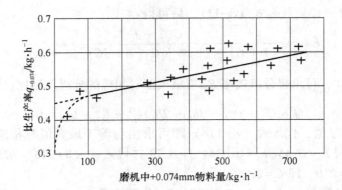

图 8-9　磨机的比生产率 $q_{-0.074}$ 与磨机中粗级别量 $q_{+0.074}$ 的关系

磨机的比生产率 $q_{-0.074}$。

应着重指出的是，在选择和计算磨机的最优工作条件时，最终结果必须受下述两个条件的约束：

$$Q_1(1 + C) \leqslant Q_{通} \tag{8-122}$$

$$\frac{V_m}{V_b} = \varphi_m \tag{8-123}$$

式中，Q_1 为磨机新给矿量，$t/(m^3 \cdot h)$；V_m 为磨机中物料（或矿浆）的体积；V_b 为球介质的体积（磨机静止时，连空隙在内）；φ_m 为不同磨矿条件下适宜球料比。

根据科尔年科及陈炳辰的试验发现，在湿式球磨过程中适宜的球料比在 0.6~0.8 之间，图 8-10 示出了申科林科的试验结果。

根据以上介绍，可以得知返砂比 C、分级效率 E、磨矿浓度 T 对磨机产量的影响是个非常复杂的关系。这些关系又与磨机的转速率 ψ、介质充填率 φ 以及磨机结构、矿石性质有关。目前，这些参数之间的相互关系还研究得不够明确，因此它们还不能用一个统一的数学模型来描述。

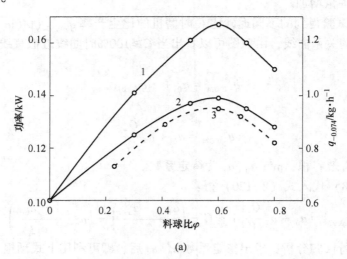

(a)

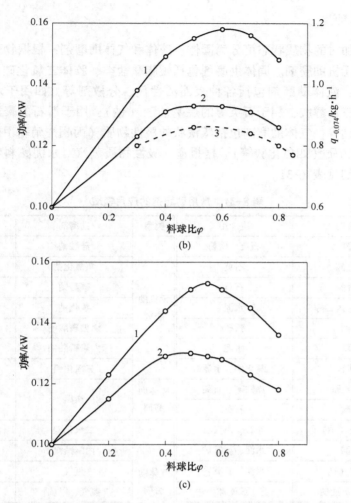

图 8-10 磨矿参数与球料比 φ_m 之间的关系（球荷充填率 $\psi = 30\%$）

(a) 磨机中矿浆浓度为 80%；(b) 磨机中矿浆浓度为 70%；(c) 磨机中矿浆浓度为 60%；
1—总功率（球荷加矿浆）消耗与球料比的关系；2—有矿浆时球荷功率消耗
与球料比的关系；3—比生产率（$q_{-0.074}$）与球料比的关系

8.7 助磨剂及其助磨作用

在磨矿作业中，能够显著提高磨矿效率或降低能耗的化学物质称为助磨剂。由于磨矿作业，尤其是超细磨的能耗较高，能量利用率又很低。因此，助磨剂的研究具有重要的理论和实际意义。许多研究表明，对于大体上恒定的给料速度，添加助磨剂后得到了粒度更细的磨矿产品。此外，添加助磨剂还可以扩展物料的磨矿粒度下限。例如，添加无机盐聚合物或复 盐 $K_4Fe(CN)_6$、$K_3Fe(CN)_6$、$Na_2Cr_2O_7$、$Al(NO_3)_3$、$Ce(NO_3)_3$ 等作助磨剂，在湿式球磨机中容易将金属粉末研磨至 $0.1\mu m$。

8.7.1　助磨剂的种类

按助磨剂添加时的物质状态可分为固体、液体和气体助磨剂；根据物理化学性质可分为有机助磨剂和无机助磨剂。固体助磨剂包括硬脂酸盐类、胶体二氧化硅、炭黑、氧化镁粉、胶体石墨等；液体助磨剂包括各种表面活性剂、分散剂等，如用于水泥熟料、方解石、石灰石等的三乙醇胺，用于石英等的烷基油酸（钠），用于滑石的聚羧酸盐，用于硅石灰的六偏磷酸钠等；气体助磨剂包括蒸汽状的极性物质（丙酮、硝基甲烷、甲醇、水蒸气）以及非极性物质（四氯化碳等）。据报道，极性物质蒸汽对水泥熟料特别有效。工业常用的各类助磨剂见表 8-31。

表 8-31　常用助磨剂的应用领域

类型	助磨剂	应　用	类型	助磨剂	应　用
有机助磨剂	甲醇	石英、铁粉	无机助磨剂	硅酸钠	黏土等
	异戊醇	石英		氢氧化钠	石灰石等
	辛醇醛	石英		碳酸钠	石灰石等
	乙二醇、丙二醇	水泥		氯化钠	石英岩
	甘油	铁矿		六偏磷酸钠	铅锌矿等
	丙酮	水泥		六聚磷酸钠	硅灰石等
	有机硅	氧化铝、水泥		三氧化铝	赤铁矿、石英
	12~14 胺	赤铁矿、石英	固体助磨剂	炭黑	水泥、石灰石
	丁酸	石英			
	硬脂酸（钠）	浮石、白云石		二氧化碳	石灰石、水泥
	葵酸	水泥、菱镁矿	气体助磨剂	丙酮蒸汽	石灰石、水泥
	环烷酸（钠）	水泥、石英岩		氢气	石英等
	环烷基磺酸钠	石英岩		氯气、甲烷	石英、石墨等
	n 链烷系	苏打、石英			
	碳氢化合物	玻璃			

从化学结构上来说，助磨剂应具有良好的选择性分散作用，能够调节料浆的黏度，具有较强的抗 Ca^{2+}、Mg^{2+} 的能力，受 pH 值的影响较小等，即助磨剂的分子结构要与磨矿系统复杂的物理化学环境相适应。在非金属矿的湿式超细磨中，常用的助磨剂通常是表面活性剂，如（1）碱性聚合无机盐，在这类中，除了用于硅酸盐矿物的磨矿外，一般多聚磷酸盐优于多聚硅酸盐；（2）碱性聚合有机盐，在这类中，最合适的是丙烯酸酯，它受 pH的影响最小；（3）偶极-偶极有机化合物，如烷烃醇胺等。

8.7.2　助磨剂的作用原理

从颗粒的破坏机理来看，在超细研磨过程中微颗粒的细化过程有两种情况，即颗粒受外力的冲击和挤压使内部裂纹扩展形成的体积破裂及颗粒表面受到研磨而形成的剥落。前者是晶体内部结合键的断裂，后者是晶体表面的薄弱部位在剪切力的作用下微小晶粒从大颗粒表层的分离。

微颗粒的形成过程是晶界不断断裂和新生表面不断形成的过程，在这一过程中存在能量的转换与表面不饱和键能的积累，高表面能的累积又将导致微颗粒的团聚和颗粒内部裂纹的重新闭合。在机械研磨过程中，颗粒并不是可以无限制地磨细的，随着颗粒不断细化，其比表面积和表面能增大，颗粒与颗粒间的相互作用力增加，相互吸附、黏结的趋势增大，最后颗粒处于粉碎与聚合的可逆动态平衡过程。

在为解决研磨过程中的聚合问题，降低平衡粒度、提高研磨效率，有效的措施是在研磨过程中引入表面活性剂物质，即助磨剂。任何一种有助于化学键破裂和阻止表面重新结合并防止微颗粒团聚的药剂都有助于超细磨过程。许多研究表明，机械法制备超细粉体必须具备两个基本条件：（1）能量高度集中；（2）使用助磨剂。助磨剂对超细粉碎过程有非常显著的影响。

对于助磨剂的助磨作用机理，研究者主要提出了两种学说。一是"吸附降低硬度"学说，助磨剂分子在颗粒上的吸附降低了颗粒的表面能或者引起近表面层晶格的位错迁移，产生点缺陷或线缺陷，从而降低了颗粒的强度和硬度，促进裂纹的产生和扩展；二是"料浆流变学调节"学说，助磨剂通过调节矿浆的流变学性质和颗粒的表面电性等，降低矿浆的黏度，促进颗粒的分散，从而提高矿浆的流动性，阻止颗粒在研磨介质及磨机衬板上的黏附以及颗粒之间的团聚。

在磨机中，研磨区内的颗粒通常受到不同种类应力的作用，导致形成裂纹并扩展，然后被粉碎。因此，物料的力学性质，如在拉应力、压应力或剪切应力作用下的强度性质将决定对物料施加力的效果。显然，物料的强度越低，硬度越小，粉碎所需的能量也就越少。根据格里菲斯定律，脆性断裂所需的最小应力与物料的比表面能成正比，如式（8-124）所示。显然，降低颗粒表面能，可以减少使其断裂所需的应力，促进裂纹扩展。从颗粒断裂的过程来看，助磨剂分子在新生表面的吸附可以减小裂纹所需的外应力，促进裂纹的扩展。在裂纹扩展的过程中，助磨剂沿颗粒表面吸附扩散，进入新生裂纹内部的助磨剂分子起到了劈契的作用，防止裂纹的再闭合，加快粉碎过程的进行。

$$\sigma = \sqrt{\frac{4E\nu}{L}} \qquad\qquad (8-124)$$

式中，E 为杨氏模量；ν 为增加的表面自由能；L 为裂缝长。

颗粒的强度还与物料本身的缺陷有关，使缺陷（如位错等）扩大无疑将降低颗粒的强度，促进颗粒的粉碎。列宾捷尔首先研究了在有机化学添加剂加入情况下液体对固体物料断裂的影响。他认为，液体尤其是水将在很大程度上影响碎裂，添加表面活性剂可以扩大这一影响，原因是固体表面吸附表面活性剂分子后表面能降低，从而导致键合力减弱。列宾捷尔等提出的上述作用机理得到了一些试验结果的证实，例如研究表明砂岩吸附油酸或油烯基胺等分子后强度下降。

除了前述颗粒的强度和硬度等外，从湿式（超）细磨工艺来考察，影响磨矿效率和能耗的主要因素还有矿浆的黏度、颗粒的分散状态、颗粒与研磨介质及磨机衬板（微细颗粒在研磨介质及磨机衬板上的黏附）之间的作用等，这些因素都将影响磨机内矿浆的流动性。因此，改善磨机内矿浆的流动性可以提高磨矿效率、提高产量或在产量一定时产出粒度更细的物料。

　　助磨剂改善干粉或料浆的可流动性，明显改变了物料连续通过磨机的速度，因而影响磨矿工艺过程。此外，流动性的变化改变了粒度在磨机中的分布及钢球等介质的研磨作用，助磨剂通过保持颗粒良好的分散性阻止颗粒之间的相互黏结或团聚。从这个意义上来说，助磨剂是能够降低矿浆黏度，并提高矿浆流动性的物质；从流变学观点来说，助磨剂是能够维持矿浆的假塑性状态使其没有屈服应力或是降低稠的假塑性矿浆的屈服应力的物质。

　　在较稀的料浆中，添加助磨剂的效果甚微，因此没有必要添加助磨剂；只有当矿浆浓度较高，即呈现一阶粉碎状态时，添加助磨剂才有显著的效果，也才有必要添加助磨剂。由于助磨剂在研磨过程中与物料之间所发生的表面物理化学过程相当复杂，同一种助磨剂在不同研磨过程中所表现出来的效果也不相同，其使用量也有所不同。大量的研究与实践证明，选择合适的助磨剂会对整个生产过程起着显著的作用。

复习思考题

8-1　简述矿石可磨度的概念。

8-2　矿石可磨度的测试方法有哪些？分析其应用。

8-3　简述给料及产品粒度分布对磨机产量的影响。

8-4　如何选择磨矿介质的适宜尺寸？

8-5　简述介质形状对磨矿效果的影响。

8-6　铁介质的磨损分为哪几类？简述铁介质的电化学腐蚀过程。

8-7　简述助磨剂的种类与作用原理。

参 考 文 献

[1] 谢恒星. 湿式磨矿中钢球磨损机理与磨损规律数学模型的研究 [D]. 长沙：中南大学，2002.

[2] 王淀佐、邱冠周，胡岳华. 资源加工学 [M]. 北京：科学出版社，2009.

[3] 段希祥. 碎矿与磨矿 [M]. 2版. 北京：冶金工业出版社，2017.

[4] 肖庆飞，石贵明，段希祥. 磨矿介质制度的进展及优化 [J]. 矿山机械，2007，35 (1)：29~32.

[5] Iwasaki I，刘维震. 球磨机研磨中腐蚀磨损与磨蚀磨损的特性 [J]. 国外金属矿选矿，1990 (12)：22~29.

[6] 艾伦，里茨库恩，马特奇尼，等. 大型磨机经济而有效的磨矿介质—锻制钢球 [J]. 国外金属矿山，1993 (10)：94~98.

[7] 邓善芝，王泽红，程仁举，等. 助磨剂作用机理的研究及发展趋势 [J]. 有色矿冶，2010，26 (4)：25~27.

[8] 毛勇，王泽红，田鹏程，等. 磨矿对矿物浮选行为的影响及助磨剂的作用 [J]. 矿产保护与利用，2020，40 (6)：162~168

[9] 龚志辉，李海兰，王增军. 助磨剂应用现状及发展 [J]. 四川冶金，2019，41 (1)：2~6.

9 自磨矿

9.1 概　述

自磨矿是指物料在磨机中主要依靠物料本身或物料与筒体衬板之间相互冲击、研磨而碎裂的过程。一般来说自磨矿分为以下两种：

（1）自磨。一般从采矿场采出的矿石经一段破碎至约 350mm，送入自磨机进行自磨。

（2）半自磨。在自磨机中加入占磨机有效容积 2% ~ 10% 的钢球以提高自磨机效率；钢球的作用是破碎自磨机中的"临界颗粒"，即难磨颗粒。

对于第一段自磨和半自磨，有干式和湿式作业两种。前者靠风力输送，又称气落式，磨机长径比（L/D）一般为 0.3 ~ 1.0；湿式自磨靠水力输送，又称抛落式自磨，磨机长径比有两种，一种为 0.3 ~ 0.5，另一种为 1.0 ~ 1.5。

自磨过程与球磨过程基本相似，影响自磨机生产能力和条件的参数与球磨机相类似，但在磨机结构形式上有较大区别。图 9-1 和图 9-2 分别为干式和湿式自磨机结构示意图。

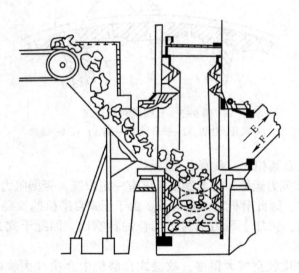

图 9-1　干式自磨机剖面

干式和湿式自磨机都是一个直径较大、长度较小的偏圆鼓状筒体，但两者又有区别。干式自磨机两端盖与磨机中心线垂直，而湿式自磨机端盖本身为锥体，锥角为 150°左右。干式自磨机筒体周围的提升板为平直型，而湿式筒体中间部分微向内凹。制成这种构造的目的是为了使物料向筒体中央累积，以防止物料在自磨机中产生"粒度偏析"。湿式自磨

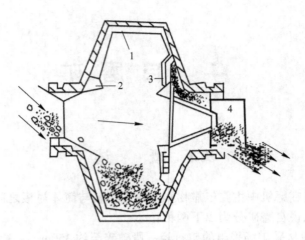

图 9-2　湿式自磨机剖面图

1—提升板；2—波峰板；3—排矿格子板；4—结筛

更容易产生物料的粒度偏析，因为除了其长径比较大外，自磨机中矿浆向排矿端流动，携带矿块的力量较干式自磨机中气流的携带力量大。此外，湿式自磨机均采用格子板排矿，用以加大排矿速度和减少物料过磨，同时可有效阻止大块物料的排出。

　　一般来说，自磨机具有较高的提升板，其形状如图 9-3 所示。该结构类型的衬板可以防止大块矿石沿筒体滑动，从而把矿石提升到较高的位置。

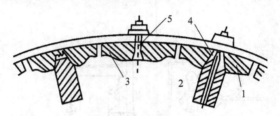

图 9-3　自磨机衬板形式

1—提升板垫板；2—提升板；3—隔板；4，5—螺栓

　　干式自磨与湿式自磨相比，具有以下特点：

　　（1）干式自磨靠风力运输，因此磨机长度有一定限制，否则阻力太大。湿式自磨靠水力运输，格子板排矿，因此磨机筒体相对长。由于干式自磨机的长径比小，故物料在磨机中停留的时间相对短，再加上风力极易把细粒物料吹出，因此干式自磨的产品粒度较均匀、过粉碎现象较少。

　　（2）由于水的密度较空气大得多，故湿式自磨机中介质（大块矿石）的有效密度大大降低，尤其是磨矿浓度较高时。鉴于以上原因，按单位容积计算的磨机生产能力，湿式自磨低于干式自磨。

　　（3）湿式自磨机易形成顽石（难磨颗粒）累积。顽石累积易造成自磨机产量降低、比功耗增加、物料过磨。因此对于湿式磨矿来说，消除顽石在自磨机中的累积以保持适宜料位是提高湿式自磨机磨矿效率的关键问题，特别是对于硬矿石而言。

　　（4）干式自磨由于是风力运输，故正确设计风路系统是个很重要的问题。一般来说干式自磨系统易造成粉尘污染环境，而且对原矿的水分也要求严格。一般原矿中含水不应大于4%~5%，否则生产将受阻碍。在这种情况下需要热风干燥，因此对于泥多、水分大的矿石最好采用湿式自磨。对于粗、中粒嵌布的磁铁矿进行干磨、干选可以简化流程；对于石棉矿、金刚砂等原料的磨碎也适合采用干式自磨；对于干旱缺水或严寒地区也较适宜采用干式自磨。

根据国内外生产实践总结，采用常规自磨矿流程的优、缺点大致可归纳如下：

（1）节省中、细碎作业，从而提高劳动生产率。

（2）取消或减少钢球（棒）介质消耗，降低磨矿费用。

（3）自磨产品有用矿物解离度较高，故选别指标较高。据统计，自磨铁精矿品位较常规磨矿流程高0.5~1.5个百分点。

（4）含泥多的矿石采用湿式自磨可以免去洗矿作业，同时也避免了泥矿堵塞筛孔、料仓口及溜槽等事故。

（5）自磨机产量随矿石性质的变化波动较大，对选别作业特别是浮选作业极为不利，据统计自磨机产量的波动范围为±25%~50%。

（6）作业率较低，一般为78%~88%，比常规磨矿低6%~10%，这主要是由于自磨机衬板寿命较短所导致的。

（7）电耗与衬板消耗高于常规磨矿流程。一般自磨流程能耗较常规磨矿流程高0~25%，每处理1t矿石多耗电2~5kW·h。

由于自磨和半自磨过程中料位变化快，而保持适宜料位又是维持自磨机高产、稳产的主要条件，因此，自磨过程的自动控制是非常必要的。对于半自磨来说，自磨机的料位必须保证在适宜范围，这样不仅产量高，而且可以减小钢球对衬板的直接冲击，从而降低衬板和钢球的消耗。

综上所述，在选择破碎、磨矿流程时应对矿床大小、地区、矿石条件、矿石硬度、成分及嵌布特性、选矿厂规模等因素进行综合考虑，比较它们的基本投资和生产费用，最后决定采用何种流程。一般来说，常规流程除含泥多、湿度大的矿石外都可应用。由于自磨和半自磨流程的电耗高，因此在决定采用这种流程时应特别注意，设计中在选择自磨流程时要经过充分的试验和详细的技术经济指标对比。就自磨流程而言，目前倾向于采用半自磨-球磨流程，而不采用单一自磨流程。半自磨-球磨流程的优缺点归纳于表9-1中。

表 9-1　半自磨-球磨流程优缺点

序　号	优　点	缺　点
1	基本投资及生产费用较低	电耗高
2	适于处理湿、黏、泥多的矿石	磨机必须满负荷
3	流程简单、易于自动化	对钢球、衬板的质量要求高
4	灵活性大、适应性强	不易确切计算需用的磨机规格
5	钢耗较低、个别情况下可不用粗碎	下部作业应考虑产量的最大波动

9.2　物料在自磨机内的运动规律

9.2.1　物料运动方程

由于自磨机结构与常规磨矿设备有差异，因此物料（或介质）在磨机内的运动形态也有所区别。

由图 9-4 所示的 $\phi1500\text{mm}\times600\text{mm}$ 自磨机内物料运动形态可知，在转速率 $\psi=65\%\sim90\%$ 的范围内，物料的运动形态并不是单纯作抛落运动，可根据物料的运动形态将磨机分为以下几个区域：

（1）物料作圆运动区。物料在提升衬板的直接作用下，沿圆形轨道上升；在上升过程中，矿块受到相互之间或与衬板间的磨剥作用。

（2）物料泻落区。位于内层的大块矿石，随筒体沿圆轨道上升，当其偏转角超过自然安息角时，便顺着物料自身形成的斜坡滚下，犹如雪崩状态。矿块在上升和下落的过程中受到较大的磨剥作用。

（3）物料抛落区。位于外层的中等和较细颗粒，沿固定轨道上升至一定高度后，纷纷沿抛物线下落，物料落下时受到强烈冲击。

（4）物料蠕动的肾形区。即泻落区与抛落区的过渡区，靠近磨机的中心部分；此区域物料的运动很不明显，仅作蠕动，其磨矿作用甚微。

（5）空白区。物料未到之处，该区域的大小与料位及磨机转速有关。

由以上分析可知，自磨机内物料运动形态属多相混合形态，极为复杂。上述各区域所占面积的大小，直接关系到磨矿效果的好坏。在分析自磨机内物料的运动行为之后，可定量计算其各自的范围。

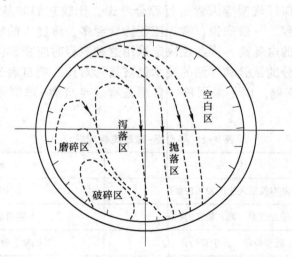

图 9-4　物料在自磨机内的运动轨迹

图 9-5 为物料运动形态图，R_1 为磨机有效半径。取磨机内物料某一微分层，设其厚

度为 dR，质量为 dm。当磨机以线速度 v（或角速度 ω）转动时，物料上升到 A 点；作用在该微分层上的力有：离心力 $C = dm \dfrac{v^2}{R} = dm \cdot \omega^2 R$；物料重量的切向分力 $dT = dm \cdot g \cdot \sin\alpha$，其方向垂直于提升板表面；物料重量的法线方向分力 $dN = dm \cdot g \cdot \cos\alpha$，它使物料沿提升板表面下滑。切向分力 dT 与提升板或其他层物料之间的摩擦系数为 f_0，构成摩擦力 $dF = dm \cdot g \cdot f_0 \cdot \sin\alpha$，它阻止该微分层物料向径向运动。物料从脱离点 A 沿提升板表面向径向下滑的条件为：

$$dm \frac{v^2}{R_1} + dm \cdot g \cdot f_0 \cdot \sin\alpha = dm \cdot g \cdot \cos\alpha \tag{9-1}$$

或

$$v^2 = R_1 g(\cos\alpha - f_0 \sin\alpha) \tag{9-2}$$

式中，$v = \dfrac{2\pi R n}{60}$；n 为磨机筒体转速，r/min。

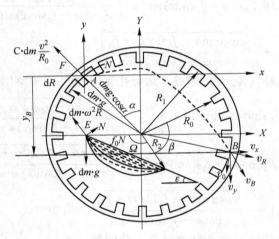

图 9-5 物料在自磨机中运动形态图

利用 $n = \dfrac{30}{\sqrt{R_1}}\sqrt{\cos\alpha}$、$n_c = \dfrac{30}{\sqrt{R_1}}$、$\psi = \sqrt{\cos\alpha}$ 及 $K = \dfrac{R_2}{R_1} = \dfrac{\cos\alpha_2}{\cos\alpha_1}$ 的关系，代入式（9-2）化简后，得到脱离点 A 的位置方程为：

$$\cos\alpha = \frac{\psi^2 K + f_0\sqrt{1 + f_0 - \psi^4 K^2}}{1 + f_0^2} \tag{9-3}$$

式中，K 为最内层球半径 R_2 与最外层球半径 R_1 之比，或最内层球的脱离角与最外层球的脱离角的余弦之比。

在 A 点，物料层一方面由于提升板的提升作用使其作圆运动，同时沿提升板表面向法线方向下滑。当物料滑动至提升板顶端时，以 v_0 速度脱离衬板抛出，$v_0 = \sqrt{R_1 g(\cos\alpha - f_0 \sin\alpha)}$。

若以 A 为坐标原点，取（x，y）坐标，则物料层沿抛物线下落的时间为 t 时，其坐标为：

$$\begin{cases} x = v_0 t\cos\alpha \\ y = v_0 t\sin\alpha - \dfrac{1}{2}gt^2 \end{cases} \tag{9-4}$$

物料上升的最大高度 h 为：

$$h = \frac{v_0^2\sin^2\alpha}{2g} = \frac{1}{2}R_1(\cos\alpha - f_0\sin\alpha)\sin^2\alpha \tag{9-5}$$

物料沿圆轨道运动的方程为：

$$x^2 + y^2 = 2xR_1\sin\alpha - 2yR_1\cos\alpha \tag{9-6}$$

由式 (9-4) ~ 式 (9-6) 联立求解，得到物料落回点的坐标 $(x_B,\ y_B)$ 为：

$$x_B = 2R_1(\cos\alpha - f_0\sin\alpha)\sin\alpha\cos\alpha\left[1 + \sqrt{\frac{\cos\alpha\sin\alpha - f_0\sin^2\alpha + f_0}{(\cos\alpha - f_0\sin\alpha)\sin\alpha}}\right] \tag{9-7}$$

$$y_B = -2R_1(\cos\alpha - f_0\sin\alpha)\sin^2\alpha\sqrt{\frac{\cos\alpha\sin\alpha - f_0\sin^2\alpha + f_0}{(\cos\alpha - f_0\sin\alpha)\sin\alpha}}\ \times$$

$$\left[1 + \sqrt{\frac{\cos\alpha\sin\alpha - f_0\sin^2\alpha + f_0}{(\cos\alpha - f_0\sin\alpha)\sin\alpha}}\right] \tag{9-8}$$

若取筒体中心为坐标 $(X,\ Y)$ 原点，则得在 X-Y 坐标系中落回点 B 的坐标方程为：

$$X_B = 2R_1(\cos\alpha - f_0\sin\alpha)\sin\alpha\cos\alpha \times \left[1 + \sqrt{\frac{\cos\alpha\sin\alpha - f_0\sin^2\alpha + f_0}{(\cos\alpha - f_0\sin\alpha)\sin\alpha}}\right] - R_1\sin\alpha \tag{9-9}$$

$$Y_B = 2R_1(\cos\alpha - f_0\sin\alpha)\sin^2\alpha\sqrt{\frac{\cos\alpha\sin\alpha - f_0\sin^2\alpha + f_0}{(\cos\alpha - f_0\sin\alpha)\sin\alpha}}\ \times$$

$$\left[1 + \sqrt{\frac{\cos\alpha\sin\alpha - f_0\sin^2\alpha + f_0}{(\cos\alpha - f_0\sin\alpha)\sin\alpha}}\right] - R_1\cos\alpha \tag{9-10}$$

落回点与磨机中心的连线与 X 轴的夹角（落回角）为：

$$\beta = \arctan\left\{\frac{2(\cos\alpha - f_0\sin\alpha)\sin^2\alpha\left[1 + \sqrt{\dfrac{\cos\alpha\sin\alpha - f_0\sin^2\alpha + f_0}{(\cos\alpha - f_0\sin\alpha)\sin\alpha}}\right]}{2(\cos\alpha - f_0\sin\alpha)\sin\alpha\cos\alpha\left[1 + \sqrt{\dfrac{\cos\alpha\sin\alpha - f_0\sin^2\alpha + f_0}{(\cos\alpha - f_0\sin\alpha)\sin\alpha}}\right]} \times \right.$$

$$\left. \frac{\sqrt{\dfrac{\cos\alpha\sin\alpha - f_0\sin^2\alpha + f_0}{(\cos\alpha - f_0\sin\alpha)\sin\alpha}} - \cos\alpha}{-\sin\alpha}\right\} \tag{9-11}$$

根据抛物线方程式 (9-4)，不难求出物料上升的最高点坐标方程。这样在已知 ψ 和 R 后便可准确地求出抛落区面积。

9.2.2　物料下落的动能

物料到达落回点 B 的垂直分速度为：

$$v_y^2 = v_0^2\sin^2\alpha + 4R_1g(\cos\alpha - f_0\sin\alpha)\sin^2\alpha\ \times$$

$$\sqrt{\frac{\cos\alpha\sin\alpha - f_0\sin^2\alpha + f_0}{(\cos\alpha - f_0\sin\alpha)\sin\alpha}} \times \left[1 + \sqrt{\frac{\cos\alpha\sin\alpha - f_0\sin^2\alpha + f_0}{(\cos\alpha - f_0\sin\alpha)\sin\alpha}}\right]$$

$$= \sin^2\alpha \cdot v_0^2 + 4\sin^2\alpha \cdot R_1 \cdot g(\cos\alpha - f_0\sin\alpha) \cdot \sqrt{\frac{\cos\alpha\sin\alpha - f_0\sin^2\alpha + f_0}{(\cos\alpha - f_0\sin\alpha)\sin\alpha}} \times$$

$$\left[1 + \sqrt{\frac{\cos\alpha\sin\alpha - f_0\sin^2\alpha + f_0}{(\cos\alpha - f_0\sin\alpha)\sin\alpha}}\right] \tag{9-12}$$

物料在落回点的水平分速度为:

$$v_x^2 = v_0^2\cos^2\alpha \tag{9-13}$$

在落回点的合速度为:

$$v_B = \sqrt{v_x^2 + v_y^2}$$

$$= v_0\sqrt{1 + \sin^2\alpha\left\{4\sqrt{\frac{\cos\alpha\sin\alpha - f_0\sin^2\alpha + f_0}{(\cos\alpha - f_0\sin\alpha)\sin\alpha}} \times \left[1 + \sqrt{\frac{\cos\alpha\sin\alpha - f_0\sin^2\alpha + f_0}{(\cos\alpha - f_0\sin\alpha)\sin\alpha}}\right]\right\}} \tag{9-14}$$

物料的质量为 dm,在落回点 B 的动能为:

$$E_B = \frac{1}{2}dmv_B^2 = \frac{1}{2}dm + \frac{1}{2}dm \cdot \sin^2\alpha \cdot 4\sqrt{\frac{\cos\alpha\sin\alpha - f_0\sin^2\alpha + f_0}{(\cos\alpha - f_0\sin\alpha)\sin\alpha}} \times$$

$$\left[1 + \sqrt{\frac{\cos\alpha\sin\alpha - f_0\sin^2\alpha + f_0}{(\cos\alpha - f_0\sin\alpha)\sin\alpha}}\right] \tag{9-15}$$

物料以速度 v_B 到达落回点时,其动能分为两部分:一部分沿打击线冲击矿石;另一部分与打击线垂直,使物料沿切线方向运动,这部分能量使矿石受磨剥作用。这样求得切向分速度 v_i 和法向分速度 v_n 后便能估算出冲击能和磨剥能。求得:

$$v_n = v_x\cos\beta + v_y\cos(90° - \beta) = v_0\cos\alpha\cos\beta +$$

$$v_0\sqrt{1 + 4\sqrt{\frac{\cos\alpha\sin\alpha - f_0\sin^2\alpha + f_0}{(\cos\alpha - f_0\sin\alpha)\sin\alpha}} \times \left[1 + \sqrt{\frac{\cos\alpha\sin\alpha - f_0\sin^2\alpha + f_0}{(\cos\alpha - f_0\sin\alpha)\sin\alpha}}\right]} \times \sin\beta\sin\alpha$$

$$\tag{9-16}$$

$$v_i = v_x\cos(90° - \beta) + v_y\cos\beta = -v_0\cos\alpha\cos\beta +$$

$$v_0\sqrt{1 + 4\sqrt{\frac{\cos\alpha\sin\alpha - f_0\sin^2\alpha + f_0}{(\cos\alpha - f_0\sin\alpha)\sin\alpha}} \times \left(1 + \sqrt{\frac{\cos\alpha\sin\alpha - f_0\sin^2\alpha + f_0}{(\cos\alpha - f_0\sin\alpha)\sin\alpha}}\right)} \times \sin\beta\sin\alpha$$

$$\tag{9-17}$$

由式 (9-16) 和式 (9-17) 可知,在不同落回点,v_n 与 v_i 的大小和方向是不同的。

9.2.3 磨机中心部分物料的运动形态

靠近磨机中心部分的物料层沿圆轨道上升,当其倾角 ε 超过物料的自然安息角 ε_0 时,便沿该料坡落下作泻落运动。因此,可断定最内层物料的半径有一极限值 R_2,小于此极限值 R_2 物料便作泻落运动,大于该值物料作抛落运动。R_2 为由泻落区过渡到抛落区的边界条件。

若在磨机内半径 R_2 处，取圆心角 Ω 所对的圆弧，相应取厚度为 dR 的微分层，并设其质量为 dm。很显然，作用于该物料层 E 点上的力有：重力 $dm \cdot g$、惯性离心力 $dm \cdot \omega^2 R$，摩擦力 $N \cdot f_0$ 和内层物料对它的压力 N（如图 9-5 所示）。

当 E 点处于力平衡状态时，即

$$dm\omega^2 R_2\cos\alpha - dm\omega^2 R_2\sin\alpha - f_0 N\cos\varepsilon - N\sin\varepsilon - dmg - f_0 N\sin\varepsilon = 0 \tag{9-18}$$

式中，$f_0 = \tan\varepsilon_0$。

令 $\psi = \dfrac{\omega}{\omega_0}$，$K_2 = \dfrac{R_2}{R_1}$ 代入上式，化简后得：

$$\tan(\varepsilon - \varepsilon_0) = \frac{\omega^2 R_2\sin\alpha}{g - \omega^2 R_2\cos\alpha} \tag{9-19}$$

或

$$\tan\varepsilon = \frac{\psi^2 K_2(\sin\alpha - \tan\varepsilon_0\cos\alpha + \tan\varepsilon_0)}{1 - \psi^2 K_2(\cot\alpha - \tan\varepsilon_0)\sin\alpha} \tag{9-20}$$

利用几何关系可以证明磨机中心部分保持泻落和抛落状态的临界 Ω 值为：

$$\Omega = 2(180° - \varepsilon - \alpha) \tag{9-21}$$

9.2.4　物料在各区的分布

在 $\psi = 65\% \sim 90\%$、$\varphi = 30\% \sim 50\%$ 范围内工作的自磨机，当磨机运转时物料所占面积（如图 9-5 所示）主要划分为三部分：其一为圆运动区（衬板提升区），面积为 S_1；其二为泻落运动区，面积为 S_2；其三为抛落运动区，面积为 S_3。运动物料所占总面积 S 为：

$$\varphi\pi R_1^2 = S \tag{9-22}$$

或

$$\begin{cases} \psi\pi R_1^2 = S_1 + S_2 + S_3 \\ \varphi = \varphi_1 + \varphi_2 + \varphi_3 \end{cases} \tag{9-23}$$

式中，R_1 为筒体有效内半径；φ_1、φ_2、φ_3 分别为圆运动区、泻落运动区、抛落运动区所占磨机有效容积百分数（或以小数表示）。

在衬板提升区内的 φ_1 可由下式求出：

$$\varphi_1 = \frac{1}{\pi\psi^4}\int_{\alpha_1}^{\alpha_2}(2\pi - \alpha - \beta)\left(1 + \frac{t_1}{t_2}\right)(\cos\alpha - f_0\sin\alpha)(\sin\alpha + f_0\cos\alpha)d\alpha \tag{9-24}$$

式中，t_1、t_2 为物料在圆轨道和抛物线轨道上运行的时间。

当磨机转速为 ω 时，可得 ω 等于：

$$\omega = \psi\sqrt{\frac{g}{R_1}} \tag{9-25}$$

由此可求得磨机转一周所需的时间 t 为：

$$t = \frac{2\pi}{\omega} = \frac{2\pi}{\psi}\sqrt{\frac{R_1}{g}} \tag{9-26}$$

则物料在圆轨道转过圆心角为 $(2\pi - \alpha - \beta)$ 的时间 t_1 为：

$$t_1 = \frac{2\pi - \alpha - \beta}{\psi} \sqrt{\frac{R_1}{g}} \qquad (9-27)$$

物料在抛物线轨道上运行的时间 t_2 为：

$$t_2 = \frac{x_B}{v_0 \cos\alpha} = \frac{2R_1(\cos\alpha - f_0 \sin\alpha)\sin\alpha \left[1 + \sqrt{\dfrac{\cos\alpha \sin\alpha - f_0 \sin^2\alpha + f_0}{(\cos\alpha - f_0 \sin\alpha)\sin\alpha}}\right]}{\psi} \times \sqrt{\frac{R_1}{g}} \qquad (9-28)$$

假定半径为 R_1 的圆面积是半径为 R_0 的圆面积与衬板提升区面积之和。令 φ' 为半径为 R_0 的圆面积内物料填充率，由此可得：

$$\varphi' \pi R_0^2 = (\varphi - \varphi_1) \pi R_1^2 \qquad (9-29)$$

$$\varphi' = (\varphi - \varphi_1) \frac{R_1^2}{R_0^2} = \frac{\varphi - \varphi_1}{K_0^2} \qquad (9-30)$$

式中，$K_0 = \dfrac{R_0}{R_1}$；R_0 为衬板提升区顶端与筒体中心的距离。

在半径 R_0 的圆面积范围内，物料主要由 S_1、S_2 组成。令 φ_2' 为此圆面积内圆轨道和抛物线轨道上的物料充填率，φ_3' 为泻落区的充填率，故 $\varphi' = \varphi_2' + \varphi_3'$，可得：

$$\varphi_2' = \frac{1}{2\pi\psi^4} \left[(\pi - 2\alpha)\cos2\alpha + \sin2\alpha + \frac{1}{4}\sin4\alpha - \alpha \right]_{\alpha_2}^{\alpha_1} \qquad (9-31)$$

又 $\alpha_1 = \arccos\psi^2$，$\alpha_2 = \arccos K\psi^2$，并代入式（9-31）得：

$$\varphi_2' = \frac{1}{2\pi\psi^4} \left[(\pi - 2\alpha)\cos2\alpha + \sin2\alpha + \frac{1}{4}\sin4\alpha - \alpha \right]_{\arccos K\psi^2}^{\arccos\psi^2} \qquad (9-32)$$

由 $\dfrac{\varphi_2}{\varphi_2'} = \dfrac{\pi R_1^2}{\pi R_0^2}$，可得：

$$\varphi_2 = \varphi_2' \frac{R_1^2}{R_0^2} \qquad (9-33)$$

φ_3' 可以近似地认为是由半径 R_2 的圆面积组成的，半径为 R_2 的弓形面积为：

$$S_弓 = \frac{1}{2} R_2^2 (\Omega - \sin\Omega) \qquad (9-34)$$

$$\varphi_3'' = \frac{S_弓}{\pi R_2^2} = \frac{\Omega - \sin\Omega}{2\pi} \qquad (9-35)$$

将式（9-21）式代入式（9-35），整理后得：

$$\varphi_3'' = \frac{1}{2} - \frac{2\varepsilon_0 + \sin2\varepsilon_0}{2\pi} \qquad (9-36)$$

又 $\dfrac{\varphi_3'}{\varphi_3''} = \dfrac{\pi R_2^2}{R_1^2}$，故：

$$\varphi_3' = \varphi_3'' \frac{R_2^2}{R_1^2} = \frac{R_2^2}{R_1^2} \left(\frac{1}{2} - \frac{2\varepsilon_0 + \sin2\varepsilon_0}{2\pi} \right) = K_2^2 \left(\frac{1}{2} - \frac{2\varepsilon_0 + \sin2\varepsilon_0}{2\pi} \right) \qquad (9-37)$$

9.2.5 自磨机与球磨机内物料（介质）运动形态的比较

将本节所述自磨机内物料运动规律与球磨机中介质运动规律对比，可以发现二者有许多不同之处。

取直径相同、工作条件相同的自磨机和球磨机，设定其运动学和动力学主要参数均为 $f_0 = 0.45$，$\psi = 76\%$，$\varphi = 40\%$，$K_0 = 0.96$，$\varepsilon_0 = 37°$，两者的计算结果见表 9-2。由该表数据可以看出：

（1）在同样操作条件下，自磨机外层脱离角 $\alpha = 33°59'$，球磨机外层脱离角 $\alpha = 54°43'$。由于介质（或物料）提升高度的差别，自磨机内物料的水平行程 x_B 比球磨机大 1.5 倍，它们在磨机内分布所占的空间比球磨机大，这就促使介质和物料大多处于活跃状态，导致无磨矿作用的空白区域减小。因此自磨机内提升板的形状、高度对物料运动轨迹、磨机功耗及处理能力作用较大。

（2）即使自磨机以中等转速（$\psi = 76\%$）工作，物料作抛落运动后与磨机间的作用力仍以冲击力为主。自磨机中抛落运动轨道上的物料较球磨机在抛物线轨道上的介质多 1.65 倍。物料在落回点的总动能中，用来冲击矿石的能量占 90%，几乎为球磨机的 2 倍，耗于磨剥矿石的能量较球磨机低得多，因此自磨机只能用来取代中、细碎及粗磨设备。如果要求产品较细，例如 -200 目占 65% 以上，应采用磨剥作用较强的设备，如球磨机进行

表 9-2　自磨机与球磨机内物料（介质）运动学和动力学参数比较

项　目			自磨机	球磨机	自/球
脱离角（α）			33°59′	51°43′	
落回点 B 的坐标	对脱离点 A 为 x-y 坐标系	x_B	1.645R	1.089R	1.51
		y_B	−1.423R	−1.54R	0.93
	对以磨机中心 o 为原点 X-Y 坐标系	X_B	1.086R	0.273R	3.976
		Y_B	0.594R	0.962R	0.618
落回角（β）			17°41′	59°9′	
抛物线最高点距离			0.0902R	0.193R	0.048
落回点 B 到 A 的垂直距离			1.52R	1.732R	0.878
介质在落回点的水平分速度 v_x			1.97	1.379	1.429
介质在落回点的垂直分速度 v_y			5.35	5.81	0.92
在落回点 B 的速度 v_B			5.70	5.96	0.956
在落回点 B 的动能 E_B			16.245	17.88	0.90
在落回点 B 的切线分速度 v_i			0.639	4.49	0.142
在落回点 B 的径向分速度 v_n			5.66	3.91	1.445
冲击矿石的能量 E_m			14.04	7.8	2.05
介质在各区域的分布率 φ	圆运动区		19.04%	62.5%	0.305
	抛物运动区		63.84%	37.5%	1.65
	泻落运动区		17.12%	—	—

二段磨矿，否则不能充分发挥自磨机的优越性。

（3）自磨机中的磨矿作用，对大块矿石是表面磨剥，对小块为冲击作用，这两种作用按粒度交替进行，但以冲击作用为主。自磨机落回点的动能为球磨的 2 倍，法向分速度比球磨机高 1.5 倍，因而更有利于使矿块落下时的动能迅速转变为被磨矿石的形变位能，这也有助于发生应力集中现象。故自磨产品的粒度较粗，易于沿晶粒边界解离，即选择磨碎作用性较强。

（4）自磨机内物料分布所占空间较球磨机大，因此与衬板接触的面积也较大，且冲击作用较强，所以其衬板消耗较球磨机高。

9.3 自磨矿的数学模型

磨矿过程极其复杂，无法通过建立一个理论数学模型去描述一个磨机内所有物料的运动和粉碎行为。因此，通常建立多个或应用经验数学模型来预测磨矿过程物理参数对磨矿效果的影响。同时，磨矿过程存在数量极大的物理参数，采用人力计算几乎是不可能的，即使在电子计算技术的初期，这些数学模型也不得不分成几个区域分别计算以减少计算量。从 20 世纪 90 年代起，随着计算机的迅速发展，数学模型的运用也逐渐成为选矿工程师常规技术工作的一部分，而对全/半自磨而言，通常需要专门的软件。

最初，建立发展全/半自磨经验数学模型的目标是用于预测单位重量矿石磨矿所需能耗（比能耗），也用于评估已有生产实践的能耗是否合理、查找磨矿作业存在的问题、提出解决问题的方案以降低比能耗。这与经典球磨的邦德磨矿功指数（Bond Work Index）模型的目的一样，该模型建立了能耗与（给矿、产品）粒度的数学关系或所谓的粉碎原理（Laws of Comminution）。基于磨矿物料的特性（实验测量出的指数），邦德磨矿功指数模型被广泛应用于计算球/棒磨过程的比能耗。对于全/半自磨而言，由于较难维持在一个稳定状态，全/半自磨数学模型最初核心目标是建立计算公式用于预测磨矿行为并用于控制全/半自磨磨矿状态。这些模型一开始是通过统计的办法建立相关关系，并朝着更复杂的工艺模拟方向发展。

早在 1948 年，Epstein 就将粉碎概率的概念引入至磨矿粉碎过程，包括磨矿选择函数以及粉碎速率（Selection Function）和粒度特性的表观函数（Appearance Function），后者是磨矿或粉碎过程产品的粒度分布特性函数。在滚筒磨机领域，这个基本概念已被广泛接受，进而发展成采用数学模型描述粉碎过程。

1974 年，基于系统的中试和工业试验，Stanley 成功发展了第一个全/半自磨机理模型。这个数学模型包括：

（1）磨机载荷的完美混合数学模型/函数。

（2）在中间粒级的 Wickham 粒度特性函数。

后者允许逐步从冲击粉碎过渡到摩擦粉碎，粉碎速率是从试验或流程考察数据中回算得到，与磨矿条件息息相关。进而，通过中试试验数据建立了排料和分级数学模型，该数学模型中假定全/半自磨是一个混合器，包括粉碎和运输两个过程。

1956 年，Broadbent Callcott 等人提出利用矩阵描述磨矿速率特征，即矩阵模型。1977年，Austin 等引进了动力学数学模型，并进行了试验验证工作，并将该经验数学模型放大应用至工业磨机的生产过程。JKMRC 进一步完善了全/半自磨动力学数学模型，目前该数学模型已经实现商业化，并在澳大利亚等国家广泛应用，软件名称是 JKSimMet。

全/半自磨工艺模型包括以下 3 个数学模型：

（1）Selection Function，磨矿选择函数或粉碎速率函数。

（2）Appearance Function，磨矿或粉碎过程产品粒度分布特性的表观函数。

（3）Discharge Function，排料函数。

9.3.1 总体平衡模型

总体平衡模型（Population Balance Model）是用来描述在连续磨矿作业中磨机内某个粒级的进出动态平衡。如图 9-6 所示，在稳定状态的磨矿作业，磨机内某特定粒级的变化量有如下 4 部分：

（1）给矿中该粒级的量；

（2）从比该粒级粗的物料中产生的量；

（3）该粒级磨失的量；

（4）该粒级排出磨机的量。

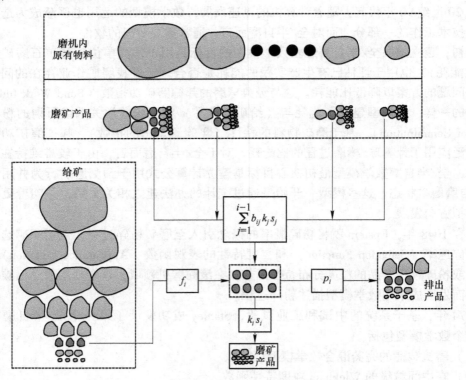

图 9-6 不同粒级的总体平衡模型

根据稳态下的物料平衡，对某个给定的粒级存在如下平衡：

给矿中该粒级的量（1）＋新生成该粒级的量（2）＝该粒级的磨失量（3）＋该粒级排出磨机的量（4）

各项的计算或测量如下：

第（1）项：给矿中第 i 粒级的量（f_i）。可通过对给矿进行筛分等方法测量粒度分布曲线，进而计算任何粒级 i 的量。

第（4）项：磨机排矿产品中第 i 粒级的量（p_i）。可通过对磨矿产品进行筛分等测量粒度分布曲线，进而计算第 i 粒级的量。

其他两项涉及磨矿速率，如果采用"一阶磨矿动力学"方程，即该粒级的磨失量与其在磨机内的量成正比。

$$粉碎速率 = -\frac{d_{s_i}}{d_t} = k_i s_i \tag{9-38}$$

式中，s_i 为第 i 粒级在磨机载荷中的量；k_i 为第 i 粒级在单位时间内的磨失量，该数值可以从小型试验数据估算或从流程考查的粒度数据中反算得到。

因此，第（3）项：第 i 粒级磨失的量，可以通过 $k_i s_i$ 计算。

第（2）项：新生第 i 粒级的量，是在比其粗的粒级的磨失量乘以其粉碎产品在第 i 粒级的分布。后者涉及前面讨论的表观函数（Appearance Function）。计算方程如下：

$$新生第 i 粒级量 = \sum_{j=1}^{i-1} b_{ij} k_j s_j \tag{9-39}$$

因此，总体平衡计算方程为：

$$f_i + \sum_{j=1}^{i-1} b_{ij} k_j s_j = p_i + k_j s_j \tag{9-40}$$

式中，b_{ij} 是第 j 粒级的粉碎产品中第 i 粒级的量，可以通过表观函数来计算。

表观函数为矿石的固有性质，由 JK 落重试验在输入不同能量的条件下确定。磨矿速率由磨机的作业条件决定，比如磨机功率、处理量、转速、球径、矿浆浓度、给矿粒度等，一般根据磨矿条件采用数值分析方法计算得出。

若需要计算或估测产品中第 i 粒级的量，只需要变换上式，公式如下：

$$p_i = f_i + \sum_{j=1}^{i-1} b_{ij} k_j s_j - k_j s_j \tag{9-41}$$

9.3.2　理想混合模型

从以上总体平衡模型可以看到，要计算粒级 i 的磨矿（粉碎）速率，除了实验室测量的表观函数外，还需要测量磨机内粒级 i 的量 s_i。这对于磨机内有大块矿石的全/半自磨而言是非常巨大的工作量同时也很耗时间。理想混合模型提供了一种从磨机排矿粒度组成估计磨机载荷粒度组成的方法。

理想混合模型假定磨机内的载荷是完全混合的，即不存在任何颗粒离（偏）析现象。因此，磨矿产品中粒级 i 的量 p_i 计算如下：

$$p_i = d_i s_i \tag{9-42}$$

式中，d_i 为粒级 i 的排出比率。

变换上式可得 s_i，如下：

$$s_i = \frac{p_i}{d_i} \tag{9-43}$$

总体平衡模型方程可变换为：

$$f_i + \sum_{j=1}^{i-1} \frac{a_{ij} r_j p_j}{d_j} = p_i + \frac{r_i p_i}{d_i} \qquad (9-44)$$

在理想混合模型中，通常用 a_{ij} 代替总体平衡模型中的 b_{ij}；用 r_i 代替总体平衡模型中的 k_i。

考虑到磨机的缓冲作用，采用校对后的 d_i^*，d_i^* 与 d_i 的关系如下：

$$d_i^* = \left(\frac{D^2 L}{4Q}\right) d_i \qquad (9-45)$$

通过多次的实际磨机给矿和排矿的粒度分布测量，就可以计算出各个粒级的 $\dfrac{r_i}{d_i^*}$，但各个粒级的 $\dfrac{r_i}{d_i^*}$ 计算值误差较大。

对球磨而言，通常采用三或四次样条函数回归。

对全/半自磨而言，磨机的格子板起了排料及分级的作用。粒级 i 的排料率 d_i 取决于格子板的最大排出率和粒级 i 的分级效率。

$$d_i = dc_i \qquad (9-46)$$

式中，d 为最大排出率；c_i 为粒级 i 的分级效率。

9.3.3 粉碎速率

JKMRC 的研究人员把试验数据代入以上的理想混合模型，反算出矿石粉碎速率。在 1986 年，Austin 等获得了一组典型的粉碎速率数据，如图 9-7 所示。全/半自磨粉碎速率曲线分为 3 大区域。

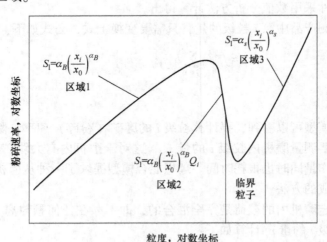

图 9-7　JKMRC 全/半自磨模型的典型粉碎率

区域 1：细粒级区域。在此区域，粉碎机理是位于两磨机介质或大块矿石之间的细颗粒由于其啮合作用导致细粒粉碎，即颗粒间的剪切作用（Atrition），该作用的上限是摩擦粉碎的下限。当颗粒小到一定尺寸，颗粒在矿浆中有良好的流动性，因此摩擦粉碎的概率较低。

区域 2：中间粒级区域。在此区域，对于啮合粉碎（颗粒间剪切）而言颗粒太大。对于全自磨工艺，这些颗粒太小不能自身粉碎；对于半自磨工艺而言，这些近球形的颗粒较难在钢球的冲击作用下粉碎。与此同时，硬而难磨的颗粒更倾向于留在该粒级。因此，在半自磨工艺中，顽石破碎被用于强化处理难磨矿石。

对于全自磨工艺而言，中间粒级的颗粒倾向于累积在磨机内，导致临界粒子累积现象的出现。特别是对于 5~15mm 近球形的颗粒，其自身粉碎的比粉碎速率极低，几乎可以忽略不计；此粒级的主要粉碎机理是摩擦粉碎及少量的冲击粉碎。既然摩擦粉碎速率较低，在全自磨工艺就需要其他措施处理这些"临界粒子"。因此，全自磨机的格子板通常有大孔的顽石窗（指宽度大于 60mm 的格子板）用于排出"临界粒子"。排出的顽石通常采用圆锥破碎机破碎，部分矿山采用高压辊磨粉碎进一步处理。顽石破碎的目的有两个，一是改变"临界粒子"的近球形的形状，另一目的是尽可能把其粒度降到"临界粒子"的粒度范围以下，从而使破碎后的物料能有效地通过磨边角或颗粒间剪切粉碎机理实现高效磨矿。在 20 世纪 70 年代以前，北美地区的铁矿项目常采用砾磨再磨工艺，大块顽石被用作砾磨的磨矿介质，这样既消耗了部分顽石，同时在再磨过程又无须铁质磨矿介质，后来因砾磨效率较低而极少采用。

在此区域，实验室的粉碎数据不符合"一阶磨矿"动力学模型，这是因为其中包含至少两种粉碎机理，即正常的冲击破裂机理和边角粉碎机理。

为了计量矿石的摩擦粉碎性质，设定参数 t_a，定义为粉碎产品中小于原颗粒直径十分之一部分含量的十分之一，即：

$$t_a = \frac{t_{10}}{10} \tag{9-47}$$

式中，t_a 为摩擦粉碎性质参数；t_{10} 为粉碎产品中小于原颗粒直径十分之一大小的含量。

例如，对于 20mm 的颗粒，其粉碎产品中-2mm 的量即是 t_{10}。摩擦粉碎性质参数 t_a 通过磨矿实验测量得到。一个低 t_a 或 t_{10} 表明生产细颗粒（比原颗粒的十分之一大小还小的颗粒）量少，这证明该 20mm 的颗粒不易摩擦粉碎。

区域 3：粗粒级区域。在此区域，矿石被认为足够大以致自由落体冲击磨机底部的矿层时有机会导致自身撞碎，即自身冲击粉碎。

对于全自磨而言，冲击力随矿石的重量或块度增加而增加，导致全自磨磨机的比磨矿速率在此区域随矿石粒度的增大而增大。在全自磨工艺中作为主要磨机介质的大块矿石反而消失较快。因此，在新给料中是否有足够的大块往往是全自磨磨机成功与否的关键。自身冲击粉碎也符合"一阶磨矿"动力学，即指数关系。自身粉碎速率不但取决于矿石的大小，还取决于在磨机内自由落体的高度。后者通常主要取决于磨机的直径，其次是磨机总充填率。对于-10mm 的颗粒，自身冲击粉碎的概率极低或几乎可忽略不计，因此其自身冲击粉碎速率值也极小。

综上所述，全/半自磨的粉碎速率与颗粒的粒度密切相关，如图 9-7 所示。

1987 年，Leung 引入排料函数和矿石比表观函数，建立了更加通用的数学模型，该模型采用了 5 节样条函数，分别为 128mm、44.8mm、16mm、4mm 和 0.25mm。针对全/半自磨磨矿，通过生产现场的流程考察和实验室测试，采用该模型反算出粉碎速率，数据和平滑曲线分别如表9-3和图9-8所示。起初认为这些值是常数，与磨矿条件无关，但随后Morrell等发现这些值随磨机操作条件的改变而变化，操作参数包括给矿粒度、磨机速度、钢球的数量和大小等，其影响如图9-9所示。图9-9表明：

（1）钢球的存在促进了大于1~10mm颗粒的磨矿速率，但对小于0.5mm的颗粒有不利影响。

（2）新给料粒度的影响与钢球相似，但分界点不一样且规律性较差。

（3）钢球大小的影响也类似，但分界点不一样。

（4）磨机转速的影响也类似，但分界点不一样。

很明显，这些操作是在改变冲击粉碎在整个磨矿作用中所占的比例。冲击粉碎速率取决于冲击频率和冲击作用力，以上四个因素的增大将提高冲击力和频率。因此，粉碎速率主要取决于磨机载荷粒度分布和磨机转速。

表 9-3　典型全/半自磨粉碎速率分布数据

样条函数的节 （Spline Knots）		ln （粉碎速率）	
指标	mm	全自磨	半自磨
R_1	128	3.37	4.08
R_2	44.8	1.98	2.75
R_3	16.0	3.32	3.58
R_4	4.0	4.04	4.44
R_5	0.25	2.63	2.18

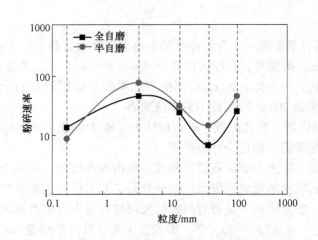

图 9-8　典型全/半自磨粉碎速率分布曲线

随后开展了一系列的试验以便将操作参数影响融入到磨机粉碎速率模型中。通过52个中试实验和2个工业矿山的流程考察，JKMRC建立了经验数学模型并通过回归的办法获取了各项的系数。JKMRC经验数学模型如下：

$$R_n = a + bJ_B + cW_i + d(J_BW_i) + eF_{80} + f \cdot R_R + g \cdot R_f \tag{9-48}$$

式中，R_n 为样条函数中 1~5 节的粉碎速率（这 5 个节分别是 0.25mm、4.0mm、16.0mm、44.0mm 和 128mm）；J_B 为磨机内钢球的充填率，%；W_i 为磨矿功指数（与采用 Leung 方法在实验室测量的摩擦粉碎参数 t_a 相关），$kW \cdot h/t$；F_{80} 为新给矿的 P_{80}，P_{80} 为描述物料的粒度大小的参数，当小于某粒度的物料占整个物料重量的 80% 时，该粒度为 P_{80}；R_R 为循环率，%；R_f 为 R_{80}/F_{80}；R_{80} 为循环载荷的 P_{80}；a、b、c、d、e、f 和 g 为通过最小平方差回归出来的系数。

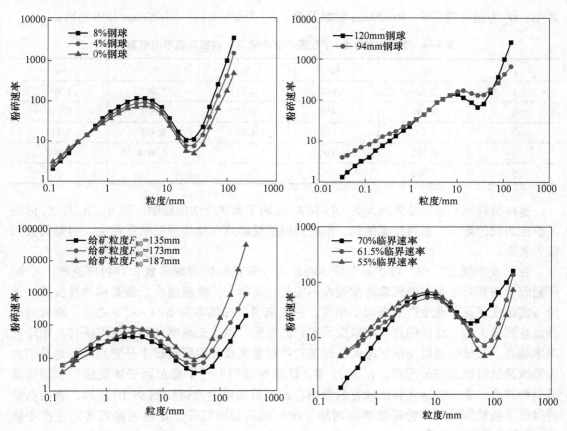

图 9-9　操作参数对磨矿分析速率的影响

1996 年，相关学者开发出新的数学模型，该模型从本质上体现了在各个区域内磨矿操作因素对粉碎速率的影响。将以下方程代入 JKSimMet 软件，新模型"变率模型"（variable rates model）便应运而生。

$$\ln(R_1) = [k_{11} + k_{12}\ln(R_2) - k_{13}\ln(R_3) + J_B(k_{14} - k_{15}F_{80}) - D_B]/S_b$$
$$\ln(R_2) = k_{21} + k_{22}\ln(R_3) - k_{23}\ln(R_4) - k_{24}F_{80}$$
$$\ln(R_3) = S_b + [k_{31} + k_{32}\ln(R_4) - k_{33}R_r]/S_b$$
$$\ln(R_4) = S_b[k_{41} + k_{42}\ln(R_5) + J_B(k_{43} - k_{44}F_{80})]$$
$$\ln(R_5) = S_a + S_b[k_{51} + k_{52}F_{80} + J_B(k_{53} - k_{54}F_{80}) - 3D_B]$$

式中，k_{ij} 为采用最小平方回归出来的系数，其数值见表 9-4；S_a 为转速放大系数，等于

$\ln \dfrac{\text{RPM}}{23.6}$，$S_b$ 为临界转速率的放大系数，等于 $\ln \dfrac{N_{fcs}}{0.75}$；$D_B$ 为钢球直径放大系数，等于 $\ln$

$\dfrac{D_{ball}}{90}$；R_r 为"临界粒子"比率，按下式计算：

$$R_r = \dfrac{Q_r}{Q_0 + Q_r} \tag{9-49}$$

式中，Q_r 为循环载荷中 $-40+20\,mm$ 粒级的量；Q_0 为新给矿中 $-40+20\,mm$ 粒级的量。

表 9-4　JKSimMet 全/半自磨"变率模型"的粉碎速率回归系数

j	k_{1j}	k_{2j}	k_{3j}	k_{4j}	k_{5j}
1	2.504	4.682	3.141	1.057	1.894
2	0.397	0.468	0.402	0.333	0.014
3	0.597	0.327	4.632	0.171	0.473
4	0.192	0.0085		0.0014	0.002
5	0.002				

　　这些粉碎速率可以分为两大类，R_4 和 R_5 反映了磨矿介质的影响，而 R_1、R_2 和 R_3 体现了粒度组成的影响。值得注意的是，细粒的磨机粉碎速率与粗颗粒的量相关，但是其关系较为复杂。

　　在"变率模型"中，对于一个给定的矿石（包括粉碎表观函数 a 和粉碎速率 r），磨矿粉碎速率和处理量与磨机载荷相关性不明显。实际上，该模型中二者是弱线性关系，无论与实验室还是工业生产数据均不相符。一般来说，充填率为 20%～45% 之间，磨机的处理量达到最大值，最佳的充填率取决于矿石的性质、钢球充填率和其他操作条件。钢球充填率越高，最佳的磨机充填率越低，而工业界对磨机载荷的影响却十分感兴趣，这是因为无需改造就可能提高处理量。在 2001 年，该数学模型引进了修正因子体现能耗和磨机载荷对粉碎率、载荷的运动和形状等的影响。改进后的模型数据如图 9-10 所示，表明高载荷降低了粗粒级的磨机粉碎速率而增加了细粒级的粉碎速率，这将更接近实际生产中载荷-处理量的响应关系。

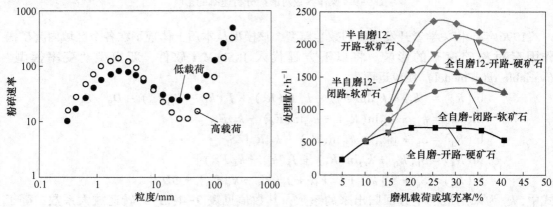

图 9-10　磨机载荷对磨机粉碎速率和处理量的影响

对于该粉碎速率模型，磨机放大因子包含在磨机转速项里，即 RPM 项。对于一个给定的临界转速率（即实际转速/临界转速 × 100%），磨机的转速与其直径的开方成反比，图 9-11 反映了磨机放大对不同粒度矿石粉碎速率的影响。

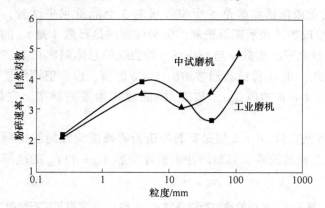

图 9-11　中试与工业全/半自磨机的粉碎速率对比

9.3.4　表观函数与冲击粉碎能量

表观函数或粉碎粒度分布函数是描述粉碎过程后产品的粒度组成及分布。对于高能粉碎（冲击和颗粒间剪切）和低能粉碎（摩擦粉碎），这些模型给出了不同的方程。

1987 年，Leung 提出了矿石比表观函数，该函数从大量的双锤粉碎试验数据衍生而来，与矿石粉碎过程中所施加的能量相关。粉碎量或粉碎指数 t_{10} 与比粉碎功耗的关系如下（关系图如图 9-12 所示）。

$$t_{10} = A(1 - e^{-bE_{cs}}) \tag{9-50}$$

式中，t_{10} 为小于 1/10 原平均粒度的颗粒质量分数；E_{cs} 为比粉碎功耗，kW/t；A 和 b 为矿石冲击粉碎性质参数。

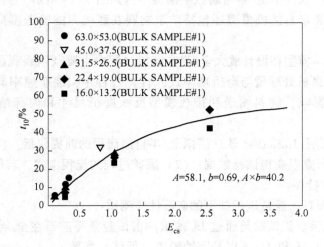

图 9-12　粉碎指数与比粉碎功耗的关系图

对于特定的矿石全/半自磨而言，其表观函数至少需要 3 个粒度的试验以确定这 3 个参数，即 A、b 和 t_a。由于表观函数是矿石粒度和粉碎功双重因素决定的，宏观上可通过磨机载荷和磨机大小决定。矿石的冲击粉碎性是通过落重或摆锤试验测量得来。

JKMRC 经典落重或摆锤实验是 5 个窄粒级的 3 个能量水平试验，结果如图 9-12 所示，t_{10} 与 E_{cs} 的曲线较陡，表示矿石较软。值得注意的是参数 A 是 t_{10} 的极限值，表明此时具有极高的冲击能量水平。参数 b 与 $t_{10} - E_{cs}$ 的曲线的总体斜率相关，但 A 和 b 不是独立的，互相影响。因此，JK 落重试验通常给出 $A \times b$ 的值，以该值评价矿石的冲击粉碎特性或日常所说的硬度。$A \times b$ 的值是 t_{10} 与 E_{cs} 的曲线初始段的斜率，它代表低能粉碎时的特性。

在 JKMRC 的落重实验，$A \times b$ 值是矿石冲击粉碎硬度或性能的指标，低值代表矿石难破裂或比较硬，反之就比较软。典型的冲击粉碎参数 A、b 和 t_{10} 的范围与矿石软硬性质见表 9-5。

表 9-5 典型的冲击粉碎参数 A、b 和 t_{10} 的范围与矿石性质

指标	非常硬	硬	偏硬	中等硬度	偏软	软	非常软
$A \times b$	<30	30~38	38~43	43~56	56~67	67~127	>127
t_{10}	<0.24	0.24~0.35	0.35~0.41	0.41~0.54	0.54~0.65	0.65~1.38	>1.38

9.3.5 JKSmiMet 自磨矿数学模型

澳大利亚昆士兰大学 JKMRC 研究中心利用数学模型和数值模拟来描述、分析和优化破碎和磨矿回路。该中心研发的全/半自磨、球磨和旋流器数学模型在全/半自磨机回路（例如 ABC 和 SABC 回路）设计中得到广泛应用。

依据全/半自磨磨矿的粉碎过程（如图 9-13 所示）和总体平衡模型中与磨矿条件的相关参数，JKSimMet 软件中全/半自磨数学模型结构如图 9-14 所示。从图 9-14 可知除了总体平衡模型外，JK 半自磨机模型还包括矿浆物料在磨机内的输送模型和磨矿产品的排放模型。

JK 半自磨机数学模型在设计放大全/半自磨机过程中主要利用表观函数确定矿石比能耗（kW·h/t），将磨机处理量与磨机功率代入计算过程中，磨矿速率同时反映各种磨矿条件对产品粒度的影响，物料输送和排放模型反映磨机尺寸和内部结构对矿浆流动的限制。

如前文所述，使用 JKSimMet 软件模拟全/半自磨流程的前提包括：（1）针对性进行矿石粉碎特性方面的研究以获得试验数据；（2）磨矿过程的流程考察，获得磨机工作过程各（中间）产品的粒度特性。

对于选厂设计而言，通常进行如下的矿石性质测试：

（1）JK 落重试验。该试验是通过 JK 落重冲击试验获得矿石在全/半自磨机内的冲击粉碎（高能）参数 A、b 和 $A \times b$ 以及磨蚀粉碎（低能）参数 t_a。

（2）邦德粉碎系列试验。这些数据不用于全/半自磨数学模型，但用于与 JKMRC 数据

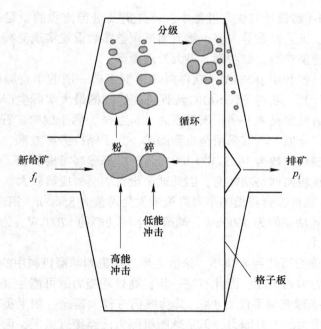

图 9-13　全/半自磨机内粉碎工作示意图

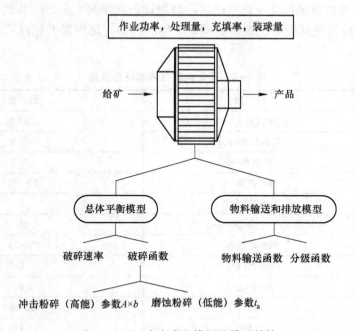

图 9-14　JK 半自磨机模拟的模型结构

库的案例进行比较。同时，邦德球磨功指数试验还可获得用于球磨计算和设备选型所需的磨矿功指数。

（3）矿石的抗压强度。这些数据不用于全/半自磨数学模型，但用于辅助判断矿石是否能有效作为磨矿介质的条件。

在使用 JKSimMet 做设计与优化过程中，首先需要进行流程的设定并输入矿石碎磨特性参数、设备参数、工艺参数等内容，然后通过调整参数设置实现流程的总体平衡并得到平衡后的最佳设备选型参数，如功率、最大处理量等。

例如，研究人员曾利用 JKSimMet 软件对乌山铜钼矿一期的半自磨机与球磨机的最大处理量进行了拟合计算，获得了该 SABC 流程可能达到的最大实际生产能力和最佳设备配置。具体的拟合参数设定见表 9-6。该矿石 $A \times b$ 为 68，属于偏软矿石，即矿石易冲击粉碎不易保持矿石磨矿介质，不宜采用全自磨磨矿。为了保持磨矿效率，应该采用高钢球充填率。但是邦德磨矿功指数为 14.3kW·h/t，属于中等球磨难磨矿石。一般而言，这种矿石的半自磨排矿比较粗而球磨功耗高，因此球磨设备的型号应该较大。

据报道，经 JK 软件拟合得出的半自磨机最大处理量为 850t/h，钢球充填率为 8%，总充填率为 25%，计算功率约为 4300kW。球磨机运转功率约 5700kW，为球磨机装机功率的 95%。拟合结果说明：

（1）乌山磨矿能力可达到 850t/h，该值是半自磨机和球磨机利用的最佳状况。而该选厂一期设计处理能力为 625t/h，因此有进一步提高处理能力的可能性（高达 36%）。

（2）半自磨机钢球充填率仅为 8%，其功率仍有较大富余。如果提高钢球充填率，半自磨机处理量还有很大的上升能力，但是球磨机能力已经接近极限，因此优化的重点在半自磨机或半自磨机产品的粒度设定（即分级设备的分级粒度）。

（3）拟合得到的球磨机功率比乌山实际球磨运行功率高，但进一步提高球磨机运行功率的空间不大，应主要开展磨矿效率的提高工作。例如，适当提升钢球充填率改善球磨给矿的粒度特性等。

表 9-6 设备和矿石碎磨特性参数

项　目	参　数	数　值
半自磨机	处理能力/t·d^{-1}	15000
	给料粒度/mm	−300
	转速率/%	78
	磨矿浓度/%	80~85
	台数/台	1
	产品细度（−0.074mm）/%	65
球磨机	磨矿浓度/%	70~75
	台数/台	1
矿石性质	SG/t·m^{-3}	2.62
	A	63.08
	b	1.08
	$A \times b$	68.1
	DW_i/kW·h·t^{-1}	3.7
	t_a	0.61
	BW_i/kW·h·t^{-1}	14.3

9.4 湿式自磨矿

9.4.1 自磨机功率的计算

自磨机功率的计算有三种方法：（1）相似法；（2）经验公式法；（3）理论计算法。

（1）相似法。用于湿式自磨机计算功率的公式为：

$$N_C = \frac{N_T}{0.95}\left(\frac{N_C}{N_T}\right)^{2.65} \times \frac{L_C}{L_T} \qquad (9-51)$$

式中，N_C 为计算自磨机传动电机的毛功率，kW；N_T 为试验用自磨机净功率，kW；L_C、L_T 为设计和试验自磨机内筒长，m。

利用相似法计算功率必须有试验磨机的功率实测值，同时要保证试验和设计的磨矿作业条件也相似，这样就大大限制了该公式的应用。

（2）经验公式法。常用的有以下两个：

1）卡尔马金经验公式。

$$N_有 = 3.3\sqrt{2}\Delta \cdot D^{2.5}L \cdot \varphi \cdot \psi \cdot K_C \cdot K_B \qquad (9-52)$$

式中，$N_有$ 为磨矿有用功率，kW；Δ 为矿石松散密度，t/m³；D 为磨机有效内径，m；L 为磨机有效内筒长，m；φ 为料位（小数）；ψ 为磨机转速率（小数）；K_C 为磨矿方式系数，取 1.1~1.2；K_B 为磨矿浓度系数，取自表 9-7。当浓度 $T = 55\% \sim 75\%$ 时，K_B 可按下式计算：

$$K_B = 0.93 + 0.007(T - 55) \qquad (9-53)$$

表 9-7 K_B 与浓度的关系

浓度 T/%	35	45	55	65	75	85
K_B	0.8	0.86	0.93	1.00	1.07	1.14

2）奥列夫斯基经验公式。

$$N_安 = K_0 V\sqrt{D} \qquad (9-54)$$

式中，$N_安$ 为磨机安装功率，kW；V 为磨机有效容积，m³；K_0 为经验常数，与磨机容积有关。当 $V < 200\text{m}^3$ 时，$K_0 = 6.2$；当 $V > 200\text{m}^3$ 时，$K_0 = 6.8$；D 为磨机有效内径。

（3）按计算球磨机功率的理论公式计算，详细方法见本书球磨机功率计算部分。

9.4.2 适宜料位及转速

关于湿式自磨机的料位及转速问题，国内外都开展过试验研究，但结论并不相同，这与矿石性质、衬板形式及操作条件的不同有关。大多数湿式自磨机转速率范围为 70%~85%，料位为 30%~45%。

图 9-15 曲线给出了湿式自磨机工作特性与料位 φ 的关系。根据该图所示结果进行曲线拟合得出下述自磨机产量 $Q_{-0.074}$、电机参数 $\sin\theta$ 与料位 φ 的关系式：

$$Q_{-0.074} = -1054.2 + 58.91\varphi - 0.76\varphi^2 \qquad (9-55)$$

$$\sin\theta = 2.125 - 0.103\varphi + 0.00134\varphi^2 \tag{9-56}$$

式中，$Q_{-0.074}$ 为自磨机新生成 -0.074mm 的产量，t/h；θ 为电机相位角；φ 为料位，%。

根据式（9-55）可求出 $Q_{-0.074}$ 有极大值时的料位 φ_{max}。即由 $\sin\theta = \dfrac{\mathrm{d}(Q_{-0.074})}{\mathrm{d}\varphi} =$ $58.91 - 1.52\varphi = 0$，可得 $\varphi_{max} = 38.76\%$。

一般来说，自磨机产量 $Q_{-0.074}$ 与料位 φ 的关系呈抛物线形式，因此可写出其通用模型：

$$Q_{-0.074} = a_0 + a_1\varphi + a_2\varphi^2 \tag{9-57}$$

式中，a_0、a_1、a_2 为回归系数，可由试验求出。

表 9-8 列出了按式（9-55）计算的料位波动对磨机产量的影响。由表中数据可以看出，当料位波动 10% 时，产量波动 13% 左右；当料位波动 20% 时，产量波动 50% 以上。因此，在生产中自磨机适宜料位的稳定程度对提高自磨机产量起决定性作用，因此过程的自动控制至关重要。

表 9-8　料位波动对自磨机工作特性的影响

料位/%		产　量		$\sin\theta$	$\cos\theta$	电流 I
波动/%	波动值	相对值	波动/%	波动/%	波动/%	波动/%
0	38.76	100.0	0	0	0	0
-5	36.3	96.7	-3.3	2.3~4.6	~0.1	~0.16
+5	40.7					
-10	34.9	87.1	-12.9	11.4~15.9	~0.4	~0.4
+10	43.6					
-15	32.9	70	-30	28~31.7	~0.9	~0.5
+15	44.5					
-20	31.0	43	-53	50~59.7	~1.7	~3.7
+20	46.5					

由图 9-15 所示曲线可以看出，根据自磨机拖动电机电流 I 与料位 φ 的关系（即 $I = f(\varphi)$）或 $I\cos\theta = f(\varphi)$ 的关系，对磨机进行自动控制是不适宜的，因为这两个电参数对湿式自磨机料位的变化并不敏感，而 $\sin\theta$、$I\sin\theta$ 这两个电参数对料位的变化较为敏感。因此可选择以上两参数作为信号进行料位自动控制，其数学模型见式（9-55），通用模型如下：

$$\sin\theta = b_0 + b_1\varphi + b_2\varphi^2 \tag{9-58}$$

$$I\sin\theta = c_0 + c_1\varphi + c_2\varphi^2 \tag{9-59}$$

式中，b_i、$c_i(i = 0, 1, 2)$ 均为回归系数，由试验工况确定。

9.4.3　产量计算方法

湿式自磨机产量的计算方法有相似法、能量法和理论法。

（1）相似法。采用小规格磨机开展试验研究，根据其试验结果过渡到大规格磨机，通

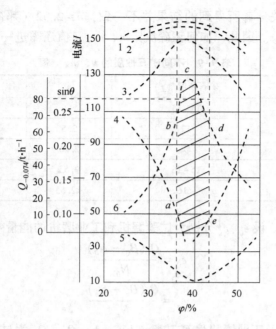

图 9-15 湿式自磨机工作特性与料位的关系

$1—I = f(\varphi)$；$2—I\cos\theta = f(\varphi)$；$3—(1 - \sin\theta)I = f(\varphi)$；

$4—\sin\theta = f(\varphi)$；$5—I\sin\theta = f(\varphi)$；$6—Q_{-0.074} = f(\varphi)$

常来说，试验磨机直径不小于 1500~1800mm。过渡计算应保证两种相似度。

大小两种规格磨机的几何形状相似，即：

$$\frac{L_1}{D_1} = \frac{L_2}{D_2}, \frac{D_{F1}}{D_1} = \frac{D_{F2}}{D_2}$$

式中，D_1、D_2 为两种规格磨机内径；L_1、L_2 为两种规格磨机内筒长；D_{F1}、D_{F2} 为两种规格磨机给料口内径。

生产条件相似，即：

$$\varphi_1 = \varphi_2 ; \psi_1 = \psi_2 ; b_1 = b_2$$

式中，b_1、b_2 为两规格磨机排矿格子板格孔尺寸；φ_1、φ_2、ψ_1、ψ_2 分别为两种规格磨机的料位和转速率。

此外，还应考虑两种规格磨机给矿粒度 d_F 的差异。由以上可得两种规格磨机的产量比为：

$$\frac{Q_2}{Q_1} = \left(\frac{D_2}{D_1}\right)^n \left(\frac{L_2}{L_1}\right)^m \left(\frac{d_{F2}}{d_{F1}}\right)^J \tag{9-60}$$

或

$$\frac{Q_2}{Q_1} = \left(\frac{D_2}{D_1}\right)^s \left(\frac{d_{F2}}{d_{F1}}\right)^J \tag{9-61}$$

利用上述两式计算自磨机产量存在一定缺陷，即必须正确选定比例因次 n、m、J 之值，否则计算结果与实际偏差较大。表 9-9 列出了试验得到的 n、m、J 值与磨机规格、矿石性质的关系。相关学者所得到的结果并不一致，$n = 2.32$（邦德），$n = 2.36$（雅申），$n = 2.43$（奥列夫斯基）。因此，如何正确决定 n、m、J 值还需进一步试验研究。

表 9-9 不同矿石性质的 n、m、s 值

D_1/m	D_2/m	矿石硬度 (f)	n	m	s
1.8~2.1	7.0	14~15	2.6	0.85	3.45
		12	2.5	0.85	3.56
		软	2.26	0.95	3.2
7	9	15~16	2.55	0.85	3.4
		<16	<2.55	0.85	<3.4

（2）能量效率法。设 e_0、e_x 分别为试验磨机和工业磨机的能量效率，$t/(kW \cdot h)$，则：

$$e_0 = \frac{Q_0(\beta_0 - \alpha_0)}{N_0} \tag{9-62}$$

$$e_x = \frac{Q_x(\beta_x - \alpha_x)}{N_x} \tag{9-63}$$

式中，N_0、N_x 为试验及工业磨机磨矿功耗，$kW \cdot h$；Q_0、Q_x 为试验及工业磨机处理量，t/h；α_0、α_x 为试验及工业生产中原矿所含指定粒级产率（小数），β_0、β_x 为试验及工业产品中所含指定粒级产率（小数）。

又

$$e_x = e_0 K_P K_F \tag{9-64}$$

式中，K_F 为给料粒度修正系数；K_P 为产品细度修正系数。

将式（9-62）、式（9-63）代入式（9-64），可得：

$$Q_x = \frac{Q_0}{N_0} N_x \left(\frac{\beta_0 - \alpha_0}{\beta_x - \alpha_x} \right) K_F K_P \tag{9-65}$$

令 $ э_0 = \dfrac{N_0}{Q_0}$，$ э_0$ 为试验磨机每处理 1t 原矿石所消耗的电能，$kW \cdot h/t$，则上式可变为：

$$Q_x = \frac{N_x}{ э_0} \left(\frac{\beta_0 - \alpha_0}{\beta_x - \alpha_x} \right) K_F K_P \tag{9-66}$$

产品粒度修正系数见表 9-10。

表 9-10 湿式自磨机产品粒度修正系数

$\gamma_{-0.074}/\%$	60	70	75	80	85	90	95	98
K_F	1.07	1.02	1.0	0.98	0.97	0.95	0.92	0.82

（3）理论算法。不同规格的磨机处理任意矿石，在磨矿条件相同时都存在一个"等效粒度界限"，即产品粒度相似。此外，同一规格自磨机处理同一种矿石时，磨矿条件发生变化，例如采用开路或是闭路，由于研磨作用变化不大，而冲击作用随磨矿条件的不同将有较大变化。因此由研磨作用而产生的量变化不大，由冲击作用产生的量有较大变化，

所以改善自磨机冲击作用可有效增加磨机产量。

此外，还必须考虑磨机尺寸不同的影响，因磨机产量 Q 与磨矿有用功耗成比例，即：

$$Q = CN_{有} \tag{9-67}$$

式中，C 为比例常数。

因 $V = \dfrac{1}{4}\pi D^2 L$，代入 $N_{有} = 3.465\Delta \cdot V \cdot D^{9.5} \cdot f(K)$，可得：

$$N_{有} = C'\Delta D^{2.5}Lf(K) \tag{9-68}$$

式中，C' 为常数。

将式（9-66）代入式（9-67）。当两种不同规格的磨机以同样条件处理同种矿石时，其产量比为：

$$\frac{Q_0}{Q_x} = \frac{D_0^{2.5}L_0}{D_x^{2.5}L_x} \tag{9-69}$$

由上式可得：

$$D_x = \frac{Q_0}{D_0^{2.5}L_0}D_x^{2.5}L_x \tag{9-70}$$

令 $D_0 = 1m$，$L_0 = 1m$ 的磨机产量为 Q_0，以此作为计算基础。$D_0 \times L_0 = 1m \times 1m$ 称为基础磨，Q_0 称为基础磨产量。在计算任意规格磨机产量时均以此基础磨产量为基准。通过以上分析可以得出：

按粗粒级计各级别产量为：

$$q_{粗} = Q_x(1 - R_1) = \frac{Q_0}{D_0^{2.5}L_0}D_x^{2.5}L_x(1 - R_1) \tag{9-71}$$

式中，R_1 为产品中按某粒级计的筛上产率（小数）。

将 $R_1 = 100\exp(-b_1 x^{k_1})$ 式的函数关系代入式（9-71），可得：

$$q_{粗} = \frac{Q_0}{D_0^{2.5}L_0}D_x^{2.5}L_x[1 - \exp(-b_1 d^{k_1})] = q_0 D_x^{2.5}L_x[1 - \exp(-b_1 d_1^{k_1})] \tag{9-72}$$

细粒级各级别产量 $q_{细}$ 为：

$$q_{细} = q_0 D_x^{2.5}L_x[1 - \exp(-b_2 d_2^{k_2})] \tag{9-73}$$

式中，q_0 为基础磨机产量，$t/(kW \cdot h)$。

例 9-1 已知某铁矿石湿式自磨产品粒度方程参数 $b_1 = 0.3012$，$k_1 = 0.2492$，$b_2 = 0.014$，$k_2 = 0.8284$，$Q_0 = 89.89t/h$，$Q_{-1000\mu m} = 72.22t/h$。现用工业生产自磨机规格为 $D \times L = 5.5m \times 1.8m$，如果其他条件不变，试求改用 $D \times L = 7.5m \times 2.5m$ 自磨机生产时的处理量。

解：（1）求基础磨机产量 q_0：

$$q_0 = \frac{Q_0}{D_0^{2.5}L_0} = \frac{89.89}{5.5^{2.5} \times 1.8} = 0.705$$

（2）求 $q_{粗}$ 及 $q_{细}$ 方程：

$$q_{粗} = q_0 D_x^{2.5}L_x[1 - \exp(-0.3012 d_1^{0.2492})] \tag{9-74}$$

$$q_{细} = q_0 D_x^{2.5}L_x[1 - \exp(-0.014 d^{0.3284})] \tag{9-75}$$

（3）求按原矿 $D \times L = 7.5m \times 2.5m$ 磨机产量：

$$Q_x = q_0 D_x^{2.5} L_x = 0.705 \times 7.5^{2.5} \times 2.5 = 271$$

（4）求按稳定粒级计算的 $D \times L = 7.5m \times 2.5m$ 自磨机处理量（即每小时处理原矿吨数）。由式（9-71）可得：

$$Q_x = \frac{Q_{-1000\mu m}}{D_0^{2.5} L_0} \times D_x^{2.5} L_x \frac{1}{1 - R_1}$$

$$= \frac{72.22}{5.5^{2.5} \times 1.8} \times 7.5^{2.5} \times 2.5 \times \frac{1}{1 - \exp[-0.3012 \times (1000)^{0.2492}]} = 266t/h$$

按式（9-60）计算：

$$Q_x = Q_0 \left(\frac{D_x}{D_0}\right)^n \left(\frac{L_x}{L_0}\right)^m \left(\frac{d_{F_x}}{d_{F_0}}\right)^J$$

由表 9-9 可知，因矿石 $f = 12 \sim 16$，故有两种方案：

$$f = 12, \quad n = 2.5, \quad m = 0.85, \quad S = 3.35$$

$$f = 14 \sim 15, \quad n = 2.6, \quad m = 0.85, \quad S = 3.45$$

因 $d_{F_x} = d_{F_0}$，故不考虑给矿粒度差异。

1）$Q_x = 89.89 \times \left(\frac{7.5}{5.5}\right)^{2.5} \left(\frac{2.5}{1.8}\right)^{0.85} = 89.89 \times 2.17 \times 1.32 = 258t/h$；

2）$Q_x = 89.89 \times \left(\frac{7.5}{5.5}\right)^{2.6} \left(\frac{2.5}{1.8}\right)^{0.85} = 89.89 \times 2.24 \times 1.32 = 266t/h$；

3）$Q_x = 89.89 \times \left(\frac{7.5}{5.5}\right)^{3.35} = 89.89 \times 2.826 = 254t/h$。

按式（9-61）计算：

$$Q_x = 89.89 \times \left(\frac{7.5}{5.5}\right)^{3.45} = 89.89 \times 2.915 = 262t/h。$$

由以上计算可知，采用 $D \times L = 7.5m \times 2.5m$ 湿式自磨机处理矿石，按原矿计产量在 $250 \sim 270t/h$ 之间。相似法的计算结果存在较大误差，由于参数 n、m（或 s）选择不当，导致矿石性质及操作条件的差异完全归结为磨机直径的 n 次方，因此该算法是不妥当的。以上所介绍的理论算法较完整地考虑到磨机结构、矿石性质及操作条件等因素，虽然计算过程较麻烦，但结果相对准确。

9.4.4 给料粒度组成对磨机产量的影响

瑞典有色金属公司伯格斯蒂尔特（Bergsteelt）等以硫化矿为原料，研究不同给矿粒度组成对自磨机产量及磨矿效率的影响。研究结果表明：给料中 +150mm 粒级含量大于 25%、-20mm 粒级含量大于 75% 时产量最高、能耗最低、产品过粉碎最轻，-100+20mm 粒级含量多时则相反，指标最差，这说明 -100+20mm 粒级物料是难磨颗粒。

图 9-16 为某铁矿石湿式自磨机（$\phi 5.5m \times 1.65m$）工业试验中磨机"胀肚"时实测磨机内矿石的粒度分布（实时料位 60%）。由该粒度分布可看出"胀肚"时磨机中 -80+20mm 含量占 60% 左右。

图 9-17 给出了不同给料粒度组成对自磨机产量影响的试验结果。由试验结果可以看出：按原矿计自磨机产量随给料中 -350+100mm 粒级含量的增加而增加（图 9-17(a)），

随给料中-100+25mm粒级含量的增多而降低（图9-17（b））；至于-25mm粒级，当其含量在25%~35%范围内时自磨机产量最高，小于或大于此范围产量均降低（图9-17（c））。

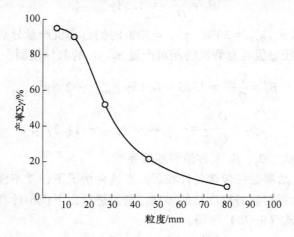

图9-16 某铁矿石湿式自磨机胀肚时磨机中粒度分布

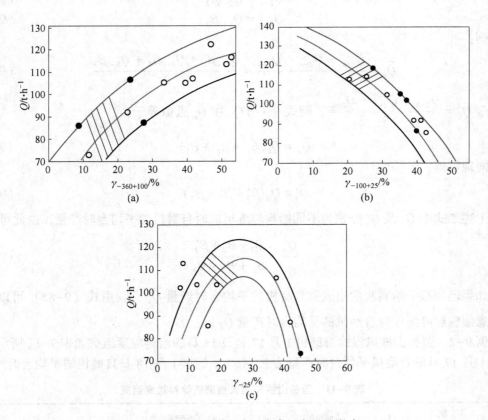

图9-17 给料粒度组成对自磨机产量的影响

为了使图9-17中所示曲线具有普遍的适用性，相关学者拟合出数学模型。以给料中$\gamma_{-350+100}=40\%$的磨机产量Q_{1-0}为基准，并设$\gamma_{-350+100}$为其他任意值时磨机产量为Q_{1-x}，这

样可求得 $\gamma_{-350+100}$ 为任意值时磨机相对产量 β_1 的数学模型：

$$\beta_1 = \frac{Q_{1-x}}{Q_{1-0}} = 1.38\gamma_{-350+100}^{0.35} \tag{9-76}$$

同理可推导：以 $\gamma_{-100+25} = 30\%$、$\gamma_{-25} = 30\%$ 时的自磨机产量分别为 Q_{2-0}、Q_{3-0} 为基准，而 $\gamma_{-100+25}$ 及 γ_{-25} 为任意值时自磨机的相对产量 β_2、β_3 的数学模型：

$$\beta_2 = \frac{Q_{2-x}}{Q_{2-0}} = 1.25 - 0.13\gamma_{-100+25} - 2.5\gamma_{-100+25}^2 \tag{9-77}$$

$$\beta_3 = \frac{Q_{3-x}}{Q_{3-0}} = -0.44 + 9\gamma_{-25} - 14.3\gamma_{-25}^2 \tag{9-78}$$

式中，γ 值为小数，β_1、β_2、β_3 又称给料粒度系数。

在实际生产中，给料往往包含各种粒级。在这种情况下，就不能利用上述模型进行计算。为了计算混合给料对自磨机产量的影响，需要进行以下模拟计算：

由式（9-76）~式（9-78）可得：

$$Q_{1-x} = Q_{1-0}\beta_1 \tag{9-79}$$

$$Q_{2-x} = Q_{2-0}\beta_2 \tag{9-80}$$

$$Q_{3-x} = Q_{3-0}\beta_3 \tag{9-81}$$

则：

$$\overline{Q}_x = \frac{Q_{1-x} + Q_{2-x} + Q_{3-x}}{3} = \frac{Q_{1-0}\beta_1 + Q_{2-0}\beta_2 + Q_{3-0}\beta_3}{3} \tag{9-82}$$

令 $\overline{Q}_0 = \dfrac{Q_{1-0} + Q_{2-0} + Q_{3-0}}{3}$，则式（9-82）中 $\overline{Q}_x$ 近似等于：

$$\overline{Q}_x = \overline{Q}_0(\beta_1 + \beta_2 + \beta_3) \tag{9-83}$$

同理可得：

$$\overline{Q}'_x = \overline{Q}_0(\beta'_1 + \beta'_2 + \beta'_3) \tag{9-84}$$

上述二式中 $\overline{Q}_x$ 及 $\overline{Q}'_x$ 分别为不同给料粒度组成时自磨机的平均台时产量，由此可得：

$$\frac{\overline{Q}'_x}{\overline{Q}_x} = \frac{\beta'_1 + \beta'_2 + \beta'_3}{\beta_1 + \beta_2 + \beta_3} \tag{9-85}$$

如果已知某一给料粒度组成及自磨机的平均台时产量 $\overline{Q}_x$，利用式（9-85）可以计算出任意给料粒度组成时自磨机的平均台时产量 $\overline{Q}_x$。

例 9-2 歪头山铁矿湿式自磨机 1 月 17 日及 18 日的给料粒度组成如表 9-11 所示，且实测 1 月 17 日的自磨机平均台时产量为 93.4t/h，试求 1 月 18 日自磨机的平均台时产量。

表 9-11 歪头山铁矿湿式自磨机给料粒度组成

日　期	$\gamma_{-300+100}$	$\gamma_{-100+25}$	γ_{-25}
1.17	0.35	0.27	0.38
1.18	0.50	0.32	0.18

注：1 月 18 日实测平均台时处理量为 88.56t/h。

解: (1) 计算粒度系数:

$$\beta_1 = 1.38 \times (0.35)^2 = 0.956$$

$$\beta_2 = 1.25 - 0.13 \times (0.27) - 2.5(0.27)^2 = 1.032$$

$$\beta_3 = -0.44 + 9 \times (0.38) - 14.3(0.38)^2 = 0.915$$

$$\beta_1' = 1.38 \times (0.5)^2 = 1.082$$

$$\beta_2' = 1.25 - 0.13 \times (0.32) - 2.5(0.32)^2 = 0.952$$

$$\beta_3' = -0.44 + 9 \times (0.18) - 14.3 \times (0.18)^2 = 0.716$$

(2) 将 $\overline{Q}_x = 93.4$ t/h 及求出的粒度系数值代入式 (9-85) 后,可得:

$$\overline{Q}_x' = \overline{Q}_x \frac{1.082 + 0.952 + 0.716}{0.956 + 1.032 + 0.915} = 93.6 \times \frac{2.75}{2.903} = 88.66 \text{ t/h}$$

通过与实测台时处理量 88.56t/h 数据比较可知,计算值与实测值接近,验证了上述计算数学模型的可靠性。

例 9-3 某含石英黏土矿进行湿式自磨,给料粒度组成见表 9-12。已测得 No.1 的产量为 40t/h,求给料粒度组成为 No.2 时,自磨机的台时处理量。

表 9-12 某黏土矿湿式自磨机给矿粒度组成

序 号	γ_{+100}	$\gamma_{-100+25}$	γ_{-25}
No.1	0.35	0.25	0.40
No.2	0.45	0.45	0.10

注:实测 No.2 平均台时产量 30t/h。

解: 根据式 (9-76)~式 (9-78) 分别计算 No.1 及 No.2 两种给料粒度组成时的粒度系数值,然后代入 (9-85) 式求 No.2 的台时产量。

$$\overline{Q}_x' = 40 \times \frac{1.043 + 0.685 + 0.37}{0.956 + 1.06 + 0.872} = 40 \times \frac{2.045}{2.888} = 28.3$$

通过与实测 No.2 平均台时产量 30t/h 比较,说明计算结果可靠。

9.4.5 顽石 (难磨颗粒) 的处理

通常在下述情况时,容易发生难磨颗粒累积的现象:(1) 给料粒度分布的粒度模数较高,即矿石硬、过大颗粒含量多;(2) 矿石由两种或两种以上成分组成,其中一种具有较高的粒度分布模数;(3) 矿石由两种或两种以上的成分组成,其中一种较难磨碎。

对于给矿来说,较高的粒度分布模数将产生较少的表面积,使得较粗的和较难磨的部分将在自磨机中积累,导致磨矿速率降低且趋近于难磨颗粒 (-80+20mm) 的磨矿速率,结果有可能造成磨机"胀肚"。

顽石处理通常有以下三类方案:

(1) 改善自磨机给料粒度组成,尽量减少给料中-80+20mm 粒级的量。例如将此粒级从给料中分出，用破碎机破碎后再给入自磨机。

（2）将顽石从自磨机中引出，然后再处理。

根据生产实践统计，从自磨机中引出顽石 5%～10%，自磨机产量可提高 15%～20%。由于湿式自磨机内部具有"重介质分选"作用，因此绝大部分顽石富含的有价成分较低，且硬度大、致密、较难磨碎，适于作为砾磨介质；另外，顽石引出后可利用破碎机破碎，然后返回自磨机再处理（或者破碎后单独给入球磨机处理），自磨机产品进入球磨机再磨，这就构成所谓的"ABC"流程。部分选矿厂将顽石进行预选（例如磁铁矿用磁滑轮，有色金属矿用重介质）抛除品位较低的脉石后再处理。

以上两种方案的缺点是自磨流程复杂，因此除非这些方案的自磨机内载荷具有最优的粒度分布（即−80+20mm粒级含量少），否则它们不能完全代替半自磨方案。

（3）自磨机中添加少量钢球，即半自磨流程。生产实践表明，半自磨是提高自磨处理能力的有效措施，也成为自磨的发展方向。

9.4.6 半自磨产量的计算

设全自磨时自磨机有用功耗为 N_P，半自磨时有用功耗为 N_{P+B}，则得

$$N_P = C\Delta_P V D^{0.5} f(\psi, \varphi) \tag{9-86}$$

$$N_{P+B} = C\Delta_{P+B} V D^{0.5} f(\psi, \varphi) \tag{9-87}$$

式中，C 为常数；Δ_P 为矿石松散密度，t/m^3；$f(\psi, \varphi)$ 为功率系数；Δ_{P+B} 为磨机内矿石与钢球的平均视密度，t/m^3。

设 φ_B、φ_P 分别为磨机内钢球和矿石的充填率（小数），则二者充填率之和 φ_0 为：

$$\varphi_0 = \varphi_B + \varphi_P \tag{9-88}$$

由此可得：

$$\Delta_{P+B} = \frac{\Delta_P \varphi_P + \Delta_B \varphi_B}{\varphi_0} = \frac{\Delta_P(\varphi_0 - \varphi_B) + \Delta_B \varphi_B}{\varphi_0} \tag{9-89}$$

式中，Δ_B 为钢球松散密度，t/m^3。

因磨机产量 Q 与其有用功耗 $N_有$ 成比例，由此可得半自磨机产量 Q_{P+B} 与全自磨机产量 Q_P 之比 Z 为：

$$Z = \frac{Q_{P+B}}{Q_P} = \frac{C[\Delta_P(\varphi_0 - \varphi_B) + \Delta_B \varphi_B] V D^{0.5} f(\psi, \varphi)}{C\Delta_P \varphi_0 V D^{0.5} f(\psi, \varphi)} = 1 + \left(\frac{\Delta_B - \Delta_P}{\Delta_P}\right)\frac{\varphi_B}{\varphi_0} \tag{9-90}$$

即：

$$Q_{P+B} = Q_P\left(1 + \frac{\Delta_B - \Delta_P}{\Delta_P} \cdot \frac{\varphi_B}{\varphi_0}\right) \tag{9-91}$$

表 9–13 列出了按式（9–91）计算的加入不同量钢球时的 Z 值，表 9–14 列出了某厂以 $\phi 7.2m \times 2.4m$ 自磨机处理含铜磁铁石英岩时加入不同质量钢球的试验结果。该矿石硬度 $f = 13～15$，试验时料位 $\varphi_P = 28\%$，为了便于对比分析，该表同时给出了按式（9–90）及式（9–91）计算的结果。由表 9–14 数据可以看出，上式计算结果与实际测量值偏差不大。

表 9-13　加入不同量的钢球按式(9-77)计算的 Z 值

φ_B /%	φ_0 /%			
	30	35	40	45
	Z			
0	1.00	1.00	1.00	1.00
1.0	1.04	1.03	1.03	1.02
2.0	1.08	1.07	1.06	1.06
4.0	1.16	1.14	1.12	1.10
5.0	1.24	1.21	1.18	1.16
8.0	1.32	1.28	1.24	1.20
10.0	1.40	1.34	1.30	1.27
15.0	1.60	1.51	1.45	1.40

表 9-14　半自磨处理含铜磁铁石英岩生产实测和式(9-90)、式(9-91)的计算结果

加球		按原矿计				按新生成级别计/mm			$\dfrac{N_{P+B}}{N_P}$
		实际值		计算值		按-0.4	按-0.2	按-0.074	
质量/t	φ_B /%	t/h	Z	t/h	Z	Z	Z	Z	
0.0	0.0	63.00	1.00	63.00	1.00	1.00	1.00	1.00	1.00
15.0	4.0	69.30	1.10	68.54	1.08	1.08	1.08	1.04	1.10
20.8	5.5	70.60	1.12	69.9	1.11	1.12	1.10	1.10	1.12
27.0	7.3	73.00	1.24	72.27	1.15	1.17	1.17	1.15	1.11

9.4.7　自磨机选用准则的简单模拟计算方法

针对某一矿石是否适合采用自磨流程，需按一定方法进行介质适应性试验及其他程序试验，并将试验所得结果进行详细的技术经济比较，在此基础上决定是否采用自磨流程。但由于试验用自磨机（一般规格较小）的给料粒度尺寸达不到工业生产规模自磨机的给料粒度尺寸，而给料的粒度分布对自磨机产量及比功耗又有较大影响。同时，自磨半工业及工业试验的工作量及费用较大，因此研究自磨机小规模试验过渡到工业大规格自磨机的模拟计算方法具有重要的实际意义。

下面介绍一种根据实验室试验结果模拟计算球磨机及自磨机工业生产的比功耗和比生产率方法。借助于这种模拟计算方法以便于对碎磨流程方案进行对比。

（1）估算自磨能 A。

$$A = \sqrt{A_1 A_2} \tag{9-92}$$

式中，A_1 为冲击能耗，kg·m/kg；A_2 为磨剥能耗，kg·m/kg。

A_1 由专门设计的落锤试验机求得，并按下式计算：

$$A_1 = \frac{10.7 nH}{M_P} \tag{9-93}$$

式中，n 为落锤下落次数；H 为落锤下落高度，m；M_P 为落锤质量，kg。

测定 20 次，然后求 A_1 的平均值。

A_2 按下法求得：将粒度为 25~30mm 的矿块（总质量 6kg）装于容积为 14L 的磨机内磨 5min，然后筛析计算新生成 -1.0mm 粒级产品的磨剥能耗 A_2。

（2）求湿式自磨机产量 Q_1 与 A 的关系。试验得知，湿式自磨机分级溢流的生产率 Q_1 与 A 呈线性关系，即：

$$Q_1 = \alpha + \beta A \tag{9-94}$$

式中，α、β 为常数，与矿石性质及磨矿方式有关。例如，对于 $\phi 7.0m \times 2.3m$ 的湿式自磨机处理含铁石英岩时，由试验可得 $\alpha = 207.8$，$\beta = -0.629$。

（3）求自磨机和球磨机产量关系的数学模型。试验得知，自磨机和球磨机处理同一种矿石时，自磨机产量 Q_2 与球磨机产量 Q_B 成抛物线关系，即：

$$Q_2 = a_0 + a_1 Q_B + a_2 Q_B^2 \tag{9-95}$$

式中，a_1、a_2 为回归系数。如以 $\phi 7.0m \times 2.7m$ 自磨机和 $\phi 3.6m \times 4.0m$ 球磨机分别处理同一种含铁石英岩时，求得：$a_0 = -30.08$，$a_1 = 1.48$，$a_2 = 0.0024$。已知球磨机产量，可利用式（9-95）概算自磨机产量。

（4）求出 Q_1、Q_2 后按下式计算自磨机平均产量 $\overline{Q}$：

$$\overline{Q} = \frac{Q_1 + Q_2}{2} \tag{9-96}$$

表 9-15 给出了工业规模的球磨机和自磨机按式（9-92）~式（9-96）计算和生产实践所得的比功耗及比生产率，二者较为接近。

表 9-15　工业生产和试验所得球磨和自磨比生产率和比功耗

矿床	工业生产						试验室试验计算					
	比生产率/t·(m³·h)⁻¹			比功耗/kW·h·t⁻¹			比生产率/t·(m³·h)⁻¹			比功耗/kW·h·t⁻¹		
	球磨	自磨	比值	球磨	自磨	比值	球磨	自磨	比值	球磨	自磨	比值
	$q_{球}$	$q_{自}$	$q_{球}/q_{自}$	$A_{球}$	$A_{自}$	$A_{自}/A_{球}$	$q_{球}$	$q_{自}$	$q_{球}/q_{自}$	$A_{球}$	$A_{自}$	$A_{自}/A_{球}$
斯托林斯克	1.02	0.545	1.87	20.4	29.2	1.43	1.21	0.475	2.54	18.05	30.65	1.698
英古列茨	1.09	0.588	1.85	19.0	26.9	1.42	1.2	0.568	2.11	18.95	29.4	1.56
米哈依洛夫斯克	0.86	0.405	2.12	23.8	42.0	1.76						
互良夫金斯克	0.97	—		21.7	—							
格列互茨克	1.18			14.0								
列别金斯克	—	0.737		—	21.5		1.44	0.767	1.88	15.5	22.0	1.42
阿牙夫斯克		0.75			21.2		1.42	0.75	1.89	15.3	21.5	1.40

9.4.8　湿式自磨流程的选择

湿式自磨流程有八种类型，其特点归纳如下。

（1）单段全自磨（如图 9-18 所示）。这种流程应用并不广泛，因为要求自磨机完成的破碎比较大、作业不易控制、自磨机处理量低。例如，美国的希宾（Hibbing）选矿厂虽自磨规格很大，但由于采用单段自磨流程，导致磨机利用系数低，如表 9-16 所示。

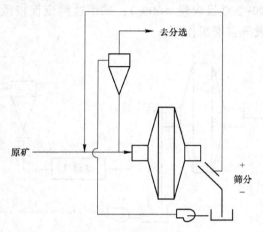

图 9-18　单段自磨流程

表 9-16　国内外铁矿石选矿厂湿式自磨机产量

选矿厂	自磨机规格 $D \times L$ /mm×mm	磨矿段数	台时产量 /t·h^{-1}	利用系数 /t·(m^3·h)$^{-1}$	按基础磨计 /t·(m^3·h)$^{-1}$
歪头山	5500×1800	二段（自+球）	89.98	2.14	0.705
石人沟	5500×1800	二段（自+球）	75	1.79	0.587
吉山	5500×1800	二段（自+球）	50	1.19	0.39
蒂尔登	8230×4420	二段（自+砾）	230	1.0	0.27
希宾	10970×4570	一段（自）	400	0.9	0.22

（2）单段半自磨（SS SAG，如图 9-19 所示）。当所需磨矿产品粒度较粗时可考虑采用。实际上这种流程并不合理，因为与单段全自磨流程一样，将+150mm 矿块一次性磨至 0.15mm（或者更细）是不合理的。

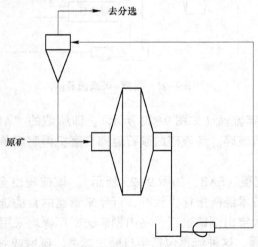

图 9-19　单段半自磨流程

（3）自磨-球磨流程（AB，如图9-20所示）。我国应用相对普遍，当选别作业要求磨矿产品粒度较细时（如-200目含量≥60%），采用这种流程较适合。与单段自磨流程对比，这种流程能更大地发挥自磨机作用。

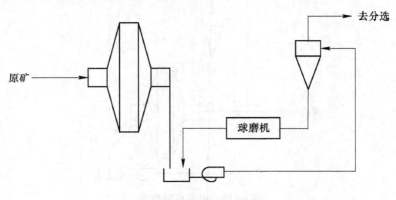

图 9-20　自磨-球磨流程

（4）自磨-砾磨流程（如图9-21所示）。该流程适用于处理硬度均一且结构致密的矿石。砾石介质的制取主要有两种方法，一是自磨机排矿格子板上开砾石窗，二是自磨前矿石经破碎-筛分作业制取。无论哪种方法均需保证足够的砾石量，并应考虑多余砾石的处理问题。

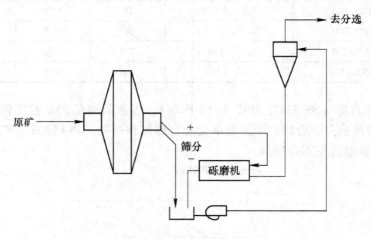

图 9-21　自磨-砾磨流程

（5）自磨-球磨-破碎流程（如图9-22所示）。即所谓的"ABC"流程。顽石从自磨机中排出，然后经破碎机破碎。经破碎的顽石返回自磨机再磨或单独处理，自磨排矿给入下段球磨再磨碎。

（6）半自磨-球磨流程（SAB，如图9-23所示）。该流程由全自磨-球磨流程发展而来，它的适应性更强，技术经济指标也较好，近年来新建的自磨选矿厂多采用该流程，例如我国的冬瓜山铜矿、大宝山铜硫选厂、乌山铜矿选矿厂等均采用该流程。

（7）复合半自磨流程。这种流程包括半自磨、球磨、砾磨或顽石破碎等作业，这是一

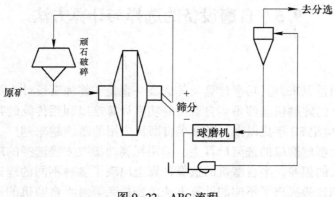

图 9-22 ABC 流程

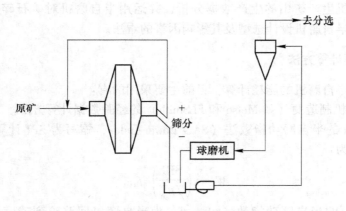

图 9-23 半自磨-球磨流程

种半自磨阶段磨选流程，适用于复杂难选的矿石。例如芬兰的马斯塔瓦拉（Musta Varra）选矿厂处理钒钛磁铁矿利用半自磨-球磨-砾磨三段磨矿，自磨中加入 3% 的 80mm 钢球，原矿经筛分分级取出 40~70mm 矿块作为下段砾磨介质，自磨产品与水力旋流器构成闭路，溢流送往砾磨机，砾磨机与水力旋流器构成闭路，溢流经磁选分离后，粗精矿给入球磨机再磨。例如我国德兴铜矿大山选矿厂采用半自磨-球磨-顽石破碎（SABC）流程，半自磨机产品经直线振动筛分级，筛上产品经 MP800 型圆锥破碎机破碎后返回半自磨机，筛下产品进入旋流器分级，旋流器溢流进入浮选作业，沉砂返回球磨机，球磨机与旋流器构成闭路循环。该流程是在 SAB 流程的基础上增加一套顽石破碎系统，顽石经破碎系统破碎后再返回半自磨机。增加了破碎系统后，减少了半自磨机内难磨粒子的积累，降低了半自磨机的负荷，增强了流程连续性，目前已应用在国内外各大矿山。

（8）岩块自磨。岩块自磨是指用大块岩石（85~350mm）作为磨矿介质去粉碎细碎产品的磨矿作业，其特点是流程简单，适用于每小时处理 50~300t 的小型选厂。一般衬板的提升板较低，因此转速较高（ψ=91%）、料位 40%~50%。岩块自磨的细磨作业与分级机构成闭路，这种流程虽然简单，但电耗高于一般自磨。

9.5　自磨设备的选择与计算方法

9.5.1　概论

　　半自磨机自问世以来，其功率计算及其选型一直是矿物加工设计人员及其用户关注的重点，由于其复杂的碎磨机理使得半自磨机的功率计算难以利用传统的邦德理论准确地表述。特别是自 20 世纪 80 年代以来，随着半自磨机应用的范围越来越广，设备的规格也越来越大，即使在大型球磨机的选型计算上，采用邦德功指数方程选择的球磨机规格也与实际应用产生了很大的偏差。半自磨机的选择计算上出现了多种不同的理论，众多作者根据各自的理论基础和经验提出了不同的计算方法。杨松荣等对半自磨机的选型进行了长时间的关注和研究，结合 20 世纪 80 年代以来国内外半自磨机广泛采用的生产实践，通过对世界上采用半自磨机生产矿山的生产数据分析，并运用半自磨机对矿石碎磨过程的机理分析，提出了对于半自磨机设计选型及其影响因素的看法。

9.5.2　目前主要计算方法

　　对自磨机和半自磨机的能耗计算，目前主要采用的有：
　　（1）半自磨机制造商（如 Metso 和 FLSmith）的经验数据计算方法。
　　（2）Minovex 的半自磨功指数法（SAG Power Index，缩写为 SPI 计算法）。半自磨机的功耗计算公式为：

$$W = k\left(\frac{\mathrm{SPI}}{\sqrt{T_{80}}}\right)^n f_{\mathrm{SAG}} \tag{9-97}$$

式中，SPI 为矿石的半自磨功指数，min；T_{80} 为半自磨机回路给到球磨机回路的物料中 80% 通过的粒度，μm；n 为常数；f_{SAG} 为回路特性函数，与回路配置和操作条件有关，其值可以通过标定程序测得，或通过 Minnovex 的标定数据库来估计出。
　　半自磨+球磨回路中，球磨机的能耗则为修正后的邦德公式：

$$W = 10 W_i\left(\frac{1}{\sqrt{P_{80}}} - \frac{1}{\sqrt{F_{80}}}\right) \times \prod_{i=1}^{8} k_i \tag{9-98}$$

式中，$\prod_{i=1}^{8} k_i$ 为修正系数（详见 8.2.1 节），说明邦德标准回路（棒磨机排矿给入与旋流器构成闭路的直径 2.44m 湿式溢流型球磨机）和目标回路之间的差别。其值可以直接从回路的基准测定中获得，或通过经验值获得（注意：此时，式（9-98）中的 F_{80} 即式（9-97）中的 T_{80}）。
　　（3）SMC 的功率方程。总的粒度破碎方程

$$W_i = M_i 4\left(\chi_2^{f(\chi_2)} - \chi_1^{f(\chi_1)}\right) \tag{9-99}$$

式中，M_i 为矿石的破碎性质有关的功指数，$kW \cdot h/t$，把最后一段破碎的产品磨到 $P_{80} = 750\mu m$（粗粒）的标记为 M_{ia}，从 $P_{80} = 750\mu m$ 磨到采用常规球磨机能够达到的最终产品的 P_{80} 则标记为 M_{ib}，常规破碎采用 M_{ic}，高压辊磨机采用 M_{ih}；W_i 为比粉碎能耗，$kW \cdot h/t$；χ_2 为 80% 通过的产品粒度，μm；χ_1 为 80% 通过的给矿粒度，μm。

$$f(X_j) = -(0.259 + X_j/1000000) \tag{9-100}$$

对筒型磨机中的粗粒磨矿，式（9-99）可写成：

$$W_a = K_1 M_{ia} 4(X_2^{f(X_2)} - X_1^{f(X_1)}) \tag{9-101}$$

式中，K_1 表示对于没有顽石破碎机的回路为 1.0，有顽石破碎机的回路为 0.95；X_1 为在磨矿之前最后一段破碎产品粒度 P_{80}，μm；X_2 为 750μm；M_{ia} 为粗粒矿石功指数，直接由 SMC 试验提供。

对细粒磨矿，式（9-99）可写成：

$$W_b = M_{ib} 4(X_3^{f(X_3)} - X_2^{f(X_2)}) \tag{9-102}$$

式中，X_2 为 750μm；X_3 为最终磨矿产品的 P_{80}，μm；M_{ib} 为细粒矿石功指数，$kW \cdot h/t$，由标准邦德球磨功指数试验提供的数据，利用下式得到：

$$M_{ib} = \frac{18.18}{P_1^{0.295} G_{bp} [P_{80}^{f(P_{80})} - F_{80}^{f(F_{80})}]} \tag{9-103}$$

式中，P_1 为闭路筛孔规格，μm；G_{bp} 为磨机每转一转所产生的筛下粒级的净克数；P_{80} 为 80%通过的产品粒度，μm；F_{80} 为 80%通过的给矿粒度，μm。

值得注意的是：邦德球磨功指数试验采用的闭路筛孔其产生的最终产品 P_1 应当与拟采用的工业回路的 P 相似。

（4）JKSimMET 软件（法）。JKSimMET 是澳大利亚昆斯兰大学的 Julius Kruttschnitt 矿物研究中心（Julius Kruttschnitt Mineral Research Centre，JKMRC）所研发的一个利用计算机对选矿厂的碎磨分级回路进行分析和模拟的软件包，使用者可以利用该软件对选矿厂的碎磨和分级回路进行数据分析、设备和回路优化、方案设计和效果模拟。

（5）Outokumpu 的标准自磨设计试验方法（Standard Autogenous Grinding Design Test，SAG Design Test），即 SAG Design 试验法。半自磨机所需功率有如下关系：

$$N = n \times \frac{16000 + g}{447.3g} \tag{9-104}$$

式中，N 为半自磨机所需功率，$kW \cdot h/t$；n 为半自磨机把给定的矿石磨到所需结果时的转数；g 为所试验矿石的质量，即 4.5L 的矿石质量，g；16000 是半自磨机中充填钢球的质量，g。

（6）Fluor 公司的磨矿功率（Grindpower）法。磨矿功率法是一个经验公式，其净功率 N_{Net} 计算如下：

$$N_{Net} = P_N \rho_c D^{2.5} L \tag{9-105}$$

式中，N_{Net} 为净功率，kW；ρ_c 为磨机充填密度，t/m^3；D 为磨机有效直径（筒体衬板内直径），m；L 为磨机有效长度（筒体上给矿端衬板至排矿格子板之间距离），m；P_N 为功率数，根据测得的磨机功率，考虑磨机转速、磨机筒体及两个锥形端内充填体运动的所有方面（包括冲击破碎、研磨、磨剥、摩擦和转动，由于热和噪声产生的损失，风的损失，磨机充填体的形状和充填体的重心位置，充填体的粒度组成和无负荷功率）计算所得。其中：

$$\rho_c = \left(\frac{V_b}{V_t} \times \rho_b + \frac{V_o}{V_t} \times \rho_o\right) \times \left(1 - \frac{\varphi}{100}\right) + \rho_p \times \frac{\varphi}{100} \tag{9-106}$$

式中，ρ_b、ρ_o、ρ_p 分别为钢球、矿石、矿浆的密度；V_b、V_o、V_t 分别为钢球、矿石及总的

充填体积,%；φ 为充填体中的孔隙率,%。

式（9-106）中的功率数可以根据运行的磨机实测功率得到。

由于以上这些方法形成的基础不同，使得在对工程设计中磨矿能力的估算上差别很大。Flour 公司在进行一个选矿厂设计的过程中，采用了 SMC 基于功率的落重方法、SPI 方法、SAGDesign 方法、JKSimMET 方法、Grinpower 方法等 5 种半自磨比能耗计算方法来估算设计能力，结果是 5 种方法估算的处理能力范围从低的 13Mt/a 到高的 28.4Mt/a 不等。因此，从工程设计的实际情况考虑，设计人员只有参考这些数据，结合自己实践经验才能做出比较准确的处理能力估算结果。

9.5.3　邦德理论在半自磨回路功耗计算中的应用

9.5.3.1　邦德理论与自磨机/半自磨机比能耗的关系

在球磨机的功耗计算中，邦德功指数在全粒级范围内对矿石硬度既能简单测量，又不易出现误解，其应用是最广泛的。实践证明，邦德功指数对于直径 5m 及以下的球磨机功耗计算是非常吻合的，在实践中得到了证实。但是，随着球磨机规格越来越大，采用原来的邦德功指数法已经不能正确评价更大直径的磨矿机的功耗状况，因而出现了上述的各种不同磨矿功耗计算方法和差异很大的计算结果。为此，Fluor 公司的工程师提出了基于半自磨比能耗计算来改进邦德功指数的计算方法。他们通过研究得到的关键发现以及随后对计算方法的改进，认为邦德功指数仍是一个估算半自磨机磨矿回路所需比能耗的有效工具。

新的半自磨机比能耗计算方法仍然采用所有的 3 个邦德功指数，即破碎机、棒磨机和球磨机功指数，来计算半自磨机为基础的磨矿回路的所需能耗。计算半自磨机所需比能耗的新方法主要以棒磨功指数为主，破碎功指数起次要角色，而球磨功指数仍然是传统角色作为计算球磨磨矿所需比能耗的很好方法。

这种采用邦德功指数计算的新方法对应于范围广泛的以半自磨机为基础的回路，从单段半自磨到部分或全部中碎后给矿的半自磨，以及处理硬矿石的 SABC 回路。

首先是从给矿粒度上，由于邦德功指数合理的应用范围是恰好用于反映其所处理的粒级部分的硬度指数，例如在单段球磨机计算中，其棒磨功指数用于计算 2.1~13.2mm 粒级所需的能耗，球磨功指数用于计算 2.1mm 以下及至最终产品粒级所需的能耗。邦德功指数方程中的效率系数使得所需磨矿能耗的变化能够反映粗粒给矿、不同的破碎比等对单段球磨机磨矿过程效率的影响。

最初的 Grindpower 方法采用了类似的计算，即采用合适的邦德功指数来计算特定粒级范围所需的能耗，例如，破碎功指数用于计算半自磨机 F_{80} 到理论上棒磨机的给矿粒度，随后计算磨到球磨机给矿粒度所需的棒磨机能耗，然后计算磨到最终产品粒度所需的球磨机能耗。Grindpower 方法与邦德功指数当中的效率系数对应的是对半自磨机部分的能耗计算应用了一个 1.25 的总体效率系数。

对于半自磨机的给矿粒度，在粗碎机给矿回路下，一般半自磨机 F_{80} 大于 100mm，F_{80} 的平方根的倒数的值趋向于零，因而其对方程的影响是微不足道的。

其次是顽石破碎，由于顽石破碎机排矿口的大小决定了其排出粒度的大小，顽石破碎机的新、旧衬板之间的磨损程度的差别，会对其排矿产品粒度产生较大的影响，从而影响到半自磨机的给矿粒度。当回路中处理硬的和难磨的矿石时，由于顽石破碎机的衬板磨损而使排矿粒度变粗，使半自磨机所需比能耗增加且处理能力降低。顽石破碎机排矿产品粒度的影响在一个相对窄的粒度范围内是很明显的。

同时，人们还观察到，在实验室邦德棒磨机的试验中，当其棒荷的充填率为 12% 时，其得到的数据与许多生产中的半自磨机吻合很好。

在磨矿考察中，半自磨机排矿样品一般筛分成范围从 20mm 到 38μm 粒级，而实验室磨机排矿则一般分成（五个筛子）六个粒级，范围从 1mm 到 500μm，或最好 300μm。因此，在比较粒度小于 500μm 的实验室磨机排矿粒度分布和生产中半自磨机排矿粒度分布时，就有分辨率的损失。尽管如此，在全球的一些生产中的半自磨机和实验室棒磨机之间的排矿粒度分布的收敛点引起了研究人员的关注，特别是因为其收敛点的出现是位于 600~850μm 之间。

对这个粒度范围的高度关注，是因为其横跨 750μm 分界线，该分界线是 Morrell 用来划分筒型磨机能耗计算中"粗粒"和"细粒"范畴的。尽管 Morrell 标注 750μm 分界线对其筒型磨机功率计算给出了最好的吻合结果，但其没有解释为什么 750μm 能够来划分计算结果。对生产中半自磨和实验室磨机的排矿粒度分布的调查结果与所用比能耗计算方法的数学结果吻合很好的概率，考虑到跨越全球的数据扩散很慢的过程，认为这是必然的结果而非巧合。

半自磨机采用孔径范围很宽的带砾石窗或不带砾石窗的格子板，而邦德实验室棒磨机一般采用 1180μm 孔径的筛子闭路。最初这似乎是不可理解的：两种磨机生产的产品粒度都分布收敛于 600~850μm 的范围，而且其采用的分级机理有重大不同。

对工业半自磨机中细粒分级机理的可能解释是在紧靠格子板的充填体中，细粒的物料极容易在矿浆流的作用下通过格子板开孔排出，在运动过程中格子板又被充填体中的钢球和比格子板孔径大的矿石所覆盖了，这些钢球和矿石是交替的，在此情况下，紧靠格子板的充填体形成了动态的具有一定孔隙度的料层，即有点类似于重选跳汰机中重砾铺料层的动作形式，把要通过格子板的物料进行分级。在这种环境下能够流通过格子板的唯一物料，除了重砾铺料层中磨损后小于格子板孔径的矿石外，就是设法要通过覆盖格子板的钢球和矿石之间的空隙的物料。

实验室棒磨机和工业生产半自磨机的磨矿行为相一致的根本原因是二者之间的磨矿活动相似，两种磨机排出产品粒度分布的收敛区域相似。对于半自磨机在不同的给矿粒度下的能力差别，生产实践已经确认半自磨磨矿存在着一个临界粒度。

根据前面所述，采用传统的邦德功指数方法无法计算半自磨机的功耗，因此原有方程中的大量效率系数已经不能使用。在自磨机或半自磨机运行过程中，如何把充填体中的大块和粗粒矿石有效地变成细粒则成为有效磨矿的关键。Napier-Munn 等人引入了破碎速率函数的概念。此外，也注意到工业自磨/半自磨机破碎速率曲线的形状，特别是曲线的临界粒度部分，也与 Napier-Munn 等人所提出的 12% 充填率下的破碎速率相吻合。从概念上讲，破碎速率图可以确认自磨机或半自磨机效率的高、低区域，低效区域是临界粒度范围，高效区域是 5~10mm 粒度范围和 100mm 粒度部分。

因此，从上面所述，可以确认在半自磨磨矿比能耗计算方法中，有以下的两个关键因素：

（1）当确定在实验室棒磨机功指数试验中，采用的为1180μm闭路筛时，得到的功指数值（kW·h/t）即为等同于与半自磨机的峰值破碎速率相吻合的能耗。

（2）自磨机给矿粒度分布应当分成不同的粒级，根据所关注粒级的破碎速率和峰值破碎速率之间的相互关系，每个粒级有一个相应的效率系数。每一个粒级所需的比能耗都可采用邦德方程按照单段球磨机计算方式进行计算，从给矿粒度到中间粒度1，从中间粒度1到中间粒度2，以此类推，直到达到产品粒度。然后，根据每个粒级所占半自磨机总给矿的质量分数计算出相应粒级所需比能耗的绝对值，然后各个粒级所需比能耗的绝对值之和即为半自磨机所需的总比能耗。效率系数则在各粒级计算中考虑。

当然，上述计算方法是假设半自磨机在正常条件下运行，即提升棒之间没有填塞，衬板设计合理，格子板没有塞住，补加球的量和规格合适。上述计算方法已经用来计算一些回路中半自磨机所需的比能耗，一些不同回路配置方式和不同运行条件的，例如SABC回路，有或没有顽石破碎机、粗碎和部分中碎以及单段半自磨机磨矿的，都着重考察以计算数据对比实际运行数据，结果如图9-24所示。

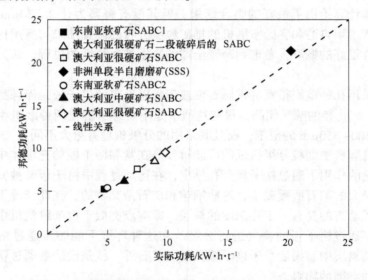

图9-24　新的邦德功指数法与实际运行的半自磨机功耗

计算半自磨机比能耗新方法的关键指标是棒磨功指数。在邦德的3个功指数（破碎功指数、棒磨功指数和球磨功指数）中，因为破碎功指数值用于计算给矿粒度分布的粗粒端，其粗粒的给矿粒度用于邦德第三破碎理论方程平方根的倒数中，使得破碎功指数对总的半自磨机所需比能耗只有很小的影响。球磨功指数还是起着传统的角色，是计算球磨比能耗最好的方法，而在SAB或SABC回路的半自磨机所需比能耗计算中不采用。

对于处理半自磨机排矿的球磨机，Mark Sherman提出了利用邦德计算方法的程序，把专门用于计算当球磨机给矿为圆锥破碎机的产品而不是棒磨机的产品时的单段球磨机功耗计算方法，用于计算自磨机/半自磨机排矿的球磨机，即把自磨机/半自磨机排矿分为两部分：细粒部分和粗粒部分，计算出两个部分所需的比能耗，确保合适的修正系数被用于细粒和粗粒部分，然后合并后得到一个总能耗。

根据邦德功指数试验的要求，球磨功指数采用的给矿粒度为小于3.36mm，棒磨功指数采用的给矿粒度为小于 12.5mm，Mark Sherman 选择 3.36mm 作为分界点，把自磨/半自磨排矿分成粗粒和细粒部分，即一个与球磨机功指数计算完全一致的球磨机给矿部分（小于 3.36mm）和一个与单段球磨磨矿计算一致的第二部分（大于 3.36mm）。

一旦半自磨机排矿分成两个粒级部分，即可计算出每个粒级部分的 F_{80}，例如，粗粒的 F_{80} 和细粒的 F_{80}。对于细粒级部分，采用标准的邦德方程和球磨功指数计算出磨该部分所需的比能耗（注意：邦德理论对于低的破碎比，即破碎比小于 6，需要修正系数 k_7）。

对于粗粒部分，则采用单段球磨机磨矿计算方法。半自磨机排矿的粗粒部分，有一个比细粒级部分大得多的 F_{80}，在某些情况下，其棒磨功指数比球磨功指数更大。表明半自磨机排矿的粗粒部分的磨矿将需要比细粒部分的磨矿需要大得多的能耗。

为了完成球磨机的比能耗计算，两个粒级部分的比能耗与它们各自的质量分数相乘，然后乘积相加就得到球磨机所需的总的比能耗。但要注意的是，邦德方程计算的是磨机驱动小齿轮的所需功率。

9.5.3.2 计算实例

表 9-17 和表 9-18 所示为计算实例，球磨机给矿来自三个不同的半自磨机：第一台处理硬的细粒嵌布矿石；第二台处理来自矿山生产爆破使细粒级最大化的较粗粒嵌布的软-中硬矿石；第三台处理的来自半工业试验厂的半自磨机产品。

表 9-17 半自磨筛上质量分数

筛孔/μm	SAG1	SAG2	半工业试验 SAG3
12700	1.13	5.5	0.0
9500	2.27	4.2	2.9
6350	3.6	8.1	11.2
3360	6.0	10.0	2.0
2360	4.0	5.2	2.0
1760	5.0	4.5	3.3
1180	5.2	4.5	3.1
850	2.9	3.3	3.6
600	6.0	3.5	4.4
425	5.8	3.3	5.3
300	7.1	3.3	6.1
212	6.6	3.3	6.9
150	6.6	3.6	5.6
106	5.1	3.3	5.8
75	4.5	3.7	4.8
53	4.4	3.9	4.3
38	2.2	3.5	3.9
<38	21.6	23.3	24.8
P_{80}/μm	1970	5519	2011

表 9-18   实例计算步骤和计算结果

参 数		SAG1	SAG2	半工业试验 SAG3
细粒级部分 （3.36mm 以下）球 磨机计算	质量分数	0.87	0.72	0.84
	计算的 $F_{80}/\mu m$	845	1160	589
	球磨机产品 $P_{80}/\mu m$	224	135	88
	破碎比	3.77	8.59	6.69
	邦德球磨功指数/$kW \cdot h \cdot t^{-1}$	15.7	12.9	14.9
	邦德方程：没修正的比能耗/$kW \cdot h \cdot t^{-1}$	4.83	5.17	10.1
	如果破碎比小于 6∶1，需要应用修正系数 k_7	1.05	—	—
	修正后的比能耗/$kW \cdot h \cdot t^{-1}$	5.09	5.17	10.1
粗粒级部分 （3.36mm 以上）单 段球磨 机计算	质量分数	0.13	0.28	0.16
	计算的 $F_{80}/\mu m$	10716	12400	9442
	球磨机产品 $P_{80}/\mu m$	224	135	88
	邦德棒磨功指数/$kW \cdot h \cdot t^{-1}$	21.0	17.0	14.1
	邦德球磨功指数/$kW \cdot h \cdot t^{-1}$	15.7	12.9	14.9
	没修正的比能耗/$kW \cdot h \cdot t^{-1}$	10.4	10.5	13.9
	应用给料粒度过大修正系数 k_4	1.53	1.16	1.16
	修正后的比能耗/$kW \cdot h \cdot t^{-1}$	15.9	12.2	16.1
球磨机所 需比能耗 总计	细粒级质量分数（A）	0.87	0.72	0.84
	细粒级比能耗（B）/$kW \cdot h \cdot t^{-1}$	5.09	5.17	10.1
	粗粒级质量分数（C）	0.13	0.28	0.16
	粗粒级比能耗（D）/$kW \cdot h \cdot t^{-1}$	15.9	12.2	16.1
	总计比能耗（A×B）+（C×D）/$kW \cdot h \cdot t^{-1}$	6.49	7.13	11.07
	磨机直径修正系数 k_3	0.91	0.91	1.15
	修正后的球磨机比能耗/$kW \cdot h \cdot t^{-1}$	5.93	6.51	12.73
	磨机驱动电机效率	0.95	0.95	0.95
	磨机驱动电机输入的球磨机比能耗/$kW \cdot h \cdot t^{-1}$	6.24	6.86	13.4
	测得的磨机驱动电机输入的球磨机比能耗/$kW \cdot h \cdot t^{-1}$	6.23	6.51	13.6
	偏差/%	+1.6	+5.4	-1.4

可以看出，两台生产半自磨机显示出明显的粗粒成分，而半工业半自磨机在整个粒级范围显示出相对一致的质量分布（小于 38μm 部分除外）。尽管 SAG1 和半工业试验 SAG3 的 P_{80} 值相似，但其粒度分布显著不同。

9.5.4   经验方法

如前文所述，目前对于自磨机或半自磨机的设备选型计算依然没有成熟的标准方法，已有的各种方法由于各自的出发点不同，选取的基准点不同，导致同个矿山采用不同计算方法得到的计算结果相差一倍甚至更多。即使这样，目前众多的矿山都在采用自磨机或半自磨机磨矿工艺进行生产，因而，这些采用自磨机或半自磨机生产的磨矿回路之间，应该有些相关或相近的规律。

9.5.4.1 矿石磨矿性质相关性分析

杨松荣等学者对 20 世纪 80 年代以来部分生产矿山采用半自磨机的生产实例进行了统计，并对半自磨机选择计算中常用的与矿石性质有关的参数进行了相关性分析。从统计的数据看，相关强度不同，有强有弱，如邦德功指数（W_i）与研磨指数（A_i）基本不相关。由于矿石磨矿所要求的最基本要素是功率、容积，因此，在没有完全成熟的计算方法的情况下，人们试图从生产实践中的半自磨机-球磨机的基本回路配置角度来找到一些可借鉴的关系。

9.5.4.2 功率能力、容积能力、功率强度及其相关性分析

正常情况下，对于给定的磨矿回路，在给矿粒度一定的情况下，磨机规格越大，装机功率越大，其处理能力也就越大，磨机的容积和安装功率决定着磨机处理能力。换言之，在给矿粒度相同的条件下，矿石性质相类似的给矿，磨到相同或相似的产品细度时，所需的单位磨矿容积和单位功耗从理论上讲应该是相同或相似的。因此，在这里提出"功率能力"和"容积能力"的概念。

对于特定的矿山，由于矿石性质的限定，其磨矿回路有各自的特点：如单段自磨或半自磨，半自磨-球磨，有顽石破碎或无顽石破碎，一段或二段顽石破碎，半自磨与球磨的台数比，顽石破碎后的返回地点（半自磨机或球磨机）等。

杨松荣对所有收集到的 240 余个矿山的磨矿流程进行了归类，从中采用了 153 个完整的金属矿山选矿厂采用的自磨/半自磨—球磨回路进行了综合分析，分析结果表明，绝大多数磨矿回路的功率能力在 0.75 ~ 1.75t/（kW·d）之间，绝大多数的容积能力在 10 ~ 40t/（m³·d）之间，磨机功率强度绝大多数在 20~25kW/m 之间。

通过功率能力、容积能力、功率强度及相互关系图，对特定矿山的矿石性质，可以很容易地分析出其半自磨-球磨回路的功率或磨机规格是否合适。杨松荣的回归方程共采用了金属矿山选矿厂 153 个磨矿回路的数据，包括半自磨-球磨回路、半自磨回路、自磨-球磨回路，采用最小二乘法回归后得到的方程为：

$$q_V = 23.6363637q_N - 1.888639381 \tag{9-107}$$

式中，q_V 为磨矿回路中磨机的容积能力，t/（m³·d）；q_N 为磨矿回路中磨机的功率能力，t/（kW·d）。

式（9-107）可以简化为：

$$q_V = 23.64q_N - 1.89 \tag{9-108}$$

式（9-108）的 $R^2 = 0.9379$，因此拟合程度较好。

其回归方程曲线的物理意义为：自左至右沿曲线方向，所处理的矿石由硬变软，即左下端的数据表示磨矿回路所处理的矿石是最硬（最难磨）的，而右上端的数据表明磨矿回路所处理的矿石是最软（最易磨）的。因此炉渣磨矿的几组数据位于该曲线的左下端。同时，如果某个磨矿回路的 q_V 与 q_N 的坐标点位于曲线的左上方且偏离太大（异常），则说明该磨矿回路的磨机装机功率过大，磨机规格显得小，导致磨机的功率强度过高；同理，如果某个磨矿回路的 q_V 与 q_N 的坐标点位于曲线的右下方且偏离太大（异常），则说明该磨矿回路的磨机装机功率过小，磨机规格显大，导致磨机的功率强度过低。

同时，杨松荣等获得了部分铜钼矿山自磨/半自磨-球磨回路功率能力与容积能力的回归方程为

$$q_{VCuMo} = 24.78q_{NCuMo} - 1.73 \qquad (9-109)$$

式（9-109）的 $R^2 = 0.9583$，故拟合程度很好。

部分金矿山自磨/半自磨-球磨回路功率能力与容积能力的回归方程为

$$q_{VAu} = 21.05q_{NAu} - 0.77 \qquad (9-110)$$

式（9-110）的 $R^2 = 0.8752$，故拟合程度一般。

部分铁矿山自磨/半自磨—球磨回路功率能力与容积能力的回归方程为

$$q_{VFe} = 19.50q_{NFe} + 0.45 \qquad (9-111)$$

式（9-111）的 $R^2 = 0.9726$，故拟合程度很好。

部分镍铂矿山自磨/半自磨—球磨回路功率能力与容积能力的回归方程为

$$q_{VNiPt} = 20.79q_{NNiPt} + 1.75 \qquad (9-112)$$

式（9-112）的 $R^2 = 0.9593$，故拟合程度很好。

部分铅锌矿山自磨/半自磨—球磨回路功率能力与容积能力的回归方程为

$$q_{VPbZn} = 25.17q_{NPbZn} - 4.96 \qquad (9-113)$$

式（9-113）的 $R^2 = 0.8284$，故拟合程度一般。

从上述回归方程的拟合结果看，铜钼矿山磨矿回路的容积能力和功率能力之间的相关性很好，其矿山样本数也多（74个），拟合程度也好；金矿山的样本数也不少（51个），相关性与铜钼矿山相比稍差一些；铁、镍铂的矿山样本数不多，但拟合程度很好；铅锌矿山的样本数也不多，但拟合程度一般。实际应用中建议根据各种不同金属矿山的矿石性质（矿床类型、矿石硬度、耐磨性）来选择功率能力，并采用相关的回归方程进行计算。

9.5.4.3　计算实例

实例1 某斑岩铜金矿拟设计一处理能力为17Mt/a选矿厂，设计拟采用半自磨-球磨工艺，该矿的矿石性质属硬矿石，邦德球磨功指数为17.1kW·h/t，设计拟采用一个系列，半自磨机与球磨机台数为1:2配置，计算所需磨机规格及安装功率。

半自磨—球磨回路的有效运转率按93%计算，则该磨矿回路的日处理能力为50081t。参照铜钼矿山磨矿回路的功率能力中间值约为1.4t/(kW·d)，由于欲设计的铜金矿石属硬矿石，邦德球磨功指数为17.1kW·h/t，因此在功率能力的取值上按从低考虑，故拟取值1.30t/(kW·d)，则磨矿回路所需安装功率为：

$$50081t/d \div 1.30t/(kW \cdot d) = 38523kW$$

根据目前的生产实践，半自磨机与球磨机的功率分配大都为1:1，且考虑大型半自磨机和球磨机的成熟使用的规格，半自磨机的安装功率选取20000kW，每台球磨机的安装功率为9000kW。半自磨机选取包绕式电机，单台球磨机选用双齿轮电机驱动，每台电机安装功率为4500kW。

参照磨机制造厂家（或矿山实际使用的磨机规格）预选取 $\phi12.2m\times6.7m$ 半自磨机，安装功率20000kW；$\phi6.71m\times11.13m$ 球磨机两台，每台安装功率为4600kW。

根据选取的半自磨机和球磨机，计算该磨矿回路的容积能力为31.53t/(m³·d)。

按照式（9-109）$q_{VCuMo} = 24.78q_{NCuMo} - 1.73$，在功率能力 q_N 为 $1.30t/(kW \cdot d)$ 时，其容积能力 q_V 为 $30.48t/(m^3 \cdot d)$，差别很小，因此半自磨机规格及安装功率不变，即选用 $\phi12.2m \times 6.7m$ 半自磨机一台，安装功率 20000kW；$\phi6.71m \times 11.13m$ 球磨机两台，每台安装功率为 4600kW。

同时，对于大规模生产的矿山，由于矿石性质的变化对磨矿回路稳定运行影响极其敏感，建议半自磨—球磨工艺要采用顽石破碎。顽石破碎对磨矿回路起辅助作用，但不可或缺。该矿山顽石破碎按顽石最大循环量 25% 计算，可选用 MP800 型破碎机两台（一用一备）。

实例 2　某金矿拟设计一年处理矿石 4.8Mt/a 的选矿厂，采用单段半自磨流程，矿石邦德球磨功指数为 $16kW \cdot h/t$，属硬矿石。计算所需半自磨机规格及安装功率。

金矿石的功率能力中间值约为 $1.15t/(kW \cdot d)$，矿石属硬矿石，功率能力取值 $1.10t/(kW \cdot d)$，半自磨机运转率按 93% 选取，其日处理能力为 14140t，则半自磨机安装功率需：

$$14140t/d \div 1.10t/(kW \cdot d) = 12855kW$$

参照磨机制造厂家（或矿山实际使用的磨机规格）预选取 $\phi10.97m \times 5.79m$ 半自磨机，安装功率 13000kW。

根据选取的半自磨机，计算该磨矿回路的容积能力为 $25.85t/(m^3 \cdot d)$。

按照式（9-110）$q_{VAu} = 21.05q_{NAu} - 0.77$，在功率能力 q_N 为 $1.10t/(kW \cdot d)$ 时，计算其容积能力 q_V 应为 $22.39t/(m^3 \cdot d)$，明显小于预选取半自磨机的容积能力，故半自磨机规格偏小，需调整规格，选取 $\phi10.97m \times 6.71m$ 半自磨机一台，调整后的半自磨机容积能力为 $22.30t/(m^3 \cdot d)$，满足于式（9-110）的计算值。考虑到磨机规格与安装功率的匹配，选取安装功率 13500kW，可选用两台 6750kW 电机驱动。

同时，考虑该矿山为单段半自磨机单系列生产的矿山，矿石性质的变化对磨矿回路稳定运行影响极其敏感，建议采用半自磨—顽石破碎工艺，该矿山顽石破碎按顽石最大循环量 25% 计算，可选用 HP400 型破碎机两台（一用一备）。

实例 3　某铁矿拟设计一处理能力为 24Mt/a 的选矿厂，采用自磨—球磨磨矿流程，矿石邦德球磨功指数为 $14.9kW \cdot h/t$，属中硬矿石。设备有效运转率按 93% 考虑，计算选取自磨机和球磨机。

有效运转率按 93% 计算，则日处理能力为 70703t，样本矿山铁矿石的功率能力中间值取 $1t/(kW \cdot d)$，则所需安装功率为

$$70703t/d \div 1t/(kW \cdot d) = 70703kW$$

参考目前的生产实践，拟采用两个系列，自磨机与球磨机采用 1:1 配置，故每个系列安装功率为 35400kW，自磨机安装功率以 20000kW，球磨机为 15400kW。自磨机拟为 $\phi11.6m \times 7.62m$，球磨机为 $\phi7.92m \times 12.80m$。

按照选取的磨机规格，其磨矿回路的容积能力为 $24.64t/(m^3 \cdot d)$。

根据式（9-111）$q_{VFe} = 19.50q_{NFe} + 0.45$ 计算所得容积能力为 $19.95t/(m^3 \cdot d)$。故选型所得容积能力偏高，即磨机规格偏小，因此，需调整磨机规格。由于球磨机对矿石性质变化的敏感度很小，故只需调整自磨机规格，增加自磨机长度，参照类似的矿山经验和设备厂家的规格，选取自磨机规格为 $\phi11.6m \times 11.6m$，调整后的磨矿回路容积能力为

$19.06t/(m^3 \cdot d)$，故满足式（9-108）要求。

因此，该铁矿选矿厂磨矿回路采用两个系列，每个系列为 1 台 $\phi11.6m \times 11.6m$ 自磨机，安装功率 20000kW，1 台 $\phi7.92m \times 12.80m$ 球磨机，安装功率为 15400kW（或两台 7700kW）。

顽石破碎回路建议采用 MP1000 两台，一用一备。

对于顽石破碎回路的采用，如果处理的矿石中含有强磁性矿物如磁铁矿或磁黄铁矿，则需要有针对性的措施将顽石中的钢球与磁性矿物选择性地分离以保护好顽石破碎机不受损坏。

半自磨-球磨磨矿回路的设备选择计算方法相比于常规碎磨流程中球磨机的选别计算则复杂得多，但其对于磨矿所需体积和功率则是相通的，只是不同的计算方法选取的基点不同，因此采用实际生产数据回归所得到的方程有其局限性，其代表性强，却无法采用个体矿山的数据准确进行计算，但可以参照类似生产矿山的数据进行准确的评估，且随着生产矿山的不断增加和生产数据的陆续加入，预测的准确度也会越来越高。

9.6 自磨矿的主要影响因素

9.6.1 概论

自磨机和半自磨机的磨矿方式与球磨机相比增加了抛落功能，因此其运行的影响因素完全不同于球磨机的瀑落作用。

世界上第一台自磨机于 1932 年制成，此后经过不断的试验、改进，于 20 世纪 50 年代末，开始应用于矿山生产。20 世纪 60 年代后，加拿大、美国、苏联、澳大利亚、挪威及我国的许多冶金矿山的碎磨流程中都采用了自磨机。通过不断的生产实践和摸索，对自磨机或半自磨机结构部件（尤其是过流耐磨件）的形状及其耐磨性能形成了比较成熟的认识。

在自磨机或半自磨机中，以所磨矿石（或部分矿石）自身作为介质进行磨矿，由于矿石的密度远低于钢球的密度，在磨机中冲击、磨剥能量不变的情况下，需要将矿石提升至更高的高度，使其在抛落过程中达到一定的速度以产生破碎矿石所需的冲量。因此，自磨机或半自磨机的直径通常比球磨机更大，且长径比不大于 1，大部分为 0.4~0.6。在北欧和南非的部分矿山的自磨机长径比则大于 1，类同于球磨机的长径比。

相对于自磨机，半自磨机由于磨矿过程有部分钢球的添加，使其磨矿过程对于矿石性质（主要是硬度）变化的敏感度有所降低，因此磨矿过程也相对稳定，但由于添加了部分钢球，导致磨机内充填体密度增大。基于此，在同一规格下，半自磨机的机械强度和驱动功率要比自磨机大得多。

如前文所述，不同于球磨机内磨矿基本不受矿石性质变化的影响，自磨机/半自磨机内的磨矿性质则是：给矿性质变化—充填体构成变化—磨矿过程变化—产品粒度变化—回收率变化（降低）。

对于选定的磨矿回路来说，处理能力是主要的性能标志，最佳的性能是当自磨机/半自磨机和球磨机都是处于它们最大有用功率下有效地运行时，不应因为某个因素影响简单地采用容易控制的方式而只偏向于半自磨机的运行控制或球磨机的运行控制，从而忽视了整个磨矿回路的运行控制。

自磨机/半自磨机内的磨矿是通过磨机内的充填体来进行的，给矿类型的变化会导致充填体的构成发生变化，进而改变磨矿能力，磨矿能力的变化又会导致磨矿负荷的变化，随着磨机对这种变化非线性方式的响应，直至达到新的平衡点。由于这种相互反馈回路的高度互动形式，众多影响因素参与，使得自磨机/半自磨机回路的磨矿过程稳定平衡控制变得非常复杂。

自磨机/半自磨机运行的影响因素有以下几种类型：

（1）结构因素：衬板和提升棒、格子板、矿浆提升器和排矿锥；

（2）操作因素：转速率、总充填率、钢球充填率、磨矿介质；

（3）工艺因素：矿石性质（矿石硬度、矿石耐磨性、粒度分布、矿石密度）、给矿量、磨矿浓度、循环负荷、顽石处理。

9.6.2 操作因素

影响自磨机/半自磨机运行的操作因素是指设备安装调试完毕之后，由运行使用单位按照设备的运行使用要求结合使用矿山的矿石性质进行控制使用的参数。这些操作因素主要是磨矿介质（材质、规格）、充填率（充填体的体积、磨矿介质的体积）、转速率。根据国内外的生产实践，这些参数是影响自磨机/半自磨机运行性能的最关键因素，自磨机/半自磨机在一个矿山使用中是否发挥了其效能，关键就在于这几个参数控制使用得是否正确。

9.6.2.1 磨矿介质

自磨机或半自磨机的磨矿介质均以矿石自身为主，在半自磨机中辅之以部分钢球。通常自磨机或半自磨机的给矿为粗碎后的产品，粒度上限为 $F_{100} = 300$（或 350）$\sim 200\text{mm}$，自磨机给矿粒度大些，半自磨机给矿粒度则相对小一些，而产品粒度则为 $P_{80} = 150\mu\text{m}$（单段磨矿）及 $T_{80} = 4000\mu\text{m}$。磨机添加的磨矿介质——钢球的充填率一般为 $8\% \sim 12\%$，但当给矿中充当介质的大块不足时，则球的充填率需增大，如 Freeport 的 No.4 选矿厂的半自磨机的钢球充填率为 20%。

不同于球磨机内的磨矿机理以研磨和磨剥为主，自磨机/半自磨机增加了冲击破碎作用。因此，半自磨机内充填的钢球不宜采用铸球，应采用热轧钢球或锻球。

在半自磨机中过度依靠钢球主导磨矿会导致高的介质消耗，并且使球磨机给矿变粗，从而导致挤压球磨机所需的功率和介质消耗。尽管都知道合适的充球率是处理能力的很好保障，因为球荷不可能快速变化，但应该记住矿石是免费的磨矿介质，能够保证细粒的产品送给球磨机，因而应该尽可能多地使用它们。要想增加球荷是可以的，不到半小时可以添加数吨，但如果磨机实际上不能够长时间保持所需的处理能力，磨机的运行就会趋向于逐渐偏移到容易操作的方式上，从而放弃了寻求较低的钢球添加点以使磨机在更经济的条件下运行。

半自磨机中充填的钢球规格不宜太大，其最大规格与充填体中大块矿石的数量及其硬度有关。在确定的充填率下，钢球规格太大，则充填的钢球数量会减少，从而影响钢球与矿石之间的冲击次数，会使磨矿产品粒度变粗。

部分矿山半自磨机的介质使用情况如表9-19所示。

表 9-19　部分矿山半自磨机的介质使用情况

矿　山	磨矿规格 $(D \times L)$ /m×m	给矿粒度 /mm	产品粒度 T_{80}/mm	充球率 /%	钢球规格 /mm	转速率/%
大红山铁矿	8.53×4.27	$F_{80}=150$	$P_{100}=10$	10~12	150	75
袁家村铁矿	10.36×5.49	$F_{80}=150$	1.0	9~12	120	75
乌山铜钼矿一期 （二期）	8.8×4.8 （11.0×5.4）	$F_{100}=300$	2.5	10~14	120	75
冬瓜山铜矿	8.53×3.96	$F_{100}=250$	2.5	12	150	75
德兴铜矿	10.37×5.19	$F_{100}=300$	$P_{100}=10$	8~10	150	75
Fimiston	10.72×4.88	$F_{100}=150$	$P_{100}=10$	12~14	140	80
Ahafo	10.36×5.48	$F_{80}=108$			127	
Candelaria	10.97×4.57			12	127	73
Kennecott	10.36×5.18			12	120	75
Northparks	8.5×4.3	$F_{80}=150$		10	125	78
Sarcheshmh	9.75×4.88	$F_{100}=175$	$P_{100}<5$	12	125	80
Cadia Hill	12.2×6.1	$F_{80}=120$	1.34	12	125	74~81
Los Blances	10.36×4.72		2.715	14	125	74
Kinross	11.58×7.56	$F_{80}=200$	1.2	12~13	127	75
Toromocho	12.19×7.92	$F_{80}=180$	5.739	12	127	76
Mount Isa（铜）	9.75×4.62	$F_{80}=200$	2	4~10		78
Los Pelambres	10.97×5.18	$F_{80}=80~115$	<19.5		140	74~77
Phu Kham	10.36×6.1	$F_{80}=125$	2	10~18		
Yanacocha	9.75×9.75	$F_{80}=180$	0.075	18~20	105	74~76
Meadowbak	7.93×3.73	$F_{80}=38$	1.239	13.5	102 和 127	75
CopperMguntain	10.36×6.10	$F_{80}=150$	2.2	12~15		76

9.6.2.2　充填率

自磨机或半自磨机内的充填体由矿石和水或者矿石、钢球和水构成。通过控制给入磨机的矿石粒度分布以及添加的钢球规格和充球率使得磨机内的总充填率控制在合理的范围内磨矿，满足后续作业的产品粒度要求。充填体内单位体积内的磨矿介质含量（作为介质用的大块矿石或钢球）应该保持恒定。

磨机充填率是磨矿回路一个重要的运行参数，通过对其控制和优化，可以对生产能力和能效上产生极大地改善，要保持稳定的磨机运行性能关键就是保持稳定的磨机充填率。磨矿曲线最主要的控制因素就是磨机的充填率，图9-25所示为半自磨机不同的充填率下处理能力随磨机转速变化的趋势。由图可以看出，不同的充填率下，半自磨机的处理能力峰值相差很大。因此，充填率的控制和优化对自磨机/半自磨机的处理能力是很关键的。

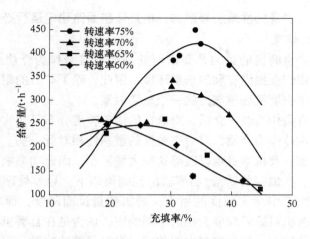

图 9-25　半自磨机不同充填率下处理能力随磨机转速变化趋势

　　然而，许多矿山在控制和优化自磨机或半自磨机的磨矿回路时，采用的信号往往是来自于磨机的负荷传感器，或者根据磨机两端的轴承压力，而不是采用实际的磨机充填体质量作为控制信号。这个实践是有缺陷的，如果通常控制的设定点是磨机负荷恒定，随着衬板磨损，负荷会降低，此时控制系统会在控制范围内自动调整增加磨机的给矿量，但磨损损失的是钢材质，补偿的是矿石，两者的密度相差约 3 倍，因而在磨机负荷并没有变化的情况下，实际上却造成了磨机内充填体增大，实际充填率增加。在半自磨机中，由于部分破碎和研磨功能是通过钢球来实现，磨机内实际充填率的增加，使得充填体中的矿球比增大，单位体积内的钢球比例降低，从而影响磨矿效率和处理能力。

　　因此，矿山应通过跟踪测定磨机衬板使用周期内的充填率变化规律，把磨机内的充填率恒定作为控制优化设定点，以便更好地发挥自磨机/半自磨机的特点，得到最大的磨矿效益。

9.6.2.3　转速率

　　一般来说，所有的自磨机和半自磨机应该是变速驱动，变速范围为临界转速的 60% ～ 80%，通常运行的转速率为 74% ～ 80%，当矿石性质变化或提升棒磨损后则根据具体情况调整磨机的转速率以保证磨机处理能力的稳定。从图 9-25 中也可以看出，不同的转速率下，半自磨机的处理能力差别是很大的。

　　变速的另一个关键的原因则是根据磨机内物料的运行状态来调整磨机的转速，改变磨机内充填体肩部的抛落轨迹，使其保持在充填体的趾部之内，以避免对衬板和提升棒造成破坏。鉴于这个原因，一些早期由于给矿性质均匀，或者由于投资节省原因安装的定速的自磨机或半自磨机，已经在实践中出现过高的衬板破损和缺少操作上的灵活性等问题，因此改变为变速驱动。如 Escondida 在其三期工程中采用的定速驱动半自磨机，在随后的生产中，由于上述问题又改造为变速驱动。

9.6.3　工艺因素

　　影响自磨机/半自磨机运行性能的工艺因素是在磨机运行过程中时刻都在变化的因素，如磨机的给矿粒度（分布）、给矿量、磨矿浓度、顽石量、顽石循环方式等。这些因素是由选矿厂处理的矿石自身的性质所导致的，也是磨矿回路稳定运行必须要控制的。

9.6.3.1 给矿粒度

选择自磨机和半自磨机的目的是要以所处理矿石自身作为介质来进行磨矿以节省钢耗，同时给下游选别作业提供有利的选别环境。因此，除了矿石的耐磨性之外，给入矿石的粒度分布是影响半自磨机处理能力的一个重要因素。

自磨机以矿石自身作为磨矿介质，对磨机的给矿粒度分布是非常敏感的；半自磨机运行过程中添加部分钢球作为介质，对给矿粒度的敏感性相对低一些。随着给矿最大粒度的增大，磨机质量增加，磨机本身难以破碎这些大块矿石，因而功率响应磨机质量的增加会继续增加功率输出。在恒定的质量/功率输出控制策略下，导致处理能力的降低。在自磨机运行模式下随着给矿中最大粒度的增大，磨机质量反而降低，而功率输出的响应也降低。自磨机和半自磨机对给矿粒度变化的不同响应，认为是在自磨机中需要一些大块的矿石来破碎中间粒级的矿石。如果这些大块的矿石没有足够的数量，则中间粒级的矿石就不能够以足够高的速率破碎，从而发展成为所谓的临界粒级累积，导致处理能力受限。

当然，这并不是说自磨机性能能够通过不断地增大给矿粒度普遍地改善，而是需要在粗粒矿石的数量和中间粒级矿石的数量之间达到平衡。如果给到磨机中的矿石大块太多，会造成不平衡从而开始累积，导致处理能力受限。对半自磨机也是同样的情况。然而，在这种情况下需要的粗粒和中间粒级矿石之间的平衡对自磨机来说是不同的。这是由于在半自磨机中有钢球来承担大块矿石的任务，更多的钢球装入半自磨机中因而很少需要大块的矿石。因此，在半自磨机中的基本趋势是较细的给矿比较粗的给矿更好。从目前生产实践来看，矿石粒度分布倾向于两端粒级更有益，即 100mm 以上粒级和 30mm 以下粒级越多，而中间粒级越少越好。

因此，为了保证自磨机/半自磨机的运行性能平稳，必须严格控制给矿粒度。有人根据 JK Tech 的典型给矿粒度分布数据库中的给矿粒度分布提出了一个半自磨机给矿粒度与磨蚀碎裂系数 t_a 的相关关系。

$$F_{80} = 71.3 - 28.4 \ln t_a \tag{9-114}$$

半自磨机运行通常给矿中需要 10% 的 100mm 以上粒级矿石以保持高的总充填率。目前，国外矿山控制自磨机（半自磨机）给矿粒度的方式主要有两种：（1）在粗碎之后增加中碎回路，该方式更适合于半自磨机给矿；（2）改变矿山采矿的爆破方式使之产生更适合自磨或半自磨磨矿的给矿粒度。

由于作为磨矿介质的矿石粒度还与矿石自身的耐磨性密切相关，因此，具体矿山的磨机给矿粒度分布需结合自身矿石性质通过试验探索获得可靠数据后进行调整。自磨机/半自磨机的给矿粒度监控可在给矿皮带上安装带有图像分析的在线粒度仪对磨机给料粒度进行调整控制。

9.6.3.2 给矿量

与球磨机的恒定给矿、比例加水的控制方式不同，由于自磨机/半自磨机所给矿石性质和内部磨矿机理的变化，其给矿量会随着磨机内充填率的变化和矿石耐磨性的变化而变化，也与自磨机/半自磨机内磨矿物料的输送有着密切的关系。不同于球磨机内溢流型的物料输送，自磨机/半自磨机内物料的输送是一个常常被忽略的关键的响应，根据 Powell 等人的研究表明，半自磨机给矿量调整之后到磨机内达到调整后的准稳态时的时间约需

20~25min，才能使物料从一个大的半自磨机的给矿端实实在在地流动到排矿端。这个输送时间导致磨机对控制上的变化响应严重滞后，由于充填体所有的参数（浓度、体积和粒度）需要改变达到一个新的运行平衡点，而不只是过去几分钟的给矿。越耐磨的物料在磨机中的持续时间越长因而更易于积累，从而使充填体达到新的平衡所需的时间越长。因此，正是由于这种严重滞后的变化响应，在耐磨物料已经积累的情况下，如果继续保持恒定的给矿量或增大给矿量，就会导致磨机负荷上升，造成功率输出的响应上升。

因此，根据 Powell 等人的经验，操作人员要调整增加自磨机（半自磨机）的给矿量时，一定要考虑好控制响应的滞后时间，可通过以每分钟约 1t/h 的速度增量缓慢地提高磨机给矿量来达到磨机运行准稳态。给矿量增加一段时间，然后在再次增加之前保持恒定约 1h，在磨机中分步进行。这种缓慢变化的速率在磨机充填率上短时间或近期内没有导致可测得的变化。然而，在中期内确实产生了重大的但可控的响应。Powell 等人反复地证明了"慢且稳"的控制响应导致了更高的长期处理能力。

9.6.3.3 磨矿浓度

矿浆浓度显著影响着磨矿能力，浓度太低使得磨矿能力低，这是因为对矿浆中悬浮细颗粒的能量传递效率降低；浓度太高导致矿浆黏性大，抑制冲击也降低了磨矿效率。此外，磨机中矿浆浓度越低，更细的物料（小于 1mm）的停留时间越低，会降低细粒级物料的磨矿效率，导致半自磨机排矿中最终产品粒级的含量降低。

在磨机中不同粒级的传送速度是不同的，其受到矿浆黏度和流量的影响是不同的。1mm 以下的细粒级物料随着矿浆流动，因此这些细粒级物料的输送随着通过磨机水流的变化即刻响应，其输送量与水的流量成正比。颗粒越大，其受水添加或矿浆黏度的影响越小。磨机充填体的孔隙率改变了矿浆和细粒的输送速率。随着磨机内充填体变细，输送速率降低；随着钢球占比增加，孔隙率增加，矿浆流量增加。

9.6.3.4 顽石及其循环过程

顽石几乎是自磨机/半自磨机磨矿过程中的必然产物，也是影响磨机处理能力的关键因素之一。由于这种磨矿过程主要以矿石自身作为介质，因此所处理的矿石必须有一定的硬度和耐磨性，因而顽石的形成是不可避免的。所谓的顽石，主要是指自磨机/半自磨机磨矿过程中形成的到达排矿格子板跟前的粒度为 20~80mm 范围的矿石，这部分矿石形状类似于鹅卵石，呈椭圆形，表面光滑，在充填体中研磨和磨剥效率低，破碎速率低。

在自磨机/半自磨机中，给矿矿石的耐碎磨性是不均匀的，且差异较大。生产实践和试验结果证明，给矿中的较硬矿石相比于较软矿石会在磨机充填体中优先累积。难磨矿石极其容易在磨矿过程中累积形成磨机充填体的不均衡部分，实例如下：当自磨机给矿中的难磨矿石从约 8% 变化到 14%，其处理能力减半。对磨机闪停后打开检查，发现磨机内主要是浅色难磨的硅酸盐矿石，而较软的矿石是黑色的。预估磨机内的难磨矿石约为 90%，而磨机给矿中此类矿石中只有 14%。结果表明磨机给矿中耐磨性强的矿物成分会在磨机的充填体中积累，导致充填体中结构成分不断改变，充填体的内部平衡被破坏（如图 9-26 所示）。由此可以看出，磨机内耐磨性强的矿石在磨机中差异累积，说明不能直接用所给矿石的平均耐磨性来预测磨机性能，磨机处理能力与难磨矿石和较软矿石的比率是非线性的，而且每种成分的产品粒度分布各不相同，不是基于功耗的计算能够预测的，因为这是一个不同矿石类型相互作用的函数。

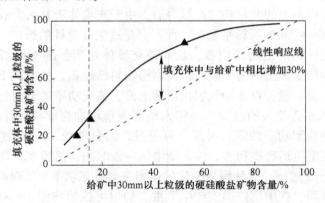

图 9-26　给矿中难磨矿石含量和磨机负荷之间的线性关系

顽石在充填体中的累积，会导致磨机负荷的增加，增大功率输出，并使处理能力降低。顽石的排出，需要通过排矿格子板上的砾石窗，格子板上砾石窗数量的多少，则需在投产时期根据所处理矿石耐磨性和破碎速率的测试确定。

研究发现，在正常磨机运行条件下，当给入磨机的矿石由多边形变成球形时，功耗下降约 7%，破碎速率急剧下降到正常条件下的 13%。由此可以认为，对这种矿石的大小和强度，冲击能（J/kg）可能下降至低于临界值。在这种情况下，碎屑可能起着重要的作用，冲击破碎不再成为主导作用。

在大多数的自磨机/半自磨机中，当矿石变成球形时，破碎速率可能与相对的粒度和球形边缘的数量成比例地降低。从这点可以看出，磨机排出的顽石不只是为了满足循环负荷的需求，还要考虑提高磨矿效率的需求。也就是说，顽石的破碎意义重大，顽石破碎机不仅只是使临界粒级分数最小化，而且要使矿石产生边缘以促进自磨机和半自磨机中的粉磨作用。

自磨机/半自磨机产生的顽石根据各自生产实践有几种不同的处理循环方式：

（1）当顽石的量少（如占新给矿量的 2%~10%）、不需要破碎时，在磨机的排矿端采用自返装置直接返回磨机内。自返装置示意如图 9-27 所示。图中半自磨机排矿后的圆筒筛筛上产品（序号 6）落到安装于圆筒筛中心位置的顽石料槽中，在高压水枪（序号 3）的冲击下通过返料锥（序号 7）返回到半自磨机内。美国犹他州的 Copperton 选矿厂即采用该种顽石冲返装置。

（2）顽石排出后，直接经循环皮带返回到自磨机/半自磨机。该种顽石返回方式等同于方式（1），只是增加小型设备，对两者需根据投资和运营成本做经济上的比较后选定。这两种方式适合于在矿石中存在强磁性矿物如磁铁矿等不能直接采用破碎机对顽石进行破碎的情况下采用，如我国的冬瓜山铜矿选矿厂便采用此种返料方式。

（3）排出的顽石给到顽石破碎机破碎后返回自磨机/半自磨机，或者直接给到后续的球磨机，这是目前应用最普遍的顽石处理方式。

（4）在大型开路半自磨机中处理能力的限制因素是顽石排出的速率。通过以尽可能高的速率排出顽石可以大规模地增加给矿量，能够获得高达 50% 的原矿给矿量。要取得这个

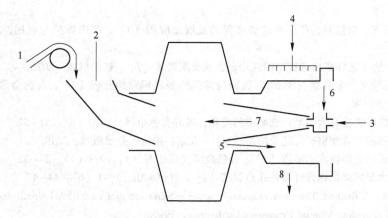

图 9-27　顽石水力返回示意图

1—新给矿；2—给水；3—高压冲返水枪；4—圆筒筛冲洗水；5—半自磨机排矿；
6—圆筒筛上产品；7—圆筒筛返回；8—圆筒筛下产品

处理能力，排矿格子板的条缝要扩大到所有都是砾石窗。一般总的开孔面积不能超过 10%。

需要注意的一点是，在格子板开很大的条缝也会使矿浆的返流最大化，这样也降低了矿浆排出能力，因而成为磨机运行新的能力限制因素。此外，安装砾石窗增加了磨机的排矿需求，那就不只是过量的顽石排出，处于圆筒筛孔和理想的顽石粒级之间的中等粒级的约 13~30mm 的粒级物料也会被排出，但这些物料必须返回到磨机以保证充填体的粒级组成平衡。

复习思考题

9-1　什么是自磨矿？并简述湿式自磨矿和干式自磨矿各自的优缺点。

9-2　自磨流程与常规磨矿流程相比具有什么优缺点？

9-3　自磨机内物料的运动可以分为哪几个区？并分析各个区的粉碎作用。

9-4　什么是顽石，顽石该怎么处理？

9-5　影响自磨机/半自磨机处理能力的主要影响因素有哪些？

9-6　自磨矿的数学模型有哪几种？并简述其应用。

9-7　湿式自磨流程有哪几种类型，各有什么特点？

9-8　自磨设备的选择计算方法有哪些？

参 考 文 献

[1]　任春红，刘静香. 自磨技术在我国的应用和发展 [J]. 矿山机械，2005 (7)：8~9.

[2]　杨福宜. 浅谈我国自磨技术的应用与经济效果 [J]. 金属矿山，1981 (4)：29~33.

[3]　黄国智. 全自磨半自磨磨矿技术 [M]. 北京：冶金工业出版社，2018.

[4]　曾明. 半自磨工艺在矿山选矿中的应用现状及发展趋势 [J]. 矿山机械，2021，49 (7)：32~36.

[5]　刘俊. 大山半自磨机格子板优化实践 [J]. 世界有色金属，2021 (10)：30~31.

[6]　郑竞，姬建钢，夏霜. 自磨/半自磨工艺提产方法的创新与实践 [J]. 矿山机械，2020，48 (12)：

33~38.

[7] 马帅, 肖庆飞, 赵福刚, 等. 半自磨流程的发展及应用 [J]. 矿产保护与利用, 2020, 40 (4): 167~171.

[8] 曾明. 半自磨工艺在矿山选矿中的应用现状及发展趋势 [J]. 矿山机械, 2021, 49 (7): 32~36.

[9] 瞿安辉, 陈建文. 半自磨 (SABC) 流程与常规碎磨流程对比分析 [J]. 有色金属 (选矿部分), 2020 (3): 85~88.

[10] 宋龚. 半自磨工艺在大型矿山选矿中的应用, 世界有色金属, 2020 (5): 51~52.

[11] 杨松荣. 自磨半自磨磨矿工艺及应用 [M]. 北京: 冶金工业出版社, 2019.

[12] 杨松荣. 国外自磨技术的应用 [J]. 有色金属 (选矿部分), 1993 (1): 27~32.

[13] 杨松荣. 大型球磨机选择计算的几点看法 [J]. 有色矿山, 1991 (6): 44~47.

[14] Kosick G A, C Bennett. The value of orebody power requirement profiles for SAG circuit design [C] //The 31st Annual Canadian Mineral Processors Conference, 1999.

[15] Morrell S. An alternative energy-size relationship to that proposed by bond for the design and optimisation of grinding circuits [J]. International Journal of Mineral Processing, 2004, 74: 133~141.

[16] Morrell S. Rock characterisation for high pressure grinding rolls circuit design [C] // AllanMJ, Major K, Flintoff B C, et al. International Autogenous and SemiAutogenous GrindingTechnology 2006. Vancouver: Department of Mining and Engineering, University of British Co-lumbia, 2006 (Ⅳ): 267~278.

[17] Starkey J, Hindstrom S, Nadasdy G. SAG design testing-what it is and why it works [C] //Allan M J, Major K, Flintoff B C, et al. International Autogenous and Semi AutogenousGrinding Technology 2006. Vancouver: Department of Mining and Engineering, University of British Columbia, 2006 (Ⅳ): 240~254.

[18] Barratt D, Sherman M. Selection and sizing of autogenous and semi-autogenous mills [C] //Mular A L, Halbe D N, Barratt D J. Minerl Processing Plant Design, Practice, and ControlProceedings. Vancouver: SME, 2002: 755~782.

[19] Sherman Mark. Bond is back [C] //Major K, Flintoff B C, Klein в, et al. International Au-togenous Grinding SemiAutogenous Grinding and High Pressure Grinding Roll Technology 2011. Vancouver: CIM, 2011: 17.

[20] Mark Sherman. The Bonds that can't be broken [C] // Klein B, MeLeod K, Roufail R, etal. International Semi - Autogenous Grinding and High Pressure Grinding Roll Technology 2015. Vancouver: CIM, 2015: 18.

[21] Morrel s. A new Autogenous and Semi Autogenous mill model for scale-up, design, and Opti-mization [J]. Minerals Engineering, 2004, 27 (3): 437~445.

10　搅 拌 磨 机

10.1　概　　述

近年来，随着易采且品位高的矿产资源日益枯竭，嵌布粒度细、矿物组成复杂的难处理矿产资源逐渐被开采，对于这部分矿产资源需要通过细磨甚至超细磨才能实现单体解离，进而实现有效的分选。尤其对于中矿处理、精矿深度精选除杂、尾矿再选回收利用等，传统的卧式球磨机已经难以满足进一步细磨、超细磨的特殊要求，新型的细磨和超细磨设备的研发应用显得尤为重要。搅拌磨作为一种新型的细磨设备，其应用使得需更细磨矿的矿物选别成为可能，且在细磨、超细磨作业过程中充分发挥其其高效、节能的优势，被逐步认可并接受，已在矿山行业得到大规模推广与工业应用。

球磨机作为传统的磨矿设备，至今已有 100 多年历史，其结构和操作参数至今没有取得突破性的进展。球磨机磨矿过程中，需要转动筒体，以带动筒内的磨矿介质和矿浆，通过这种周而复始的运动对物料产生连续的冲击和磨矿作用，从而将物料粉碎。这种磨矿方式决定了其在磨矿过程中能量转化率低和磨矿速率慢的特点，进而导致了磨机的磨矿效率低。

与球磨机工作原理不同，搅拌磨机的筒体是静止的，筒体内置的搅拌器通过旋转推动磨矿介质运动，磨矿介质之间的相对运动产生冲击、剪切和磨剥蚀作用，使物料被混合、打散和粉碎。搅拌磨机具有能量密度高、处理量大、粉磨效率高、产品粒度分布均匀等优点，因此在矿物加工领域中受到广泛地关注和应用。研究发现，当磨矿产品的 P_{80} 小于 100μm 时，球磨机的经济效益不如搅拌磨机，而且磨矿产品粒度要求越细，搅拌磨机的节能效果越明显。图 10-1 为不同磨矿阶段的球磨机和搅拌磨的比功耗对比。

早在 1928 年，美国的 Klien 和 Szegvan 二人首次提出了搅拌磨机的基本原理，即将搅拌器和介质（天然砂粒、钢球、瓷球、玻璃球等）加入筒体，使物料在筒体内充分磨矿实现粉碎，并最先应用在颜料、染料和涂料等行业。1952 年杜邦公司开发了可以将硅砂作为介质的超细介质搅拌磨机——立式砂磨机，在颜料、油墨等行业得以应用；20 世纪 50 年代，日本河端重胜博士发明了塔磨机（Tower Mills），自此搅拌磨机在金属矿山、冶炼和化工等行业中得到广泛的应用；20 世纪 90 年代澳大利亚 Mount Isa 铅锌矿和德国 Netzsch-Feinmahltechnik 公司共同开发了一种盘式搅拌器的卧式搅拌磨机 Isamill。目前，国外立式的搅拌磨机以德国爱立许公司的 ETM 系列、芬兰美卓（Mesto）公司开发的 VTM 系列和 SMD 系列等在矿山企业应用最为广泛。

我国搅拌磨机的研制开始于 20 世纪 70 年代初，到目前为止，已有近 50 年的发展历史，取得了长足的技术进步。矿冶科技集团有限公司、长沙矿冶研究院以及中信重工、东北大学等科研单位分别研发出 GJM 系列、JM 系列、CSM 系列和 NEUM 系列搅拌磨机，并

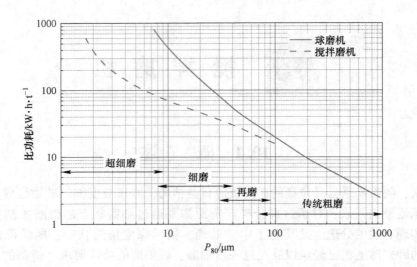

图 10-1　不同磨矿阶段球磨机和搅拌磨机的能耗对比

逐步在金属矿、非金属矿、化工等行业得到广泛应用。

10.2　搅拌磨机的类型及结构特点

10.2.1　搅拌磨机的类型

搅拌磨机的类型很多，按照筒体的摆放形式可以分为立式搅拌磨机和卧式搅拌磨机；按筒体的密闭形式可以分为敞开式和密闭式；按工作方式可以分为间歇式、连续式和循环式三种类型；按照搅拌器的结构可以分为螺旋式、盘式、棒销式、偏心环式等。工业上所称的剥片机、砂磨机、塔磨机等都属于搅拌磨机，它们的名称来源于它们的功能、磨矿介质的材质和种类，或设备的整体外观形状。

不同类型搅拌磨机具有不同的机械结构，其主要的机械结构包括以下几个部分：电机、传动机构、磨矿腔体（筒体+搅拌器）、分离装置、物料循环装置等。在矿物加工领域，选矿厂中普遍使用的搅拌磨机有立式螺旋搅拌磨机、Isamill 和棒销式搅拌磨机，它们的主要区别是筒体的摆放方式、搅拌器的结构类型和边缘线速度的差异。

立式螺旋搅拌磨机是以其搅拌器为螺旋叶片命名的，因其外形细高又称为塔磨机（Tower Mill）。它由驱动装置、传动装置、螺旋搅拌器、筒体和机架 5 部分组成，结构示意如图 10-2 所示。

物料给入磨机后，与介质充分混合，在螺旋搅拌器的带动下做沿轴向的上下循环运动和环轴向的圆周运动，利用介质的重力和挤压力产生冲击、剪切和摩擦作用，物料被有效破碎，并且在重力的作用下自然分级，大颗粒物料向下沉，继续进行磨矿，小颗粒物料向上运动，进入到分级装置内，溢流为合格的磨矿产品，沉砂再返回磨机内部，构成闭路磨矿。磨矿介质尺寸通常在 12~30mm 之间，搅拌器边缘线速度为 3m/s 左右，磨矿产品的粒度 P_{80} 一般能达到 10~30μm。

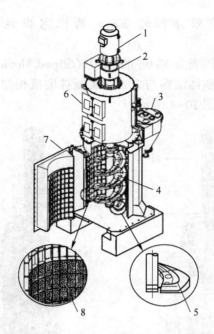

图 10-2 立式螺旋搅拌磨机结构示意图
1—电机；2—齿轮减速器；3—颗粒分离器；4—螺旋搅拌器；
5—螺旋衬板；6—上部仓；7—检修门；8—栅格衬板

卧式搅拌磨机的典型代表是 Isamill，由德国 Netzsch 公司与澳大利亚的 Mount Isa 矿山有限公司共同研发，磨机由水平放置的筒体和盘式搅拌器组成，其结构示意如图 10-3 所示。

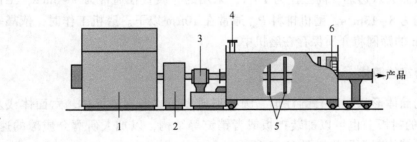

图 10-3 Isamill 结构示意图
1—电机；2—减速箱；3—电机；4—料浆（介质）进口；
5—转动磨盘；6—产品分离器

搅拌器的主轴上安装有带孔的圆盘，工作时盘式搅拌器的边缘线速度可达 15~22m/s，带动筒体内部的磨矿介质绕轴向运动和自转运动，实现对矿物的有效粉碎。采用的介质直径通常为 1~6mm，腔体内部的能量密度最高可达 350kW/m^3（传统球磨机的能量密度仅为 20kW/m^3），可以将物料 P_{80} 粉磨至 10μm 以下。Isamill 在排矿端安装有分离器，不需通过体外分级机而在磨机内自行循环分级，使合格粒级排出，不合格粒级返回磨机内部再次细磨，从而实现了开路磨矿配置。筒体内部的介质充填率为 80%，入磨矿浆浓度一般为 50%

左右，矿浆体积占筒体有效体积的 20%，磨机内腔全部被充满，其给矿压力为 0.1~0.2MPa。

棒销式搅拌磨机的典型代表为 Metso 的 SMD（Stirred Media Detritor）磨机，以放射状直棒作为搅拌器。该磨机的整体结构与立式螺旋搅拌磨机相似，由驱动装置、传动装置、搅拌器以及筒体等组成，如图 10-4 所示。

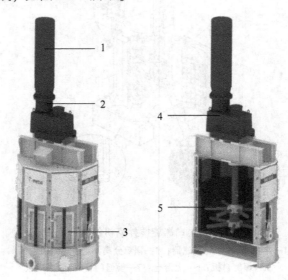

图 10-4　Metso 的 SMD 磨机结构示意图
1—电机；2—减速器；3—检修门；4—驱动装置；5—搅拌器

筒体的横截面为八边形，高径比为 1:1，采用的介质直径通常为 1~3mm，工作时搅拌器边缘速度约为 8~13m/s，磨机排料 P_{80} 通常在 10μm 以下。磨机工作时，依靠一套筛孔尺寸为 300μm 的筛网将介质保存在磨机中。

10.2.2　搅拌磨机的筒体

搅拌磨机的筒体形状一般有圆柱形、圆锥形或多面体形（四面体、六面体或八面体等），筒体内壁的衬板上也可以加装挡板或者销钉等结构，以加大研磨介质球的速度差，增加磨矿效果，筒体截面形状如图 10-5 所示。

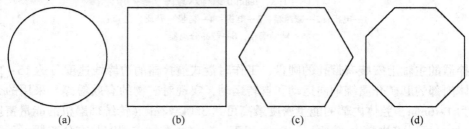

图 10-5　筒体截面结构形式
（a）圆形；（b）正方形；（c）六边形；（d）八边形

对于立式搅拌磨机，筒体高径比（H/D）是一个非常重要的参数，它对磨矿介质的应力强度、搅拌器转速和物料停留时间等都有影响。由于介质的重力作用，处于筒体内不同高度的物料，受到磨矿介质的压力也不同，搅拌磨机筒体内介质分布如图 10-6 所示。

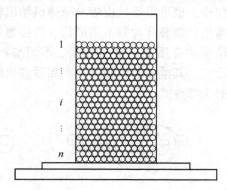

图 10-6　立式搅拌磨机筒体内介质的分布

在筒体容积不变的情况下，高径比越大，介质和物料在高度上的积累层数越多，这样较下层颗粒受到上层物料和介质的压力就越大，磨机工作时下层物料被粉磨的效果越好。对于高转速的搅拌磨机，适宜的高径比为 1.5∶1~3∶1，这是由于搅拌磨机内磨矿区域离心力引起的介质应力强度大，占磨矿的主要作用；研磨介质重力引起的应力强度占磨矿的次要作用，故筒体高度不宜过高。此外，搅拌磨机筒体直径不宜设计过大，筒体过大，在相同搅拌器边缘线速度时，筒体中心附近处速度变小，磨矿作用变弱，无效磨矿区域增大。对于中低速搅拌磨机，高径比为 3∶1~8∶1 左右，这主要是由于中低速搅拌磨机需要利用磨矿介质重力产生更强的应力，同时延长物料颗粒在磨机内停留时间。通常情况下，中高转速搅拌磨机筒体直径小于 1.5m，低速运转型立式磨机的筒体直径一般小于 3m。

10.2.3　搅拌磨机的衬板

搅拌磨机筒体内壁的衬板上加装挡板或销钉固定的衬板，目的是为了增大磨矿介质在粉磨区域里的速度差，即增加速度梯度，从而获得好的磨矿效果。立式搅拌磨机筒体衬板的设计和选择各具特点，目前工业应用的搅拌磨机主要使用的筒体衬板有三种，即合金钢（锰、铬、镍等）衬板、橡胶磁性衬板及格栅钢衬板。

高锰钢衬板是我国磨机类设备中应用最普遍的一类衬板，立式搅拌磨机高锰钢衬板的安装方式和球磨机类似，在筒体上打孔，然后用螺栓将衬板固定在磨机的筒壁上；橡胶磁性衬板是一种较为新型的筒体衬板，具有工作寿命长、节约磨矿介质和降低电耗等特点，早期在球磨机上使用过，搅拌磨机的橡胶磁性衬板在结构、尺寸等方面与球磨机有所不同。橡胶磁性衬板与筒体之间是通过磁吸附力的方式紧贴在筒体内表面而不采用螺栓连接，同时还可以通过磁力将铁质介质吸附在表面形成保护层，介质越小，越容易被吸附，保护作用越强；格栅钢衬板也是一种立式搅拌磨机特有的衬板结构类型，包括多个格栅衬板单元。每个独立格栅形成的动态保护层之间的间隙主要取决于本体材料的厚度，本体材料厚度小于磨矿介质形成动态衬板层，可有效减少磨矿介质对格栅衬板的磨损，从而对筒体起到保护作用。

10.2.4　搅拌磨机的搅拌器

搅拌器作为搅拌磨机的核心部件，主要包括搅拌轴和搅拌轴上的搅拌子。搅拌器的搅拌轴直接与减速机输出轴相连，也可以通过皮带与减速机输出轴相连，搅拌轴上的搅拌子一般有圆盘、带隙圆盘、棒销、螺旋叶片等不同形状。搅拌器结构的差异决定了其旋转速度大小，以及把能量传递给磨矿介质的效率和方式。不同搅拌器的类型如图 10-7 所示，如用于片状矿物粉碎的剥片机，其搅拌器为圆盘状，而砂磨机的搅拌器一般为圆盘式和棒销式，塔磨机的搅拌器一般为螺旋式。

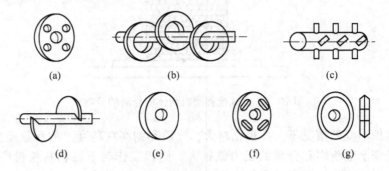

(a)　　　　　　　(b)　　　　　　　(c)

(d)　　　　　　　(e)　　　　　　　(f)　　　　　　　(g)

图 10-7　搅拌磨机的搅拌器类型

概括而言，搅拌器主要有螺旋搅拌器、棒式搅拌器和盘式搅拌器三种主要形式。搅拌器与筒壁的间隙非常重要，一般按下式选取：

$$H = (2 \sim 3)d \tag{10-1}$$

式中，H 为搅拌器与筒壁的间隙，mm；d 为介质球直径，mm。

在选矿领域，工业上常用的为塔磨机，其搅拌器为螺旋式的，一般由搅拌轴、搅拌器支架和衬板三部分组成。搅拌器支架焊接在搅拌轴上作为衬板的托板，搅拌器支架和衬板的外部包裹有耐磨橡胶或聚氨酯等耐磨材料，衬板一般由螺栓固定在搅拌器支架上。

10.2.5　搅拌磨机驱动功率的计算

在立式螺旋搅拌磨机中，根据在螺旋面上介质受力分析，在设计时可按下式计算驱动功率：

$$N = \frac{Tn}{9740\eta} = \frac{G\tan(\lambda_{\mathrm{m}} + \rho_{\mathrm{m}})d_{\mathrm{m}}n}{9740\eta} \tag{10-2}$$

式中，N 为电机驱动功率，kW；T 为回转力矩，N·m；G 为介质质量，kg；d_{m} 为螺旋中径，m；n 为螺旋转速，r/min；λ_{m} 为螺旋中径处开角；η 为传动效率；ρ_{m} 为介质与螺旋面的摩擦角，$\rho_{\mathrm{m}} = \arctan\mu$，$\mu$ 为介质与螺旋面的摩擦系数。

在棒式或盘式搅拌磨机中，可采用如下公式计算粉碎所需的驱动功率：

$$N = 2.15d_{\mathrm{D}}^{5}n^{3}\rho \tag{10-3}$$

式中，N 为粉碎所需的功率，kW；d_{D} 为螺旋外径，m；n 为螺旋转速，r/min；ρ 为矿浆密度，kg/m³。

10.3 搅拌磨机介质的选择

磨矿介质既是磨矿作用的实施体，又是能量的传递媒介，选择合适的磨矿介质不仅可以节约磨矿能耗，还可以提高磨矿产品细度和均匀性。磨矿介质按材质的不同可分为铁质、陶瓷、氧化锆、鹅卵石等，按形状不同可分为球形、圆柱形、棒形等。在搅拌磨机磨矿过程中，物料通过与介质之间的相互碰撞、挤压、剪切被磨碎，磨矿介质接触方式主要有点、线、面接触以及混合接触。为了保证介质在筒体内具有良好的流动性，并不会对搅拌器产生较大的阻力，搅拌磨机的磨矿介质形状以球形为主。一般情况下，搅拌磨机用磨矿介质的选择应符合以下要求：

（1）磨矿介质应该满足高韧性、低孔隙和表面无破损等要求，要比待磨物料的硬度高，以保证具有较长的使用寿命，从而提高磨矿效率。

（2）磨矿介质的密度一般要比矿浆的密度大，以防止矿浆形成的悬浮液使得磨矿介质浮起，降低磨矿效果。

（3）磨矿介质的材料最好为惰性材料，以防止磨矿介质碎屑与矿浆中的物质发生反应，造成对矿浆的污染。

（4）磨矿介质的直径要比给料中最大颗粒的直径大。

（5）一般条件下，磨矿介质的消耗量比较大，因此磨矿介质在选材时应该考虑经济上的合理性，并且具有较长的使用寿命。

搅拌磨机常用不同材质的磨矿介质见图10-8。

(a)　　　　　　　　　　　　(b)

(c)　　　　　　　　　　　　(d)

图10-8　搅拌磨机常用不同材质的磨矿介质

（a）氧化铝球；（b）钢球；（c）玻璃珠；（d）氧化锆球

目前，我国绝大多数选矿厂搅拌磨机采用的磨矿介质都是钢球，由于钢球密度大、体积小，为保证一定的充填率，故装球总量大，从而导致磨机启动扭矩大、载荷大、球耗及能耗高等问题；而且，钢球介质的磨损会在颗粒表面形成金属沉淀和氢氧化铁薄膜，影响矿物的可浮性和药剂的选择性，造成有用矿物的损失，如要获得相当的回收率，则必将导致浮选药剂消耗的增加。

研发密度低、耐磨性高的新型磨矿介质，对立磨机的节能降耗具有十分重要的意义。近年来，国内相关单位针对传统铁介质搅拌磨矿作业电耗高、介质消耗大的问题，成功开发了密度小、耐磨性高的陶瓷球磨矿介质，并制定了相应的冶金矿山搅拌磨机用陶瓷球验收技术规范行业标准（T/CISA 011—2019）。试验结果表明，采用陶瓷球作为磨矿介质有以下优点：

（1）大幅度节约能耗和球耗，磨机电耗比用钢球时节约 20%~30%，球耗成本可节约50%以上。

（2）延长塔磨机的使用寿命，提高磨机的作业率。

（3）在有色金属、非金属等矿物浮选时，采用陶瓷球作为磨矿介质，矿物表面没有受到铁离子的污染，选矿指标明显改善，浮选药剂用量显著降低。

（4）具有较高的有效表面积。钢球介质一般磨矿至 6~8mm 后，钢球表面出现凹陷，物料"躲"在凹陷区内无法被进一步研磨，形成"无效"表面积，磨矿效率降低；陶瓷球介质可保持球形至 2mm 以下，有效比表面积增大。

10.4　搅拌磨机内球介质对颗粒的粉碎过程

10.4.1　球介质的有效粉碎区域

搅拌磨机的粉碎过程是通过磨矿介质之间的挤压和剪切来实现的，因此任一物料颗粒只有在有效粉碎区域内被介质"夹持"住才能被粉碎，图 10-9 给出了以纯几何方法分析的有效粉碎区域示意图。

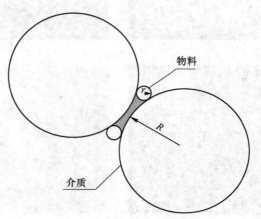

图 10-9　两个球介质之间的有效粉碎区域示意图

当两个球介质发生碰撞时，处在两个球介质之间的物料，只有被球介质夹持住的颗粒才能被粉碎，根据理论分析可知，两球介质之间的有效粉碎区域 V_a 为：

$$V_a = 2\pi r^2 \left(R + \frac{1}{3}r \right) \tag{10-4}$$

式中，R 为球介质的半径；r 为颗粒的半径。

实践证明，搅拌磨机的有效粉碎区域为两个研磨介质之间的有效粉碎区域与接触位数量的乘积。

10.4.2 球介质与颗粒作用的理论关系

磨腔内磨矿介质之间的相对运动是磨矿的基本前提，介质之间如果没有发生相对运动，介质之间就不能发生碰撞，颗粒就不能受力并被粉碎。介质在搅拌器搅拌下运动，其运动是复杂的，速度大小和方向也是时刻变化的。假设其运动是平动和转动的合成，如图 10-10 所示，选取筒体内任意处的相邻两介质，取正交坐标系 n 和 τ，n 轴通过两介质中心，其运动分解为 n 方向的相对正碰撞运动、τ 方向的相对切向运动以及相对滚动 3 种形式，介质的平动速度为 u_1、u_2，转动速度为 ω_1、ω_2，平动速度在 τ、n 两个方向上分解为 $u_{1\tau}$、$u_{2\tau}$、u_{1n}、u_{2n}。

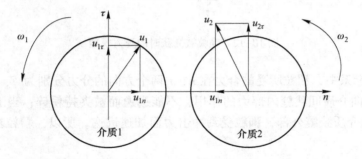

图 10-10 筒体内球介质相对运动示意图

图 10-11 给出了介质之间发生碰撞、切向和相对滚动的三种运动形式示意图。介质发生相互碰撞时，碰撞运动的相对速度为 $u_{2n}-u_{1n}$，被夹持在磨矿介质之间的物料颗粒有可能被冲击粉碎，在有效粉碎区域边缘的颗粒不能被有效夹持而发生逃逸，不能被粉碎；介质发生切向运动时，颗粒有可能被剪切粉碎；介质发生相对滚动时，可以使有效粉碎区域

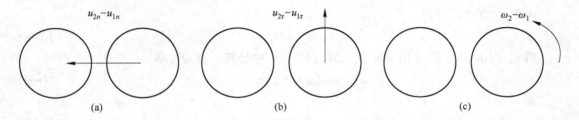

图 10-11 球介质相对运动的 3 种形式

（a）相互正碰撞；（b）切向运动；（c）相对滚动

内的颗粒有可能被研磨粉碎。实际上，介质之间的碰撞运动、切向运动和相对滚动这 3 种形式同时存在，但其对颗粒作用力的大小和方式不同，从而使得颗粒被冲击粉碎、剪切粉碎和研磨粉碎。

如图 10-12 所示，当介质直径为 D，两介质间的缝隙为 e，d 为被夹持在介质之间的颗粒直径，介质向缩小 e 的方向运动并夹持颗粒，颗粒受到介质的正压力为 N_1、N_2 和摩擦力为 fN_1、fN_2（摩擦力的方向与颗粒发生逃逸的方向相反）。其中，f 为颗粒与介质间的摩擦因数，其数学表达式为：

$$f = \tan\mu \tag{10-5}$$

式中，μ 为摩擦角。

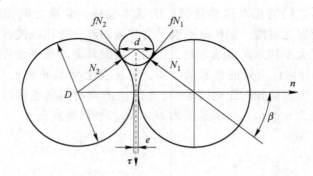

图 10-12　颗粒被捕获时的受力模型

在 n、τ 坐标系中，颗粒所受的合力在 n、τ 两个方向的分力分别为 F_n 和 F_τ，当 $F_\tau \geqslant 0$ 时，颗粒受指向介质间狭缝内部力的作用，不能逃逸而被夹持粉碎；当 $F\tau < 0$ 时，颗粒受力的方向指向介质狭缝外部，颗粒受到冲击力而加速逃逸。所以，颗粒被夹持（捕获）粉碎的条件为：

$$\begin{cases} \sum F_\tau \geqslant 0 \\ \sum F_n = 0 \end{cases} \tag{10-6}$$

或

$$\begin{cases} -N_1\sin\beta - N_2\sin\beta + fN_1\cos\beta + fN_2\cos\beta \geqslant 0 \\ -N_1\cos\beta + N_2\cos\beta - fN_1\sin\beta + fN_2\sin\beta = 0 \end{cases} \tag{10-7}$$

式中，β 为颗粒夹持角。

由式（10-7）可得：

$$N_1 = N_2 \tag{10-8}$$

将式（10-5）、式（10-8）代入式（10-6）中计算、整理可得：

$$\sin(\mu - \beta) \geqslant 0 \tag{10-9}$$

或

$$\beta \leqslant \mu \tag{10-10}$$

即当 $\beta \leqslant \mu$ 时，颗粒均能被夹持，最大夹持角 $\beta = \mu$。

由图 10-12 所示几何数学关系有：

$$\cos\beta = \frac{D + e}{D + d} \tag{10-11}$$

由式（10-11）可得：

$$d = (D + e) \frac{1}{\cos\beta} - D \tag{10-12}$$

或

$$d = (D + e) \sqrt{1 + \tan^2\beta} - D, \quad \beta \in (0, \mu) \tag{10-13}$$

由式（10-13）可知，夹持角 β 越大，被夹持颗粒的粒度越大。当夹持角取最大值为 μ 时，介质夹持颗粒的粒度最大：

$$d_{max} = (D + e) \sqrt{1 + \tan^2\mu} - D \tag{10-14}$$

此外，根据式（10-13）可得：

$$z = \frac{D}{d} = \frac{1}{(1 + \lambda) \sqrt{1 + \tan^2\beta} - 1}, \quad \beta \in (0, \mu) \tag{10-15}$$

式中，z 为介质直径与颗粒直径之比，称为夹持粒度比；λ 为介质间缝隙与介质直径之比，$\lambda = \frac{e}{D}$，是与搅拌强度有关的参数；β 为颗粒夹持角。

由式（10-15）可以看出，夹持角越大，夹持粒度比越小。由于夹持角是圆锥角，因此夹持角越大，夹持体积越大，介质对物料磨矿作用就越大，磨矿效率越高，能耗越低。当夹持角为最大值 μ 时，捕获粒度比最小，能耗最低。

在搅拌磨矿过程中，介质的相互作用并不只是简单的层间运动。介质在垂直方向上也存在运动，且随着搅拌器的转动由内层向外层翻滚，同时其自身也存在自转，使得介质的运动行为更为复杂。另外，介质与矿浆的混合体运动方式有别于牛顿流体，其受力过程更为复杂，这些粉碎机理都是在做了简化处理后的理论分析。

10.5 搅拌磨矿粉碎理论

在搅拌磨机中，通过搅拌器输入能量，使磨矿介质球运动，物料颗粒在一定磨矿介质球压力下，产生变形、断裂直至粉碎。磨机中物料颗粒主要受冲击、挤压、剪切作用，但颗粒新增表面与能耗相互之间的关系，以及工作参数对粉碎效果的影响等是一个复杂的系统工程，仍需要深度研究。

10.5.1 冲击粉碎理论

假设两个质量分别为 m_1、m_2 的颗粒碰撞前后的速度为 v_1、u_1 和 v_2、u_2，根据动量定理，可得：

$$m_1 v_1 - m_1 u_1 = \int_0^t p \mathrm{d}t \tag{10-16}$$

$$m_2 v_2 - m_2 u_2 = -\int_0^t p \mathrm{d}t \tag{10-17}$$

式中，p 为冲击力，N；t 为颗粒碰撞的时间，s。

由式（10-16）和式（10-17）可得：

$$m_1(v_1 - u_1) = m_2(u_2 - v_2) \tag{10-18}$$

当碰撞的能量超过粉碎所需的能量时，颗粒就会被粉碎，粉碎后的两颗粒具有相同的速度 u：

$$u = \frac{m_1 v_1 + m_2 v_2}{m_1 + m_2} \tag{10-19}$$

德国学者 H. Rumpf 提出颗粒发生碰撞时的最大接触应力为：

$$\sigma_{max} = 0.98^{\frac{1}{5}}\left(\frac{m_1 m_2}{m_1 + m_2}\right)^{\frac{1}{5}} u^{\frac{2}{5}}\left(\frac{1}{r_1} + \frac{1}{r_2}\right)^{\frac{3}{5}}\left(\frac{1 - v_1^2}{E_1} + \frac{1 - v_2^2}{E_2}\right)^{-\frac{4}{5}} \tag{10-20}$$

式中，m_1、m_2 为颗粒质量，kg；E_1、E_2 为颗粒弹性模量，MPa；v_1、v_2 为颗粒泊松比；u 为冲击速度，m/s。

物料颗粒冲击粉碎，必须具备如下条件：

$$\sigma_{max} > \sigma_c \tag{10-21}$$

$$\sigma_c = \sqrt{\frac{4E\gamma}{\pi\lambda}} \tag{10-22}$$

式中，σ_c 为裂缝扩展临界状态的应力，N/m²；E 为弹性模量，MPa；γ 为单位自由表面的表面能，J/m²；λ 为裂纹长度，m。

在搅拌磨机研磨物料的过程中，物料颗粒刚开始被粉碎时，冲击粉碎原理起一定作用。但随着颗粒变细，冲击粉碎的施力方式开始不适用于解释细碎和超细粉碎的过程，特别是微米级、亚微米级乃至纳米级物料颗粒的粉碎。因为颗粒越细，裂纹越少，缺陷越少，越难磨，这就需要摩擦、剪切等施力方式粉碎。

10.5.2　碰撞粉碎理论

德国学者 Kwade 等人开展了卧式搅拌磨机的湿式粉磨过程研究，他们认为单个矿物颗粒在搅拌磨机中受到介质有效碰撞的次数（stress number，SN），以及在单次碰撞事件中介质传递给该矿物颗粒的应力强度（stress intensity，SI）是决定湿式搅拌磨矿效果的关键影响和评价因子。

SN 是由搅拌磨机磨矿过程中磨矿介质碰撞的总次数（N_c），这些碰撞中成功夹持到颗粒、同时颗粒被粉碎的概率（P_s）以及搅拌磨机中物料颗粒的总数（N_p）所决定的，其数学关系式为：

$$SN = \frac{N_c P_s}{N_p} \tag{10-23}$$

假设一定磨矿时间内介质的碰撞总次数（N_c）正比于磨机转速 n 和磨矿介质的数量 N_{GM}，即：

$$N_c \propto nt N_{GM} \propto nt \frac{V\varphi_{GM}(1 - \varepsilon)}{d_{GM}^3} \tag{10-24}$$

式中，n 为磨机转速，r/min；t 为磨矿时间，min；N_{GM} 为介质球的数量；V 为筒体净容积，m³；φ_{GM} 为介质充填率，%；ε 为介质层孔隙率，%；d_{GM} 为介质球直径，μm。

假设颗粒被粉碎的概率 P_s 正比于两介质球之间的有效磨矿体积 V_{at}，而腔内颗粒数目正比于整个物料颗粒的体积 V_p，即：

$$P_s \propto V_{at} \propto d_{GM} \tag{10-25}$$

$$N_P \propto V_P = V[1 - \varphi_{GM}(1 - \varepsilon)]C_V \tag{10-26}$$

式中，C_V 为悬浮液中固体的体积分数，%；V_p 为矿料颗粒总体积，m^3。

由以上式（10-23）~式（10-26）4 个公式，可得出有效碰撞次数 SN：

$$SN \propto \frac{\varphi_{GM}(1 - \varepsilon)}{[1 - \varphi_{GM}(1 - \varepsilon)]C_V} \cdot \frac{nt}{d_{GM}^2} \tag{10-27}$$

碰撞过程中传递的应力强度 SI 的定义是基于磨机内两种主要粉碎形式，一种是碰撞中介质损失的动能用于物料粉碎，另一种则是介质之间的相互挤压（重力或者离心力的作用）导致物料的粉碎。在搅拌磨机中，后者提供的能量与前者相比可以忽略不计，基于此假设，认为应力强度 SI 与介质的动能成正比，其数学关系式如下：

$$SI \propto SI_{GM} = d_{GM}^3 \rho_{GM} v_t^2 \tag{10-28}$$

式中，ρ_{GM} 为研磨介质的密度，kg/m^3；v_t 为搅拌器边缘线速度，m/s。

由上述分析可知，SN 和 SI 共同决定磨矿效果，即在一定时间内磨矿产品细度。SI 是单个颗粒被粉碎时的总能耗，SN 是搅拌磨机内一定时间内有效碰撞总次数，二者共同决定了搅拌磨机在一定时间内的输入功率或总能耗。因此，该公式起到了建立起微观破碎过程与总能耗之间桥梁的作用。

当被粉磨的物料硬度较大时，介质之间的弹性形变会损耗较大的能量，此时需要在公式（10-28）中引入物料与磨矿介质的杨氏模量之比，即：

$$SI \propto SI_{GM} = d_{GM}^3 \rho_{GM} v_t^2 \left(1 + \frac{Y_P}{Y_{GM}}\right)^{-1} \tag{10-29}$$

式中，Y_p 和 Y_{GM} 分别是物料和介质的杨氏模量，Pa。

此外，研究发现磨矿浓度过大时，或者随着物料粒度的变细，矿浆的黏度会逐渐上升，矿浆黏度对磨机能耗的影响逐渐变大，由此 Breitung-Faes 和 Kwade 在上述方程（10-29）中引入了黏度因子 r_η，即：

$$SI \propto SI_{GM} = r_\eta d_{GM}^3 \rho_{GM} v_t^2 \left(1 + \frac{Y_P}{Y_{GM}}\right)^{-1} \tag{10-30}$$

式中，r_η 为黏度因子，可以通过斯托克斯方程计算得到。

在选矿领域这个问题并不突出，因为选矿作业磨矿产品的 P_{80} 最小也在十几或者几微米以上；但是对于制备碳酸钙、高岭土等一些超细粉料时，一般需要添加助磨剂和稳定剂等，以降低矿浆的黏度。如果一段磨矿过程不能达到理想的产品细度，可采用多段磨矿，这样搅拌磨机的磨矿效率更高。同时，磨腔内介质的应力分布和强度与搅拌器的结构、筒体结构、衬板类型等也有较大的关系。

碰撞理论虽然是从研究搅拌磨机湿式磨矿过程中得到的，但在搅拌磨机的干磨过程中也有所应用。在搅拌磨机干磨时，研究发现粉末的流动性对介质夹持物料颗粒的概率影响较大。当物料的流动性较差时，介质的有效碰撞强度变小，这类似于矿浆黏度较大时，介质受到的阻尼作用变大，从而降低了介质的有效碰撞强度。总体来说，虽然搅拌磨机的磨矿过程是复杂的，但该碰撞理论可为搅拌磨机的磨矿条件优化及过程放大提供理论依据。

10.5.3　摩擦粉碎理论

在立式搅拌磨机中，介质球的充填率为 70%～80%。在径向位置，不同半径上的介质球的线速度是不等的，从搅拌轴至搅拌器边缘，线速度线性增加，在搅拌器边缘达到最大；然后在搅拌器边缘至筒壁环形研磨区域，线速度逐渐衰减。在轴向位置，由于介质球受力不等，在层与层之间介质球运动的线速度也不相同，存在一个速度梯度，因此摩擦力、剪切力处处存在。以棒销式搅拌磨机为例，筒体内介质球的速度分布如图 10-13 所示。

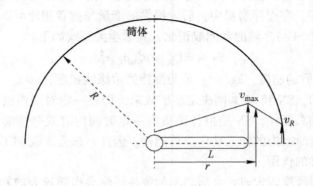

图 10-13　搅拌磨介质速度分布图

如图 10-13 所示，搅拌棒搅拌覆盖区域内，介质靠搅拌棒（长度为 L）的带动运动，其线速度 v 与其距中心轴的距离 r 成正比，端部的线速度最大。搅拌棒端部到筒壁的介质靠摩擦作用带动，但速度线性减小，假设其速度由最大值 v_{max} 减小到 v_R。

搅拌器旋转角速度为 ω 时，搅拌棒搅拌区域内距中心轴 r 处的介质球运动的线速度为：

$$v = \omega r \qquad (r<L) \tag{10-31}$$

介质球（质量为 m）所受离心力为：

$$F = m\omega^2 r \qquad (r<L) \tag{10-32}$$

假设介质球只在同一水平面运动，且无自转、无滑动，只考虑介质之间的相互摩擦作用，如图 10-14 所示，则相邻两个介质球的线速度差为：

$$\Delta v = v_2 - v_1 = \omega d \qquad (r<L) \tag{10-33}$$

相邻介质间的正压力为：

$$\Delta F = F_2 - F_1 = m\omega^2 d \qquad (r<L) \tag{10-34}$$

式中，d 为球介质直径。

在搅拌棒作用区域内，随着介质间正压力的增大，介质间相互运动产生的剪切力越大，对矿物颗粒的磨剥作用越强。由式（10-34）可知，介质密度越大，球质量越大，磨矿效果越好，转速和介质尺寸也对磨矿效果有着重要的影响。

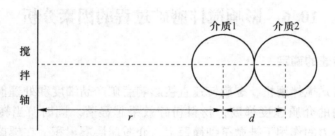

图 10-14　径向相邻介质间的接触方式

搅拌棒搅拌范围外的环形区域，假设介质速度为线性下降，筒壁附近的速度为 v_R，则距中心轴 $r(r > L)$ 处介质线速度为：

$$v = \frac{(\omega R - v_R)R}{R - L} - \frac{(\omega L - v_R)r}{R - L} = \frac{\omega R - v_R}{R - L}(R - r) \tag{10-35}$$

设 $\dfrac{\omega R - v_R}{R - L} = K$（常数），则：

$$v = K(R - r) \tag{10-36}$$

同样在环形磨矿区域内，相邻两介质球的线速度差为：

$$\Delta v = v_2 - v_1 = \frac{(\omega L - v_R)d}{R - L} = Kd \tag{10-37}$$

搅拌磨矿过程中，主要的作用力是磨矿介质的相对运动形成的剪切力。矿物颗粒分布在介质的缝隙，当颗粒处于相邻介质的接触点时，就会受到介质间剪切力的作用。这些力作用在矿物颗粒上，对颗粒产生一种磨剥作用，进而实现对矿物颗粒的粉碎。

将筒体内矿浆看作均匀的流体，根据牛顿内摩擦定律，可知牛顿流体受到的内摩擦剪切力为：

$$\tau = \mu \frac{\mathrm{d}u}{\mathrm{d}x} \tag{10-38}$$

式中，τ 为剪切力，Pa 或 N/m²；μ 为黏度系数，Pa·s 或 kg/(m·s)；$\dfrac{\mathrm{d}u}{\mathrm{d}x}$ 为速度梯度，1/s。

对于磨矿介质，速度梯度可近似取 Δv，即介质间相互作用的剪切力为：

$$\tau = \mu \Delta v = \mu \omega d \quad (r < L) \tag{10-39}$$

或

$$\tau = \mu \Delta v = \mu \frac{(\omega L - v_R)d}{R - L} = \mu Kd \quad (r \geqslant L) \tag{10-40}$$

即介质间相互作用的剪切力随磨机角速度的增大逐渐增大，也随磨矿介质尺寸的增大而增大。通常情况下，中心轴附近磨矿介质的运动速度较低，磨矿作用小，矿石粉磨的主要区域集中在搅拌器的边缘附近。

10.6 影响搅拌磨矿过程的因素分析

10.6.1 搅拌器转速的确定

对于低速型塔式搅拌磨机，螺旋转速直接影响磨矿产品细度和处理能力。提高螺旋转速可以提高筒体内的介质速度梯度，物料粉碎效果越显著。同时，当转速升高到一定值时，介质球在离心力的作用下被抛挤到筒壁上，介质球层层累积，在螺旋的提升作用下只能向上运动。上升到一定高度后，介质周围空间变大，介质进入螺旋与筒壁的间隙，开始向下运动，这时磨内介质会建立起整体的循环运动，这种循环运动增大了介质与介质、介质与物料间的碰撞概率，有利于磨矿效率的提高。但转速过高，介质会在螺旋的提升作用下持续输送，直至到磨机的筒体上部，同时介质在离心力的作用下，将筒体与螺旋间的孔隙堵死，介质球在筒体内不能产生循环，继而悬浮在筒体上部从而失去研磨作用。

塔式搅拌磨机以最优的运转速度运动时，磨机内的介质建立起稳定的循环运动，但不出现介质的悬浮现象。介质开始出现悬浮现象时的转速定义为临界循环转速，取介质球为分离体，对其进行受力分析如图 10-15 所示。

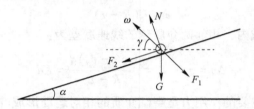

图 10-15 介质的受力分析图

当矿物颗粒在筒体内稳定匀速运动时，力的平衡方程式如式（10-41）所示：

$$\begin{cases} F_1\cos(\alpha + \gamma) = G\sin\alpha + F_2 \\ N = F_1\sin(\alpha + \gamma) + G\cos\alpha \\ C = m\omega^2 R = N_1 \\ F_1 = N_1\mu_c \\ F_2 = N\tan\rho \end{cases} \tag{10-41}$$

联立上式求解，可得到介质的绝对运动角速度 ω 为：

$$\omega = \cos\gamma\sqrt{\frac{g\sin(\alpha + \rho)}{R\mu_c\cos(\alpha + \gamma + \rho)}} \tag{10-42}$$

γ 是介质球绝对运动的螺旋升角，因此当 $\gamma = 0$ 时，介质球处于临界上升状态，这时介质球的绝对运动速度和牵连运动速度的大小及方向相同，介质球与螺旋叶片间相对速度为 0。据此，得到此时螺旋搅拌器的转速为：

$$n_{临} = \frac{30}{\pi}\omega_{\gamma=0} = \frac{30}{\pi}\sqrt{\frac{g\tan(\alpha + \rho)}{R\mu_c}} \tag{10-43}$$

式中，ω 为介质球的绝对运动角度，rad/s；R 为拌器外径，m；G 为介质球重力，N；

m 为介质球质量，kg；N 为叶片法向支持力，N；N_1 为筒壁对介质球压力，N；F_1 为壁对介质球的摩擦力，N；F_2 为叶片对介质球的摩擦力，N；C 为介质球离心力，N；α 为螺旋叶片升角，(°)；γ 为物料绝对运动的螺旋升角，(°)；ρ 为介质球与叶片间的摩擦角，(°)；μ_c 为介质球与筒壁的摩擦系数；$n_{临}$ 为搅拌器临界转速，r/min。

对于棒式搅拌磨机，主轴转速、球径和研磨时间之间的关系如下：

$$t = \frac{kd^3}{\sqrt{n}}$$ （10-44）

式中，t 为磨至要求产品细度需要的时间，s；d 为研磨介质球径，mm；n 为搅拌器转速，r/min；k 为系数，为常数。

从式（10-44）可见，粉碎速度与搅拌器转速平方根成正比。在一定范围内，主轴转速增加，介质搅拌强度增加，粉碎速度加快。但是转速加大，会加大研磨介质的离心作用，在主轴附近形成"空区"，减少磨机的有效研磨容积。同时，转速提高同样会加剧磨损，故棒顶端线速度一般为 $2 \sim 4 m/s$。

10.6.2 滞留时间分析

搅拌磨机生产率受许多因素影响，比如物料的可磨性、介质大小及配比、磨矿浓度等。一般根据试验确定矿浆在磨机筒体内所需要的"滞留时间"，按下式计算：

$$t = \frac{\gamma C V_0}{Q}$$ （10-45）

式中，t 为矿浆在筒体内所需要的"滞留时间"，h；γ 为矿浆密度，t/m^3；C 为矿浆浓度（质量计），%；V_0 为磨机的有效筒体体积，指磨机筒体几何容积减去研磨介质、轴和搅拌器占去的容积，m^3；Q 为磨机单位时间处理量，t/h。

10.6.3 介质充填率的影响

介质填充率是指介质的堆积体积与磨机有效容积的比值，它是影响搅拌磨机磨矿效率的关键因素之一。搅拌磨机工作时，主要是通过研磨介质间的碰撞、挤压及摩擦等作用实现磨矿目的。物料颗粒要想得到粉碎，则需进入介质的有效粉磨区域，被磨机内做平移及旋转运动的介质球捕获才能实现，如图 10-9 所示。

不同介质填充率下的筒体内介质球捕获物料的情况，如图 10-16 所示。介质填充率过低，则研磨介质少，筒体内有效研磨区域小，导致矿物颗粒被碰撞的频率减小，磨矿效率降低；介质填充率过高，则研磨介质的流动性降低，大部分研磨介质无法与物料颗粒进行有效的接触，造成能量的浪费，最终导致磨机的能量利用率下降；同时，介质球间的排列过于紧密，既使物料被捕获，能量也不能被完全传递给物料颗粒，会被其他介质消耗部分能量，则单次施力的能量减少，粉碎效率降低。

综上分析，介质填充率的选取应综合考虑有效研磨区域及接触位的影响，既要使得介质球能尽可能多的捕获物料颗粒，将携带的碰撞能量传递出去；同时还要尽可能地减少介质间的相互干扰影响，避免降低介质与物料间的接触概率。一般情况下，搅拌磨机的适宜介质充填率为 70% ~ 80%。

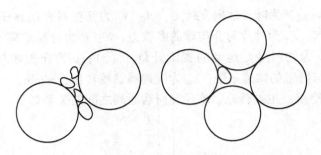

图 10-16　不同介质充填率下介质捕获物料颗粒

10.7　搅拌磨机的数值模拟与仿真分析

搅拌磨机内部介质球与矿粒的运动状况极其复杂，目前还没有合理有效的数学模型对介质的运动过程进行描述。磨矿介质之间发生的相互碰撞、摩擦等，决定了待磨物料颗粒的破碎行为能否发生以及如何发生，也影响着磨矿产品的粒度分布、单体解离度、磨机能耗等。磨矿介质在磨腔内的运动情况非常复杂，难以直接观测到，对于磨矿介质的运动规律研究难以开展。随着计算机模拟和检测技术的迅速发展，借助现代仿真技术与传统分析相结合的手段，采用新技术和新手段检测磨矿介质的运动规律，可以对磨腔内介质-物料-水混合状态下介质运动规律更加深入的了解。

随着计算机性能的提高、仿真软件的开发、检测技术的提高，可以对搅拌磨机磨矿过程进行数值模拟的商业软件有 CFD（Computational Fluid Dynamics，计算机流体动力学）、DEM（Discrete Element Method，离散单元法）和 SPH（Smoothed Particle Hydrodynamics，光滑粒子流体动力学）；对搅拌磨机磨矿过程进行物理检测技术主要有伯明翰大学发明的 PEPT（Positron Emission Particle Tracking，正电子发射颗粒跟踪技术）。

采用 CFD 对搅拌磨机的磨矿过程进行数值模拟时，首先需要建立由筒体和搅拌器组成的三维模型，然后进行网格划分，选取合适的网格大小、流体模型等，并设置好参数，开始模拟计算。数值模拟结果可以详细地定量给出磨腔内平均速度、切向速度、速度梯度、涡量、黏性耗散率、湍动能、湍流强度等数据，直观地展示磨腔内主要发生粉磨的区域。但是，CFD 在对搅拌磨机数值模拟时，将水、物料和磨矿介质视作同一种连续的流体，对于实际磨矿过程中磨矿介质和物料组成的离散相不能进行模拟。

DEM 为一种分析与求解复杂离散系统动力学问题的新型数值方法，由 Peter Cundall 在 1971 年首次提出，并应用在粉体和岩土工程等领域。20 世纪 90 年代开始应用于磨矿领域，采用 DEM 对搅拌磨机的磨矿过程进行数值模拟，它的模拟结果能更好地模拟不同操作条件对磨矿介质的运动情况，直观的展示介质的运动轨迹，可以定量对介质的属性（密度、滑动摩擦系数和滚动摩擦系数等）进行数值模拟，为搅拌磨机对介质类型选择提供理论依据。在对塔磨机进行数值模拟时，发现磨矿介质在做绕轴旋转运动的同时，也随螺旋搅拌器被缓缓提升，在螺旋顶端四散进入间隙区域并向下回落形成循环，如图 10-17 所示。在螺旋搅拌器边缘的介质运动速度较快，而且介质之间的速度梯度较大，介质之间的最大法向应力和切向应力发生在搅拌器的边缘和搅拌器的底部，这也是搅拌器的边缘和底部磨损比较严重的原因，如图 10-18 所示。但是，采用 DEM 对搅拌磨机进行数值模拟更符合磨机干磨的实际过程，缺少了湿磨过程中连续相——水。

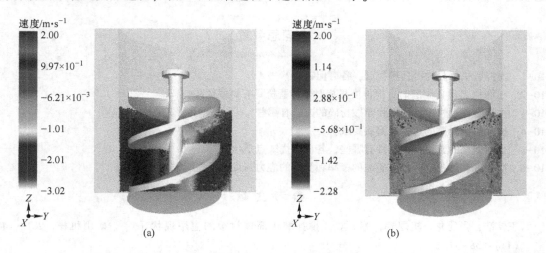

图 10-17　螺旋搅拌磨机内介质球切向与法向速度分布
(a) 切向速度分布；(b) 法向速度分布

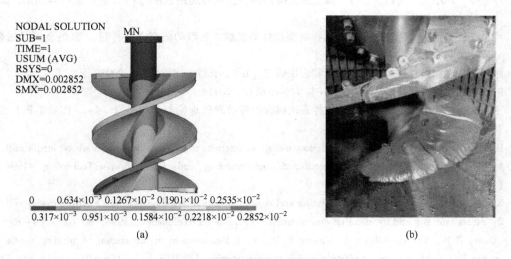

图 10-18　螺旋搅拌器变形与磨损对比
(a) 变形云图；(b) 实际磨损

　　进而人们分别利用 CFD 和 DEM 适合模拟连续介质和离散相的优势，编译两个软件的接口，将两个软件结合起来对搅拌磨机的湿磨过程进行数值模拟，提供了一种包括颗粒与矿浆、颗粒与颗粒以及颗粒与设备之间相互作用的数值模拟方法，这种模拟方法逐渐被更多的学者采纳。不仅可以提供更多关于磨腔内部矿浆、介质运动速度等数据，而且为搅拌磨机的结构设计和结构强度研究提供了理论依据。

　　近年来，PEPT 作为检测颗粒运动行为的先进手段已在矿物加工领域有了一定的应用。PEPT 可以真实反映颗粒在运动过程中的速度、轨迹等，直观展示介质在磨腔内的运动状态，这将有利于完善磨机内介质的运动理论，为磨机的设计优化提供理论指导，也为搅拌磨机的数值模拟结果提供真实有力的参照。

复习思考题

10-1 搅拌磨机可分为哪几种类型，各有何特点？

10-2 在物料（超）细磨时，搅拌磨机相对于球磨机具有哪些优势？

10-3 搅拌磨矿过程中，物料颗粒被粉碎的方式有哪些？

10-4 搅拌磨机介质的选择有哪些要求？

10-5 搅拌磨机的数值模拟软件有哪些，各自的优缺点是什么？

10-6 搅拌磨矿过程中颗粒被碰撞的概率和受到的应力强度与哪些工艺参数有关？

参 考 文 献

[1] 王铭浩，张廷龙，胡国辉，等. 立式搅拌磨机筒体衬板的应用现状 [J]. 矿山机械，2018，46 (11)：38~41.

[2] 袁树礼，卢世杰，何建成，等. 几种典型搅拌磨机在金属矿山的应用进展 [J]. 矿山机械，2014 (7)：1~5.

[3] 卢世杰，孙小旭，何建成，等. 典型湿式搅拌细磨技术与应用进展 [J]. 矿产保护与利用，2020，40 (1)：159~165.

[4] 卢世杰，刘佳鹏，何建成，等. 几种典型搅拌磨机磨矿机理的研究进展 [J]. 有色金属（选矿部分），2017 (Z1)：13~21.

[5] 张国旺. 超细搅拌磨机的流场模拟和应用研究 [D]. 长沙：中南大学，2005.

[6] 韩跃新. 粉体工程 [M]. 长沙：中南大学出版社，2011.

[7] 王新文，付晓恒，王新国，等. 搅拌磨机捕获粉碎机理的理论与实验研究 [J]. 煤炭学报，2013，38 (2)：331~335.

[8] Blecher L, Kwade A, Schwedes J. Motion and stress intensity of grinding beads in a stirred media mill. Part 1：Energy density distribution and motion of single grinding beads [J]. Powder Technology, 1996, 86 (1)：59~68.

[9] Kwade A, Blecher L, Schwedes J. Motion and stress intensity of grinding beads in a stirred media mill. Part 2：Stress intensity and its effect on comminution [J]. Powder Technology, 1996, 86 (1)：69~76.

[10] Barley R W, Conway-Baker J, Pascoe R D, et al. Measurement of the motion of grinding media in a vertically stirred mill using positron emission particle tracking (PEPT) [J]. Minerals Engineering, 2004, 17 (11~12)：1179~1187.

[11] Jayasundara C T, Yang R Y, Yu A B, et al. Discrete particle simulation of particle flow in IsaMill-Effect of grinding medium properties [J]. Chem. Eng. J., 2008 (135)：103~112.

[12] 姚宗伟，高旭东，刘刚，等. 基于数值仿真的大型塔式磨机工作特性分析 [J]. 吉林大学学报（工学版），2021，51 (5)：1642~1650.

冶金工业出版社部分图书推荐

书　名	作　者	定价(元)
中国冶金百科全书·采矿卷	本书编委会　编	180.00
中国冶金百科全书·选矿卷	编委会　编	140.00
选矿工程师手册（共4册）	孙传尧　主编	950.00
金属及矿产品深加工	戴永年　等著	118.00
露天矿开采方案优化——理论、模型、算法及其应用	王　青　著	40.00
金属矿床露天转地下协同开采技术	任凤玉　著	30.00
选矿试验研究与产业化	朱俊士　等编	138.00
采矿学（第2版）（国规教材）	王　青　主编	58.00
地质学（第5版）（国规教材）	徐九华　主编	48.00
碎矿与磨矿（第3版）（国规教材）	段希祥　主编	35.00
选矿厂设计（本科教材）	魏德洲　主编	40.00
智能矿山概论（本科教材）	李国清　主编	29.00
现代充填理论与技术（第2版）（本科教材）	蔡嗣经　编著	28.00
金属矿床地下开采（第3版）（本科教材）	任凤玉　主编	58.00
边坡工程（本科教材）	吴顺川　主编	59.00
现代岩土测试技术（本科教材）	王春来　主编	35.00
爆破理论与技术基础（本科教材）	璩世杰　编	45.00
矿物加工过程检测与控制技术（本科教材）	邓海波　等编	36.00
矿山岩石力学（第2版）（本科教材）	李俊平　主编	58.00
新编选矿概论（本科教材）	魏德洲　主编	26.00
固体物料分选学（第3版）	魏德洲　主编	60.00
选矿数学模型（本科教材）	王泽红　等编	49.00
采矿工程概论（本科教材）	黄志安　等编	39.00
矿产资源综合利用（高校教材）	张　佶　主编	30.00
选矿试验与生产检测（高校教材）	李志章　主编	28.00
选矿原理与工艺（高职高专教材）	于春梅　主编	28.00
露天矿开采技术（第2版）（职教国规教材）	夏建波　主编	35.00
井巷设计与施工（第2版）（职教国规教材）	李长权　主编	35.00
工程爆破（第3版）（职教国规教材）	翁春林　主编	35.00